北京理工大学"双一流"建设精品出版工程

Rateless Codes: Theory, Algorithms and Applications

无速率编码：原理、算法和应用

费泽松 ◎ 编著

北京理工大学出版社
BEIJING INSTITUTE OF TECHNOLOGY PRESS

内容简介

本书主要介绍信道编码中的无速率编码技术，以及以无速率编码思想为基础的其他相关技术。无速率编码技术是一种重要的信道编码技术，广泛应用多媒体广播、在卫星通信、分布式存储与计算等诸多领域，也是实现后5G/6G时代超低时延超高可靠通信的潜在技术之一。本书对无速率码进行全面、系统而深入的讲解，从传统的LT码入手，介绍其基本原理与优化方法，还介绍了BATS码、Spinal码、在线喷泉码等新兴的无速率编码技术，以及以无速率思想为基础的编码随机接入、无速率调制等相关技术。此外，本书兼顾理论与实践，介绍了在实际通信标准中广泛使用的RaptorQ、Raptor10等编码方案，并结合实际场景介绍了无速率码的应用。

本书适合高等学校通信学科高年级学生和研究生用作教材，也可供科研人员和工程技术人员作为参考资料使用。

图书在版编目（CIP）数据

无速率编码：原理、算法和应用／费泽松编著. --北京：北京理工大学出版社，2023.1

ISBN 978-7-5763-2070-1

Ⅰ. ①无… Ⅱ. ①费… Ⅲ. ①信道编码－研究 Ⅳ. ①TN911.22

中国国家版本馆CIP数据核字（2023）第010833号

出版发行／北京理工大学出版社有限责任公司
社　　址／北京市海淀区中关村南大街5号
邮　　编／100081
电　　话／（010）68914775（总编室）
（010）82562903（教材售后服务热线）
（010）68944723（其他图书服务热线）
网　　址／http：//www.bitpress.com.cn
经　　销／全国各地新华书店
印　　刷／北京捷迅佳彩印刷有限公司
开　　本／787毫米×1092毫米　1/16
印　　张／15.75
彩　　插／6
字　　数／325千字
版　　次／2023年1月第1版　2023年1月第1次印刷
定　　价／69.00元

责任编辑／曾　仙
文案编辑／曾　仙
责任校对／周瑞红
责任印制／李志强

前言

PREFACE

作为信息论的核心内容之一，信道编码本质上是一种通过添加满足一定约束条件的冗余信息以进行差错控制，从而实现可靠数据传输的技术，是通信系统不可或缺的一环。

无速率编码被认为是实现后5G/6G时代超低时延、超高可靠通信的潜在信道编码技术之一。自1998年数字喷泉的概念被提出以来，因其码率灵活、编译码复杂度低、可靠性高、无须反馈等特点，无速率编码被广泛应用于多媒体广播通信、卫星通信、水声通信、分布式存储与计算等领域。然而，现有大部分教材对于无速率码的介绍过于简略，缺乏对其基本原理与优化方法的深入讲解，以及对其应用场景与优势的系统阐述。此外，大部分教材仅涉及诸如LT码和Raptor码等传统无速率编码方式，并未介绍新兴无速率码编码技术以及基于无速率思想的通信技术等，导致内容过于陈旧、难以适配现有通信系统的发展。

本书围绕无速率编码进行全面、系统且深入的介绍。从传统LT码入手，详尽地论述了其基本原理、编译码算法、改进算法以及分析与优化方法。同时，为兼顾理论性与实践性，本书总结归纳了通信标准中所采用的RaptorQ、Raptor10等无速率编码技术，结合实际场景进一步分析了无速率码的应用与优化方案。最后，本书紧跟无速率编码技术最新发展，介绍了BATS码、Spinal码、在线喷泉码等新兴的无速率编码技术，以及以无速率编码思想为基础的无速率调制、编码随机接入、无速率非正交多址接入等本领域最新研究进展。

本书由北京理工大学通信技术研究所费泽松组织编写并统稿，其中第1章由费泽松负责撰写，第2章由费泽松、黄靖轩负责撰写，第3章由王新奕负责撰写，第4章由黄靖轩负责撰写，第5章由于含笑负责撰写。特别感谢北京理工大学通信技术研究所的孙策、张竞文、赵瑞、赵涵昱、秦梓峻等研究生对本书所做的贡献。同时，本书的编写得到了国家自然科学基金面上项目“基于编码调制的无人机安全通信技术研究”（项目号：61871032）、科技部重点研发计划项目“面向6G的新型编码调制与波形设计技术”（项目号：2020YFB1807203）和“6G无线覆盖扩展技术”（项目号：2020YFB1806900）等支持。

本书适合高等学校通信学科高年级学生和研究生用作教材，也可供科研人员和工程技术人员作为参考资料使用。

限于笔者的水平，书中难免有不妥之处，敬请读者指正。

费泽松

2023年1月

目录
CONTENTS

第1章

信道编码简介

1.1 信　　道

通信的目的是传输信息，通信系统的作用就是将信息从信源（发送端）经过信道发送到信宿（接收端）。信道是一种物理媒介，用于将来自信源的信号传送到信宿。作为通信系统必不可少的一部分，信道特性的好坏直接影响通信系统的总特性。具体而言，信道是由有线或无线电线路提供的信号通路；抽象而言，信道则是指定的一段频带，它让信号通过，同时又对信号限制和损害。

按传输媒介的不同，信道可分为无线信道和有线信道两大类。无线信道利用电磁波在空间的传播来传输信号，有线信道则利用人造传导电或光信号的媒体来传输信号。

按信道特性，信道可分为恒参信道和随参信道两大类。顾名思义，恒参信道的信道特性不随时间变化而变化。在实际通信中，信道特性基本不随时间变化（或随时间变化很小很慢）的信道，就可以认为是恒参信道。随参信道又称变参信道，其信道特性随时间随机变化，比恒参信道复杂得多，对信号的影响也比恒参信道严重得多。有线信道和部分无线信道（如卫星链路、短视距链路等）都可看作恒参信道，大部分无线信道为随参信道。

按输入集和输出集的性质，也可以划分信道类型。若输入集和输出集都是离散集，则称此类信道为离散信道，如电报信道、数据信道；若输入集和输出集都是连续集，则称为连续信道；若输入集和输出集中一个是连续集、另一个是离散集，则称其为半离散信道或半连续信道。

在信号传输过程中，信道中可能存在诸多挑战，包括有源干扰（噪声）和无源干扰（由信道本身的传输特性决定，如衰落、失真等），其有可能影响接收信号的质量。

本节将重点介绍常见信道分类下的信道类型和影响信号传输的两种干扰，并推导离散信道和连续信道下的信道容量。

1.1.1 有线信道和无线信道

1. 有线信道

有线信道是指以明线、对称电缆、同轴电缆、光纤、波导管等为传输媒介的信道。

1）明线

明线是指平行架设在电线杆上的架空线路，本身为导电裸线或带绝缘层的导线。虽然明线的传输损耗低，但其易受到天气和环境的影响，对外界噪声干扰敏感，且架设难度较大。

2）对称电缆

对称电缆由若干对双导线置于一根保护套内制造而成。为了减小各对导线之间的干扰，每对导线均做成扭绞形状，称为双绞线。对称电缆的芯线比明线细，直径为 0.4 ~ 1.4 mm，故其损耗较明线大，但性能较稳定。对称电缆广泛应用于有线电话网络中的用户接入电路。

3）同轴电缆

同轴电缆由内外两根同心圆柱形导体构成，两根导体间用绝缘体隔开。内导体多为实心导线，外导体是一根空心导电管或金属编织网，外导体外有一层绝缘保护层。内外导体间可以填充实心介质材料或用空气作介质。由于外导体通常接地，所以能很好地起到电屏蔽的作用。同轴电缆广泛应用于有线电视广播网中。

以上三种有线信道传输的均为电信号，而传输光信号的有线信道叫作光导纤维，简称光纤。由于光在高折射率的介质中具有聚焦特性，因此将折射率高的介质做成芯线，将折射率低的介质做成芯线的包层，就构成光纤。光纤集中在一起就构成光缆。光缆通信从 20 世纪 60 年代开始发展，由于其具有通信容量极大、传输损耗极小、没有串话现象、不受电磁感应干扰、制造光纤的资源丰富等优越性，因此发展甚为迅速。

最早出现的光纤由折射率不同的两种导光介质纤维制成，其内层称为纤芯，在纤芯外包有另一种折射率的介质，称为包层。由于纤芯的折射率大于包层的折射率，因此光波会在两层的边界处产生反射，光波经过多次反射可完成远距离传输，此类光纤被称为阶跃型光纤。还有一种光纤的纤芯折射率随半径增大方向而减小，光波在此类光纤中传输的路径是因折射而逐渐弯曲的，因而称为梯度型光纤。由于梯度型光纤对沿轴向变化的折射率有着严格要求，故其制造难度较阶跃型光纤更大。

2. 无线信道

无线信道是对无线通信中发送端和接收端之间通路的一种形象比喻，对于无线电磁波而言，它从发送端传送到接收端，其间没有有形的连接，它的传播路径也有可能不止一条。为了形象地描述发送端与接收端之间的工作，我们可以想象两者之间有一个看不见的道路衔接，并将其称为无线信道。

原则上，任意频率的电磁波都可以用于传输信号。为了有效地发送和接收信号，通常要求天线的尺寸不小于电磁波波长的 1/10，因此当频率过低时就要求天线的尺寸很大。然而，频率过高的电磁波在大气中传播衰减较快，不适于远距离传输。

根据无线电波传播及使用的特点，国际上将电磁波划分为 12 个频段，如表 1.1.1 所示。其中，序号 9 ~ 12 的频段可统称为微波频段。通常，无线电通信使用序号 4 ~ 11 的频段。

表 1.1.1　无线电频段和波段的划分

序号	频段名称	频段范围	波段名称	波长范围	主要应用
1	极低频（ELF）	3 ~ 30 Hz	极长波	10 ~ 100 Mm	—
2	超低频（SLF）	30 ~ 300 Hz	超长波	1 ~ 10 Mm	—
3	特低频（ULF）	300 ~ 3 000 Hz	特长波	10 ~ 1 000 km	—
4	基低频（VLF）	3 ~ 30 kHz	甚长波	10 ~ 100 km	音频电话、长距离导航、时标
5	低频（LF）	30 ~ 300 kHz	长波	1 ~ 10 km	船舶通信、信标、导航
6	中频（MF）	300 ~ 3 000 kHz	中波	100 ~ 1 000 m	广播、船舶通信、飞行通信、船港电话
7	高频（HF）	3 ~ 30 MHz	短波	10 ~ 100 m	短波广播、军事通信
8	甚高频（VHF）	30 ~ 300 MHz	米波	1 ~ 10 m	电视、调频广播、雷达、导航
9	特高频（UHF）	300 ~ 3 000 MHz	分米波	1 ~ 10 dm	电视、雷达、移动通信
10	超高频（SHF）	3 ~ 30 GHz	厘米波	1 ~ 10 cm	雷达、中继通信、卫星通信
11	极高频（EHF）	30 ~ 300 GHz	毫米波	1 ~ 10 mm	射电天文、卫星通信、雷达
12	至高频（THF）	300 ~ 3 000 GHz	丝米波	0.1 ~ 1.0 mm	—

根据传播方式和特点的不同，可将电磁波的传播分为地波传播、天波传播和视线传播。

1）地波传播

适合地波传播的电磁波主要为中波和长波，其趋于沿弯曲的地球表面传播。由于地球表面的导电特性较稳定，因此地波传播较稳定，且由于波长较长，其遇障碍物的绕射能力强，因而传播距离较远。在低频段下，地波传播可传播数百千米，多用于导航。

2）天波传播

在 1.5 ~ 30 MHz 范围的高频电磁波波长较短，地面绕射能力弱且地面吸收损耗较大，主要依靠电离层的反射和折射实现远距离的短波通信，可通过电离层与地球表面间的多次反射实现超远距离的无线通信。由于短波通信具有天线尺寸小、所需发射功率低、通信成本低和传输距离远等优点，因而被广泛应用于广播、通信电台，且对应频段最为拥挤。

3）视线传播

频率超过 30 MHz 的电磁波只能穿透电离层而不能被反射回来，且其沿地面绕射能力差，因而此类传播只限于视线范围内，故传播距离近。为了增大覆盖半径，通常将天线架设在海拔较高的山顶上。

表 1.1.2 总结了有线信道下和无线信道下通信的差别和优缺点。在实际应用中，通常根据环境、设施条件及具体需求来选择合适的通信方式。

表 1.1.2　有线通信和无线通信对比

有线通信	无线通信
媒介较为稳定，信道属性可以明确界定并且时不变	由于用户的移动性和多径传播，无线媒介的属性可能随时间而急剧变化
传输质量一般较高且稳定	若不采取特殊应对措施，传输质量一般较低
未经网络运营商许可，对有线传输进行干扰和截获的难度较大	除非被窃听方采取安全措施，否则截获空中信号较为容易
通信范围主要受限于媒介对信号的衰减度	通信范围既受限于传输媒介，又受限于频谱效率要求
链路的建立基于固定位置，灵活性差，传输时延是常数	链路的建立基于移动设备，灵活性高，传输时延多变
链路的架设成本较高，且距离越远，成本越高	无须架设物理链路
电源来自通信网络本身或电源专线，设计时无须考虑能量消耗问题	移动端使用电池供电，需重点关注能量效率问题

1.1.2　无线信道传输特性

在分析无线信道的传输特性前，首先回顾三种基本传输现象，即反射、衍射和散射。当平面波遇到尺寸远大于其波长的物体时，会发生反射，且入射平面波方向与法线的夹角和反射平面波方向与法线的夹角相同，如图 1.1.1（a）所示。当平面波遇到尺寸与其波长相当的物体时，会发生衍射，如图 1.1.1（b）所示。依据惠更斯原理（Huygens principle），平面波与衍射物体的相互作用会在物体后面产生二次波，而当平面波遇到尺寸远小于其波长的物体时，会发生散射，且散射物体会将入射平面波的能量改变到许多方向，如图 1.1.1（c）所示。

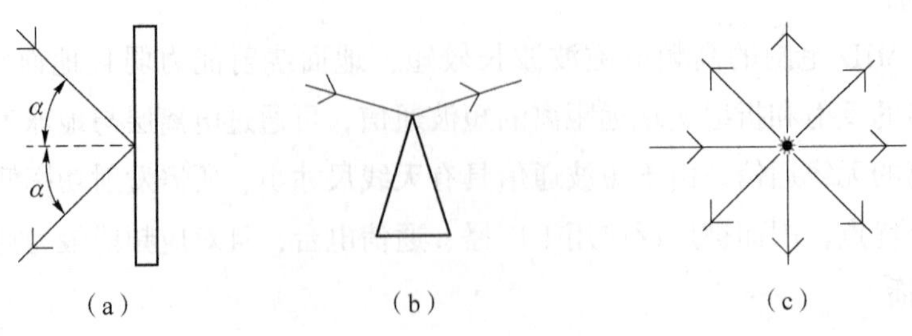

图 1.1.1　基本的传播现象

(a) 反射；(b) 衍射；(c) 散射

1. 多径效应

在移动无线通信中，发射的电磁波通常不会直接到达接收端。这是因为，电磁波的传播环境复杂多变，环境中含有各种随机分布的传输媒介（如树木、大楼、移动的车体、尘埃等），电磁波在传输过程中不可避免地要经历反射、折射、衍射以及散射体散射，导致传输信号可能通过不同的传播路径到达信号接收端，并且每条路径的时延、衰减等都不同。这种现象叫作多径传播，多径传播对信号的影响称为多径效应。

图 1.1.2 展示了陆地移动无线通信的一个典型场景。考虑上行传输，即基站为发送端，移动设备为接收端的情况。由于多径传播，因此接收到的信号由发送信号具有不同衰减、延迟和相移的副波的无穷求和组成。这些波相互影响干涉，既可能相长也可能相消，具体取决于被接收平面波的相位星座图，其相位的构造性和破坏性叠加分别对应于高水平和低水平的接收信号强度。

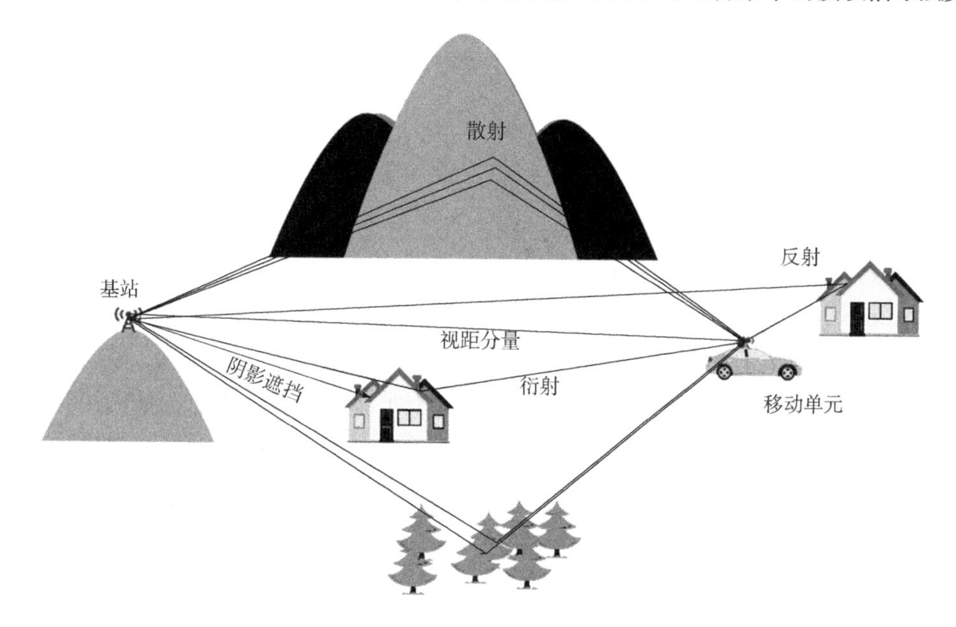

图 1.1.2　多径传播效应示意图

2. 小尺度衰落

波的相位状态主要依赖于相应多径分量的传播路径长度，即依赖于基站和移动设备的位置关系。因此，如果发射机和接收机处于相对运动状态，那么干涉信号及相应的合成信号幅度都将随着时间变化而变化。这种由不同多径分量相互干涉而引起合成信号幅度变化的效应称为小尺度衰落，包括由发射机和接收机相对运动造成多普勒频移而引起的时间选择性衰落和由多径传播引起的频率选择性衰落。

小尺度衰落（图 1.1.3）是多径效应和多普勒效应两者共同作用的结果，其主要特点为：无线信号强度在短时间或短距离范围内快速变化。例如，在 2 GHz 载频下，10 cm 的移动范围就能引起接收信号从相长干涉到相消干涉再到相长干涉的整轮变化。因此，小尺度衰落又称快衰落。

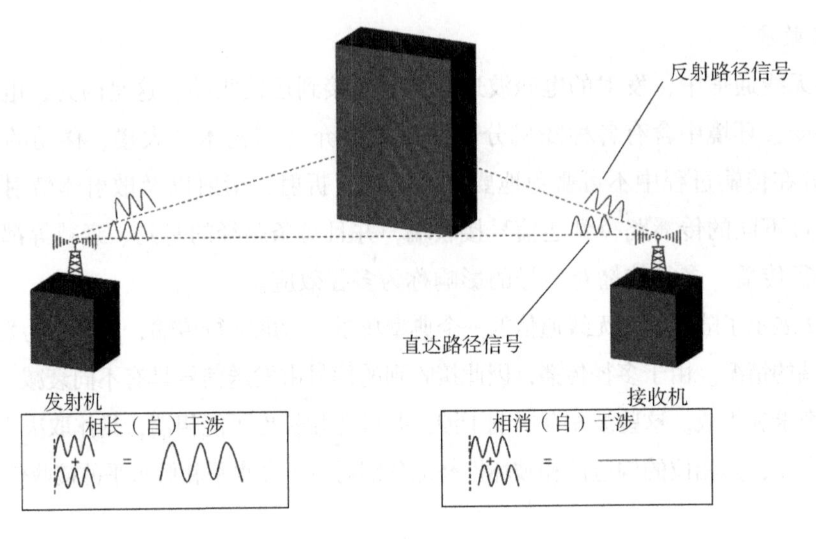

图 1.1.3　小尺度衰落原理图

3. 大尺度衰落

此外，每个单独的多径分量可能随时间或位置的变化而变化，且阻挡物也会造成对一个（或多个）多径分量的屏蔽。大尺度衰落反映了发送信号功率随着传输距离增加而缓慢变化的现象，其传播特性通常由路径损耗和阴影衰落两部分决定。

一般情况下，路径损耗与收发机之间的距离成反比，还受频率、地形因子等参量的影响；阴影衰落则由收发机之间的障碍物造成，这些障碍物通过吸收、反射、散射、绕射等方式衰减信号功率，严重时甚至会阻断信号。如图 1.1.4 所示，假设移动设备最初的位置 A 与基站之间存在视距传输（line of sight，LoS）路径，当其移动到高层建筑后面的位置 B 时，基站与移动设备间沿 LoS 路径传播的分量幅度会大大降低。这是因为，此时移动设备位于高层建筑物的无线电阴影中，任何穿过或绕过这座建筑物的电磁波都将大大衰减。需要注意的是，阻挡物投射的并不是“尖锐”的阴影，从“光明”（即 LoS 路径未被屏蔽）区域到“黑暗”（即 LoS 路径被屏蔽）区域的转变是逐渐的。从“光明”区域彻底进入“黑暗”区域，移动设备可能需要移动较长的距离（从几米到几百米皆有可能）。因而大尺度衰落又称慢衰落。

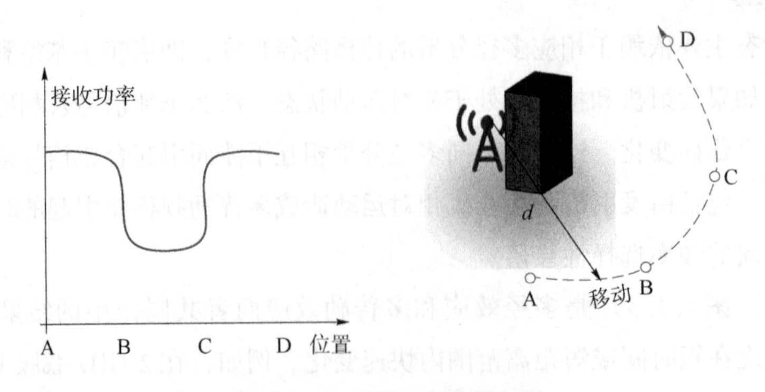

图 1.1.4　大尺度衰落原理图

大尺度和小尺度衰落重叠在一起，使得接收信号看上去就像图 1.1.5 所示的那样，其中上下波动强烈的细线表示归一化的瞬时场强，波动相对缓和的粗线表示每米距离上的平均场强。在信号幅度较低的位置，传输质量也会较差，即导致糟糕的话音质量、高的误比特率（bit error rate，BER）和较低的数据传输速率。若传输质量在较长的持续时间内均维持过低的水平，就可能导致传输中断。

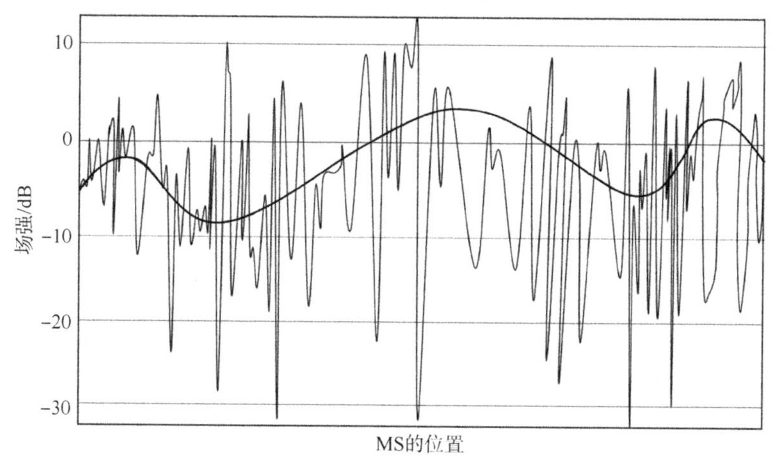

图 1.1.5　大小尺度衰落叠加示意图

4. 符号间干扰

前述已经指出，由于不同多径分量的传播时间不同，在窄带系统中会导致多径分量间的不同相位，进而造成接收信号幅度的衰落。而在具有较大带宽（即拥有较好时间分辨率）的系统中，多径传播的主要后果是信号扩展。此时信道脉冲不再是单个脉冲，而是一系列分别对应于不同多径分量的脉冲。每个脉冲除了具有不同的幅度和相位外，还具有不同的到达时间。这种信号扩展在接收端体现为符号间干扰，即具有较长传播时间的、携带第 k 个比特信息的分量与具有较短传播时间的、携带着第 $k+1$ 个比特信息的分量可能同时到达接收端，从而相互干扰，如图 1.1.6 所示。这种符号间干扰导致的差错无法通过增加发射功率的方式来消除，通常采用信道均衡器、OFDM（正交频分复用）等方式解决。

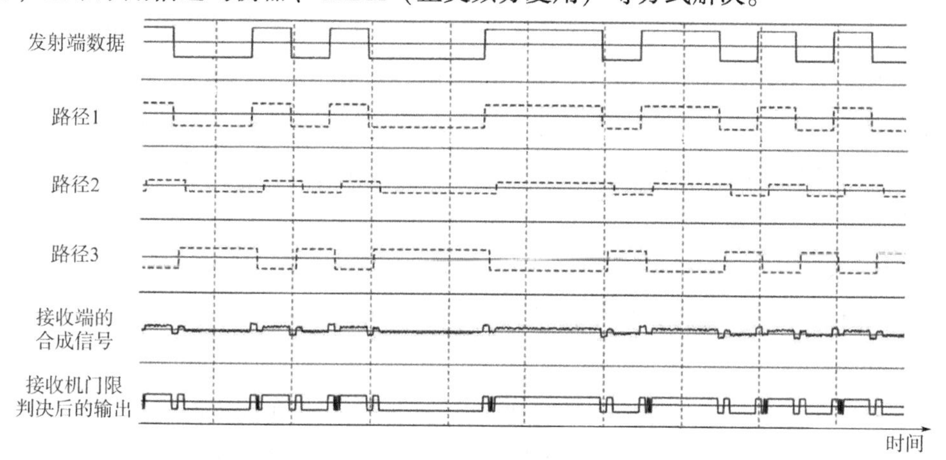

图 1.1.6　符号间干扰示意图

1.1.3 信道中的噪声

我们将信道中存在的不需要的电信号统称为噪声。通信系统中的噪声是叠加于信号之上的，因此又称加性干扰。噪声对于信号的传输是有害的，它会使模拟信号失真，使数字信号错码，限制着信息传输速率。需要注意的是，噪声永远存在于通信系统中，即使没有传输信号时噪声依然存在。

1. 按来源区分

按来源的不同，噪声可以分为人为噪声和自然噪声。

1）人为噪声

人为噪声是指由人类活动产生的噪声，如电钻和电气开关瞬态造成的电火花、汽车点火瞬间产生的电火花、荧光灯产生的干扰、其他电台和家电用具产生的电磁波辐射等。

2）自然噪声

自然噪声是自然界存在的各种电磁波辐射，如热噪声、闪电、大气噪声和来自太阳和其他星球的宇宙辐射等。

热噪声是一种重要的自然噪声，来源于一切电阻性元器件中电子的热运动。在电阻性元器件中，自由电子因具有热能而不断运动，并和其他粒子发生碰撞而随机地以折线路径运动，即呈现布朗运动状态。在没有外界作用力的条件下，这些电子的布朗运动产生了平均值为 0 的交流电流，这个交流电分量就是热噪声。热噪声无处不在，不可避免地存在于一切电子设备中。热噪声的频率范围很广，通常均匀地分布在接近零频率到 10^{12} Hz 的区间内。在带宽为 B(Hz) 的条件下，电阻值为 $R(\Omega)$ 的电阻两端产生的热噪声电压有效值 V(V) 为

$$V=\sqrt{4kTRB} \tag{1.1.1}$$

式中，k——玻尔兹曼常数，$k=1.38\times10^{-23}$ J/K；

T——热力学温度。

在通信系统中，常见的噪声有白噪声、高斯噪声。所谓白噪声，是指它的功率谱密度函数在整个频域内是常数，即服从均匀分布。之所以称它为“白”噪声，是因为其频谱类似于光学中包括全部可见光频率在内的白光。凡是不符合上述条件的噪声就称为有色噪声。所谓高斯噪声，是指它的概率密度函数服从高斯分布（即正态分布）。在一般通信系统中，通常认为热噪声为高斯白噪声。

2. 按性质区分

按性质的不同，噪声可分为脉冲噪声、窄带噪声和起伏噪声。

1）脉冲噪声

脉冲噪声是突发性产生的噪声，其幅度大，持续时间相较于间隔时间短得多。由于脉冲噪声持续时间短，故频谱较宽，可以从低频分布到甚高频，但频率越高频谱强度就越小。电

火花就是一种典型的脉冲噪声。脉冲噪声不是普遍地持续地存在，对语音通信的影响较小，但对数字通信可能有较大影响。

2）窄带噪声

窄带噪声可以看作一种非所需的连续的已调正弦波，或一个振幅恒定的单频率的正弦波。窄带噪声通常来自相邻电台或其他电子设备，其频谱或频率位置往往确知或可以测知。由于窄带噪声只存在于特定频率、特定时间和特定地点，所以影响有限，且便于消除。

3）起伏噪声

起伏噪声是遍布于时域和频域的随机噪声，包括热噪声、电子管内产生散弹噪声和宇宙噪声等。由于起伏噪声无处不在且无法预知，因而在考虑噪声对通信系统的影响时，是重点讨论对象。

如前所述，热噪声通常为白色的，但是在通信系统接收端完成对信号的解调之后，叠加于信号之上的热噪声经过带通滤波器的过滤，其带宽已发生改变，即已经不再是白色，变成了窄带噪声。这样的噪声可称为带限白噪声。由于滤波器是线性电路，高斯过程通过后仍为高斯过程，故通过滤波器后的热噪声又称为窄带高斯噪声。如图 1.1.7 所示，窄带高斯噪声的主要特点是频谱局限在 $\pm\omega_c$（$\omega_c = 2\pi \cdot f_c$）附近很窄的频率范围内，其包络和相位都缓慢随机地变化。

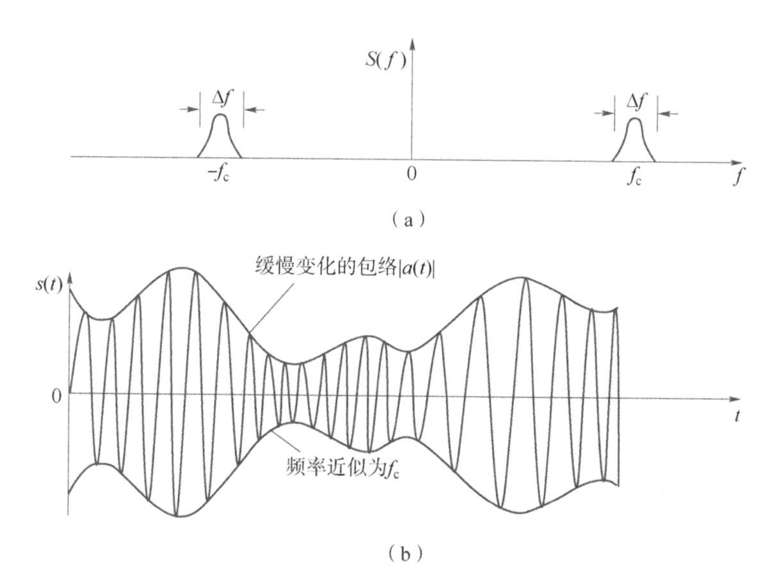

图 1.1.7　窄带高斯噪声的频谱及波形

（a）窄带高斯噪声的频谱图；（b）窄带高斯噪声的波形图

1.1.4　信道容量分析

信道容量（channel capacity）是指信道能够传输的最大平均信息速率，是信息论的中心问题。信道容量是信道的固有属性，其大小不因是否有传输信息而改变，正如杯子的容量不因是否装水而改变。本节将分别讨论连续信道和离散信道的信道容量描述方法。

1.1.4.1　离散信道容量

离散信道容量有两种度量方式：其一，用每个符号能传输的平均信息量的最大值表示，记为 C；其二，用单位时间内能够传输的平均信息量的最大值表示，记为 C_t。这两种度量方式间可以相互转换。

考虑如图 1.1.8 所示的有 n 个发送符号和 m 个接收符号的信道模型。其中，发送符号 x_i 出现的概率为 $P(x_i), i=1,2,\cdots,n$；接收符号 y_j 对应的概率为 $P(y_j), j=1,2,\cdots,m$；转移概率 $P(y_j/x_i)$ 代表发送 x_i 的条件下收到 y_j 的条件概率。

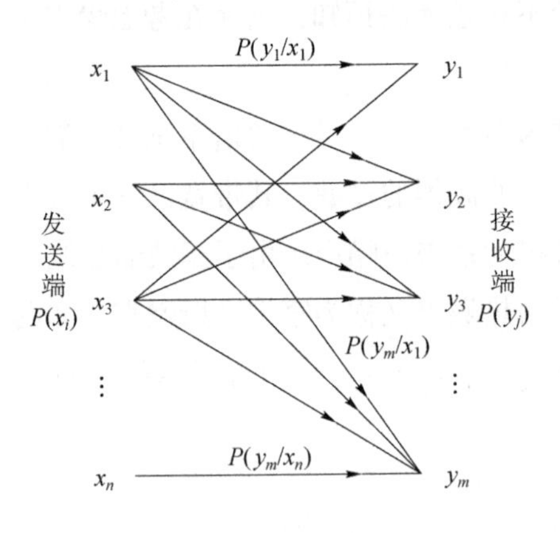

图 1.1.8　信道模型

根据发送 x_i 时收到 y_j 所获得的信息量 $I(y_j;x_i)$ 等于发送 x_i 前接收端对 x_i 的不确定程度 $[-\log_2 P(x_i)]$ 减去收到 y_j 后接收端对 x_i 的不确定程度 $[-\log_2 P(x_i/y_j)]$，可得

$$I(y_j;x_i) = -\log_2 P(x_i) - [-\log_2 P(x_i/y_j)] \tag{1.1.2}$$

对所有的 x_i 和 y_j 取统计平均值，即可得到收到一个符号时获得的平均信息量：

$$\begin{aligned} H(y;x) &= -\sum_{i=1}^{n} P(x_i)\log_2 P(x_i) - \left[-\sum_{j=1}^{m} P(y_i)\sum_{i=1}^{n} P(x_i/y_j)\log_2 P(x_i/y_j)\right] \\ &= H(x) - H(x/y) \end{aligned} \tag{1.1.3}$$

式中，$H(x)$——发送符号 x_i 的平均信息量，即信源的熵；

$H(x/y)$——在接收符号 y_j 已知的条件下，发送符号 x_i 的平均信息量。

由式（1.1.3）可知，相较于发送符号的信息量 $H(x)$，接收到的符号的平均信息量只有 $H(x)-H(x/y)$，而减少的 $H(x/y)$ 就是由传输错误引起的损失。

对于二进制信源，设发送“1”的概率 $P(1)=\alpha$，则发送“0”的概率 $P(0)=1-\alpha$。信源的熵 $H(\alpha)$ 可表示为

$$H(\alpha) = -\alpha\log_2\alpha - (1-\alpha)\log_2(1-\alpha) \tag{1.1.4}$$

对应的熵值曲线如图 1.1.9 所示。可以看出，当 $\alpha=0.5$ 时，信源的熵达到最大值。此时“0”和“1”等概率出现，不确定性最大。

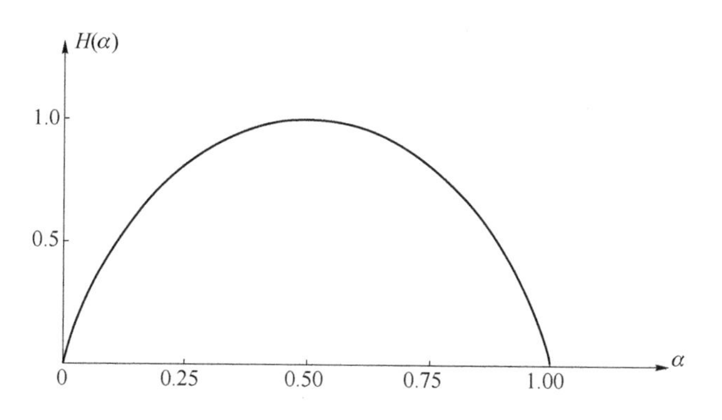

图 1.1.9　二进制信源的熵值曲线

由式（1.1.3）可知，符号 x_i 传输的平均信息量与信源发送符号概率 $P(x_i)$ 有关，信道容量 C(bit/symbol，比特/符号)就是 $P(x_i)$ 所有取值中对应的最大平均信息量，即

$$C=\max_{P(x)}[H(x)-H(x/y)] \tag{1.1.5}$$

若信道中的噪声干扰极大，即 $H(x/y)\approx H(x)$，此时有 $C=0$，即信道容量为 0。

设单位时间（1 s）内信道传输的符号数为 r(symbol/s，符号/秒)，则信道每秒传输的平均信息量 R(bit/s)为

$$R=r[H(x)-H(x/y)] \tag{1.1.6}$$

类似地，可得信道容量 C_t(bit/s)的表达式为

$$C_t=\max_{P(x)}\{r[H(x)-H(x/y)]\} \tag{1.1.7}$$

1.1.4.2　连续信道容量

类似于离散信道，连续信道的容量也有两种不同的计量方式，可相互转换，在此只介绍按时间单位计算的信道容量 C_t(bit/s)。对于带宽和平均功率均有限的高斯白噪声连续信道，其信道容量 C_t 的计算公式为

$$C_t=B\log_2\left(1+\frac{S}{N}\right) \tag{1.1.8}$$

式中，S——信号平均功率，W；

N——噪声平均功率，W；

B——带宽，Hz。

设噪声的单边功率谱密度为 n_0(W/Hz)，则有 $N=n_0B$。式（1.1.8）可改写为

$$C_t=B\log_2\left(1+\frac{S}{n_0B}\right) \tag{1.1.9}$$

由式（1.1.9）可知，连续信道的容量 C_t 与信道带宽 B、平均信号功率 S 及噪声功率谱

密度 n_0 三个因素有关。信道带宽 B 越大，平均信号功率 S 越大，噪声功率谱密度 n_0 越小，则信道容量越大，且当 $S\to\infty$ 或 $n_0\to 0$ 时，$C_t\to\infty$。然而，在实际通信系统中，信号功率不可能无限增大，噪声的功率谱密度也不会趋向于0。

为了分析 $B\to\infty$ 时 C_t 的变化趋势，不妨令 $x=\frac{S}{n_0 B}$，则式（1.1.9）可改写为

$$\begin{aligned} C_t &= \frac{S}{n_0}\cdot\frac{Bn_0}{S}\log_2\left(1+\frac{S}{n_0 B}\right) \\ &= \frac{S}{n_0}\cdot\log_2(1+x)^{1/x} \end{aligned} \tag{1.1.10}$$

根据$\lim\limits_{x\to 0}\ln(1+x)^{1/x}=1$，可得

$$\begin{aligned} \lim_{B\to\infty} C_t &= \lim_{x\to 0}\frac{S}{n_0}\cdot\log_2(1+x)^{1/x} \\ &= \frac{S}{n_0}\log_2 \mathrm{e}\approx 1.44\,\frac{S}{n_0}(\mathrm{b/s}) \end{aligned} \tag{1.1.11}$$

可以看出，当给定 $\frac{S}{n_0}$ 时，若带宽趋向于无穷大，信道容量只会趋向于1.44倍的$\frac{S}{n_0}$，而不会无限增大。

将 $S=\frac{E_b}{T_b}$ 代入式（1.1.9），其中 E_b 代表每比特的能量，$T_b=\frac{1}{B}$ 代表每比特的持续时间，则有

$$\begin{aligned} C_t &= B\log_2\left(1+\frac{S}{n_0 B}\right)=B\log_2\left(1+\frac{E_b/T_b}{n_0 B}\right) \\ &= B\log_2\left(1+\frac{E_b}{n_0}\right) \end{aligned} \tag{1.1.12}$$

从式（1.1.12）可以看出，为了得到给定的信道容量 C_t，在 E_b 受限的情况下可以通过增大带宽 B 实现；而在接收功率 S 受限的情况下，由于 $E_b=S\cdot T_b$，为了减小功率 S，可以通过增大 T_b 的方式来保持 E_b 和 C_t 的大小。例如，在宇宙飞行和深空探测时，接收信号的功率 S 往往很微弱，此时就可以通过增大带宽 B 和比特持续时间 T_b 的方式，保证系统满足对信道容量 C_t 的要求。

1.2 信道编码基本原理

信道编码理论的研究始于1948年香农（Claude Shannon）发表的论文《通信的数学理论》，在这篇论文中，他首次提出了一般数字通信框架，其框架如图1.2.1所示。

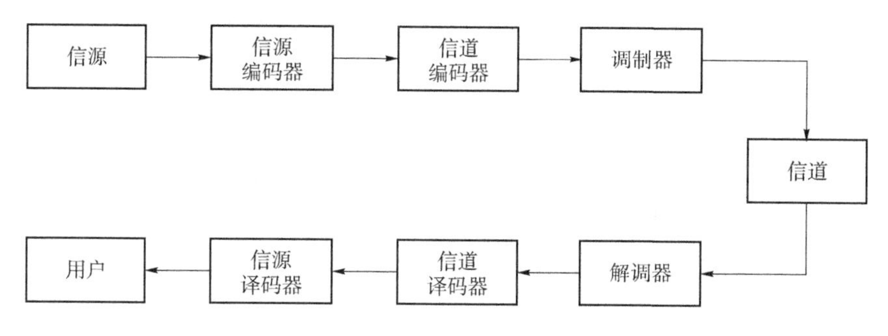

图 1.2.1　数字通信系统框架

其中，信道编码器的作用是保护待传比特，以对抗信道噪声、失真和干扰。为此，信道编码器将信道输入转化为另一个有冗余的序列，其作用就是对抗各种信道损害。我们将信道编码器的输入比特数 k 与输出比特数 n 的比值称为码率（code rate），记为 $R(0<R<1)$。例如，给每 100 比特信息字分配一个 200 比特长的码字，则码率 $R=\frac{1}{2}$，且每个码字有 100 个冗余比特。信道译码器的功能是从信道输出恢复出信道编码器的输入（如压缩序列），即使接收向量存在噪声、失真和干扰。

1.2.1　香农编码定理与随机编码

半个多世纪以来，信道编码理论研究的核心工作是在一些实用信道下，如二元输入加性高斯白噪声（BI - AWGN），寻找能逼近信道容量（也称香农容量限）的实用编码调制方案。

在 AWGN 信道下设计一个编码调制方案一般需要设计两个最基本的参数：信噪比（SNR），即信号平均功率与噪声平均功率的比值；频谱效率 η，以比特每秒每赫兹（bit/(s · Hz)）为单位。某调制编码方案以 R bit/s 的速率在带宽为 W 的 AWGN 信道下发送信号，则其频谱效率为 $\eta=\frac{R}{W}$ bit/(s · Hz)。

对于一个将速率为 R bit/s 的比特序列映射成一个 $2B$ symbol/s 的实数序号序列的编码调制系统，其时间离散编码码率定义为 $r=\frac{R}{2B}$ bit/symbol。编码后的实数符号经过脉冲幅度调制（PAM）或者正交幅度调制（QAM）之后，送入一个带宽为 W 的 AWGN 信道进行传输。根据奈奎斯特（Nyquist）定理，B（又称香农带宽）不能大于实际信道的带宽。若 $B\approx W$，则频谱效率 $\eta=\frac{R}{W}\approx\frac{R}{B}=2r$。于是，一个时间离散编码调制系统的标称频谱效率被定义为每两个符号所承载的比特数 $2r$。时间离散编码调制方案的标称频谱效率 $2r$ 是其对应的时间连续编码调制方案的实际频谱效率 $\eta=\frac{R}{W}$的上界，并且 $B\to W$ 时，$\eta\to 2r$。因此，对时间离散编码方案，一般假设 $B\approx W$，从而频谱效率 $\eta=2r$。

香农证明了，给定信噪比（SNR）与带宽 W，在 AWGN 信道上能进行可靠传输的最大速率为

$$R < W\log_2(1+\mathrm{SNR}) \tag{1.2.1}$$

也就是说，对一个随机构造的长码，只要满足式（1.2.1），就能以极高的概率存在一个译码算法，使得该译码方案能进行可靠传输，即译码错误概率极小。

等价地，香农公式显示，频谱效率上界为

$$\eta < \log_2(1+\mathrm{SNR}) \tag{1.2.2}$$

换言之，设定一个需要达到的频谱效率 η，则达到可靠传输的最小信噪比为

$$\mathrm{SNR} > 2^{\eta}-1 \tag{1.2.3}$$

因此，对于香农容量限，我们有以下等价定义：码率的香农容量限为 $W\log_2(1+\mathrm{SNR})$ bit/s；频谱效率的香农容量限为 $\log_2(1+\mathrm{SNR})$ bit/(s · Hz)；给定频谱效率 η，信噪比（SNR）的香农容量限为 $2^{\eta}-1$。

归一化信噪比 $\mathrm{SNR}_{\mathrm{norm}}$ 定义如下：

$$\mathrm{SNR}_{\mathrm{norm}} = \frac{\mathrm{SNR}}{2^{\eta}-1} \tag{1.2.4}$$

那么，对于任意可靠编码调制方案，有 $\mathrm{SNR}_{\mathrm{norm}} > 1$，即 $\mathrm{SNR}_{\mathrm{norm}}$ 的香农容量限（下界）为 1（0 dB）而与 η 无关。一般地，用 $\mathrm{SNR}_{\mathrm{norm}}$ 描述“离容量的距离”，即实际需要的 SNR 与给定 η 的 SNR 香农界的 dB 值（$10\lg \mathrm{SNR}_{\mathrm{norm}}$）。对于目标频谱效率小于 1 bit/(s · Hz) 的系统，已有的二进制编码已经能获得距离 AWGN 信道香农界 0.2 dB 的性能。由于二进制编码的码率受限，即 $r \leqslant 1$ bit/symbol，其频谱效率亦受限于 $\eta \leqslant 2r \leqslant 2$ bit/(s · Hz)。对于目标频谱效率大于 2 bit/(s · Hz) 的系统，需要使用多级编码（multilevel coding）技术。

一般地，在功率受限系统设计中，比特信噪比定义如下：

$$\frac{E_{\mathrm{b}}}{N_0} = \frac{\mathrm{SNR}}{\eta} = \frac{2^{\eta}-1}{\eta}\mathrm{SNR}_{\mathrm{norm}} \tag{1.2.5}$$

由此得到，给定频谱利用率 η 时，比特信噪比需要满足下式：

$$\frac{E_{\mathrm{b}}}{N_0} > \frac{2^{\eta}-1}{\eta} \tag{1.2.6}$$

因此，E_{b}/N_0 的香农界是一个关于 η 的函数，并随着 η 单调递减，当 $\eta \to 0$ 时，$\frac{2^{\eta}-1}{\eta}$ 趋于 $\ln 2$，即 E_{b}/N_0 的香农界的下界为 $\ln 2$，约为 −1.59 dB。

1.2.2 线型分组码的代数结构与构成

有两种在结构上不同的码，即分组码和卷积码。在通信系统中，这两种类型的码被广泛应用于差错控制。分组码可以分为两类，即线性分组码和非线性分组码。由于非线型分组码从未在实际中应用，因此本节只介绍线型分组码。

我们假设信源的输出是有限域 GF(2) 上连续的二元符号序列，称之为信息序列。我们通常把信息序列中的二元符号称为信息比特。在分组码中，信息序列被划分为固定长度的消息分组，每一个消息分组含有 k 个信息比特，所以一共有 2^k 个不同的消息。在信道编码器中，每个输入消息 $\boldsymbol{u}=(u_0,u_1,\cdots,u_{k-1})$，其有 k 个信息比特，按照一定的编码规则被编码为更长的二进制序列 $\boldsymbol{v}=(v_0,v_1,\cdots,v_{n-1})$，其有 n 个二进制数字，$n>k$。这个更长的二进制序列 $\boldsymbol{v}$ 称为消息序列 $\boldsymbol{u}$ 的码字（code word）。码字中的二进制数字称为码比特。一共有 2^k 个不同的消息，对应有 2^k 个码字，每个不同的消息对应一个码字。所有 2^k 个码字的集合构成一个 (n,k) 分组码。为了使分组码有用，2^k 个不同的消息对应的 2^k 个码字必须是不同的。由编码器产生的 $n-k$ 个添加到每个输入消息中的比特称为冗余比特（redundant bit）。这些冗余比特未携带新的信息，它们的主要功能是使码字具有检查和纠正由信道噪声或干扰引起的传输错误的能力。设计信道编码器时，主要关心的是如何构造冗余比特，使得 (n,k) 分组码有很好的纠错能力。

对于长度为 n、有 2^k 个码字的分组码，除非它有特定的结构特征，否则对于很大的 k，编码器和译码器的复杂度很高。编码器需要存储 2^k 个长度为 n 的码字在字典里，译码器需要利用查表的方法（对应 2^k 个实例）来判决传输的码字是哪一个。因此，我们必须将精力专注于可以在实际工程中实现的分组码。对于分组码来说，理想的结构是线型的。

定义 1.2.1：一个长度为 n、有 2^k 个码字的二进制分组码叫作 (n,k) 线性分组码，当且仅当其 2^k 个码字构成有限域 GF(2) 上所有 n 维向量组成的向量空间 V 的一个 k 维子空间。

因为一个二进制 (n,k) 线性分组码 C 是有限域 GF(2) 上所有 n 维向量组成的向量空间的一个 k 维子空间，故 C 中存在 k 个线性独立的码字 $g_0,g_1,\cdots,g_{k-1}$，使得 C 中的每个码字是这 k 个线性独立码字的线性组合。我们可以把 C 中 k 个线性独立的码字 $g_0,g_1,\cdots,g_{k-1}$ 作为一个有限域 GF(2) 上的 $k\times n$ 矩阵的行向量，表示如下：

$$\boldsymbol{G}=\begin{bmatrix} g_0 \\ g_1 \\ \vdots \\ g_{k-1} \end{bmatrix}=\begin{bmatrix} g_{0,0} & g_{0,1} & \cdots & g_{0,n-1} \\ g_{1,0} & g_{1,1} & \cdots & g_{1,n-1} \\ \vdots & \vdots & & \vdots \\ g_{k-1,0} & g_{k-1,1} & \cdots & g_{k-1,n-1} \end{bmatrix} \tag{1.2.7}$$

由式（1.2.7）给出的消息 $\boldsymbol{u}=(u_0,u_1,\cdots,u_{k-1})$ 的码字 $\boldsymbol{v}=(v_0,v_1,\cdots,v_{k-1})$ 用 $\boldsymbol{u}$ 和 $\boldsymbol{G}$ 的矩阵乘积表示如下：

$$\boldsymbol{v}=\boldsymbol{u}\cdot\boldsymbol{G} \tag{1.2.8}$$

式中，$\boldsymbol{G}$——(n,k) 线性分组码 C 的生成矩阵。

1.2.3 线性分组码的重量分布和最小汉明距离

令 $\boldsymbol{v}=(v_0,v_1,\cdots,v_{k-1})$是有限域 GF(2) 上的 n 维向量。$\boldsymbol{v}$ 的汉明重量（简称“重量”）记为$w(\boldsymbol{v})$，表示 $\boldsymbol{v}$ 中非零元素的个数。现在考虑一个码字符号在 GF(2) 上的 (n,k) 线性分组码 C。对$0\leqslant i\leqslant n$，令 A_i 表示 C 中汉明重量为 i 的码字数，则 $A_0,A_1,\cdots,A_n$ 称为 C 的重量分布。显然，$A_0+A_1+\cdots+A_n=2^k$。由于线性分组码里有且仅有一个全零码字，所以$A_0=1$。C 中非零码字的最小重量记为 $w_{\min}(C)$，称为 C 的最小重量。数学上，给出 C 的最小重量如下：

$$w_{\min}(C)=\min\{w(\boldsymbol{v}):\boldsymbol{v}\in C,\boldsymbol{v}\neq 0\} \tag{1.2.9}$$

如果把 C 用于 BSC（binary symmetric channel，二元对称信道）上的差错控制，传输概率记为 p。正如 1.2.2 节提到的，不可检测的错误图样和 C 中的一个非零码字是相同的。一旦出现这样的一个错误图样，译码器将不能检测出传输错误，因而会出现译码错误。重量为 i 的不可检测的错误图样有 A_i 个，每个错误图样的发生概率为 $p^i(1-p)^{n-i}$。因此 i 个错误发生造成的不可检测的错误图样的总概率是 $A_ip^i(1-p)^{n-i}$。译码器不能检测到传输错误的概率称为漏检错误概率，公式如下：

$$P_{\mathrm{u}}(E)=\sum_{i=1}^{n}A_ip^i(1-p)^{n-i} \tag{1.2.10}$$

因此，线性分组码的重量分布完全取决于漏检错误概率。已经证明了在有限域 GF(2) 上的 (n,k) 线性分组码的码集中，存在漏检错误概率为 $P_{\mathrm{u}}(E)$的码，该概率的上界为 $2^{-(n-k)}$，即

$$P_{\mathrm{u}}(E)\leqslant 2^{-(n-k)} \tag{1.2.11}$$

如果某个码满足式（1.2.11），则这个码是一个好的检错码。

令 $\boldsymbol{v}$ 和 $\boldsymbol{w}$ 是有限域 GF(2)上的两个 n 维向量。$\boldsymbol{v}$ 和 $\boldsymbol{w}$ 之间的汉明距离（简称“距离”）记为$d(\boldsymbol{v},\boldsymbol{w})$，表示 $\boldsymbol{v}$ 和 $\boldsymbol{w}$ 不相同的位的个数。汉明距离是一个距离方程函数，满足三角不等式。令 $\boldsymbol{v}$、$\boldsymbol{w}$ 和 $\boldsymbol{x}$ 是 GF(2)上的 3 个 n 维向量，则

$$d(\boldsymbol{v},\boldsymbol{w})+d(\boldsymbol{w},\boldsymbol{x})\geqslant d(\boldsymbol{v},\boldsymbol{x}) \tag{1.2.12}$$

从两个 n 维向量之间的汉明距离以及一个 n 维向量的汉明重量的定义，可得到向量 $\boldsymbol{v}$ 和 $\boldsymbol{w}$ 之间的汉明距离等于 $\boldsymbol{v}$ 和 $\boldsymbol{w}$ 的向量和的汉明重量，即 $d(\boldsymbol{v},\boldsymbol{w})=w(\boldsymbol{v}+\boldsymbol{w})$。

(n,k)线性分组码 C 的最小距离记为 $d_{\min}(C)$，定义 C 中两个不同码字之间的最小汉明距离，即

$$d_{\min}(C)=\min\{d(\boldsymbol{v},\boldsymbol{w}):\boldsymbol{v},\boldsymbol{w}\in C,\boldsymbol{v}\neq\boldsymbol{w}\} \tag{1.2.13}$$

利用$d(\boldsymbol{v},\boldsymbol{w})=w(\boldsymbol{v}+\boldsymbol{w})$，易证明 C 的最小距离 $d_{\min}(C)$等于 C 的最小重量$w_{\min}(\boldsymbol{w})$，即

$$
\begin{aligned}
d_{\min}(C) &= \min\{d(\boldsymbol{v},\boldsymbol{w}):\boldsymbol{v},\boldsymbol{w}\in C,\boldsymbol{v}\neq\boldsymbol{w}\} \\
&= \min\{w(\boldsymbol{v},\boldsymbol{w}):\boldsymbol{v},\boldsymbol{w}\in C,\boldsymbol{v}\neq\boldsymbol{w}\} \\
&= \min\{w(\boldsymbol{x}):\boldsymbol{x}\in C,\boldsymbol{x}\neq\boldsymbol{0}\} \\
&= w_{\min}(C)
\end{aligned}
\tag{1.2.14}
$$

因此，对于线性分组码，确定其最小距离等价于确定其最小重量。

1.3　经典信道编码

1.3.1　汉明码

汉明码由 Hamming 于 1950 年构造，它是通过在传输的数据流中插入验证码，从而实现纠正单错功能的线性分组码。简而言之，汉明码是一个错误校验码的码集，由于其编码风格简单，实现起来较容易，且所需的冗余位最少，因此被广泛使用。当发送端与接收端的比特样式的汉明距离为 3 时，校验矩阵中任意两列之和不会是零矢量。最多有 2^m-1 种不同的非零矢量组合，因此编码长度由 $n\leqslant 2^m-1$ 决定。又因为 $n-k=m$，即汉明界，所以将以等号满足这个界的码称为汉明码。与之相对，简单的奇偶检验码除了不能纠正错误之外，也只能检测出奇数个的错误。假设有 n 位代码，需要 k 个检测位，此时检测位数 k 应当满足 $2^k\geqslant n+k+1$，具体关系如表 1.3.1 所示。

表 1.3.1　代码长度和检测位数的关系

n	1	2 ~ 4	5 ~ 11	12 ~ 26	27 ~ 57	58 ~ 120
k（最小）	2	3	4	5	6	7

首先，通过 k 值来确定需要将编码分成多少组，然后确定取值。以代码 0101 为例，利用偶配齐求出对应的汉明码，插入校验位后的分组结果如表 1.3.2 所示。

表 1.3.2　插入校验位后的分组结果

G_1	1	3	5	7	9	11	13	15	…
G_2	2	3	6	7	10	11	14	15	…
G_4	4	5	6	7	12	13	14	15	…

其分组过程如下：

（1）由位数 $n=4$，根据 $2^k\geqslant n+k+1$，求得 $k=3$，其相应的汉明码应为 7 位。

（2）从第 1 位开始，依据 2^{k-1}（其中 $k=1$）将数字分成 3 组，分别为 G_1、G_2、G_4。

（3）插入位依旧由 2^{k-1}给出。例如，对于 G_1，从第 1 位开始插入 2^0 位；同理，对 G_2、G_4 分别插入 2^1 位和 2^2 位。

如果将编号进行二进制转换，则根据编号（1、2、4）的对应数据如表 1.3.3 所示。

表 1.3.3 对应分组编码的二进制转换

编号	1	2	3	4	5	6	7	8	9	10	11	…
二进制	0001	0010	0011	0100	0101	0110	0111	1000	1001	1010	1011	…

对于 G_1 来说，第 1 位是 1，因此将 G_1 分入第一组；同理，G_2 的第 2 位是 1，于是将其分到第二组，依此类推，将所有序号进行分组，采用偶配齐的原则求出汉明码。如表 1.3.4 所示，P_1、P_2、P_4 为采用偶配齐原则构建汉明码所插入的校验位，分别使得 G_1、G_2、G_4 组中“1”的个数为偶数。其中，P_1 为第 3、5、7 位相加根据其传送数异或，结果为 0；P_2 为第 3、6、7 位相加，根据其传送数异或，结果为 1；P_4 为第 5、6、7 位相加，根据其传送数异或，结果为 0。因此，该代码根据偶配齐的原则所构建的汉明码为 0100101。

表 1.3.4 偶配齐原则构建汉明码

序号	1	2	3	4	5	6	7
名称	P_1	P_2	B_4	P_4	B_3	B_2	B_1
传送数			0		1	0	1

1.3.2 BCH 码

循环码是线性分组码的一个重要子类，循环码除了具有线性分组码的一般特性，还具有三大特点：

（1）循环码的码字结构可以用代数方法来构造和分析，并且可以通过代数方式找到实用的译码方法。

（2）在硬件电路实现中，由于其具有循环特性，因此编码运算和伴随式计算可以通过反馈移位寄存器来实现，硬件实现简单。

（3）循环码有着不错的纠错能力，具体表现在循环码能够检测出码字随机错误的位置并纠正，即使传输的码字突然发生错误（如首尾相接的突发错误），循环码依然可以检查出错误发生。

BCH 码是一类循环码，其能检测多个随机错误并将随机错误纠正，BCH 的编码由它独特的生成多项式构成的生成矩阵生成。由于 BCH 码的生成多项式和最小码距之间有着密切的代数关系，因此研究者常常根据实际所需的码字纠错能力来构造 BCH 码。由于 BCH 码有其自身的循环特性，因此 BCH 码的编译码电路比较简单且容易实现。此外，BCH 码的译码器也较为容易实现，因此 BCH 码是线性分组码中应用最普遍的一类码。

对于一个（n,k）的 BCH 码，设其生成多项式为

$$g(x)=g_{n-k}x^{n-k}+g_{n-k-1}x^{n-k-1}+\cdots+g_1x+g_0 \tag{1.3.1}$$

由于 $g(x),xg(x),\cdots,x^{k-1}g(x)$ 共 k 个码多项式（它们表示分别将 $g(x)$ 循环移位 0 次，1 次，…，$k-1$ 次）必线性无关，故可以用它们组成码的一组基底，而与这些码多项式相对应的 k 个线性无关的码矢就构造出 $k\times n$ 阶的生成矩阵 $\boldsymbol{G}$，即

$$\boldsymbol{G}=\begin{bmatrix} g_{n-k} & g_{n-k-1} & \cdots & & g_1 & g_0 & 0 & \cdots & 0 \\ 0 & g_{n-k} & g_{n-k-1} & \cdots & & g_1 & g_0 & 0 \cdots & 0 \\ \vdots & & & & & & & & \vdots \\ 0 & \cdots & 0 & g_{n-k} & g_{n-k-1} & & \cdots & g_1 & g_0 \end{bmatrix} \tag{1.3.2}$$

$g(x)$ 通常用于构造生成矩阵，$h(x)$ 通常用于构造监督矩阵。假设 $h(x)$ 也用 $g(x)$ 的形式来表示，则有

$$h(x)=h_0x^0+h_1x^1+\cdots+h_{k-1}x^{k-1}+h_k \tag{1.3.3}$$

(n,k) 的 BCH 码编码与其自身的生成多项式息息相关。只要找到目标的生成多项式，就可以根据生成多项式构造生成矩阵，将信息码字序列与生成矩阵相乘，即可得到该 (n,k) 的 BCH 码编码。其基本步骤如下：

第 1 步，根据多项式 $x^n-1=g(x)h(x)$，将 x^n-1 进行多项式分解。

第 2 步，在分解后的多项式中，选择其中的 $n-k$ 次多项式作为该 (n,k) BCH 码的生成多项式 $g(x)$。

第 3 步，由第 2 步生成的多项式 $g(x)$ 进行不断移位，得到 k 个多项式：$g(x),xg(x),\cdots,x^{k-1}g(x)$。

第 4 步，将上述 k 个多项式作为基底，构造相应的生成矩阵。

第 5 步，将初始信息序列与生成矩阵相乘，得到结果，即完成编码。

1.3.3 RS 码

RS 码的全称是 Reed－Solomon 码，是由 Reed 和 Solomon 于 1960 年提出的一种多进制循环纠错码[1]。RS 码是一类特殊的 BCH 码，也是目前为止所发现的一类很好的线性纠错码类。RS 码具有很强的纠错能力，且相关理论研究已经很成熟，具有成熟高效的译码算法。除此之外，RS 码的构造方法和编码方法简单，该码在短码和中等码长下的性能表现接近于理论值。

对任意选择的正整数 s 及 v，存在长度为 $n=q^s-1$ 的 q 元 BCH 码，它只用 $2sv$ 个校验位就能纠正 v 个错误。当 $s=1$ 时的 q 元 BCH 码称为 RS 码，它是一类非二元 BCH 码。RS 码的一个重要性质是：真正的最小距离与设计距离总是相等的。每种 RS 码都是一个最大距离可分码，这是因为其最小距离为 $n-k+1$。当省略 RS 码的某些信息符号后，分组长度缩短，但最小距离并不减少，故任何一种缩短的码仍是一个最大距离可分码。RS 码的另一个重要

性质是：在其码字内的任何 k 个位置都可用作信息集合。在 (n,k) 的 RS 码中，输入信息分成 km 比特一组，每组包括 k 个符号，每个符号由 m 比特组成。

由于 RS 码是一种循环码，因此它的编码方法与一般循环码的编码方法完全一致。将信息码多项式 $m_{k-1}x^{k-1}+m_{k-2}x^{k-2}+\cdots+m_0$ 升 x^{n-k} 位后，除以多项式 $g(x)$，所得余式 $r(x)$ 为监督多项式，将监督多项式置于升 x^{n-k} 位的信息多项式之后，就形成 RS 码。因此 RS 码的编码变成用除法求余的过程。纠 v 个符号错误的生成多项式为

$$g(x)=\prod_{i=1}^{2v}(x+a^i)=\sum_{i=0}^{2v}g_ix^i \tag{1.3.4}$$

式中，a——有限域 $GF(2^m)$ 的元素。

设输入信息码为 $m(x)$，编码后的码组为 $c(x)$，则

$$c(x)=x^{n-k}m(x)+x^{n-k}m(x)\bmod g(x) \tag{1.3.5}$$

1.3.4 卷积码

卷积码最初由 Elias[2] 于 1955 年提出，随后 Massey 等[3] 又给出了其矩阵和校验多项式表示法。相比分组码，在码率和设备复杂度相同的条件下，卷积码的理论性能与其在实际应用中的性能相比至少不会更差，且卷积码的译码算法实现相对简单，因此卷积码被广泛应用于通信系统。

与分组码的编码器不同，卷积码的信息序列连续通过编码器，而不是将信息序列分组后进行编码，因此其对存储资源的需求很少，只需要 m 个移位寄存器对约束长度内的信息序列进行缓存。对于 (n,k,m) 的卷积码，其中 n 代表编码完成后每一组输出码字的长度，k 代表每一组信息位的长度，m 代表存储长度。卷积码在某一时刻的输出码字不仅与当前时刻的 k 个信息位有关，而且与当前时刻之前的 m 个时刻的信息位有关。由于每一组码字的生成受到 $m+1$ 组信息序列的约束，因此 $m+1$ 称为卷积码的约束长度。以 $(2,1,2)$ 的卷积码为例，卷积码编码器将 1 比特的信息位编码成 2 比特的码字，因为其约束长度为 3，所以一组 2 比特的码字不仅与当前输入的 1 比特信息位有关，还与之前输入的 2 比特信息位有关。

卷积码编码器的组成主要包括 3 部分，分别为移位寄存器、模二加法器、一个旋转开关。图 1.3.1 所示为一个 $(2,1,2)$ 卷积码编码器示意图，一共包含 2 级移位寄存器和 2 个模二加法器以及一个旋转开关。其中，移位寄存器的级数等于每个分组的信息位长度和存储长度的乘积；模二加法器的个数等于每个分组的输出码字的长度，其输入端连接移位寄存器的输出端或者为输入的信息序列，每个模二加法器可能含有不同数目的输入端，其输出端则连接旋转开关，每个模二加法器输出一组码字中的 1 比特信息；信息序列从左端进入移位寄存器，每个时刻向右移动一级，将一组信息序列的输入时间分为一个时段，旋转开关每个时段旋转一周，将编码码字输出。

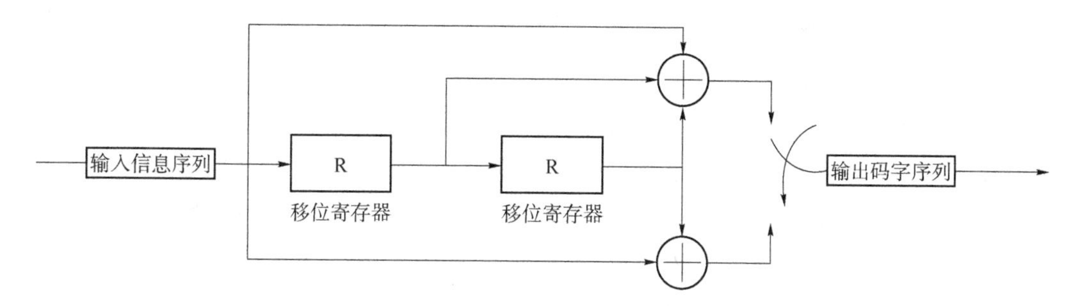

图 1.3.1　(2,1,2)卷积码编码器

网格图法又称栅格图法，是卷积码的经典表示方法。以(2,1,2)的卷积码为例，在图 1.3.2所示的网格图中，横轴为编译码时刻($t_0, t_1, \cdots, t_5$)，纵轴为编译码时寄存器中的值，即转移状态（00、01、10、11）；图中带箭头的连线代表编译码时状态转移的方向，即转移路径；转移路径的标注代表了编码码字输出；网格图上方的序列表示编码时的输入信息位；图中每一行节点分别对应一个状态，状态的个数与存储长度相关，即(2,1,2)卷积码的总状态数为 4；图中的实线和虚线用来表示状态转移路径，其中实线代表输入信息位为 1 时的状态转移路径，虚线代表输入信息位为 0 时的状态转移路径。

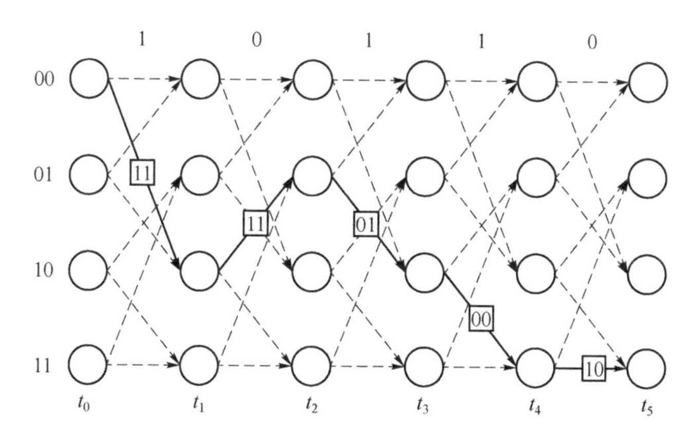

图 1.3.2　(2,1,2)卷积码网格图表示法

卷积码的译码理论研究相比其构造理论进展较快。卷积码的译码主要包括采用代数进行译码和采用概率进行译码两类译码方法。其中，代数译码适用于高速译码，因为其译码电路相对简单、译码延迟较小，但是对于约束长度较大的卷积码存在计算上的限制，所以仅适用于简单的约束长度较小的卷积码。而且，由于卷积码缺乏如分组码那样严格规范的代数结构，只有少数几种卷积码可以采用代数译码，因此卷积码采用的主要译码方法为概率译码。概率译码是将所有可能接收到的码字序列路径遍历一次，然后在其中寻找到一条与接收码字序列距离最短的路径，最短的路径与接收码字的相似性最高（即概率最大），从而通过该编码转移路径还原出发送序列，将其对应的输出序列作为译码结果进行输出。

最大似然译码是在网格图中找出一条最佳路径进行译码的译码准则或方法，从而使得译码错误概率最小。如果通过一次性直接计算汉明距离或者软距离来得到一条最佳路径，则对译码器计算速度要求很高，一般无法实现。维特比算法的出现解决了这一问题，该算法分段计算路径，而不是一次性计算所有可能的路径，不仅能大大降低对计算速度的要求，而且使整个码字序列是一个有最大似然函数的序列。此外，维特比算法符合贝尔曼的最优化原理，即每一时刻进行的计算都是全局优化的一部分；并且，在每一时刻进行计算的同时放弃了大量的非最优路径，只保留了一部分较优的路径作为幸存路径，因此减少了大量计算。

图 1.3.3 所示为维特比译码网格示意图。首先，将某一时刻编码网格中的所有期望码字序列与当前时刻接收到的码字序列按照分支度量计算方法计算各分支路径的度量值，并与该分支的上一时刻状态路径度量值进行相加；其次，在当前时刻的每个状态中，选择通向这一状态的最小路径度量值作为当前时刻该状态的路径度量值；再次，将度量值最小的分支路径进行存储，并将与之对应的路径作为幸存路径进行存储；当达到回溯深度时，根据幸存路径信息从度量值最小的状态开始回溯，从而找到与接收码字的最大似然路径，同时逆序生成译码位。

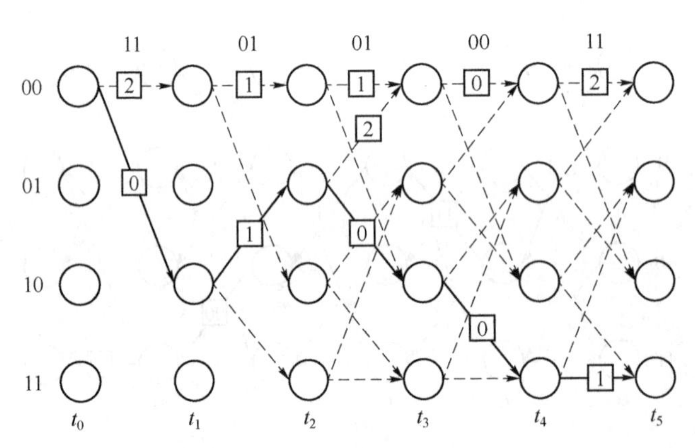

图 1.3.3　维特比译码网格示意图

1.4　现代信道编码

1.4.1　Turbo 码

在 20 世纪 90 年代召开的 ICC 会议中，两位法国教授与其学生共同提出了一种较好的信道编码方式——Turbo 码。Turbo 码能较为巧妙地将两个较方便且较易用的组件码共同随机地进行交互并串联，通过这样的方式得到一个特征较强的码，并且在输入译码器和输出译码器之间得到多次迭代的码所实现的随机性，从而被广泛应用。由实际仿真可知，在 Turbo 码的编码信道方案下，$\frac{1}{2}$码率下误码率（BER）≤10^{-5}时，信道比约为 0.7 dB，效果远远优于其他编码方法。近年来，Turbo 码已经被 LTE－Advanced 标准等通信标准所采用，还被应用于能源和功率受限的物联网和深空通信中；同时，Turbo 码也被应用于信息安全领域，如图像的加密传输。

1.4.1.1　Turbo 码编码

本节以 3GPP（3rd Generation Partnership Project，第三代合作伙伴计划）组织推荐的 LTE－Advanced 标准下的 Turbo 码为设计对象。Turbo 码编码器由两个结构相同的分量编码器和一个交织器通过并行级联构成，如图 1.4.1 所示。其中，分量码的选择有多种，本章节选用递归系统卷积码（recursive systematic convolutional code，RSC）。

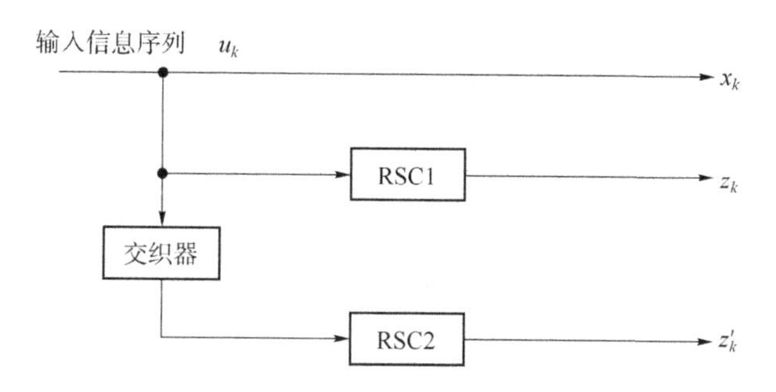

图 1.4.1　LTE－Advanced 标准中 Turbo 码编码器结构图

Turbo 码的编码过程如下：

第 1 步，将 k 时刻的信息比特序列 u_k 输入分量编码器 1（RSC1），得到第 1 个分量编码器的系统位 x_k 和校验位 z_k。

第 2 步，将 u_k 经过交织器交织后输入分量编码器 2（RSC2），得到第 2 个分量编码器的校验位 z'_k。

第 3 步，将 x_k、z_k 和 z'_k 构成码率为$\frac{1}{3}$的编码序列进行输出，完成对信息序列 u_k 的编码。

为了进一步分析 RSC 分量编码器的工作原理，图 1.4.2 给出了分量编码器的具体实现结构。其中，D 表示移位寄存器。

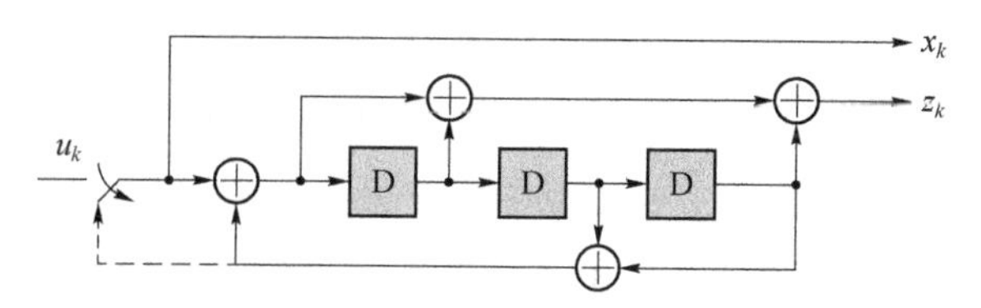

图 1.4.2　分量编码器结构示意图

由图 1.4.2 可知，编码器的记忆深度为 3，即分量编码器由 3 级移位寄存器构成；它们的二进制数可以用来表示当前分量编码器的 8 个状态。需要注意的是，在编码的初始状态，这 3 个移位寄存器的值均为零。对于以上所描述的 RSC 分量编码器，它的生成多项式为 $(g_1, g_2) = (13, 15)$，传输函数为

$$G(D) = \left[1, \frac{g_1(D)}{g_0(D)}\right] \tag{1.4.1}$$

式中，数字“1”表示编码存储信息；

$g_0(D) = 1 + D^2 + D^3$，代表反馈多项式；

$g_1(D) = 1 + D + D^3$，代表前馈多项式。

在编码过程中，假设输入编码器的信息序列为 $u_0, u_1, u_2, \cdots, u_{K-1}$，输出的编码序列用 $d_0^{(i)}, d_1^{(i)}, d_2^{(i)}, \cdots, d_{K-1}^{(i)}$ 表示，其中 K 为编码比特数、i 为输出序列的编号，则整个编码器的输出序列如下：

$$\begin{cases} d_k^{(0)} = x_k \\ d_k^{(1)} = z_k \\ d_k^{(2)} = z'_k \end{cases} \tag{1.4.2}$$

Turbo 码的编码器采用递归系统卷积码，为了降低译码过程中的计算复杂度，就需要在信息序列编码结束后对编码器进行归零处理，即在完成有效信息序列编码后，将分量编码器中的所有移位寄存器的状态都变成零状态。具体的实现过程如下：

第 1 步，当待编码的信息序列 $u_0, u_1, u_2, \cdots, u_{K-1}$ 完成编码后，将图 1.4.1 所示中编码器的开关向下闭合，使两个分量编码器沿着虚线的方向进行操作。

第 2 步，按照该结构将第 1 个分量编码器进行 3 次移位运算，使寄存器的状态全部为零状态。这样会有两路尾比特输出，其中每路产生 3 个尾比特。同样，将第 2 个分量编码器采用相同的移位运算进行归零操作，产生相应的尾比特。

第 3 步，将这些尾比特分配到编码输出序列中：

$$\begin{cases} d_k^{(0)} = x_k, d_{k+1}^{(0)} = z_{k+1}, d_{k+2}^{(0)} = x'_{k+2}, d_{k+3}^{(0)} = z'_{k+1} \\ d_k^{(1)} = z_k, d_{k+1}^{(1)} = x_{k+2}, d_{k+2}^{(1)} = z'_k, d_{k+3}^{(1)} = x'_{k+2} \\ d_k^{(2)} = x_{k+1}, d_{k+1}^{(2)} = z_{k+2}, d_{k+2}^{(2)} = x'_{k+1}, d_{k+3}^{(2)} = z'_{k+2} \end{cases} \tag{1.4.3}$$

交织器是 Turbo 码编码器中的一个重要的组成部件，它对提高通信系统的数据传输可靠性有着较大的影响。交织器的作用主要体现在两方面：

（1）提高抵抗突发性错误的能力。由于交织器是按照一定的规则将待编码信息序列进行打乱，因此可以将信息传输过程中产生的突发错误分散开。

（2）改善码字的重量分布。因为交织器将输入的信息序列进行置乱，降低了两个分量编码

器间信息序列的相关性，使输出的分量码之间的相关性就越低，进而提高译码过程的正确性。

交织器将信息序列的位置进行置乱，而没有改变数据本身。交织器的类型有多种，如规则交织器、S 随机交织器等。在本章中，为了降低交织器的计算过程复杂度和提高交织过程的并行程度，采用二次置换多项式（quadratic permutation polynomial，QPP）交织器，它的交织深度为 40 ~ 6 144，交织地址通过交织参数唯一确定，具有“最大无争用”特性。值得注意的是，如果输入的信息序列的长度超过了最大交织深度，则需要对待编码信息进行分块处理；如果小于最大交织深度，则需要在输入的编码信息前进行比特填充，使其满足交织深度的要求。

假设输入交织器的待编码的信息序列为 $u_0, u_1, u_2, \cdots, u_{K-1}$，交织操作后输出的序列为 $u'_0, u'_1, u'_2, \cdots, u'_{K-1}$，其中 K 是输入比特数（即交织长度）。交织参数 f_1 和 f_2 由 K 决定，交织器的迭代关系表达式为

$$u'_i = u_{\Pi(i)}, \quad i = 0, 1, \cdots, K-1 \tag{1.4.4}$$

式中，$\Pi(i)$——交织地址，$\prod(i) = (f_1 \cdot i + f_2 \cdot i^2) \bmod K$。

1.4.1.2 Turbo 码译码

Turbo 码译码器通过信息的迭代进行译码，其基本结构如图 1.4.3 所示。从图中可以看出，Turbo 码译码器主要由 7 个模块构成。其中，两个结构相同的软输入软输出（soft in and soft out，SISO）分量译码器与编码器中的两个分量编码器相对应；所采用的交织器与编码器中的交织器一样；解交织器的计算过程与交织器相反，并将这些模块通过串行级联，形成整个译码器。

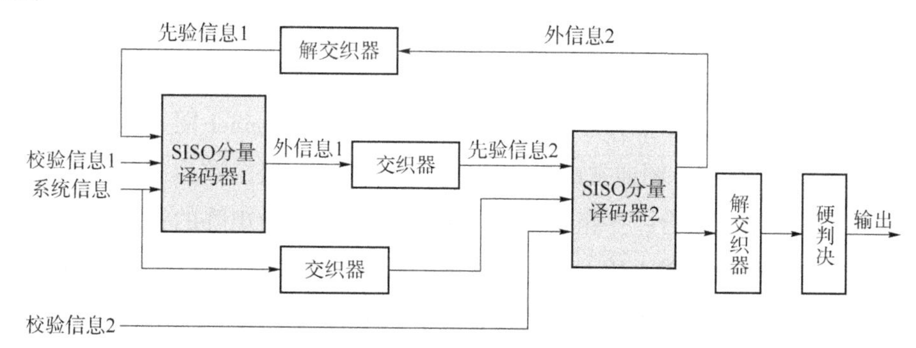

图 1.4.3 Turbo 码译码器结构图

Turbo 码的译码过程如下：

第 1 步，对第 1 个分量编码器所生成的编码序列进行译码；将经过调制与信道加噪传输后的系统信息、校验信息 1，以及解交织器内的先验信息 1 输入 SISO 分量译码器 1。值得注意的是，在刚开始译码时，需要对先验信息 1 进行取初值，并根据所选择的译码算法进行译码，将译码过程中得到的外信息 1 经过交织器交织操作之后送入 SISO 分量译码器 2，作为先验信息 2 输入。

第 2 步，对第 2 个分量编码器所生成的编码序列进行译码；将译码器接收到的系统信息、校验信息 2，以及第 1 步所产生的先验信息 2 输入 SISO 分量译码器 2 中进行译码，所采用的译码算法与 SISO 分量译码器 1 相同；将译码过程中得到的外信息 2 经过解交织器处理后送给 SISO 分量译码器 1 作为先验信息 1 输入，进行下一次迭代。

第 3 步，经过不断地迭代操作，两个分量译码器所产生的外信息的值都将慢慢稳定；当迭代次数达到所设定的值或者达到设定的判决条件时，对此时的似然比进行解交织处理，将其位置进行还原，并通过硬判决模块处理输出译码信息，完成整个译码过程。

1.4.2 LDPC 码

低密度奇偶校验编码（low density parity check code，LDPC）最早由美国麻省理工学院的 Gallager 于 1963 年在其博士论文[4]中提出，但受当时硬件计算能力所限而没有得到重视，直到 1996 年 Mackay 等[5]证明 LDPC 是一种逼近香农容量限的编码方式，才将 LDPC 又带回人们视野。随着时代的不断进步，LDPC 在近几十年有了长足的发展，于 2016 年被 3GPP 采纳为 5G NR 的共享信道编码方案。

LDPC 是一种线性分组码。通常线性分组码由其生成矩阵表示，但 LDPC 编码由其校验矩阵 $\boldsymbol{H}$ 来表示。LDPC 校验矩阵的特点是：矩阵中含有少量非零元素。相对于校验矩阵行和列的长度，非零元素在每行每列中所占的比重非常低，因此 LDPC 的校验矩阵又被称为稀疏校验矩阵。同时，校验矩阵只含有 0 和 1，因此又称二进制稀疏校验矩阵。除了 LDPC 的校验矩阵是稀疏矩阵外，其码本身与其他线性分组码并无区别。

1.4.2.1 LDPC 码的 Tanner 图形式

在研究 LDPC 编码的过程中，一个必不可少的工具就是 Tanner 图，Tanner 图可以表示 LDPC 码的校验矩阵。Tanner 图通常由两个节点集合组成；一组个数为 n 的节点对应校验矩阵的列数，称为变量节点集合；一组个数为 m 的节点对应校验矩阵的行数，称为校验节点集合。线性分组码的校验矩阵本质上是一组线性方程组，其每一行是一个线性方程式、每一列对应于码字中的一个比特，若某个线性方程组中包含某个码字比特，则用一条线将 Tanner 图中对应的校验节点和变量节点连接。假设有 LDPC 校验矩阵为

$$\boldsymbol{H}=\begin{bmatrix}1&1&0&1&0&0\\0&0&0&1&1&1\\1&0&1&0&1&0\\0&1&1&0&0&1\end{bmatrix}\tag{1.4.5}$$

如图 1.4.4 所示，用方形节点表示校验节点，用圆形节点表示变量节点，变量节点和校验节点之间的边代表节点之间信息传递的关系。根据每条边上的信息的流动方向，可以将信息的传递方式分为两种：从变量节点到校验节点、从校验节点到变量节点。

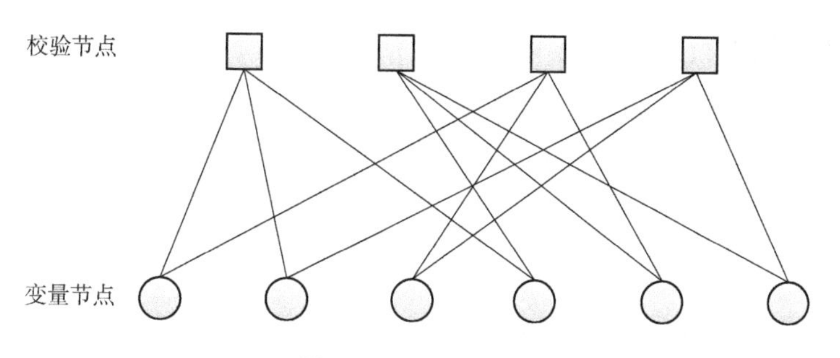

图 1.4.4　Tanner 图

在 Tanner 图上，将环定义为一个由变量节点、校验节点和边连成的闭合环路，将环长定义为这个闭合环路经过的节点数量。若环经过 4 个节点，就称在这个 Tanner 图中有一个 4 环。Tanner 图的最小环是指在 Tanner 图上所有环中节点数量最少的环。环是影响 LDPC 码性能的一个重要因素，具有一定的环结构对 LDPC 码的性能是有益的，可以改善码的最小距离。

1.4.2.2　LDPC 码的构造

构造一个 LDPC 编码实际上就是找到其校验矩阵。为了找到一个合适的、译码性能优秀的校验矩阵，需要通过一些科学的构造方法来选择。无论用何种方式构造 LDPC 的校验矩阵，在构造过程中均应注意以下两种情况：

（1）校验矩阵中不能出现长度为 4 的环。4 环图会导致消息在两组节点之间反复传递，信息难以更新，因此这是必须要避免的一种结构。

（2）变量节点所连接的校验方程过于集中。当变量节点所连接的校验节点过于集中，常会导致 LDPC 编码错误平层的产生。

LDPC 编码的校验矩阵生成方式有多种。例如，早期为了挑选出性能最好的 LDPC 编码，其利用计算机来随机生成校验矩阵，然后通过对比仿真性能来挑选出性能最好的矩阵；从图论的角度构造一个校验矩阵，如 PEG（progressive edge growth，渐进边增长）等方法，这样得到的校验矩阵往往性能非常稳定。这两种方式一般都是从性能的角度来构造和优化校验矩阵，其好处是可以得到在特定条件下非常优秀的校验矩阵，但在现实情况下会有一定的负面影响，因此近年来逐步兴起结构化的校验矩阵，如 QC - LDPC（quasi - cyslic LDPC，准循环 LDPC）就是一种结构化的 LDPC 编码方式。接下来，重点介绍 QC - LDPC 的构造方式。

5G NR 标准的数据信道编码方案是以准循环构造法为基础的 LDPC 码，准循环码中存在多种变形，但其基本的思想没有太多的变化。首先，需要一个基矩阵 $\boldsymbol{P}$。基矩阵的构成形式有多种，最常见的就是将一个单位矩阵进行循环位移，如下：

$$\boldsymbol{P}^1 = \begin{bmatrix} 0 & 1 & 0 & \cdots & 0 \\ 0 & 0 & 1 & & 0 \\ & \vdots & & \ddots & \\ 0 & 0 & 0 & & 1 \\ 1 & 0 & 0 & 0 & 0 \end{bmatrix} \tag{1.4.6}$$

其次，根据不同位置位移值的不同，设定位移矩阵 $\boldsymbol{L}$：

$$\boldsymbol{L}=\begin{bmatrix} a_{11} & \cdots & a_{1n} \\ \vdots & & \vdots \\ a_{m1} & \cdots & a_{mn} \end{bmatrix} \tag{1.4.7}$$

式中，a_{mn}——基矩阵位移的位数。

再次，根据位移矩阵 $\boldsymbol{L}$ 对基矩阵 $\boldsymbol{P}$ 进行循环位移，将各种位移进行组合，就得到了准循环校验矩阵：

$$\boldsymbol{H}=\begin{bmatrix} P^{a_{11}} & \cdots & P^{a_{1n}} \\ \vdots & & \vdots \\ P^{a_{m1}} & \cdots & P^{a_{mn}} \end{bmatrix} \tag{1.4.8}$$

采用这样的结构，就可以直接通过位移矩阵来计算变量节点和校验节点的度分布；同时，只需要通过位移矩阵和基矩阵就可以得到 LDPC 编码的校验矩阵，从而降低硬件的存储难度；此外，还可以通过改变 $\boldsymbol{P}$ 的大小来调整 LDPC 编码的码长。通过这种设计方式可以避免矩阵设计过程中出现长度为 4 的环和变量节点连接的校验节点过于集中等问题，但是由于校验矩阵的随机性并没有得到很好的满足，因此在性能方面相对于随机构造法得到的校验矩阵有一定下降。

1.4.2.3 LDPC 码译码

目前应用得最广泛的 LDPC 译码算法是和积算法，该算法是一种在图结构的模型上进行推测的消息传递算法，最早由 Pearl 于 1982 年提出[6]，后来逐渐将其推广至在 polytree（多重树）上的应用[7]，现在一般可用在贝叶斯网络和马尔可夫随机域中。

和积算法原理的核心是将获取的码字概率信息在校验节点和变量节点之间不断地进行传递、更新，在迭代过程中每个节点的信息逐步趋于稳定，最终达到稳定状态。当接收端获得一个码字比特似然信息时，可以利用校验方程来确定这个码字信息的可靠度，而校验方程在验证这个码字的过程中又参考了校验方程中与当前码字相关的其他信息比特，以此类推，在校验方程不断迭代更新的过程中逐渐调用接收端收到的所有码字信息来验证可靠度，最终得到的结果充分利用了所有节点的信息。

LDPC 码的译码过程中，利用接收端获得比特的对数似然比（log likelihood ratio，LLR）信息，使其在变量节点和校验节点之间不断进行信息传递，当信息达到一定的门限即对其进行硬判决，最后利用校验矩阵 $\boldsymbol{H}$ 判断能否成功译码。在和积算法中，变量节点和校验节点通过迭代相互交换信息，对于发送的信息一般用 LLR 来表示。其中，变量节点的 LLR 为

$$u_0=\log\frac{p(y\,|\,x=1)}{p(y\,|\,x=-1)} \tag{1.4.9}$$

式中，u_0——变量节点的 LLR。

定义 v 为变量节点的信息，u 为校验节点的信息。变量节点信息的更新式为

$$v = \sum_{i=0}^{d_v-1} u_i \tag{1.4.10}$$

式中，d_v——变量节点的度，即该变量节点所连接的校验节点的总数；

u_i——从校验节点传递到变量节点的信息（其中不包含由当前节点前一轮迭代传递给校验节点的信息），它的取值与信道状况有关。

校验节点的更新式为

$$\tanh \frac{u}{2} = \prod_{j=1}^{d_c-1} \tanh \frac{v_j}{2} \tag{1.4.11}$$

式中，d_c——校验节点的度，即该校验节点所连接的变量节点的总数；

v_j——由变量节点输入校验节点的信息（其中不包含当前节点在上一轮迭代中传递给变量节点的信息）。

由式（1.4.11），可得

$$u = 2\operatorname{artanh}\left(\prod_{j=1}^{d_c-1} \tanh \frac{v_j}{2}\right) \tag{1.4.12}$$

从 v 和 u 的更新公式可以看出：在译码过程中，变量节点和校验节点之间不断进行着信息的传递与接收。然后，通过判断是否达到译码门限值来决定是继续进行信息交换，还是对变量节点信息进行硬判决。最后，将硬判决得到的数据与校验矩阵相乘，根据校验矩阵校验判断译码是否成功。

1.4.3　Polar 码

Arıkan[8] 于 2009 年正式提出了一种可以达到任意二元输入离散无记忆信道（binary - input discreet memoryless channel，B - DMC）对称容量的编码，并将其命名为极化码（polar code）。从编码角度来看，极化码和传统代数编码中的 RM 码一样，都可以看作一类 G_N 陪集码，在给定(N,K)后，极化码的生成矩阵也随之确定；而在译码及码字构造方面，由于极化码采用连续消除（successive cancellation，SC）译码算法进行概率译码，构造也需要根据比特信道的错误概率来选择消息位置，因此极化码延续了概率编译码的思路。

1.4.3.1　信道极化

信道极化分为两个过程：信道联合、信道分裂。对于长度 $N=2^n(n>0)$的极化码，在二进制离散无记忆信道 W 中，先进行信道联合操作，将信道 W 的 N 个独立复制信道进行线性变换操作得到复合信道 W_N，再进行信道分裂操作，得到分裂后的子信道$\{W_N^{(1)}, W_N^{(2)}, \cdots, W_N^{(N)}\}$。

1. 信道联合

在信道联合阶段，联合 B - DMC 信道 W 的 N 个独立副本，通过递归方式产生一个向量信道 $W_N: X^N \to Y^N$，其中 $N=2^n(n>0)$。

当 $n=1$ 时，联合两个 W 信道进行递归操作，得到信道 W_2：$X^2 \to Y^2$。给定的输入信息记为 u_1 和 u_2，与之对应的输出符号记为 y_1 和 y_2。联合过程如图 1.4.5 所示，信道 W_2 的转移概率公式如下：

$$W_2(y_1,y_2 \mid u_1,u_2) = W(y_1 \mid u_1 \oplus u_2) W(y_2 \mid u_2) \tag{1.4.13}$$

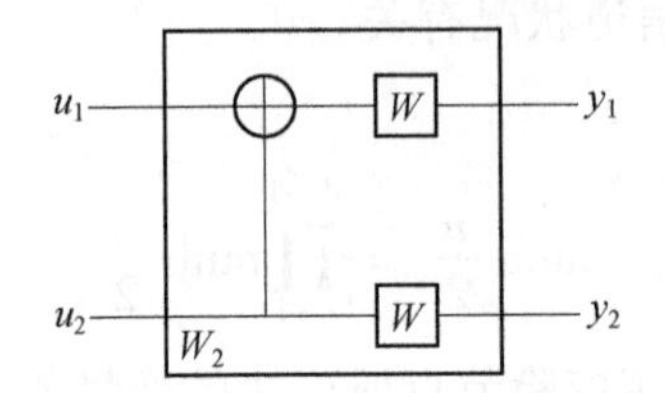

图 1.4.5　信道 W_2 的联合图

当 $n=2$ 时，联合两个 W_2 进行递归操作，得到信道 W_4：$X^4 \to Y^4$。给定的输入信息记为 $\boldsymbol{u}_1^4 = (u_1, u_2, u_3, u_4)$，与之对应的输出符号记为 $\boldsymbol{y}_1^4 = (y_1, y_2, y_3, y_4)$。联合过程如图 1.4.6 所示，信道 W_4 的转移概率公式如下：

$$W_4(\boldsymbol{y}_1^4 \mid \boldsymbol{u}_1^4) = W_2(\boldsymbol{y}_1^2 \mid u_1 \oplus u_2, u_3 \oplus u_4) W_2(\boldsymbol{y}_3^4 \mid u_2, u_4) \tag{1.4.14}$$

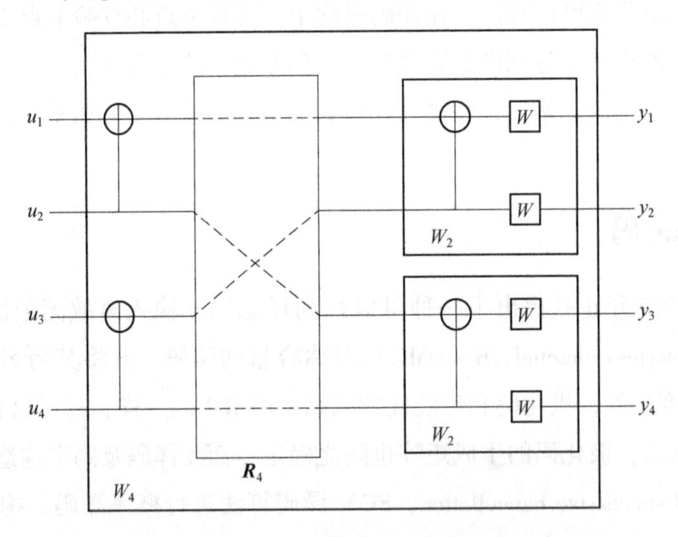

图 1.4.6　信道 W_4 的联合图

在图 1.4.6 中，$\boldsymbol{R}_4$ 是置换操作矩阵，若输入比特序列为 (s_1, s_2, s_3, s_4)，则经 $\boldsymbol{R}_4$ 处理后得到比特序列 $\boldsymbol{v}_1^4 = (s_1, s_3, s_2, s_4)$。因此，经过信道 W_4，$\boldsymbol{u}_1^4$ 与 $\boldsymbol{x}_1^4$ 的映射关系可以写成 $\boldsymbol{x}_1^4 = \boldsymbol{u}_1^4 \boldsymbol{G}_4$，$\boldsymbol{G}$ 是生成矩阵，$\boldsymbol{u}_1^4$ 为原始比特序列，$\boldsymbol{x}_1^4$ 是经过生成矩阵编码后的比特序列。因此信道转移概率可以表示为

$$W_4(\boldsymbol{y}_1^4 \mid \boldsymbol{x}_1^4) = W_4(\boldsymbol{y}_1^4 \mid \boldsymbol{u}_1^4 \boldsymbol{G}_4) \tag{1.4.15}$$

由此可知，信道联合是通过复制两个 $W_{N/2}$ 信道进行递归组合操作得到信道 W_N，过程如图 1.4.7 所示。首先将信息序列 $\boldsymbol{u}_1^N$ 输入信道 W_N，其次进行模 2 加操作得到序列 $\boldsymbol{s}_1^N$，然后将序列 $\boldsymbol{s}_1^N$ 经过 $\boldsymbol{R}_N$ 置换操作得到 $\boldsymbol{v}_1^N = (s_1, s_3, \cdots, s_{N-1}, s_2, s_4, \cdots, s_N)$，接下来 $\boldsymbol{v}_1^N$ 成为两个联

合信道 $W_{N/2}$ 的输入，最后输出序列为 $\boldsymbol{y}_1^N$。信道 W_N 的转移概率公式还可以如下表示：

$$W_1^N(\boldsymbol{y}_1^N \mid \boldsymbol{u}_1^N) = W_{N/2}(\boldsymbol{y}_1^{N/2} \mid \boldsymbol{u}_{1,\mathrm{o}}^{N-1} \oplus \boldsymbol{u}_{2,\mathrm{e}}^N) W_{N/2}(\boldsymbol{y}_{N/2}^N \mid \boldsymbol{u}_{2,\mathrm{e}}^N) \tag{1.4.16}$$

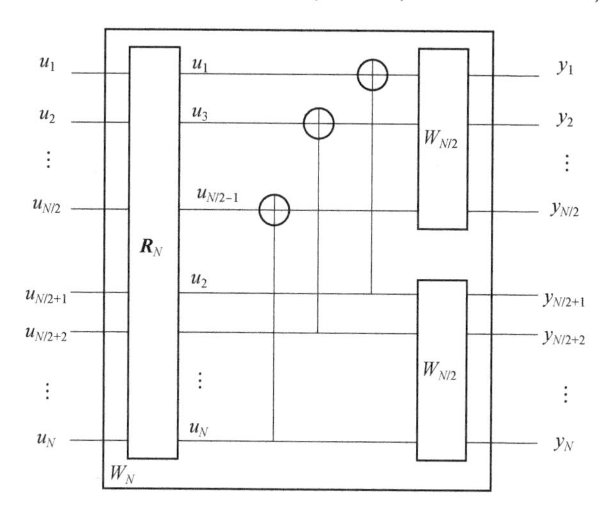

图 1.4.7　信道 $W_{N/2}$ 递归生成信道 W_N

通过分析可以看出，$\boldsymbol{u}_1^N \to \boldsymbol{x}_1^N$ 是由联合信道 W_N 的输入原始信道 W^N 的输入的映射，其变换过程通过生成矩阵 $\boldsymbol{G}_N$ 来实现，即 $\boldsymbol{x}_1^N = \boldsymbol{u}_1^N \boldsymbol{G}_N$。$W_N$ 和 W^N 这两个信道的转移概率可以表示为

$$W_N(\boldsymbol{y}_1^N \mid \boldsymbol{x}_1^N) = W_N(\boldsymbol{y}_1^N \mid \boldsymbol{u}_1^N \boldsymbol{G}_N) \tag{1.4.17}$$

式中，$\boldsymbol{y}_1^N \in Y^N$，$\boldsymbol{u}_1^N \in X^N$。

2. 信道分裂

此过程是将第一阶段通过信道联合构成的复合信道 W_N 拆分成 N 个相互独立的子信道 $W_N^{(i)}: X \to Y^N \times X^{i-1}, 1 \leqslant i \leqslant N$，定义转移概率为

$$W_N^{(i)}(\boldsymbol{y}_1^N, \boldsymbol{u}_1^{i-1} \mid u_i) \triangleq \sum_{\boldsymbol{u}_{i+1}^N \in X^{N-1}} \frac{1}{2^{N-1}} W_N(\boldsymbol{y}_1^N \mid \boldsymbol{u}_1^N) \tag{1.4.18}$$

式中，$W_N^{(i)}$——第 i 个极化子信道的转移概率；

u_i——第 i 个输入的信息比特，$1 \leqslant i \leqslant N$。

当 $N=2$ 时，信道 W_2 的分裂过程为 $(W,W) \to (W_2^{(1)}, W_2^{(2)})$，分裂过程如图 1.4.8 所示，可以推出每条子信道的转移概率为

$$\begin{aligned} W_2^{(1)}(\boldsymbol{y}_1^2 \mid u_1) &\triangleq \sum_{u_2 \in X} \frac{1}{2} W_2(\boldsymbol{y}_1^2 \mid \boldsymbol{u}_1^2) \\ &= \sum_{u_2 \in X} \frac{1}{2} W(y_1 \mid u_1 \oplus u_2) W(y_2 \mid u_2) \end{aligned} \tag{1.4.19}$$

$$\begin{aligned} W_2^{(2)}(\boldsymbol{y}_1^2, u_2 \mid u_1) &\triangleq \frac{1}{2} W_2(\boldsymbol{y}_1^2 \mid \boldsymbol{u}_1^2) \\ &= \frac{1}{2} W(y_1 \mid u_1 \oplus u_2) W(y_2 \mid u_2) \end{aligned} \tag{1.4.20}$$

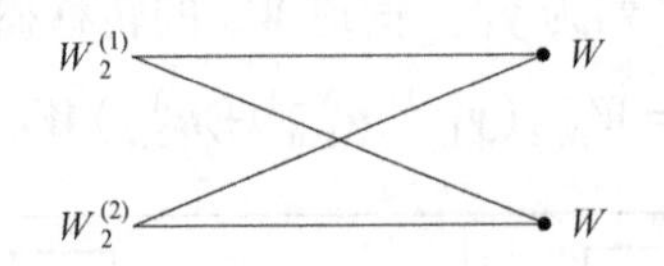

图 1.4.8　W_2 的信道分裂过程

当 $N=4$ 时，信道 W_4 的分裂过程 $(W_2^{(1)},W_2^{(1)})\to(W_4^{(1)},W_4^{(2)})$，$(W_2^{(2)},W_2^{(2)})\to(W_4^{(3)},W_4^{(4)})$，信道 W_4 拆分成两个独立的子信道 W_2，子信道 W_2 的分裂过程为 $(W,W)\to(W_2^{(1)},W_2^{(2)})$，最后 W_4 经过信道分裂得到 4 个独立的子信道 W，分裂过程如图 1.4.9 所示。

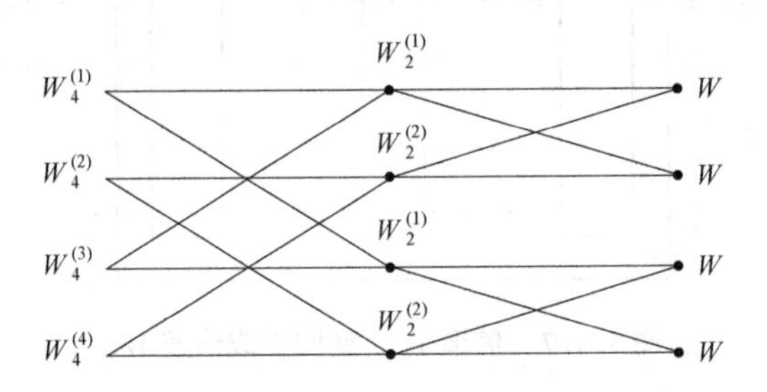

图 1.4.9　W_4 的信道分裂过程

由此可以推出，对于码长 $N=2^n$ 的信道，拆分为 $(W_{2N}^{(2i-1)},W_{2N}^{(2i)})\to(W_N^{(i)},W_N^{(i)})$。奇序分裂子信道和偶序分裂子信道的转移概率可由下面两个递归式得到：

$$W_N^{(2i-1)}(\boldsymbol{y}_1^N,\boldsymbol{u}_1^{2i-2}\mid u_{2i-1})\triangleq\sum_{u_{2i}\in X}\frac{1}{2}W_{N/2}^{(i)}(\boldsymbol{y}_1^{N/2},\boldsymbol{u}_{1,\mathrm{o}}^{2i-2}\oplus\boldsymbol{u}_{1,\mathrm{e}}^{2i-2}\mid u_{2i-1}\oplus u_{2i})W_{N/2}^{(i)}(\boldsymbol{y}_{N/2+1}^N,\boldsymbol{u}_{1,\mathrm{e}}^{2i-2}\mid u_{2i})\tag{1.4.21}$$

$$W_N^{(2i)}(\boldsymbol{y}_1^N,\boldsymbol{u}_1^{2i-2}\mid u_{2i})\triangleq\frac{1}{2}W_{N/2}^{(i)}(\boldsymbol{y}_1^{N/2},\boldsymbol{u}_{1,\mathrm{o}}^{2i-2}\oplus\boldsymbol{u}_{1,\mathrm{e}}^{2i-2}\mid u_{2i-1}\oplus u_{2i})W_{N/2}^{(i)}(\boldsymbol{y}_{N/2+1}^N,\boldsymbol{u}_{1,\mathrm{e}}^{2i-2}\mid u_{2i})\tag{1.4.22}$$

1.4.3.2　极化码编码

Arıkan 最初提出极化码时所采用的是非系统码的编码方式[8]。对于一个码长为 $N=2^n$ 且信息比特数为 K 的极化码，其承载消息的信息序列 $\boldsymbol{u}_1^N=(u_1,u_2,\cdots,u_N)$ 包含了 K 个消息比特以及 $N-K$ 个冻结比特。作为一类线性分组码，极化码的编码过程也能通过生成矩阵来表示，即码字 $\boldsymbol{x}_1^N$ 可以通过下式来计算：

$$\boldsymbol{x}_1^N=\boldsymbol{u}_1^N\boldsymbol{G}_N\tag{1.4.23}$$

式中，$\boldsymbol{G}_N$——极化码的生成矩阵，可以写作 $\boldsymbol{G}_N=\boldsymbol{B}_N\boldsymbol{G}_2^{\otimes n}$。其中，$\boldsymbol{G}_2=\begin{bmatrix}1&0\\1&1\end{bmatrix}$称作极化码的核矩阵或者极化核，而⊗代表克罗内克（Kronecker）积运算；矩阵 $\boldsymbol{B}_N$ 为一个转置矩阵，可以利用递归定义为 $\boldsymbol{B}_N=\boldsymbol{R}_N(\boldsymbol{E}_2\otimes\boldsymbol{B}_{N/2})$，其中 $\boldsymbol{E}_2$ 是一个 2×2 的单位矩阵。

在给定输入比特序列 $\boldsymbol{u}_1^N$ 的情况下，要想完成极化码的编码操作，那么如何确定输入比

特序列 $\boldsymbol{u}_1^N$ 中的信息位和冻结位也至关重要。

给定一个容量为 $I(W)$ 的物理信道 W，经过 N 个阶段的信道极化后会产生 2^N 个容量不同的比特信道，一个直观的构造准则就是选择容量值最高的 K 个比特信道来承载消息。Arıkan 在最初介绍极化码时并没有选择信道容量作为极化码的构造准则，而是选择了巴塔恰里亚（Bhattacharyya）参数来度量比特信道的可靠性。对于一个 B - DMC 信道 W，其巴塔恰里亚参数 $Z(W)$ 定义如下：

$$Z(W) = \sum_{y \in Y} \sqrt{W(y|0)W(y|1)} \tag{1.4.24}$$

式中，Y——输出符号集合。

如果 W 是一个 BEC 信道，则可以证明 $Z(W) = 1 - I(W)$，即 $Z(W)$ 等于信道的删除概率，$Z(W)$ 越小，信道的可靠性就越高，反之亦然。对于一般的信道 W，文献［8］证明了分裂信道 W^- 和 W^+ 的巴塔恰里亚参数具有如下关系：

$$Z(W^-) \leqslant 2Z(W) - Z(W)^2 \tag{1.4.25}$$

$$Z(W^+) = Z(W)^2 \tag{1.4.26}$$

式中，等号当且仅当 W 是 BEC 信道时才成立。

因此，对于 BEC 信道，本节可以利用等式递归地计算各分裂信道的错误概率，从而找到错误概率最低的 K 个比特信道。与编码复杂度类似，这里的复杂度也为 $\mathcal{O}(N\log_2 N)$。然而，当物理信道 W 不是 BEC 信道时（如 Bi - AWGN 信道），式中的等号不再成立，直接计算各个分裂信道的巴塔恰里亚参数将变得十分复杂。为此，Arıkan 给出了一个启发式的方法来对任意信道下的极化码进行递归地构造。对于一个任意的 B - DMC 信道 W，首先计算其容量 $I(W)$，然后将该信道看作一个删除概率为 $\varepsilon = 1 - I(W)$ 的 BEC 信道来构造极化码。虽然这种构造方法大大降低了复杂度，但不准确。之后，Mori 等[9] 提出利用密度进化（density evolution ，DE）来计算每个分裂信道对数似然比（LLR）的概率密度函数（probability density function，PDF），进而获得各分裂信道的错误概率。该密度进化方法广泛应用于 LDPC 码的设计与译码，并同样适用于极化码。根据物理信道端 LLR 的 PDF，DE 根据极化码的编码结构向比特信道端推算出每个比特信道的错误概率。在实际应用中，需要对 LLR 的 PDF 进行量化，以保证可实现的复杂度。

1.4.3.3 极化码译码

回顾极化码的编码过程，每个基本蝶形单元都对输入的两个独立的信息比特引入了相关性，经过递归计算，最终码字中的某个特定的码字比特与该比特之前的所有码字比特都有关联。这种关联映射到比特信道端，就是当前信息比特不仅与接收序列有关，还与当前信息比特之前的信息比特序列有关。因此对于一个码长为 N 的极化码，其第 i 个比特信道可以定义为

$$W_N^{(i)}: u_i \rightarrow \boldsymbol{y}_1^N \times \boldsymbol{u}_1^{i-1} \tag{1.4.27}$$

利用贝叶斯准则，可以计算得到该比特信道的转移概率，即

$$W_N^{(i)}(\boldsymbol{y}_1^N,\boldsymbol{u}_1^{i-1}\mid u_i) \triangleq \sum_{\boldsymbol{u}_{i+1}^N \in X^{N-1}} \frac{1}{2^{N-1}} W_N(\boldsymbol{y}_1^N \mid \boldsymbol{u}_1^N) \tag{1.4.28}$$

极化码采用串行消除的译码方式，其核心是通过译码当前比特，连续地消除前面信息比特对后面消息序列的干扰，从而大幅提升译码后续信息比特的可靠性。为此，SC 译码器需要计算每个比特信道上的 LLR，以对信息比特进行估计。对于第 i 个比特信道，其对应的 LLR 定义如下：

$$L_N^{(i)}(\boldsymbol{y}_1^N,\hat{u}_1^{i-1}) = \ln \frac{W_N^{(i)}(\boldsymbol{y}_1^N,\hat{u}_1^{i-1}\mid 0)}{W_N^{(i)}(\boldsymbol{y}_1^N,\hat{u}_1^{i-1}\mid 1)} \tag{1.4.29}$$

式中，没有使用前序消息序列 $\boldsymbol{u}_1^{i-1}$ 的真实值，而是代入了其估计值 $\hat{u}_1^{i-1}$，这是因为译码器在译码时不可能事先知道信息比特的真实取值。该定义再次说明：为了译码 u_i，除了直接利用来自物理信道的接收符号 $\boldsymbol{y}_1^N$，还必须事先完成对 $\boldsymbol{u}_1^{i-1}$ 的译码。这意味着译码必须是基于自然顺序的串行译码。

式（1.4.29）可以通过递归计算得到：

$$L_N^{(2i-1)}(y_1^N,\hat{u}_1^{2i-2}) = L_{N/2}^{(i)}(y_1^{N/2},\hat{u}_{1,\mathrm{o}}^{2i-2}\oplus\hat{u}_{1,\mathrm{e}}^{2i-2}) \odot L_{N/2}^{(i)}(y_{N/2+1}^N,\hat{u}_{1,\mathrm{e}}^{2i-2}) \tag{1.4.30}$$

$$L_N^{(2i)}(y_1^N,\hat{u}_1^{2i-1}) = (1-2\hat{u}_1^{2i-1}) L_{N/2}^{(i)}(y_1^{N/2},\hat{u}_{1,\mathrm{o}}^{2i-2}\oplus\hat{u}_{1,\mathrm{e}}^{2i-2}) + L_{N/2}^{(i)}(y_{N/2+1}^N,\hat{u}_{1,\mathrm{e}}^{2i-2}) \tag{1.4.31}$$

式中，$\odot$运算符定义为：$a\odot b = \ln \dfrac{1+\mathrm{e}^{a+b}}{\mathrm{e}^a+\mathrm{e}^b}$。

在得到所有比特信道端的 LLR 后，译码器需要根据当前比特是冻结比特还是信息比特来进行不同的硬判决。当 u_i 是信息比特时，则其硬判决 $\hat{u}_i$ 为

$$\hat{u}_i = \begin{cases} 0, & L_N^{(i)}(y_1^N,\hat{u}_1^{i-1}) > 0 \\ 1, & L_N^{(i)}(y_1^N,\hat{u}_1^{i-1}) \leqslant 0 \end{cases} \tag{1.4.32}$$

如果 u_i 是冻结比特，则直接将 u_i 硬判决为 0。

1.5 无速率编码

1.5.1 无速率码发展概述

1.5.1.1 无速率码的基本概念

传统信道编码的纠错能力由码率决定，码率越高，纠错能力就越弱，反之亦然。码率通常由信道状况确定，信道状况较好时，传输中产生的错误较少，可以使用较高的码率。为了应对不同的信道环境，传统信道编码通常建立调制编码集合（modulation coding set，MCS），

针对不同的信道状况预先设定调制阶数和码率，在保证可靠性的前提下尽可能提升通信效率。然而，在实际使用中，由于 MCS 中的参数组合数量有限，其传输性能随信道状况呈阶梯状变化，导致性能恶化。此外，在广播业务或信道状态不断变化的情况下，发送端难以获取准确的信道状态信息，导致固定码率信道编码难以获取良好的传输性能。另外，为了保证可靠性，传统通信过程中通常采用基于反馈的重传作为差错控制方式，一旦由于 MCS 选取错误等原因导致译码失败，接收机就产生反馈，通知发送端重新发送数据。这种方式虽然降低了译码失败概率，确保了可靠性，但是反馈重传带来较大的信令开销和时延，且存在反馈风暴问题，因此依旧不适用于广播业务。

无速率码是近十来年出现的一种新型纠删码，最初是为了解决二元删除信道中的数据分发问题。无速率码是一类信道编码的统称，没有固定的编译码方法，其基本特点是：可以对有限多个信源符号进行编码，产生无穷多个编码符号。接收端只要接收到一定数量的编码符号即可完成译码，而对编码符号的具体内容没有要求。这就好像用杯子从喷泉里接水，只要杯子接满水即可，而不用在意接到了哪一滴水。因此，无速率码又称喷泉码。与传统信道编码不同，无速率码没有固定的码长码率。通常，接收端完成译码后产生一个 ACK 信号通知发送端，发送端结束本段数据的发送，开始编码发送下一段数据。因此，无速率码的码长码率可以随着信道状态自适应地改变，既不需要预先获取信道状态以确定 MCS 参数，也不需要依靠反馈重传降低译码失败概率，可以应对更加复杂多变的信道状况。在广播业务中，面对异质性的接收机和信道，发送端只需要等待所有接收机完成译码后停止发送即可，无须复杂的信令调度就可以保证高效可靠通信。

1.5.1.2　无速率码发展历史

1998 年，Byers 等[10]首次提出了数字喷泉的概念，并提出了喷泉码的前身——旋风码（tornado code）的构造方案。这是一种基于不规则稀疏 Tanner 图构造的纠删码，是一种层叠式的编码方案，具有线性的编译码复杂度。旋风码仍然是一种固定码率编码，不能真正实现数字喷泉的特性，而且其层叠式的构造方式导致每一层错误数大于纠错能力都会使整个译码过程失败，在实际使用中有很大的局限性。虽然如此，旋风码在理论上有巨大的指导意义，这种基于 Tanner 图构造编码方式的思想在后来的无速率码设计上得到了延续，指导了真正意义上无速率码的出现。

2002 年，Luby[11]提出了 LT 码（Luby transform codes），并提出了基于 Tanner 图的编码性能优化方法。LT 码是第一种实用的无速率编码方式，同样具有较为简单的编译码过程，且可以通过极小的冗余完成译码。LT 码译码通常采用置信传播（belief propagation，BP）算法，其编码性能由度分布函数（degree distribution function）确定，每个编码符号度值由度分布函数产生，后随机选取相应数量的信源符号进行运算，产生编码符号。这种方式相当于随机产生生成矩阵，由于对信源符号的随机选取使得其度值满足泊松分布，因此未被选取参与编码的信源符号比例难以减小，导致 LT 码存在较高的误码平层（error floor）。

2006 年，Shokrollahi 等[12]在 LT 码的基础上提出了 Raptor 码。这是一种级联的无速率码方案，通过将高码率的低密度奇偶校验码（low density parity check，LDPC）与 LT 码级联，在保留了 LT 码无速率特性的同时，确保了每个信源符号都可以参与编码，从而解决了 LT 码的错误平层问题，减小了译码开销和编译码复杂度。后来 Shokrollahi 对 Raptor 码进行了诸多改进，引入了系统化码字和失活（inactivation）译码算法，提出了 RaptorQ 码。失活译码是一种结合了 BP 译码和高斯消元译码的译码方式，在 BP 译码因可译集消失而停止时，使某些信源符号失活，即假设其已经完成译码，从而使译码过程继续；最后，通过高斯消元法对失活的信源符号进行译码。通过这些改进，RaptorQ 码可以通过几乎等同于信源符号数量的编码符号完成译码，大大提高了通信效率。

近些年来，LT 码的一些改进思想被进一步加以研究和利用，产生了一些新型无速率码。与 Raptor 码的级联思想类似，Yang 等[13]将 LT 码和网络编码相级联，于 2014 年提出了 BATS（batched sparse，分簇稀疏）码。这种编码使用 LT 码进行预编码，对 LT 码的输出进行随机网络编码（random linear network coding，RLNC），在保留无速率特性的同时，可降低 RLNC 的编译码复杂度。BATS 码得到了广大学者的广泛关注。Yang 等[14]于 2015 年提出了 BATS 码的树分析方法。Xu 等[15]研究了 BATS 码度分布与信道条件不匹配时的性能损失问题，提出了一种普适度分布，并提出了准普适 BATS（quasi - universal BATS，QU - BATS）码，可以更好地适应信道状态变化或未知的情况。Zhao 等[16]和 Yang 等[17]随后研究了 BATS 码在有限码长下的性能分析问题。

2015 年，Cassuto 等[18]加强了反馈信息在无速率码中的应用，提出了在线喷泉码（online fountain codes，OFC）。这种编码方式首先将传统无速率码中的 Tanner 图进行了简化，使得译码状态变得更加可监可控；然后，接收端的译码状态通过反馈告知发送端，发送端选择对瞬时译码状态最优的编码策略进行编码。OFC 进一步简化了传统无速率码的编译码过程，利用反馈消除了错误平层，并且获得了很好的部分译码能力和实时性。虽然 OFC 的提出时间不长，但是获得了学者的关注，并提出了较多的改进方案。Huang 等[19]着眼于信源符号的选取规则进行改进，并分析了改进方案的译码开销。Zhao 等[20]针对 OFC 译码器较为简单、丢弃大量编码符号这一问题进行了改进，通过增加译码复杂度，减小了 OFC 的译码开销。文献 [21] 构建了一个新的理论分析框架，该框架可以较准确地分析接收到的编码符号个数与恢复出的信源符号个数之间的关系，其精确度较文献 [18] 有很大提高。文献 [22] 进一步改善了 OFC 的部分恢复能力。文献 [23]、[24] 提出了 OFC 的不等差保护方法。文献 [25] 降低了 OFC 的反馈开销。文献 [26] 研究了 OFC 在广播场景下的应用。

此外，Perry 等[27]在物理层使用完全不同的新思路实现了随机编码，面向 AWGN 信道提出了 Spinal 码。这种编码方案将信息分段后送入哈希函数进行映射，前一段信息映射后的输出作为初始状态提供给后一段的哈希函数使用；将最终的输出作为随机种子，由随机数产生器生成无穷多个输出，经过调制后分段传输。Spinal 码的编码结构简单、更能适应多变的信道条件，其通过哈希函数进行随机编码，使得相差很小的信息可以产生完全不同的编码符号，从而大大提高了编码的鲁棒性和可靠性。仿真结果表明，Spinal 码可以达到 BSC 信道和 AWGN 信道的信道容量。

1.5.2　无速率码发展方向

无速率码虽然没有统一的编译码方法，但其主流方案是 LT 码和基于 LT 码的 Raptor 码，在此简要介绍 LT 码和 Raptor 码的优化设计方法和相应的改进方案。LT 码和 Raptor 码的性能主要由编码端的度分布函数决定，因此度分布优化是无速率码的一个重要发展方向。LT 码和 Raptor 码的译码器通常使用 BP 译码器，这种译码方式复杂度较低，但译码性能不够好，而性能最好的高斯消元译码的复杂度太高。因此，如何在译码性能和复杂度之间折中权衡，这也是无速率码优化设计的重要方向。此外，在无速率码传输过程中，仍然需要使用反馈信号通知发送端停止发送，而反馈信道建立后并未得到充分利用，因此需要考虑充分利用反馈信道加强编码性能。

1.5.2.1　度分布函数

度分布函数的优化设计可分为编码符号度分布函数设计和信源符号度分布函数设计。编码符号度分布函数主要针对 BP 译码算法进行设计，其设计方法是：结合 Tanner 图，通过与或树分析（AND - OR - tree analysis）和密度演进（density evolution）算法构建度分布函数和编码性能之间的关系，从而根据给定的目标进行优化。LT 码最早的度分布函数是 Luby[11]提出的理想孤子分布（ideal soliton distribution，ISD），这种度分布可保证在译码时每次迭代的可译集的大小期望始终为 1。ISD 虽然在理论上可以使译码开销最小化，但由于可译集的实际大小可能与期望大小产生偏差，译码过程极易失败。Luby[11]进而提出了鲁棒孤子分布（robust soliton distribution，RSD），增加了可译集大小，通过增大译码开销增强了 LT 码的可靠性。此后，许多研究者对 LT 码的度分布做了进一步改进。Sorensen 等[28]通过分析得出，可译集大小应该随着译码进程的改变而减小，而非像 ISD 与 RSD 中一样保持恒定。他们设计了相应的度分布函数，并证明其比 RSD 的译码开销更小。此后，他们将相应的结论推广到了二元输入 AWGN（binary input AWGN，BIAWGN）信道[29]，并通过仿真证明了这种优化方法在 BIAWGN 信道中可以在更小的信噪比下获得更低的误码率。Yen 等[30]针对短码长下可译集变化较大、可能消失的特点，采取了另一种思路设计度分布函数，即在提高可译集均值的同时降低其方差。通过这种方法优化得到的 LT 码在短码长下需要的译码开销比 RSD 更小。

以上研究主要针对编码符号度分布函数，对于信源符号采用随机选择的方式进行选取。此时，如果定义信源符号的选择次数为信源符号的度，则信源符号的度分布符合泊松分布，总有信源符号未被选取参与编码。然而，只要有符号未参与编码，那么在译码时一定无法被恢复。因此，无论度分布函数如何优化，总有小概率出现信源符号未被选取导致译码失败的情况。对于这种情况，Hussain 等[31]记录每个信源符号被选择的次数，并且优先选择被选择次数最少的信源符号参与编码，通过这种方式使 LT 码的错误平层得到了改善。Shang 等[32]在此基础上进行了改进，将非均匀选取拓展到更多编码符号，进一步降低了接收端的译码复杂度。

1.5.2.2 译码

BP 译码算法是一种迭代译码算法，当可译集消失后，译码进程将停止。然而，只要编码矩阵仍然满秩，就可以采用更加复杂的译码算法继续译码。与之相反，高斯消元译码算法相当于求解线性方程组，是一种最大似然译码算法，译码性能最优。但其复杂度太高，不太适合中长码译码。各种改进的译码算法实际上是在复杂度和性能之间进行权衡。一种比较直观的改进方法是将 BP 算法和高斯消元法结合，在 BP 算法停止时使用高斯消元算法求解部分信源符号，使得可译集重新出现，BP 译码算法得以继续，如失活译码算法。

Cao 等[33]考虑了 LT 码作为高层编码的特点，设计了一种新的跨层译码算法。LT 码在数据包间编码之后，通常还需要在编码符号（数据包）内进行物理层编码。在 BP 译码停止时，利用已经恢复的编码符号，可将物理层译码失败的数据包重新进行最大化合并，从而减小等效信道删除概率，以期待 BP 译码能够继续。此外，也有学者改进了 AWGN 信道下的无速率码译码算法。He 等[34]设计了一种拥有更快收敛速度的贪婪算法。Bioglio[35]简化了高斯译码算法的复杂度，并缩短了译码时延。

1.5.2.3 反馈

无速率码依旧需要使用一条反馈链路向接收端反馈译码完成信息，这条反馈链路建立之后并未被充分使用，有学者尝试对反馈链路进行有限的应用，从而增强编码性能。

Beimel 等[36]提出了实时（real time，RT）码。这种编码不再根据度分布随机产生编码符号的度值，而是按从小到大的顺序确定编码符号的度值；接收端统计译码情况，计算针对该恢复比例的最优度值，然后通过反馈告知发送端如何改变编码符号的度值。对于 RT 码，接收端收到编码符号后，立刻就能完成译码，而那些不能立刻译码的编码符号会被丢弃，不参与后续译码。与传统 LT 码的“全或无”译码性能不同，通过这种改进，RT 码获得了较好的实时性，即恢复出的信源符号数量随着接收到的编码符号数量呈近似线性上升。但是，RT 码需要更多的译码开销。

Hagedorn 等[37]基于 LT 码提出了另一种利用反馈的无速率码方案，称为 SLT（shifted LT，移位 LT）码。在此方案中，反馈用于告知已经完成恢复的信源符号数量，发送端根据该数量调整 LT 码的度分布，即将编码符号度的最小值提高。通过这种方式，SLT 码不具备更好的实时性，但是其译码开销低于传统 LT 码。

同样基于 LT 码，Jia 等[38]提出了另一种反馈无速率码方案。这种方案主要基于译码算法进行反馈。具体而言，当 BP 译码因为可译集消失而停止时，接收端根据译码情况，通过反馈向发送端请求一个信源符号，从而译码过程可以继续。与之类似，在 LT－AF（LT codes with alternating feedback）方案[39]中，发送端根据反馈选择一个最需要的信源符号进行发送，进一步减小了译码开销。

Hashemi 等[40]提出了一种新的反馈方案，利用反馈信息调整信源符号的选取方式。这种方案依然基于 LT 码的 RSD，所不同的是，发送端利用反馈信息可以估计每个信源符号的恢复情况，并确保每个编码符号中包含一个被估计为未恢复的信源符号。通过这种方式，编码的实时性得到了显著提高，而译码开销随着反馈次数的增加而减小。

1.5.3　无速率码应用

无速率码最初的设计目标是应用在广播和数据分发场景中，最广泛的应用也是在广播场景中。除了广播之外，无速率编码因其编译码复杂度低、码率可灵活调整等特点，在深空通信、水中通信、认知无线电网络、汽车通信、无线传感器网络、存储和计算等应用中都有较大的应用潜力。本节介绍无速率编码在广播系统中的应用，以及将无速率编码应用在汽车通信、无线传感器网络、存储和分布式计算场景中的研究。

1.5.3.1　广播通信与不等差保护

Raptor 码及其改进方案作为性能更好的无速率编码，被广泛应用于各种广播通信的商用标准，如蜂窝移动通信中的多媒体广播与多播（multimedia broadcast multicast service，MBMS）[41]以及数字视频广播（digital video broadcasting，DVB）系列标准中的手持设备标准 DVB - H[42]。Jeon 等[43]研究了一种特殊场景下的广播方案。此场景关注第二次广播的情况，即接收端通过第一次广播已经收到了一定数量的编码符号，但是限于信道条件等因素不能恢复出全部的信源符号。该文献中将这种接收端称为中间状态用户（intermediate - state users）。中间状态用户可以在第二次广播前通过反馈，将其状态信息告知发送端。该文献针对这种情况设计了两种度分布，获得了比传统 LT 码更好的恢复性能。Borkotoky 等[44]研究了无速率编码在多跳无线网络数据分发中的应用。

在广播场景，特别是多媒体广播中，通常不同的信源符号有不同的优先级。例如，在 H.264 格式中，信源符号分为基本层和增强层，信道条件较差的用户可以先恢复出基本层，播放分辨率较低的视频，而信道条件较好的用户可以同时恢复出基本层和增强层，播放分辨率较高的视频。这就需要纠错编码对信源符号进行不等差保护（unequal error protection，UEP）。

对于 LT 码，最经典的不等差保护方法有权重选择法[45]和扩展窗法[46]。权重选择法将不同优先级的信源符号赋予不同权重，在选择信源符号进行模二加法运算、产生编码符号时，权重越高的信源符号更有可能被选择。扩展窗法将信源符号划分为存在嵌套的窗。以信源符号分为高优先级和低优先级两层为例，扩展窗法将产生两个窗，小窗对应高优先级信源，大窗对应全部信源。产生编码符号时，首先确定在哪个窗内进行选择，然后从该窗内随机选择信源符号进行编码。此时，即使选择两个窗的概率相同，高优先级的信源符号也有更高的概率被选择参与编码。Ahmad 等[47]提出了一种基于信源符号扩展的不等差保护方法，高优先级的信源符号将被扩展更高的倍数，以提高其被选择的概率。

1.5.3.2 汽车通信

汽车通信场景对时延要求较高，使用 ARQ/HARQ 等传统纠错模式会使得通信时延增加，而无速率码可以部分代替 ARQ/HARQ 机制，从而降低时延。另外，汽车通信中的高移动性会使得信道状态不断变化，导致获取准确的信道状态信息较为困难，而无速率码可以自适应不同的信道状态，从而更好地应对信道状态不断变化的情况。因此，无速率编码在汽车通信场景中有较好的应用潜力。

在文献［48］中，LT 码被应用在车载自组织网络（vehicular ad - hoc networks，VANETs）中，以应对 VANETs 中网络拓扑结构变化较大、失联情况时有发生的问题。文献［49］用大量仿真证实了在汽车通信场景中使用 Raptor 码比使用 IEEE 802. 11p 标准中的 ARQ 机制性能更优异，可以大幅提升系统吞吐量，减少译码时延。Gao 等[50]将 BATS 码应用在汽车通信中的数据分发中，并提出了一个新的系统模型。在该模型中，首先由路边单元（roadside unit，RSU）将数据通过无速率编码分发给车辆，随后在车辆内部进行汽车间通信，通过网络编码的方式完成数据分发，从而降低传输时延。

1.5.3.3 无线传感器网络

在无线传感器网络中，多个分布式数据源通过一个（或多个）中继将数据发送给接收端。由于每个数据源的码长较短，如果在每个数据源内部进行单独编码，无速率码的随机性将导致编码性能较差。为了解决这个问题，Puducheri 等[51]提出了分布式 LT（distributed LT，DLT）码。DLT 码通过将 RSD 去卷积的方式使 LT 码分解，每个分布式信源通过 DLT 码编码后，编码符号在中继处再通过模二加法运算组合，最终产生的编码符号和对所有信源符号统一使用 RSD 编码得到的编码符号相同，从而使编码性能获得提升。在分布式信源数量较少的情况下，编码符号的最大度值受节点数量的限制，从而使性能受到影响。Hussain 等[52]利用缓存存储部分之前接收到的符号参与当前编码，从而部分减轻了这种限制，其在文献［53］中分析并改善了 DLT 码的错误平层。

此外，Sun 等[54]利用无速率编码实现了无线传感器网络中的安全协作传输。Yildiz[55]在水下无线传感器网络中利用无速率编码代替了传统 ARQ 机制，从而减少了能量消耗，提高了传感器的使用寿命，其通过大量的仿真比较了单纯使用无速率编码方案和使用无速率编码 - ARQ 混合方案的性能。Yi 等[56]将 OFC 应用在了无线传感器网络中进行数据收集。

1.5.3.4 存储

由于无速率码具有复杂度低、可以任意调整冗余数量的特点，因此在存储系统中也有着较大的应用潜力。Anglano 等[57]考虑了 LT 码在云存储系统中的应用，发现基于 LT 码的云存储系统在可靠性、安全性等方面相比传统云存储系统都有较大优势。Lu 等[58]研究了在基于 LT 码的存储系统中如何优化检索方式以降低时延。Okpotse 等[59]研究了将系统 LT 码应用在分布式存储系统中的情况，并提出了一个截断泊松分布作为 LT 码编码符号的度分布，从而使用较低的译码开销保证了低复杂度译码。

1.5.3.5　分布式计算

分布式计算系统中通常使用 MapReduce 结构[60]，这种结构分为三个阶段——映射（map）、数据交换（data shuffling）、缩减（reduce）。在映射阶段，分布式结算节点处理计算任务，并根据其映射函数产生中间值；在数据交换阶段，不同计算节点之间交换中间值；在缩减阶段，通过缩减函数对中间值进行计算，得到最终输出结果。分布式计算中的编码策略可以分为两种。其一，最小时延编码（minimum latency codes），通常使用纠错编码，通过引入冗余的计算节点，使得计算网络对部分节点丢失不敏感，只要一定数量的节点完成了计算任务，就可以得到最终计算结果，从而增强了网络的可靠性，降低了时延。其二，最小带宽编码（minimum bandwidth codes），通常使用网络编码，通过在每个节点引入冗余计算量，减小每个节点在数据交换阶段需要进行通信的数据量。

BATS 码本身就是 LT 码（纠错码的一种）和网络编码的级联，因此非常适合分布式计算系统。Yue 等[61]将 BATS 码应用在分布式计算系统中，并用于工业控制，同时减小了冗余计算量、通信数据量和计算时延。Severinson 等[62]将使用失活译码器的 LT 码应用在分布式计算系统中，以增加通信数据量为代价减小了计算时延，在计算时延受限的场景中获得了良好的性能。

参考文献

[1] REED I S, SOLOMON G. Polynomial codes over certain finite fields [J]. Journal of the Society for Industrial and Applied Mathematics, 1960, 8 (2): 300 - 304.

[2] ELIAS P. Coding for noisy channels [J]. IRE Convention Record, 1955, 4: 37 - 47.

[3] MASSEY J L. Threshold decoding [M]. Cambridge, MA: MIT Press, 1963.

[4] GALLAGER R G. Low - density parity - check codes [M]. Cambridge, MA: MIT Press, 1963.

[5] MACKAY D J C, NEAL R M. Near Shannon limit performance of low density parity check codes [J]. Electronics Letters, 1996, 33: 457 - 458.

[6] PEARL J. Reverend Bayes on inference engines: a distributed hierarchical approach [C] // The National Conference on Artificial Intelligence, Menlo Park, California, 1982: 133 - 136.

[7] KIM J H, PEARL J. A computational model for causal and diagnostic reasoning in inference systems [C] // The 8th International Joint Conference on Artificial Intelligence, Karlsruhe, Germany, 1983: 190 - 193.

[8] ARIKAN E. Channel polarization: a method for constructing capacity - achieving codes for

symmetric binary – input memoryless channels [J]. IEEE Transactions on Information Theory, 2009, 55 (7): 3051 –3073.

[9] MORIR, TANAKA T. Performance of polar codes with the construction using density evolution [J]. Communications Letters, IEEE, 2009, 13 (7): 519 –521.

[10] BYERS J W, LUBY M, MITZENMACHER M, et al. A digital fountain approach to reliable distribution of bulk data [J]. ACM SIGCOMM Computer Communication Review, 1998, 28 (4): 56 –67.

[11] LUBY M. LT codes [C] //The 43rd Annual IEEE Symposium on Foundations of Computer Science, Vancouver, 2002: 271 –280.

[12] ETESAMI O, SHOKROLLAHI A. Raptor codes on binary memoryless symmetric channels [J]. IEEE Transactions on Information Theory, 2006, 52 (5): 2033 –2051.

[13] YANG S, YEUNG R W. Batched sparse codes [J]. IEEE Transactions on Information Theory, 2014, 60 (9): 5322 –5346.

[14] YANG S, ZHOU Q. Tree analysis of BATS codes [J]. IEEE Communications Letters, 2015, 20 (1): 37 –40.

[15] XU X, ZENG Y, GUAN Y L, et al. Expanding – window BATS code for scalable video multicasting over erasure networks [J]. IEEE Transactions on Multimedia, 2017, 20 (2): 271 –281.

[16] ZHAO H, YANG S, DONG G. A polynomial formula for finite – length BATS code performance [J]. IEEE Communications Letters, 2016, 21 (2): 222 –225.

[17] YANG S, NG T C, YEUNG R W. Finite – length analysis of BATS codes [J]. IEEE Transactions on Information Theory, 2017, 64 (1): 322 –348.

[18] CASSUTO Y, SHOKROLLAHI A. Online fountain codes with low overhead [J]. IEEE Transactions on Information Theory, 2015, 61 (6): 3137 –3149.

[19] HUANG T, YI B. Improved online fountain codes based on shaping for left degree distribution [J]. AEU – International Journal of Electronics and Communications, 2017, 79: 9 –15.

[20] ZHAO Y, ZHANG Y, LAU F C M, et al. Improved online fountain codes [J]. IET Communications, 2018, 12 (18): 2297 –2304.

[21] HUANG J, FEI Z, CAO C, et al. Performance analysis and improvement of online fountain codes [J]. IEEE Transactions on Communications, 2018, 66 (12): 5916 –5926.

[22] HUANG J, FEI Z, CAO C, et al. Design and analysis of online fountain codes for intermediate performance [J]. IEEE Transactions on Communications, 2020, 68 (9): 5313 –5325.

[23] CAI P, ZHANG Y, PAN C, et al. Online fountain codes with unequal recovery time [J]. IEEE Communications Letters, 2019, 23 (7): 1136 - 1140.

[24] HUANG J, FEI Z, CAO C, et al. Online fountain codes with unequal error protection [J]. IEEE Communications Letters, 2017, 21 (6): 1225 - 1228.

[25] CAI P, ZHANG Y, WU Y, et al. Feedback strategies for online fountain codes with limited feedback [J]. IEEE Communications Letters, 2020, 24 (9): 1870 - 1874.

[26] HUANG J, FEI Z, CAO C, et al. Reliable broadcast based on online fountain codes [J]. IEEE Communications Letters, 2020, 25 (2): 369 - 373.

[27] PERRY J, IANNUCCI P A, FLEMING K E, et al. Spinal codes [J]. ACM SIGCOMM Computer Communication Review, 2012, 42 (4): 49 - 60.

[28] POPOVSKI P, OSTERGAARD J. Design and analysis of LT codes with decreasing ripple size [J]. IEEE Transactions on Communications, 2012, 60 (11): 3191 - 3197.

[29] SORENSEN J H, KOIKE - AKINO T, ORLIK P, et al. Ripple design of LT codes for BIAWGN channels [J]. IEEE Transactions on Communications, 2014, 62 (2): 434 - 441.

[30] YEN K K, LIAO Y C, CHEN C L, et al. Modified robust soliton distribution (MRSD) with improved ripple size for LT codes [J]. IEEE Communications Letters, 2013, 17 (5): 976 - 979.

[31] HUSSAIN I, XIAO M, RASMUSSEN L K. Design of LT codes with equal and unequal erasure protection over binary erasure channels [J]. IEEE Communications Letters, 2013, 17 (2): 261 - 264.

[32] SHANG L, PERRINS E. Optimal memory order of memory - based LT encoders for finite block - length codes over binary erasure channels [J]. IEEE Transactions on Communications, 2018, 67 (2): 875 - 889.

[33] CAO C, LI H, HU Z. A new cross - level decoding scheme for LT codes [J]. IEEE Communications Letters, 2015, 19 (6): 893 - 896.

[34] HE L, LEI J, HUANG Y. A greedy spreading serial decoding of LT codes [J]. IEEE Access, 2019, 7: 31186 - 31196.

[35] BIOGLIO V. MRB decoding of LT codes over AWGN channels [J]. IEEE Wireless Communications Letters, 2018, 8 (2): 548 - 551.

[36] BEIMEL A, DOLEV S, SINGER N. RT oblivious erasure correcting [J]. IEEE/ACM Transactions on Networking, 2007, 15 (6): 1321 - 1332.

[37] HAGEDORN A, AGARWAL S, STAROBINSKI D, et al. Rateless coding with feedback [C] // IEEE INFOCOM Workshops 2009, Rio de Janeiro: IEEE, 2009: 1791 - 1799.

[38] JIA D, FEI Z, SHANG G C, et al. LT codes with limited feedback [C] // 2014 IEEE 8th

International Conference on Computer and Information Technology, Astana, 2014: 669 - 673.

[39] TALARI A, RAHNAVARD N. LT - AF codes: LT codes with alternating feedback [C] // 2013 IEEE International Symposium on Information Theory, Istanbul, 2013: 2646 - 2650.

[40] HASHEMI M, CASSUTO Y, TRACHTENBERG A. Fountain codes with nonuniform selection distributions through feedback [J]. IEEE Transactions on Information Theory, 2016, 62 (7): 4054 - 4070.

[41] 3GPP. 3GPP TS 26.346 V7.2.0, Multimedia broadcast/multicast service (MBMS): protocols and codes [S]. 2006.

[42] ETSI. ETSI TS 102 472 V1.2.1, IP data cast over DVB - H: content delivery protocols [S]. 2006.

[43] JEON S Y, AHN J H, LEE T J. Reliable broadcast using limited LT coding in wireless networks [J]. IEEE Communications Letters, 2016, 20 (6): 1187 - 1190.

[44] BORKOTOKY S S, PURSLEY M B. Fountain - coded broadcast distribution in multiple - hop packet radio networks [J]. IEEE/ACM Transactions on Networking, 2018, 27 (1): 29 - 41.

[45] RAHNAVARD N, FEKRI F. Generalization of rateless codes for unequal error protection and recovery time: asymptotic analysis [C] // 2006 IEEE International Symposium on Information Theory, Seattle, 2006: 523 - 527.

[46] SEJDINOVIC D, VUKOBRATOVIC D, DOUFEXI A, et al. Expanding window fountain codes for unequal error protection [J]. IEEE Transactions on Communications, 2009, 57 (9): 2510 - 2516.

[47] AHMAD S, HAMZAOUI R, AL - AKAIDI M M. Unequal error protection using fountain codes with applications to video communication [J]. IEEE Transactions on Multimedia, 2010, 13 (1): 92 - 101.

[48] PALMA V, MAMMI E, VEGNI A M, et al. A fountain codes - based data dissemination technique in vehicular ad - hoc networks [C] //2011 11th International Conference on ITS Telecommunications, St. Petersburg, 2011: 750 - 755.

[49] ABDULLAH N F, DOUFEXI A, PIECHOCKI R J. Raptor codes - aided relaying for vehicular infotainment applications [J]. IET Communications, 2013, 7 (18): 2064 - 2073.

[50] GAO Y, XU X, GUAN Y L, et al. V2X content distribution based on batched network coding with distributed scheduling [J]. IEEE Access, 2018, 6: 59449 - 59461.

[51] PUDUCHERI S, KLIEWER J, FUJA T E. The design and performance of distributed LT codes [J]. IEEE Transactions on Information Theory, 2007, 53 (10): 3740 - 3754.

[52] HUSSAIN I, XIAO M, RASMUSSEN L K. Buffer - based distributed LT codes [J]. IEEE

Transactions on Communications, 2014, 62 (11): 3725 - 3739.

[53] HUSSAIN I, XIAO M, RASMUSSEN L K. Erasure floor analysis of distributed LT codes [J]. IEEE Transactions on Communications, 2015, 63 (8): 2788 - 2796.

[54] SUN L, REN P, DU Q, et al. Fountain - coding aided strategy for secure cooperative transmission in industrial wireless sensor networks [J]. IEEE Transactions on Industrial Informatics, 2015, 12 (1): 291 - 300.

[55] YILDIZ H U. Maximization of underwater sensor networks lifetime via fountain codes [J]. IEEE Transactions on Industrial Informatics, 2019, 15 (8): 4602 - 4613.

[56] YI B, XIANG M, HUANG T, et al. Data gathering with distributed rateless coding based on enhanced online fountain codes over wireless sensor networks [J]. AEU - International Journal of Electronics and Communications, 2018, 92: 86 - 92.

[57] ANGLANO C, GAETA R, GRANGETTO M. Exploiting rateless codes in cloud storage systems [J]. IEEE Transactions on Parallel and Distributed Systems, 2014, 26 (5): 1313 - 1322.

[58] LU H, FOH C H, WEN Y, et al. Delay - optimized file retrieval under LT - based cloud storage [J]. IEEE Transactions on Cloud Computing, 2015, 5 (4): 656 - 666.

[59] OKPOTSE T, YOUSEFI S. Systematic fountain codes for massive storage using the truncated Poisson distribution [J]. IEEE Transactions on Communications, 2018, 67 (2): 943 - 954.

[60] LI S, MADDAH - ALI M A, AVESTIMEHR A S. Coded Mapreduce [C] //The 53rd Annual Allerton Conference on Communication, Control, and Computing (Allerton), Monticello, 2015: 964 - 971.

[61] YUE J, XIAO M, PANG Z. Distributed fog computing based on batched sparse codes for industrial control [J]. IEEE Transactions on Industrial Informatics, 2018, 14 (10): 4683 - 4691.

[62] SEVERINSON A, GRAELL I AMAT A, ROSNES E. Block - diagonal and LT codes for distributed computing with straggling servers [J]. IEEE Transactions on Communications, 2018, 67 (3): 1739 - 1753.

第2章
典型无速率码

2.1 Tornado码

2.1.1 Tornado码简介

Tornado码由Luby等[1]提出，是最早的喷泉码类型，属于系统码，是一种支持纠错的纠删码（erasure code）。Tornado码的设计意图是解决通过互联网高损失信道时，在接近信道容量的情况下实时传输和译码音频和视频的问题。

假设接收机知道每一个接收到的符号处在所有码字中的哪个位置，并假定信息经过二元删除信道（BEC）传输，每个码元符号丢失概率为p且符号之间相互独立。由信息论知识可知，该删除信道的信道容量为$1-p$，即任何传输速率$R<1-p$的线性码都可以在这个信道中传输。对于最小码距为d的编码，可以恢复不超过$d-1$个丢失的比特，并且可以证明纠错过程在$O(n^3)$时间内完成。若该编码有$d-1=n-k$，且可以从n比特中的任意k比特中恢复出原本信息，则认为这种码具有最佳的纠删性能。这种码被称为MDS（maximum distance separable，最大距离可分）码。

在Tornado码问世以前，一种广泛应用的MDS码是Reed-Solomon码（RS码），其编码和译码都在$O(n\log^2 n)$时间内完成，不能满足快速算法的需求。

Tornado码的提出主要解决了RS码在运行时间上的不足。对于所有的$\varepsilon>0$，Tornado码都能给出一组长度为n，码率为$R=1-p(1+\varepsilon)$的码字，其编码算法运行时间正比于$n\ln(1/\varepsilon)$，其译码算法能在正比于$n\ln(1/\varepsilon)$的时间内以很高的概率恢复占比为p的丢失信息。换言之，Tornado码是一种拥有$O(n)$编码和译码时间的、接近信道容量的信道编码方法。

与一般使用正则图（regular graph）不同，Tornado码通过设计左右节点发出的不同度值的边占比，使码率接近信道的香农容量限。同时，Tornado码的二分图是稀疏的，这也决定了该算法的快速性。

由于Tornado码属于线性分组码，因此不是真正的无速率编码，并且由于级联码的复杂性而在实际操作中较难实现。但是 Tornado 码在接近信道容量的前提下实现了线性复杂度的编码译码，同时启发了对其他编码的研究。继 Tornado 码之后，一大批喷泉码相继出现，如 Online 码、LT 码和 Raptor 码等。

2.1.2　编译码过程的二分图模型

2.1.2.1　二分图表示

定义码字 $C(B)$，其含有 k 个信息比特和 βk 个校验比特，$0<\beta\leq 1$。将码字$C(B)$表示在图 2.1.1 所示的二分图 B 中。B 中有 k 个左节点和 βk 个右节点，分别代表信息比特和校验比特。在接下来的讨论中，将二分图中对应信息比特的节点称为左节点，将对应校验比特的节点称为右节点。我们定义：一个子图（subgraph）由所有被删除且未被译码的左节点、右侧所有节点和它们之间所有边组成。与左侧或右侧度值为 i 的节点相邻的边称作在左侧或右侧的度值为 i 的边。对于 B，每一个度值分布都可以用向量$(\lambda_1,\lambda_2,\cdots,\lambda_m)$和$(\rho_1,\rho_2,\cdots,\rho_m)$来表示，其中 λ_i 是左侧度值为 i 边的占比，ρ_j 是右侧度值为 j 边的占比，我们将这两个向量称为度值序列。可以证明，左节点的平均度值 a_l 满足 $a_l^{-1}=\sum_i \lambda_i/i$，右节点平均度值 a_r 满足 $a_r^{-1}=\sum_i \rho_i/i$。定义该二分图的度值分布为

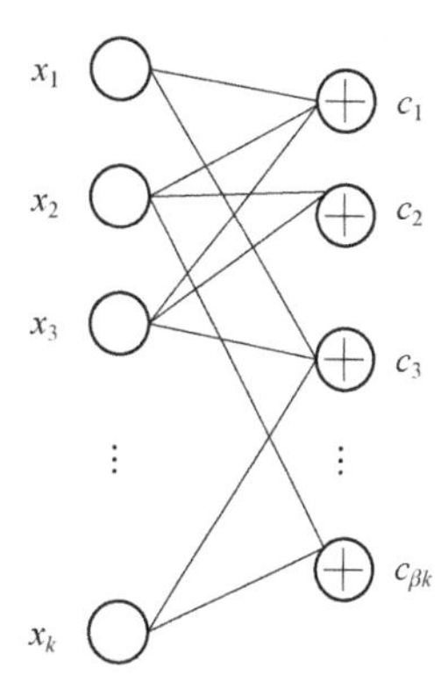

图 2.1.1　二分图示例

$$\begin{cases}\lambda(x)=\sum_{i=1}^{m}\lambda_i x^{i-1}\\ \rho(x)=\sum_{i=1}^{m}\rho_i x^{i-1}\end{cases}\tag{2.1.1}$$

不难看出，$(\lambda_1,\lambda_2,\cdots,\lambda_m)$和$(\rho_1,\rho_2,\cdots,\rho_m)$可以完整地描述随机二分图的结构。一旦确定二分图的结构，编码和译码算法自然也就确定了。因此，对于 Tornado 码的编码和译码算法的研究，可以归结到对于随机二分图度值分布的研究。我们的任务是通过调整$(\lambda_1,\lambda_2,\cdots,\lambda_m)$和$(\rho_1,\rho_2,\cdots,\rho_m)$，在满足成功译码的条件下，使 Tornado 码的码率达到信道容量。

2.1.2.2　编码过程

Tornado 码由 $m+1$ 级码级联而成。

在前 m 级中，每一级将前一级的校验比特作为信息比特，生成下一级校验比特。对于长度为 k 比特的信息，每一级校验比特数目为信息比特的 β 倍，其中 $\beta\in(0,1]$。经过 m 次操作，得到 $\beta^{m+1}k$ 个校验比特。体现到二分图上，每一级码 $C(B_i)$的编码过程就是将每一个右节点设为 B 中与它相邻的左节点的异或的过程。

第 $m+1$ 级使用的 MDS 码 ζ（如 RS 码等）码率为 $1-\beta$，并且可以高概率恢复占比不超过 β 的丢失符号。由于第 m 级得到的校验比特数目为 $\beta^{m+1}k$，故最后一级码字总长度为

$\frac{\beta^{m+2}k}{1-\beta}$。因此，产生的校验比特总数为

$$\sum_{i=1}^{m}\beta^{i}k+\frac{\beta^{m+1}k}{1-\beta}=\frac{\beta k}{1-\beta} \tag{2.1.2}$$

对于 k 个信息比特，码字的总长度为 $k+\frac{\beta k}{1-\beta}=\frac{k}{1-\beta}$，码率为 $1-\beta$。因此，Tornado 码的码长为 $n=(1+\beta+\beta^2+\cdots+\beta^m)k$。由于每一级编码都用到了上一级的结果，因此将编码过程的二分图称为级联图（cascade graph）；生成的 Tornado 码是一种级联码，其级联构造如图 2.1.2 所示。

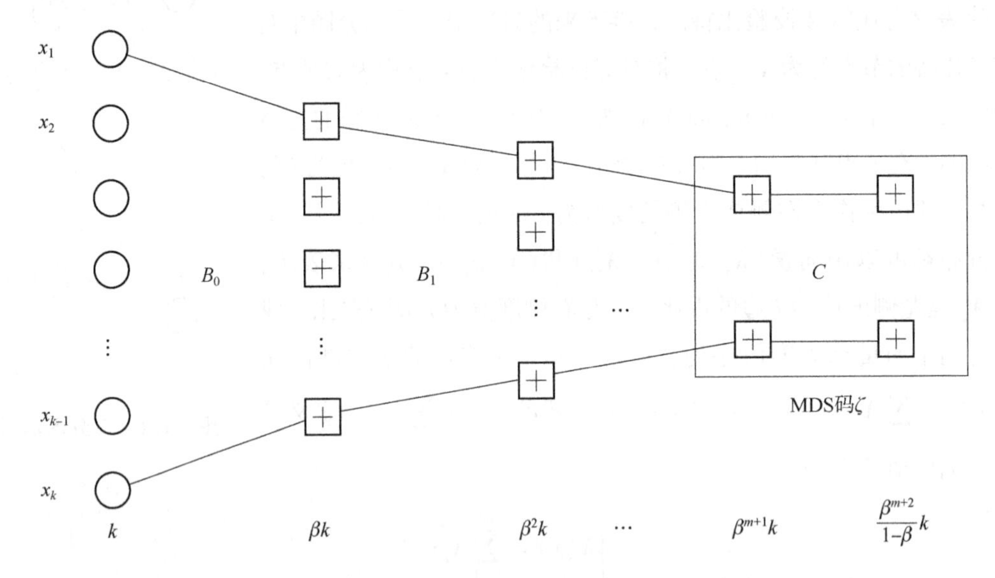

图 2.1.2　Tornado 码级联构造示意图

为了保持运行时间的线性，选择 m 值令 $\beta^{m+1}k\approx O(\sqrt{k})$，使得最后的 MDS 码 ζ 在编码和译码复杂度上与 k 呈线性关系。事实上，如果 ζ 能以 $O(t^4)$ 时间编码和译码，则 $C(B_0, B_1,\cdots,B_m,\zeta)$ 的编码和译码时间正比于所有 $C(B_i)$ 中的边数之和。这一结论将在后续讨论中进行证明。

2.1.2.3　译码过程

Tornado 码的译码过程与其编码过程是对称的。

利用异或运算的性质，当已知一个校验比特和与它相邻的 m 个信息比特中的 $m-1$ 个时，可以将未知的信息比特设为所有已知信息比特和该校验比特的异或进行译码。

回顾前述子图的概念——未被译码的左节点、右侧所有节点和它们之间所有边组成的图。对应到子图中，这一过程相当于在子图右侧找到一个度值为 1 的节点，将其去除，再去除与该节点相邻的左侧节点以及与这些左侧节点相关联的所有边。

将上述操作称为译码过程中的一步。重复这一步操作，直到子图中所有左侧节点都被去除（即该级不存在未知信息比特），就视为译码成功。图 2.1.3 展示了译码出左节点 b 的过

程，其中与子图节点相邻的边由实线表示，删除的边用虚线表示。在译码前，右节点 $a\oplus b$ 的度值为 1。利用已知的右节点 $a\oplus b$ 和 a 异或运算得到 b 后，从子图中删除左节点 b、右节点 $a\oplus b$ 和与 b 相关联的两条边。

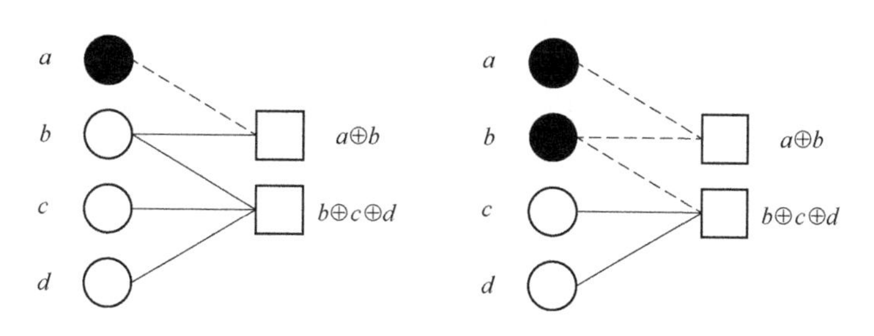

图 2.1.3　一步译码过程示意图

显然，只有当译码的每一步都存在至少 1 个度值为 1 的右节点时，译码过程才能成功完成。因此，一个理想的随机二分图设计应该保证在每一步的子图中都有一小部分右节点度值为 1。易证明，译码过程能否成功结束与每一步中具体去除哪一个节点无关。因此，可以合理假设在每一步中，度值为 1 的节点选择是等概随机的。

从整体上看，Tornado 码译码过程是编码的逆过程。由最后一级的 MDS 码 ζ 开始，得到由 $C(B_m)$ 产生的所有校验比特，利用这些校验比特可以恢复 $C(B_m)$ 输入中丢失的符号。由于每个 $C(B_i)$ 的输入信息比特都是 $C(B_{i-1})$ 的输出校验比特，利用同样的方法类推，最终可以利用 $C(B_0)$ 恢复原 k 个信息比特。

可以证明，每一级 $C(B_i)$ 能以高概率恢复其丢失的比例为 $\beta(1-\varepsilon)$ 的信源符号，则级联码 $C(B_0,B_1,\cdots,B_m,\zeta)$ 能以高概率恢复其丢失的比例为 $\beta(1-\varepsilon)$ 的符号。这种恢复方式的优势在于译码所需的最长时间正比于二分图中边的条数，而 Tornado 码的创新之处就在于设计随机的稀疏二分图，使得重复上述译码过程一定可以恢复比例最高为 $\beta(1-\varepsilon)$ 的丢失符号。

下面给出一个关于译码过程的重要定理，该定理的证明将在 2.1.3 节关于微分方程的讨论中涉及。

定理 2.1.1：令 k 为一整数，并设 $C(B_0,B_1,\cdots,B_m,\zeta)$ 是前述级联码，其中 B_0 具有 k 个左节点。假设每一个 B_i 都随机选定，度值分布由 $\lambda(x)$ 和 $\rho(x)$ 给定，且 $\lambda(x)$ 满足 $\lambda_1=\lambda_2=0$，并假设 δ 满足下式：

$$\rho(1-\delta\lambda(x))>1-x,\ 0<x\leqslant 1 \tag{2.1.3}$$

则如果码 C 中最多占比为 δ 的比特被随机独立地删除，则该译码算法可以在 $O(k)$ 步内以概率 $1-O(k^{-3/4})$ 实现成功译码。

2.1.3 编码和译码过程的微分方程模型

2.1.3.1 微分方程

本节从微分方程的角度来研究译码过程。

定理 2.1.2：令 $Q^{(m)}=(Q_0^{(m)},Q_1^{(m)},\cdots)$ 为一系列的离散随机过程，其概率空间为 Ω，状态空间为 S_m，并做如下定义：

$$H_t^{(m)}=(Q_0^{(m)},Q_1^{(m)},\cdots,Q_t^{(m)}) \tag{2.1.4}$$

令 d 为一个正整数，对于 $1\leqslant i\leqslant d$ 和所有正整数 m，令 $y^{(i,m)}:S_m^+\to\mathbf{R}$ 为一个有界函数，并且对于所有 $h\in S_m^+$ 和部分常数 C（独立于 i,m,h）有 $|y^{(i,m)}(h)|<Cm$。

假设：

i）存在常数 C'，使得对所有 m、所有 $t<m$ 和所有 $i\leqslant d$，都有

$$|Y_{t+1}^{(i,m)}-Y_t^{(i,m)}|<C' \tag{2.1.5}$$

式中，$Y_t^{(i,m)}=y^{(i,m)}(H^{(i,m)})$。

ii）对于所有的 i 以及所有满足 $t<m$ 的 (m,t)，有

$$|Y_{t+1}^{(i,m)}-Y_t^{(i,m)}|<C' \tag{2.1.6}$$

iii）对于所有 $i\leqslant d$，函数 f_i 都是连续的，并在 D 中满足利普希茨条件（Lipschitz condition)，其中 D 为连通的有界开集，并且包含集合 $\{(t,z_1,z_2,\cdots,z_d)\,|\,t\geqslant 0\}$ 与集合 $\{(0,z_1,z_2,\cdots,z_d)\,|\,P(Y_0^{(i,m)}=z_im\,|\,1\leqslant i\leqslant d)\neq 0\}$ 的交集。

当满足以上条件时，有如下结论：

a）对于 $(0,\zeta_1,\zeta_2,\cdots,\zeta_d)\in D$，微分方程组

$$\frac{\mathrm{d}z_i}{\mathrm{d}\tau}=f_i(\tau,z_1,z_2,\cdots,z_d),\quad i=1,2,\cdots,d \tag{2.1.7}$$

在 D 内有唯一解 $z_i(0)=\zeta_i,1\leqslant i\leqslant d$。

b）存在常数 c，使得对于 $0\leqslant t\leqslant\sigma m$ 和每个 i 值，都有

$$P(Y_t^{(i)}>mz_i(t/m)+cm^{5/6})<dm^{2/3}\exp(-\sqrt[3]{m}/2) \tag{2.1.8}$$

式中，$z_i(t)$ 是在 $\zeta_i=E[Y_0^{(i)}]/m$ 时式（2.1.7）的解，$\sigma=\sigma(m)$ 是 τ 的上确界。

对于一随机二分图，其左右不同度值的边条数随时间的变化可以看作一组时间离散的随机过程。假设在起始时刻，B 为一具有 k 个左节点和 βk 个右节点的二分图，度值分布由 $\lambda(x)$ 和 $\rho(x)$ 给定，并假设图中边数为 E。

对上述二分图的译码过程应用定理 2.1.2 时，每一单位时间都对应着一个左节点的成功恢复，m 对应着边的总数 E。令 δ 为信息中被删除的占比，在 0 时刻的前一瞬间，每一个左节点都被以（$1-\delta$）的概率移除，这是因为其对应的信息比特已经被成功接收。因此，B 的

初始子图含有 δk 个左节点。如果译码过程成功结束，则该过程会一直运行到 $\delta k = E\delta/a_1$ 时刻，a_1 为左节点平均度值。将归一化时间 t/E 记为 τ，则 τ 取值范围为 $0 \sim \delta/a_1$。

令 G 为 B 随机删除 $(1-\delta)k$ 个左节点后得到的图，将第 t 条从 G 中移除的边记为 Q_t。定义 G_t 为 G 移除了边 $Q_1, Q_2, \cdots, Q_t$、它们所相邻的所有左节点，以及这些左节点发出的所有边后得到的图。如果该过程在 $t-1$ 时刻已经停止，则记 $G_t = G_{t-1}$。

将 t 时刻左侧度值为 i 的边数量记为 $L_t^{(i)}$，t 时刻右侧度值为 i 的边数量记为 $R_t^{(i)}$。令 $l_t^{(i)} = L_t^{(i)}/E$ 和 $r_t^{(i)} = R_t^{(i)}/E$ 表示在 t 时刻左侧度值和右侧度值为 i 的边占边总数的比例，则在 t 时刻剩余边的比例 $e_t = \sum_i l_t^{(i)} = \sum_i r_t^{(i)}$。后续忽略下标 t，简记 $l_t^{(i)}$ 为 l_i，$r_t^{(i)}$ 为 r_i，e_t 为 e。

当对于所有的 i 和 t 都有 $|L_{t+1}^{(i)} - L_t^{(i)}| \leqslant i$ 时，式（2.1.5）得到满足。在每一步中，需要随机选取一个度值为 1 的右节点，并删除其对应的左节点以及所有与它相邻的边。当不存在这样的节点时，该过程停止。一条边同时连接度值为 1 的右节点和度值为 i 的左节点的概率为 $l_t^{(i)}/e_t$，当进行这一步操作删除相应成分时，二分图中减少 i 条度值为 i 的边，如图 2.1.4所示。

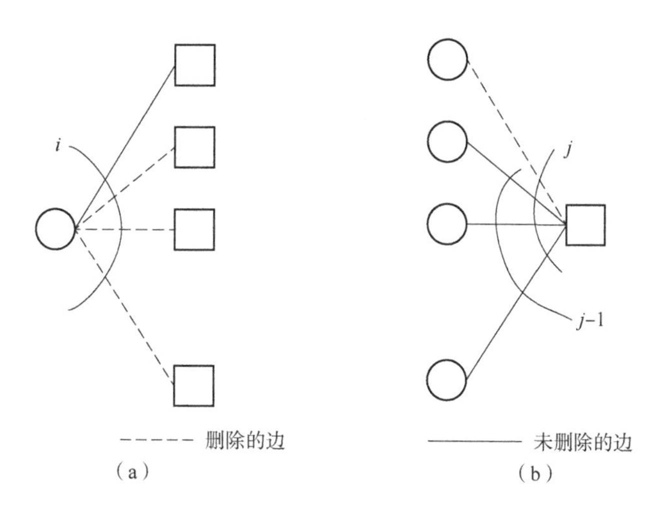

图 2.1.4　一步译码时二分图的演进过程

(a) 左侧节点；(b) 右侧节点

因此，我们有

$$\mathbb{E}(L_{t+1}^{(i)} - L_t^{(i)} | H_t) = -\frac{i l_t^{(i)}}{e_t} \tag{2.1.9}$$

式中，$i = 1, 2, \cdots, d$，d 为左侧度值的最大值。

设

$$f_i(s, l_1, l_2, \cdots, l_d) = -\frac{i l_i}{e} \tag{2.1.10}$$

式中，$e = \sum_j l_j$。

注意到这些方程满足式（2.1.6），而当进一步限定 $\eta>0$，这些方程还在下述区域内满足式（2.1.7）：

$$\begin{cases}0<s<\delta+\eta \\ 0<l_i<1+\eta, \quad i=1,2,\cdots,d \\ \eta<e<\delta+\eta\end{cases} \tag{2.1.11}$$

通过上述与译码过程的对应，定理 2.1.2 的含义就可以理解为：对于所有的 $E\eta\leqslant t\leqslant E(\delta+\eta)$，都有很高的概率满足下式：

$$L_t^{(i)}=El_i(t/E)+O(E^{5/6}) \tag{2.1.12}$$

式中，$l_i(\tau)$是下式的解：

$$\frac{\mathrm{d}l_i(\tau)}{\mathrm{d}\tau}=-\frac{il_i(\tau)}{e(\tau)}, \quad i=1,2,\cdots,d \tag{2.1.13}$$

为求解这些微分方程，定义 x 满足$\frac{\mathrm{d}x}{\mathrm{d}\tau}=-\frac{x}{e(\tau)}$，即

$$x=\exp\left[-\int_0^\tau \frac{\mathrm{d}s}{e(s)}\right] \tag{2.1.14}$$

由于当 $\tau\to\delta/a_1$ 时 $l_i(x)\to 0$，故 x 的取值范围为$(0,1]$。

为了讨论右侧的演变过程，在此首先规定 $|R_{t+1}^{(i)}-R_t^{(j)}|<d$，其中 d 为左侧度值的最大值。这是因为一个左节点连接至多 d 个右节点，并且其中一个右节点被用于恢复左节点。因此，定理 2.1.2 中的条件 i）得到满足。注意：当移除左侧一个度值为 i 的节点后，也就移除了右侧一个度值为 1 的节点，并同时移除了这个节点所连接的 $i-1$ 条边，这 $i-1$ 条边的右端点在右侧随机分布。因此，删除的其他边数量的期望为 a_t-1，其中 $a_t=\sum il_t^{(i)}/e_t$。如果这些边中某一条右侧度值为 j，则失去 j 条度值为 j 的边，同时得到 $j-1$ 条度值为 $j-1$ 的边。“一条边在右侧度值为 $j-1$”事件的概率为 $r_t^{(j)}/e_t$，故对于 $i>1$，有

$$\mathbb{E}(R_{t+1}^{(1)}-R_t^{(1)}|H_t)=(r_t^{(2)}-r_t^{(1)})\frac{(a_t-1)}{e_t}-1 \tag{2.1.15}$$

令 μ 为右侧最大节点度值，记

$$g_i(\tau,r_1,r_2,\cdots,r_\mu)=\begin{cases}-r_\mu(\tau)\frac{\mu(a-1)}{e}, & i=\mu \\ (r_{i+1}(\tau)-r_i(\tau))\frac{i(a-1)}{e}, & 1<i<\mu \\ (r_2(\tau)-r_1(\tau))\frac{a-1}{e}-1, & i=1\end{cases} \tag{2.1.16}$$

如果固定 $\eta>0$，对于左侧的演变过程，这些方程在 $\tau=\frac{t}{E}>\eta$ 的情况下满足利普希茨条件。应用定理 2.1.2 可得，对于所有的 $\eta E\leqslant t\leqslant(\delta+\eta)E$，在几乎任何情况下均有

$$R_t^{(i)}=Er_i(t/E)+O(E^{5/6}) \tag{2.1.17}$$

式中，$r_i(\tau)$是如下方程的解：

$$\frac{\mathrm{d}r_i(\tau)}{\mathrm{d}t}=\begin{cases}(r_{i+1}(\tau)-r_i(\tau))\dfrac{i(a(\tau)-1)}{e(\tau)}, & i>1\\ (r_2(\tau)-r_1(\tau))\dfrac{a(\tau)-1}{e(\tau)}-1, & i=1\end{cases} \tag{2.1.18}$$

只要 $r_1(\tau)>0$，在右侧就存在一个度值为 1 的节点，译码过程得以继续；当 $r_1(\tau)=0$ 时，过程停止。所以我们主要关心的是 $r_1(\tau)$随 τ 的变化过程，希望在所有左侧节点被删除、译码过程成功结束之前，一直有 $r_1(\tau)>0$。

接下来，确定 $r_j(1)$。由于在 0 时刻的前一瞬间左侧的每个节点都被以 $1-\delta$ 的概率删除，而且二分图是利用给定的度值序列生成的随机图，因此对于右侧的节点，这相当于每一条边都以 $1-\delta$ 的概率被删除，$r_j(1)$也就是在 0 时刻被删除的边占比的期望值。因此，如果一条边所连接的右节点在删除阶段前的度值为 j，那么这条边将会在图中保留，并且在删除过程结束后具有度值 i 的概率为

$$r_i(1)=\sum_{m\geqslant j}\rho_m\binom{m-1}{j-1}\delta^j(1-\delta)^{m-j} \tag{2.1.19}$$

解上述方程，得到以下结果：

命题 2.1.1：在式（2.1.19）给出的限定条件下解式（2.1.18），得到

$$r_1(x)=\delta\lambda(x)[x-1+\rho(1-\delta\lambda(x))] \tag{2.1.20}$$

式中，x 满足$\frac{\mathrm{d}x}{\mathrm{d}\tau}=\frac{-x}{e(\tau)}$。

由此可以引出以下结论：

命题 2.1.2：令 B 为一具有 k 个信息比特的随机二分图，它的左右侧的边度值分布分别由 $\lambda(x)$和$\rho(x)$给定，固定 δ 使得$\rho(1-\delta\lambda(x))>1-x$，$0<x\leqslant 1$，则对于所有 $\eta>0$，存在 k_0，使得对于所有 $k>k_0$，当码 $C(B)$中的信息比特被随机独立地以概率 δ 删除，译码算法成功结束的概率至少为 $1-k^{2/3}\exp(-\sqrt[3]{k}/2)$，丢失信息比特不超过 ηk 个。

证明：令 E 为图中边的条数，则 $E=ka_1$，其中 a_1 是左侧节点的平均度值，它对于给定的 λ 和 β 是固定的$\left(a_1=\sum\lambda_i/i\right)$。令 $\mu=\eta/a_1$，应用式（2.1.20）和前述讨论，右侧度值为 1 的节点数目为 $\delta\lambda(x)[x-1+\rho(1-\delta\lambda(x))]+O(k^{5/6})$的概率至少为

$$1-k^{2/3}\exp\left(-\frac{\sqrt[3]{k}}{2}\right) \tag{2.1.21}$$

式中，$x \in (\eta',1]$，$\eta' = \exp\left(-\int_0^{\mu} \frac{ds}{e(s)}\right)$。对于足够大的 k，这个概率大于0，由此证明了推断。■

引理 2.1.1：设 B 为一个边度值分布由 $\lambda(x)$ 和 $\rho(x)$ 给定的二分图，具有 k 个左节点，且 $\lambda(x)$ 满足 $\lambda_1 = \lambda_2 = 0$，则存在 $\eta > 0$，使得由占比为 η 的左节点引发对于子图的译码过程能够以 $1 - O(k^{-3/2})$ 的概率成功结束。

证明：设 S 为最多为 ηk 的任意一组左节点。令 a 为这些节点的平均度值。如果右侧节点中与 S 相邻的节点数量大于$\frac{a|S|}{2}$，则这些节点中的一个在 $|S|$ 中只有一个相邻节点，译码过程可以继续。

令 ε_s 表示“左侧一个大小为 s 的子集最多与$\frac{as}{2}$个节点相邻”这一事件，记左侧任意一个大小为 s 的子集为 S，右侧大小为$\frac{as}{2}$的子集为 T，则 S 有$\binom{k}{s}$种选择方式，T 有$\binom{\beta k}{\frac{as}{2}}$种选择方式。$T$ 包含 S 中所有端点共 as 个相邻节点的概率为$\left(\frac{as}{2\beta k}\right)^{as}$。因此有

$$\Pr(\varepsilon_s) \leqslant \binom{k}{s}\binom{\beta k}{\frac{as}{2}}\left(\frac{as}{2\beta k}\right)^{as} \tag{2.1.22}$$

又因$\binom{n}{k} \leqslant \left(\frac{ne}{k}\right)^k$，所以有

$$\Pr(\varepsilon_s) \leqslant \left(\frac{s}{k}\right)^{(a/2-1)s} c^s \leqslant \left(\frac{sc^2}{k}\right)^{s/2} \tag{2.1.23}$$

式中，c —— 一个与 β 和 α 有关的数。

由于图中没有度值为1或2的节点，故 $\Pr(\varepsilon_1) = \Pr(\varepsilon_2) = 0$。当 η 满足 $\eta \leqslant \frac{1}{2c^2}$时，有

$$\sum_{s=1}^{\eta k} \Pr(\varepsilon_s) \leqslant \sum_{s=3}^{\eta k} \left(\frac{sc^2}{k}\right)^{s/2} \leqslant \frac{3c^2}{k\sqrt{k}} + \sum_{s=4}^{\eta k} \frac{1}{2^s} = O\left(\frac{1}{k\sqrt{k}}\right) \tag{2.1.24}$$

上述讨论表明，错误概率主要来自左侧度值为3的节点，并且度值为2的节点会导致错误概率为一个常数。■

2.1.3.2 度值序列的确定

接下来的重要问题是确定能使码率达到香农容量限$(1-p)$的度值分布$(\lambda_1,\lambda_2,\cdots,\lambda_m)$和$(\rho_1,\rho_2,\cdots,\rho_m)$，其中 p 为信道删除概率。达到这一指标的方法是在 δ 接近 $1-R$ 的条件下找到式（2.1.18）的无穷解族。

令 B 为一个具有 k 个左节点和 βk 个右节点的二分图。当 $x\in(0,1]$ 并满足 $\rho(1-\delta\lambda(x))>1-x$ 时，符合要求的左右节点分布如下：对于正整数 D，记 $H(D)=\sum_{i=1}^{D}1/i\approx\ln D$，则左侧边最佳度值分布为

$$\lambda_i=\frac{1}{H(D)(i-1)},\quad i=2,3,\cdots,D+1 \tag{2.1.25}$$

由于左平均度值为 $a_l=H(D)\frac{D+1}{D}$，因此 D 的取值需要使 δ 尽可能接近 $\beta=l-R$ 的情况下成功完成译码。由于右侧平均度值 a_r 需要满足 $a_r=\frac{a_l}{\beta}$，因此右侧边度值分布是均值为 a_r 的泊松分布，即

$$\rho_i=\frac{e^{-\alpha}\alpha^{i-1}}{(i-1)!} \tag{2.1.26}$$

式中，α 的取值满足 $a_r=\frac{\alpha e^{\alpha}}{(e^{\alpha}-1)}$，即泊松分布的均值。

当 $\delta=\beta\left(1-\frac{1}{D}\right)$，$x$ 在 $(0,1]$ 上满足 $\rho(1-\delta\lambda(x))>1-x$，其中，

$$\begin{cases}\lambda(x)=\sum_{i=1}^{m}\lambda_i x^{i-1}\\\rho(x)=\sum_{i=1}^{m}\rho_i x^{i-1}=e^{\alpha(x-1)}\end{cases} \tag{2.1.27}$$

引理 2.1.2：对于上述 $\lambda(x)$ 和 $\rho(x)$，若 $\delta\leqslant\beta\left(1+\frac{1}{D}\right)$，则 x 在 $(0,1]$ 上满足 $\rho(1-\delta\lambda(x))>1-x$。

证明：由于 $\rho(x)$ 是 x 的单调递增函数，因此

$$\rho(1-\delta\lambda(x))>\rho\left(1+\frac{\delta\ln(1-x)}{H(D)}\right)=(1-x)^{\alpha\delta/H(D)} \tag{2.1.28}$$

又因 $a_l=H(D)\left(1+\frac{1}{D}\right)$，$a_r=\frac{a_l}{\beta}$，可得

$$\frac{a\delta}{H(D)}=(1-e^{-\alpha})\frac{\left(1+\frac{1}{D}\right)\delta}{\beta}<\frac{\delta\left(1+\frac{1}{D}\right)}{\beta}\leqslant 1 \tag{2.1.29}$$

因此 $\frac{\delta\left(1+\frac{1}{D}\right)}{\beta}$ 在 $D\in(0,1]$ 上大于 $1-x$。■

需要注意的是，长尾度值分布（heavy tail distribution）并不满足 $\lambda_2=0$ 的性质。为了克服这一问题，可以对二分图的结构进行调整。将 βk 个右节点分为两组，分别为 γk 个和 $(\beta-\gamma)k$

个，其中$\gamma=\frac{\beta}{D^2}$。前$(\beta-\gamma)k$个右节点和k个左节点构成第一个子图P，剩余的γk个右节点和k个左节点构成第二个子图Q，二分图B取子图P和Q的并集得到。对于子图P，使用长尾分布或者泊松分布来生成边；对于子图Q，k个左节点的度值均为3，因此有$3k$条边随机连接左节点和γk个右节点。

引理2.1.3：令B为上述二分图，则当译码过程从B中δk个左节点和全部βk个右节点构成的点导出子图开始时，该译码过程可以概率$1-O(k^{-3/2})$成功结束。其中，$\delta=\beta\left(1-\frac{1}{D}\right)$。

证明：在对上述过程的分析中，可以认为B_2是用来处理未被B_1处理的节点的“备用”图。首先，可以使用在引理2.1.1中同样的方法证明存在η使得B_2中一组$s\leqslant\eta k$个左节点的集合S可以邻接到至少$\frac{3s}{2}$个右节点，其概率为$1-O\left(\frac{1}{k^{3/2}}\right)$（注意：在该图中所有的左节点度值均为3）。综合命题2.1.2和引理2.1.2，可知从B_1开始的译码过程在成功结束时左侧未被译码的节点不超过ηk，其概率为$1-O(\exp(-k^{\alpha}))$，$\alpha>0$。又由于左侧节点数量与右侧节点数量的比值为$\beta\left(1-\frac{1}{D^2}\right)$，因此引理2.1.2中的条件可以写为

$$\delta\leqslant\frac{\beta\left(1-\frac{1}{D^2}\right)}{1+\frac{1}{D}}=\beta\left(1-\frac{1}{D}\right) \tag{2.1.30}$$

该式显然成立，可见该过程可以成功结束。■

然而在实际情况下，往往左度值分布已经给定，并且不符合长尾分布。利用线性规划以及前述微分方程的分析，可以提出一种启发式算法，通过左度值序列得到合适的右度值序列。

接下来，确定对于给定的$\lambda(x)$和丢失符号占比δ，是否存在$\rho(x)$能够符合x在$(0,1]$上满足$\rho(1-\delta\lambda(x))>1-x$的条件。选择一个正整数集合$M$，将来所有的右度值$m$都由$M$中的元素产生。为了找到合适的$\rho_m$，$m\in M$，我们考虑定理2.1.1中$x$取不同数值时$\rho_i$必须满足的条件。例如，$x=0.5$时，有$\rho(1-\delta\lambda(0.5))>0.5$。

为了产生限定条件，将x取为$1/N$的整数倍，其中N为整数，同时对所有$m\in M$规定$\rho_m\geqslant0$，利用线性规划来确定是否存在满足前述条件的合适ρ_m。需要注意的是，我们可以自行选取需要进行优化的函数，其中一种选择方式是使对于所有选定的x_i值，$\sum_{x_i}\rho(1-\delta\lambda(x_i))+x_i-1$最小。对于给定$N$的最佳$\delta$值，可以使用二分查找（binary search）法来确定。当线性规划问题的解ρ_i确定以后，就可以检查其是否满足条件$\rho(1-\delta\lambda(x))>1-x,x\in(0,1]$。

通常，会存在一些冲突子区间使得 ρ_i 不满足上述不等式。如果选择较大的 N 值，就可以减小冲突子区间，但是运行线性规划算法会耗费更多时间。因此，应该在二分查找中使用较小的 N，而在找到合适 δ 值后利用该 δ 值对应的较大 N 来减小冲突子区间。在最后一步中，通过适当减小 δ 可以消除冲突子区间，因为 $\rho(1-\delta\lambda(x))$ 是关于 δ 的单调递减函数。

2.1.3.3　由度值序列构造二分图

在得到符合要求的 $\lambda(x)$ 和 $\rho(x)$ 后，需要生成具有 k 个左节点、βk 个右节点，且满足该度值分布的随机二分图。在此默认对于所有的 i 值，βk、$\frac{E\lambda_i}{i}$ 和 $\frac{E\rho_i}{i}$ 都是整数，并假定 $\beta\int_0^1\rho(x)\,\mathrm{d}x=\int_0^1\lambda(x)\,\mathrm{d}x$。

需要注意的是，在译码过程中，每一步译码过后的子图中左右节点的对应关系是随机排列的。因此，如果将每一步译码过后剩余子图的度值序列作为条件，则所有剩余子图具有相同的度值序列。由此可知，度值序列的变化过程是马尔可夫过程。

为了得到具有给定的度值分布的二分图，可以采用下面的方法进行操作。假设需要生成的随机二分图 B 具有 E 条边、k 个左节点和 βk 个右节点，不妨先构造一个在左侧和右侧都具有 E 个节点的二分图 B'，左节点对应所有边在 B 左节点上的 E 个“插槽”，右节点对应所有边在 B 右节点上的 E 个“插槽”。根据给定的度值序列 $(\lambda_1,\lambda_2,\cdots,\lambda_m)$，可以为不同度值的左侧分配相应数量的边（例如，度值为 i 的边有 $E\lambda_i$ 条）；同理，可以根据族确定右侧边的数量。当边两端的“插槽”位置确定后，该条边的位置也就确定了，只要选择一种随机对应方式将二分图 B' 左右的“插槽”对应，就可以在二分图 B 上生成一个随机二分图，并且具有所需的度值序列 $(\lambda_1,\lambda_2,\cdots,\lambda_m)$ 和 $(\rho_1,\rho_2,\cdots,\rho_m)$。

图 2.1.5 所示为 $E=8$，$k=5$，$\beta k=3$ 的二分图构造示意图，其中左度值序列为 $\left(\frac{2}{5},\frac{3}{5},0\right)$，

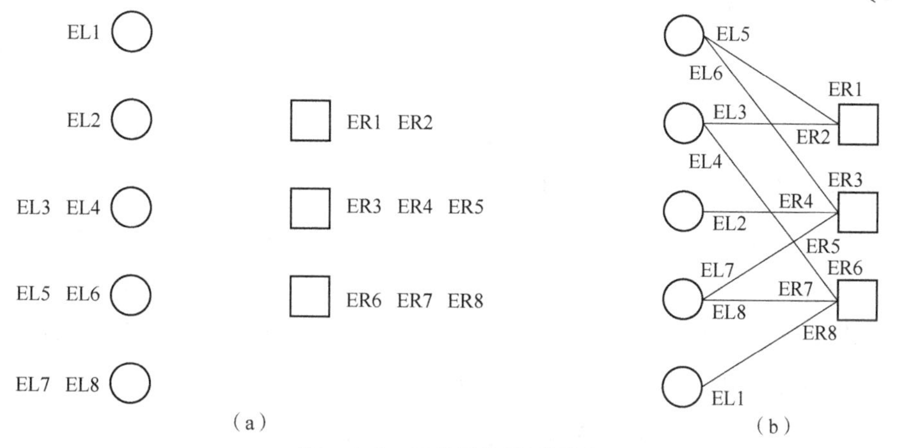

图 2.1.5　二分图构造示意图

(a) 第 1 步；(b) 第 2 步

右度值序列为$\left(0,\frac{1}{3},\frac{2}{3}\right)$。在图2.1.5（a）所示的第1步中，先按度值分布将二分图B'的全部左“插槽”EL1,EL2,…,EL8分配在二分图B的左节点上，二分图B'的全部右“插槽”ER1,ER2,…,ER8分配在二分图B的右节点上。在图2.1.5（b）所示的第2步中，随机将{EL1,EL2,…,EL8}中的节点与{ER1,ER2,…,ER8}中的“插槽”进行配对，得到二分图B。

至此，已经确定了可以接近信道容量的编码度值分布，并且得到了码的二分图表示。

2.1.4 性能分析

2.1.4.1 译码时间

定理2.1.3：对于任意$0<R<1$，任意$0<\varepsilon<1$，以及足够长的码长n，存在一种线性码和一种对应的译码算法，可以概率$1-O(n^{-3/4})$恢复占比为$(1-R)(1-\varepsilon)$的丢失码字，其时间正比于$n\ln\frac{1}{\varepsilon}$。

证明：设$D=\left\lceil\frac{1}{\varepsilon}\right\rceil$，构造一级满足引理2.1.3所述性质的码，然后级联多个满足引理2.1.3所述性质的码，以得到整个码组。在每一级中，左节点的平均度值a_1最大值$3+\sum_{i=1}^{D}\frac{1}{i}<4+\ln\frac{1}{\varepsilon}$，即正比于$\ln\frac{1}{\varepsilon}$，因此级联二分图中的总边条数正比于$n\ln\frac{1}{\varepsilon}$，由此得证。■

利用引理2.1.3和证明定理2.1.2时的分析过程，可以推得上述编码可以在占比为δ的码字随机丢失的情况下，以概率$1-O(n^{-3/4})$恢复所有信息比特。其中，$\delta=\beta\left(1-\frac{1}{D}\right)$，$\beta=1-R$。

2.1.4.2 MDS码选择

在我们的分析中，一直假定在恢复信息比特的过程中，每一级的所有校验比特都被成功接收。做出该假设的原因是，在原本的级联码构造中，最后一级级联使用的是纠错码。

然而，这样的假设会在实际应用中带来问题。一个普通的纠错码的编码和译码需要4次方的运行时间，即使对于较短的符号集也会需要3次方的运行时间。这样一来，假定一条信息所对应的码字长度是它自身的2倍，为了达到线性的编码和译码时间，在级联序列的最后一个图中需要$\sqrt{k}$个左节点，其中k为与原本信息比特相关联的节点数，即在序列中有$O(\log k)$个图。在分析时，假定在每一层级联图中，接收到的节点占总节点数的比例是固定的。然而在实际情况中，这一比例是一个随机变量，而且在最后一级中，这一比例方差达到$1/\sqrt[4]{k}$。因此，对于一个长度为65 536比特的消息，如果它的码字长度为131 072比特，则由于$1/\sqrt[4]{k}=0.063$，我们需要接收到131 072×1.063个比特才能恢复出原有的信息。

解决这一问题的方法是减少级联的次数，并且避免在最后一级使用普通的纠错码，即在最后一级继续使用度值分布合适的随机二分图。Luby 等[2]利用这种方法得到了较好的结果：若信息长度 k 为 65 536 比特，码长 n 为 131 072 比特，则利用 3 级级联二分图可以可靠地从任意 67 700 个码元符号中恢复信息。

为了设计出合适的最后一级二分图，我们需要在信息比特和校验比特都发生随机丢失的情况下分析译码过程。下列结果给出了图中边数和度值为 1 的右节点数之间的关系，同时估计了译码算法每一步中未被恢复的左节点数量。

引理 2.1.4：假定每一个左节点丢失的概率均为 δ，每一个右节点丢失的概率均为 δ'，则右侧度值为 1 的边所占比例 $r_1(x)$ 与原图 B 中边数满足以下关系：

$$r_1(x)=\delta(1-\delta')\lambda(\delta'+(1-\delta')x)\cdot[x-1+\rho(1-\delta\lambda(\delta'+(1-\delta')x))] \tag{2.1.31}$$

式中，$\lambda(\cdot)$——左度值生成多项式；

$\rho(\cdot)$——右度值生成多项式。

而且，在 x 时刻未被恢复的左节点占比为

$$\delta a_1\cdot\int_0^{\delta'+(1-\delta')x}\lambda(y)\mathrm{d}y \tag{2.1.32}$$

因此得到成功译码条件为

$$\rho(1-\delta\lambda(\delta'+(1-\delta')x))>1-x,\quad x\in(0,1] \tag{2.1.33}$$

若 $\delta'>0$，则对于任意的 δ，不可能使所有的 $x\in(0,1]$ 满足上述不等式。当 $x=0$ 时，式（2.1.33）左侧等于 $\rho(1-\delta\lambda(\delta'))$，严格小于 1。

2.2 LT 码

无速率随机线性喷泉码采用构造随机稀疏生成矩阵的方法（矩阵的列数随着编码过程无限地增加），编码包作为原始数据包线性叠加的结果，其如同不断喷涌而出的泉水一样源源不断地生成。当原始数据包的数目 k 趋近于无穷时，随机线性喷泉码能有效地逼近香农容量限。然而，由于其译码所用到的矩阵求逆运算的复杂度为多项式复杂度 $O(k^3)$，故译码复杂度会随着 k 的增大而急剧增加，实际很难应用于无线通信系统。因此，LT 码[3]作为喷泉码的第一种可实现编码，在喷泉码的研究中占据重要的地位。

2.2.1 LT 码简介及编码

2.2.1.1 LT 码简介

LT 码与 Tornado 码有一些相似之处。例如，它们使用相似的方式恢复接收数据；Tornado 码使用的度分布方式在表面上看也与 LT 码的度分布方式相似。但是，实际的 Tornado

码度分布方式并不适用于 LT 码。对于 Tornado 码，输入符号的度分布类似于孤子分布（将在 2.2.3 节介绍），并且第一层冗余符号上的度分布接近泊松分布。然而，当编码符号独立产生时，无论编码符号的邻域分布如何选择，这种分布方式都无法生成输入符号的度分布。

除了以上不同，LT 码相较于 Tornado 码还具有一种重要的优势。令 $c=n/k$ 为 Tornado 码的恒定延长因子，一旦 k 和 n 固定，Tornado 码就会生成 n 个编码符号。当编码需求提高时，Tornado 码无法生成更多的编码符号。

Tornado 码使用一种多层符号构成二分图的级联序列，其中，输入符号为第一层，冗余符号为余下子层。在实际应用中，这需要在编码器与译码器中事先构造相同的图结构，或者先在编码器中构造图结构，然后将其传递到译码器中。这种预处理过程十分麻烦，特别是结构图尺寸与 $n=ck$ 成正比例关系。尽管重复编译相同长度的数据可减少花费，但每一个不同长度的数据均需要预处理相应的图结构，从而造成大量的开销。与此相反的是，LT 码的度分布根据数据长度进行简单的计算即可得到，并且这是调用编码器（或译码器）唯一需要的预处理过程。

2.2.1.2 LT 码编码

与随机线性喷泉码不同，LT 码虽然也可以被视为一种低密度稀疏生成矩阵码，但其在编码时通过设计良好的编码包度值分布，使得编译码复杂度获得了极大的降低。

LT 码的编码流程如下：

第 1 步，应用适当的度值分布函数 $\rho(d)$，并且基于该度值分布函数产生值 d，该值 d 表示编码数据包由多少个原始数据生成，即当下码所具有的度值。

第 2 步，任意选择 d 个原始信息数据包（也可以是数据比特），之后对获取的 d 个数据信息包进行异或运算或模 2 操作。

第 3 步，将选择的 d 个原始信息数据包映射到矩阵 $\boldsymbol{G}$ 的列中，并将矩阵相应位置的元素值置 1。

第 4 步，编码时，不断循环执行以上步骤，当所有的原始信息都参与编码或者产生了足够的编码信息数据包时，就可以判决编码完成。

假设有 k 个原始数据包，分别为 $x_1, x_2, \cdots, x_k$，设编码信息数据包为 n 个，分别为 y_1，$y_2, \cdots, y_n$，对应的度值值为 $d_1, d_2, \cdots, d_n$，则 LT 码编码流程如图 2.2.1 所示。

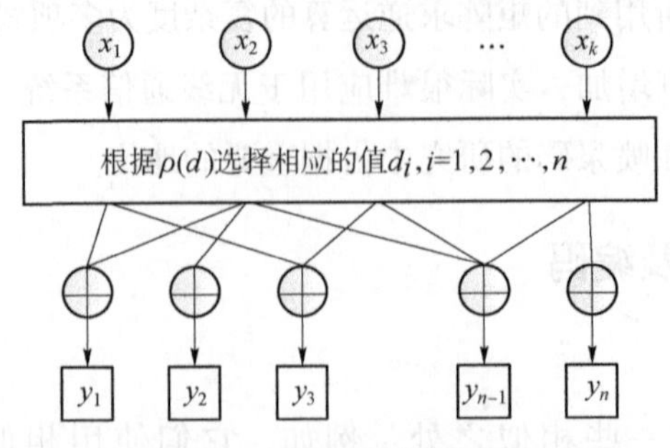

图 2.2.1 LT 码编码流程

LT码和LDPC码（low - density parity check codes，低密度奇偶校验码）同属低密度码，采用稀疏矩阵编码，故可以用Tanner图等几何工具来表示。在图2.2.2所示的LT码的Tanner图中包含两种节点，圆圈表示变量节点，方框表示校验节点。变量节点可以分为两类：一类是位于最上面一行的信息节点，其与k个原始数据包对应；另一类是位于最下面一行的编码节点，其与n个编码信息数据包对应。信息节点与校验节点之间的边的连接关系反映了编码过程中的随机选择关系，即当原始数据包$x_i(1\leqslant i\leqslant k)$参与编码信息数据包$y_j(1\leqslant j\leqslant n)$的生成时，相应的信息节点与校验节点之间用一条边相连；而校验节点与编码节点之间用边一一相连。所有连至同一个校验节点的变量节点必须满足比特校验和为0的关系。

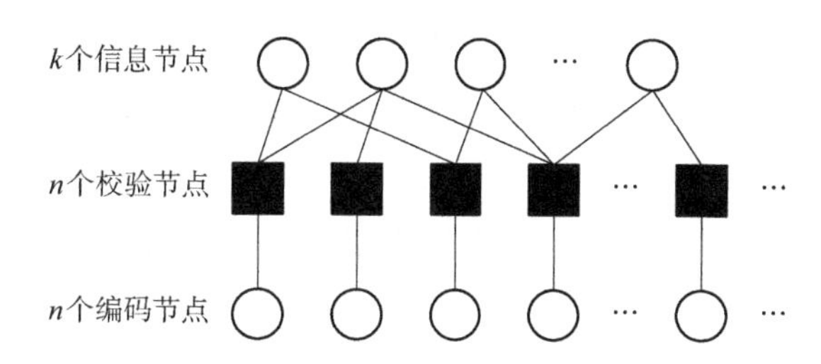

图2.2.2　LT码Tanner图

2.2.2　LT码译码

在最初提出的喷泉码的译码算法以删除信道为场景、基于二进制数据，从概念上容易理解。该算法是一种基于二进制的置信传播（belief propagation，BP）算法，又称洪水译码（flood decoding，FD）算法，其以一个（或几个）已知信息作为译码起始，对与之在Tanner图上邻接并满足一定条件的节点进行数据更新，通过不断迭代重复上述过程来快速译码。BP算法可以运用矩阵进行描述，并形成高斯消元（Gaussian elimination，GE）算法。GE算法基于喷泉码的矩阵译码描述，利用矩阵求逆的算法实现。这种算法弥补了算法对度分布要求的缺陷，但是译码的复杂度很高，在中长码的情况下实用性大大下降，并且受二进制数据的限制。

2.2.2.1　置信传播译码算法

BP算法实质上是一个不停更新迭代的过程。喷泉码的译码机制：当接收端收到的符号数达到k个时，译码器被激活，开始进行译码；当其成功译得所有码字时，译码结束；如果不能译码，则接收端继续接收符号，直到可以译码为止；当其中的某个符号只存在唯一的邻居输入符号节点时，译码器认为其两者信息等同。

Tanner图中的信息节点对应于矩阵$\boldsymbol{G}$的行，校验节点对应于矩阵$\boldsymbol{G}$的列。

定义2.2.1：设二分图G的两个互不相交顶点子集合为$I(G)=\{i_1,i_2,\cdots,i_p\}$和$J(G)=\{j_1,j_2,\cdots,j_q\}$，边集合为$E(G)=\{e_1,e_2,\cdots,e_M\}$，则图的邻接矩阵$\boldsymbol{A}=(a_{ij})_{p\times q}$定义为

$$a_{ij}=\begin{cases}1, & i_p j_q\in E(G)\\0, & i_p j_q\notin E(G)\end{cases}\tag{2.2.1}$$

当码字中某一比特包含在某一校验方程中（即编码矩阵中相应的位为1）时，Tanner图中的校验节点和信息节点之间存在连线。对于每个节点，与之相连的边数称为这个节点的次数，在矩阵上体现为每一行中1的个数称为校验度、每一列中1的个数称为编码度。

BP算法的译码步骤如下[4]：

第1步，译码器从接收数据包与生成矩阵 $\boldsymbol{G}$ 中寻找编码度值仅为1的信息包。

第2步，设矩阵 $\boldsymbol{G}$ 第 i 列只有一个元素为1，且该元素位于第 j 行，则将信息包 t_i 直接复制为信源数据 s_j，且将矩阵 $\boldsymbol{G}$ 的第 j 行、第 i 列的元素置为0。

第3步，将第2步生成的信源数据 s_j 与所有有连接关系的其余信息包 t_n（$n \neq i$ 且 $\boldsymbol{G}$ 的第 j 列中第 n 行元素为1）进行异或操作或者模2求和，然后删除该原始数据和这些编码数据包的连接关系，在矩阵 $\boldsymbol{G}$ 中将第 j 行的所有元素全部置0。

第4步，循环执行上述译码过程，直至所有数据均成功译码，即矩阵 $\boldsymbol{G}$ 的所有元素均为0，译码完成。

BP算法的译码流程如图2.2.3所示。

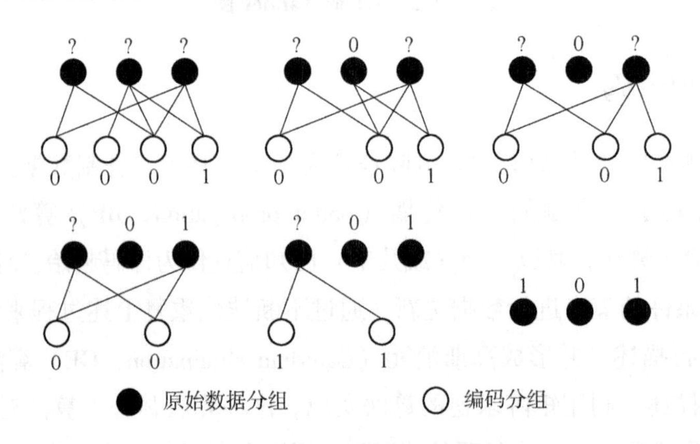

图2.2.3 BP算法的译码流程

2.2.2.2 度值译码算法

在删除信道的相关研究中发现，对线性码使用最大似然译码算法等同于解线性方程组，即可以使用度值的方法来求解。不同于BP算法，GE算法并不要求必须存在度为1的编码包。采用GE算法得到源信息包的过程就是度值的过程，而度值的实际方法就是矩阵的线性变换过程。当生成矩阵的秩等于源信息包数时，LT码能被完全译码成功。

假设发送数据包和收到的编码包矢量分别为 $\boldsymbol{X}=[x_1,x_2,\cdots,x_k]^{\mathrm{T}}$ 和 $\boldsymbol{Y}=[y_1,y_2,\cdots,y_N]^{\mathrm{T}}$，根据编码生成矩阵 $\boldsymbol{G}$ 可得

$$\boldsymbol{Y}=\boldsymbol{G}\cdot\boldsymbol{X} \tag{2.2.2}$$

由式（2.2.2）可得

$$\boldsymbol{X}=\boldsymbol{G}^{-1}\cdot\boldsymbol{Y} \tag{2.2.3}$$

根据式（2.2.3）可计算出原始数据包 $\boldsymbol{X}$。这样的译码方法可以带来最大似然译码的效果，从而译出最多信息包。考虑一个 LT 码有 3 个信息包、4 个编码包，其任意输出符号的度均大于 1，其编码过程如下式所示：

$$\boldsymbol{GX}=\begin{bmatrix}1&1&1\\0&1&1\\1&0&1\\1&1&0\end{bmatrix}\begin{bmatrix}x_1\\x_2\\x_3\end{bmatrix}=\begin{bmatrix}1\\0\\1\\1\end{bmatrix} \tag{2.2.4}$$

上述编码过程用线性方程组可表示为

$$\begin{cases}x_1+x_2+x_3=1\\x_2+x_3=0\\x_1+x_3=1\\x_1+x_2=1\end{cases} \tag{2.2.5}$$

式（2.2.2）~式（2.2.5）设计的 LT 码若采用 BP 算法就无法译码成功，但采用度值的方式求解线性方程组则可以成功译码。注意：如果生成矩阵 $\boldsymbol{G}$ 是满秩的，此时所有信息包均可译码成功；如果生成矩阵 $\boldsymbol{G}$ 不是满秩的，则译码过程中会出现部分信息包有多个解的情况，导致这部分信息包无法译码成功。

线性方程组的度值解法可以表示如下：

$$\begin{aligned}\boldsymbol{GY}&=\begin{bmatrix}g_1(e_1)&\cdots&g_h(e_1)&y_1(e_1)&\cdots&y_N(e_1)\\\vdots&&\vdots&\vdots&&\vdots\\g_1(e_h)&\cdots&g_h(e_h)&y_1(e_h)&\cdots&y_N(e_h)\end{bmatrix}\\&=\boldsymbol{G}\times\begin{bmatrix}1&\cdots&0&x_{1,1}&\cdots&x_{1,N}\\\vdots&&\vdots&\vdots&&\vdots\\0&\cdots&1&x_{h,1}&\cdots&x_{h,N}\end{bmatrix}\end{aligned} \tag{2.2.6}$$

度值法的具体步骤如下[5]：

第 1 步，将矩阵 $\boldsymbol{G}$ 扩展为含接收编码包矢量的增广矩阵 $\boldsymbol{G}'$，$\boldsymbol{G}'=[\boldsymbol{G}|\boldsymbol{Y}]$。

第 2 步，利用矩阵初等行变换将此增广矩阵 $\boldsymbol{G}'$ 的 $\boldsymbol{G}$ 矩阵转换成单位矩阵 $\boldsymbol{I}$，此时 $\boldsymbol{G}'=[\boldsymbol{I}|\boldsymbol{Y}']$。

第 3 步，若此单位矩阵 $\boldsymbol{I}$ 满秩，则译码成功，译码输出（即 $\boldsymbol{Y}'$）；若此单位矩阵不满秩，则说明接收信息不足，译码失败，接收端继续接收信息，进入下一轮译码。

2.2.2.3　失活译码算法

正如前面所讨论的，使用置信传播译码在 k 值很小的情况下可能需要很大的开销，从而达到相当小的失败概率。为了改善这种情况，Lázaro 等[6]通过结合高斯消除的最优性和置信传播算法的效率而提出了一种不同的译码算法，称为失活译码算法。

失活译码可以用矩阵来描述。我们将接收到的编码符号和约束符号称为行符号，将中间符号（即源符号和冗余符号的组合）称为列符号。从 Raptor 码的译码图中，可以直接得到一个矩阵表示：该矩阵的行对应于行符号；该矩阵的列对应于列符号。当且仅当列符号 j 与行符号 i 的值相关时，在矩阵的 (i,j) 位置的元素是 1，否则为 0。译码对应于解一个线性方程组，目标是使用行符号解列符号，其中至少有与列符号一样多的行符号。

在失活译码中，初始时的列符号都是活跃的、所有行符号都是不配对的。在每个置信传播步骤中，未配对行符号的度是它所依赖的活跃列符号的数量，因此最初每个行符号的度都是它的原始度值。置信传播用于寻找度为 1 的未配对行符号，在这一点上，该未配对行符号可以与它所依赖的剩余的活跃列符号配对。然后，从依赖于该活跃列符号的所有其他未配对行符号的值中减去配对行符号，从而消除配对行符号对该活跃列符号的依赖，因此将它们的度值减少 1。

置信传播重复这个过程，直到所有活跃列符号都配对，或者没有度值为 1 的未配对行符号。在后一种情况下，当没有度为 1 的未配对的行符号，但仍有未与行符号配对的活跃列符号时，即使理论上可以对所有列进行译码，未经修改的置信传播也会导致译码失败。与之相反，使用失活译码方式的修改后的置信传播继续按如下方式译码：如果所有未配对的行符号的度值均为 0，则在理论上不可能对所有列符号进行译码，该译码过程失败；如果至少有一个度值为 2 的未配对的行符号，则与该行符号相关联的活跃的列符号之一被宣布失活，从而该未配对行符号的度值从 2 减少到 1，并且置信传播可以继续如上所述，对剩余的活跃列符号与未配对的行符号进行配对。如果在此过程中所有活跃的列符号都与行符号配对，那么置信传播就成功完成。

不像置信传播在不失活的情况下使用，这一过程的每个活跃列符号的最后终值不一定是与它配对的行符号的值，虽然行符号可能仍然依赖于某些失活的列符号，但是行符号并不依赖于除了与之配对的其他任何活动的列符号。因此，可以使用成对的行符号来消除未成对行符号对活动列符号的依赖性：对于每个没有配对的行符号以及它所依赖的每个活跃的列符号，从没有配对的行符号中减去与该活跃的列符号所对应的行符号的值。

在这一点上，未配对的行符号只依赖失活的列符号，这定义了一个线性方程组，可用于求解失活的列符号的值，如使用高斯消元法。如果这个方程组不能用于求解失活的列符号，那么在数学上就不可能译出所有的列符号。

最后，根据配对的行符号的原始值和失活列符号的值，再进行一轮置信传播，求解活跃列符号的值。如果先前的置信传播和高斯消元过程成功，这个过程就可以保证恢复所有活跃的列符号。

失活译码的主要动机是提供一种更强大的译码算法，即在数学上尽可能译码，但同时尽可能采用有效的置信传播译码。用于译码的线性方程组设计的关键是保证矩阵高概率满秩（这保证了译码成功），同时最小化译码符号的总操作数。例如，对于一个线性方程组，如果其行符号的平均度值是恒定的，并且失活的列符号的数量与总的列符号的数量的平方根成正比（这意味着失活译码符号操作的总数是线性的且与列符号的数量成正比），则称这个线性方程组的设计是好的设计。这是因为，使用高斯消元法来解决失活列符号的符号操作数受限于失活的列符号的数量的平方，且置信传播译码步骤的符号运算数与原始矩阵中的非零项数呈线性关系。

我们可以把高斯消元法看作失活译码的一种特殊情况，在这种情况下，每一步都要失活。仅使用置信传播译码算法而成功译码也是一种特殊情况：此时失活的数量为零。

2.2.2.4　LT 码译码方式比较

由上文可以看出，度值的译码方式对度为 1 的编码包没有要求，只需要保证生成矩阵满秩就能译码成功。对于 BP 算法，如果生成矩阵满秩，就不存在度为 1 的编码包，则无法完成译码。因此，GE 算法比 BP 算法的译码过程持续性更好，而且 GE 算法的译码成功率一般高于 BP 算法的译码成功率。然而，GE 算法需要进行矩阵的逆运算，故译码复杂度高，其运算量 $O(nk^2)$ 随着信息块长度 k 的增加而快速增加，因此不适用于中长码的运算。BP 算法具有线性的复杂度，因此适用性更好。

下面通过仿真来分析不同译码算法对 LT 码的译码性能影响。采用鲁棒孤子分布进行编码，仿真参数为：源信息包数 $k=1\ 000$，包长度 $L=1$，参数 $c=0.05$，参数 $\delta=0.5$，信道删除概率 $e=0.1$，采用蒙特卡洛仿真方式，仿真次数为 1 000 次。译码算法分别采用 BP 算法和 GE 算法，得到相同参数下不同译码算法的译码成功率，如图 2.2.4 所示。从图中可以看出：相较于 BP 算法，GE 算法在较高编码冗余下具有更好的译码性能；当编码冗余高于 0.4 时，二者译码性能接近。

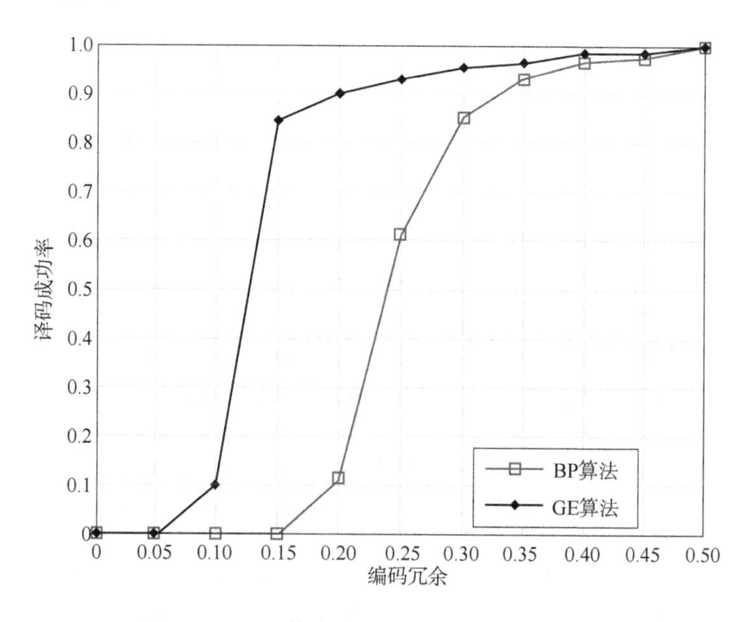

图 2.2.4　BP 算法与 GE 算法的译码性能比较

2.2.3 LT码度分布

2.2.3.1 度分布概念

喷泉码的度分布信息是编码和性能的关键。一个好的度分布能使得接收端用尽可能少的接收符号和尽可能小的复杂度恢复出原始信息。

度的概念，首先是在图论中提出。

定义 2.2.2：设图 G 是无向图，V 是图 G 中的一个顶点，所有与 V 关联的边的条数称为 V 的度值，记为 $\deg(V)$。

在分组码的编码中，度是参与编码信息的个数。度分布 $\rho(t)$ 描述了不同度值的比例，即

$$\rho(t)=\frac{n_t}{n} \tag{2.2.7}$$

式中，n_t——度值为 t 的节点个数；

n——节点总数。

度分布多项式可以表示为

$$\Omega(x)=\sum_{t=1}^{k}\Omega_t x^t \tag{2.2.8}$$

式中，k——信源比特个数；

Ω_t——度值为 t 的概率。

喷泉码的译码开始依赖于接收信息中节点的分布，而译码的顺利开展则有赖于在迭代过程中节点的可持续产生。大部分节点的度值应该较小，以减少译码整体的冗余运算次数和保证译码过程的持续进行；少量参与编码的节点应该度值较大，以增加迭代更新、提高正确性。要正确译码，则每个符号节点应至少有一条边和编码节点相连。

定义 2.2.3：设图 G 是无向图，V 是图 G 中的顶点，$V=V_{\mathrm{c}}\cup V_{\mathrm{s}},V_{\mathrm{c}}=\{c_1,c_2,\cdots,c_i\}$ 表示一组校验节点，$V_{\mathrm{s}}=\{s_1,s_2,\cdots,s_j\}$ 表示一组符号节点，E 表示边的集合。与校验节点 c_i 相连接的符号节点的个数（或边的数目）称为校验节点的度，记为 $d_{\mathrm{c}}^{(i)}$；与符号节点 s_j 相连接的边的校验节点的个数（或边的数目）称为符号节点的度，记为 $d_{\mathrm{s}}^{(j)}$。

根据定义 2.2.3，度分布可以进一步分成符号节点的度和校验节点的度，在图 2.2.2 所示的 Tanner 图中，信息节点又称符号节点，与之相连的边数为符号节点的度，与校验节点相连的边数为校验节点的度。在稀疏矩阵的表示中，每一行代表一个符号节点参与的校验式，其中“1”的个数表示符号节点的度，简称符号度；每一列代表一个校验节点参与的校验式，其中“1”的个数表示校验节点的度，简称校验度。

2.2.3.2　LT过程

LT过程是一个将小球扔进小篮里的古典过程的新颖概括。这个古典过程的一个著名结论是：为了保证 k 个小篮中每个都至少拥有一个小球的概率不低于 $1-\delta$，则至少需要 $K=k\cdot\ln\frac{k}{\delta}$ 个小球。在LT码的分析中，可以将编码符号类比为小球，将输入符号类比为小篮，并且如果最后所有输入符号都被覆盖（即每个小篮中都至少拥有一个小球），则该过程成功。

完整的LT过程如下：

所有输入符号初始为未覆盖状态。第1步，所有只与一个输入符号相连的编码符号被释放并覆盖相连的输入符号。所有被覆盖且未处理的输入符号的集合称为可译集。在随后的每次步骤中，对可译集中的一个输入符号进行处理：将其从相连编码符号中作为相邻符号移除。第2步，将移除后只与一个输入符号相连的编码符号释放并覆盖相连的输入符号。这些输入符号中的部分符号可能为未覆盖状态，因此覆盖后会导致可译集增加，而之前就已经为覆盖状态的部分符号，在覆盖后不会导致可译集的增加。当几次迭代后，可译集为空时，过程结束。如果过程结束时，仍然存在未覆盖的输入符号，则LT过程失败；反之，则成功。

在小球与小篮的传统过程中，所有小球只扔一次。因为碰撞，即多个小球扔进一个小篮的概率很高，因此需要扔比小篮数目多得多的小球来覆盖所有小篮。相反，在LT过程中，一个合适的度分布设计就能确保在该过程中逐步释放编码符号，以覆盖输入符号。在LT过程的初始阶段，只有一小部分编码符号的度值为1，因此只能覆盖一小部分的输入符号，被覆盖的输入符号处理后增加了度值为1的编码符号数，进而覆盖更多的输入符号。度分布设计的目的是缓慢释放编码符号，在LT过程中保持可译集较小，以防止多个编码符号覆盖可译集中的输入符号；同时，释放编码符号的速度要足够快，以使可译集在处理结束之前不会消失。

不难证明，LT过程与译码器之间为一一对应的关系，即：当且仅当编码符号能恢复输入符号时，该编码符号能覆盖该输入符号。因此，当且仅当译码器成功恢复所有输入符号时，LT过程才能成功完成。编码符号的度值总和对应于恢复数据所需的符号运算的总数。

令 $q(i,L)$ 为 L 个输入符号未被处理时，度为 i 的一个编码符号被释放的概率，则 $q(i,L)$ 具有以下性质：

$$q(i,L)=\begin{cases}1, & i=1;L=k\\ \dfrac{i(i-1)\cdot L\cdot\prod\limits_{j=0}^{i-3}[k-(L+1)-j]}{\prod\limits_{j=0}^{i-1}(k-j)}, & i=2,3,\cdots,k;L=k-i+1,\cdots,1\\ 0, & \text{其他}\end{cases} \tag{2.2.9}$$

令 $r(i,L)$ 为 L 个输入符号未被处理时，一个编码符号的度值为 i 且被释放的概率，即 $r(i,L)=\rho(i)\cdot q(i,L)$。令 $r(L)$ 为 L 个输入符号未被处理时，一个编码符号被释放的总体概率，即 $r(L)=\sum_i r(i,L)$。

2.2.3.3 理想孤子分布

良好的度分布所需的基本属性：输入符号以与其被处理的相同速率加入可译集。此特性是孤子分布这一名称的灵感来源，因为孤子是一种其波形和速度具有极大的稳定性的波[7]。

如果编码符号被释放后，覆盖的相应输入符号已经在可译集中，则这样的编码符号应尽可能少地释放，因为释放这样的编码符号是一种冗余操作。这表示对应的可译集应总是保持较小的大小。另外，如果在所有的输入符号被覆盖之前，可译集消失，则 LT 过程失败，即可译集应保持足够的大小来保证 LT 过程能成功完成。因此，理想的可译集尺寸既不应该太大，也不应该太小。

根据恢复数据所需的预期编码符号数，理想孤子分布展示了一种理想的分布情况。理想孤子分布（ideal soliton distribution，ISD）的定义为

$$\rho(d)=\begin{cases}\dfrac{1}{k}, & d=1\\[2ex] \dfrac{1}{d(d-1)}, & d=2,3,\cdots,k\end{cases} \tag{2.2.10}$$

式中，d——度值。

由式（2.2.10）可知，理想孤子分布的平均度值可以表示为 $\sum\limits_d \dfrac{d}{d(d-1)} \approx \ln k$，因此其编码复杂度为 $O(k\cdot\ln k)$。

对于理想孤子分布，当一个编码符号度值为 1 的概率为 $1/k$ 且度值为 1 的 $L=k$ 个所有编码符号被释放时，根据式（2.2.9）可知，对于 L 的所有值，有

$$r(i,L)=\frac{L\cdot\prod\limits_{j=0}^{i-3}[k-(L+1)-j]}{\prod\limits_{j=0}^{i-1}(k-j)} \tag{2.2.11}$$

可以证明，$k\cdot r(i,L)$ 可以解释为当在 $k-1$ 个小篮中随机均匀地扔球时，消除了每个被一个小球覆盖的篮子，第 $i-1$ 个小球被扔在 L 个指定小篮之一的概率。这些事件对于不同的 i 值是互斥的，因此 $i=2,3,\cdots,k-L+1$ 覆盖了所有可能的结果，故有

$$k\cdot r(L)=k\sum_{i=1}^{k-L+1} r(i,L)=1 \tag{2.2.12}$$

因此，理想孤子分布的释放概率 $r(L)=1/k, L=k,\cdots,2,1$。

理想孤子分布描述的是一种理想情况下的度分布，即信道为理想信道，不存在丢包问题，编译码过程都将达到很好的状态。但是，现实通信中不存在这种理想情况。实际信道中，度为 1 的编码包的数量会因信道的变化而变化，容易发生译码中断的情况，因此理想孤子分布不具有鲁棒性，难以在实际通信场景中应用。

2.2.3.4　鲁棒孤子分布

尽管理想孤子分布在实际通信中不具有实用意义，但它是提出鲁棒孤子分布（robust soliton distribution，RSD）的先决条件。理想孤子分布的问题在于其可译集的势太小（仅为 1），在 LT 过程中，可译集很容易消失，从而导致译码失败。Luby[3] 根据理想孤子分布的定义，在理想孤子分布的基础上加入分布 $\tau(d)$ 以增强度值节点的概率分布，并提出了鲁棒孤子分布函数 $\mu(d)$。

鲁棒孤子分布定义如下：

令 $\eta = c\ln\left(\frac{k}{\delta}\right)\sqrt{k}$，其中 c 为常数，且 $0 < c \leqslant 1$。定义分布 $\tau(d)$ 如下：

$$\tau(d) = \begin{cases} \frac{\eta}{kd}, & d = 1,2,\cdots,\frac{k}{s}-1 \\ \frac{\eta}{k}\ln\left(\frac{\eta}{\delta}\right), & d = \frac{k}{s} \\ 0, & d > \frac{k}{s} \end{cases} \tag{2.2.13}$$

将理想孤子分布 $\rho(\cdot)$ 加上 $\tau(\cdot)$ 并归一化，得到 $\mu(\cdot)$，即

$$\beta = \sum_{d=1}^{k} \rho(d) + \tau(d) \tag{2.2.14}$$

$$\mu(d) = \frac{\rho(d) + \tau(d)}{\beta} \tag{2.2.15}$$

式中，δ——接收端收到 n 个编码符号时允许译码失败的概率。

δ 和常数 c 保证了译码过程中度为 1 的编码符号的个数的期望值近似于 $\eta = c\sqrt{k}\ln\frac{k}{\delta}$，$\eta$ 也被称为每次迭代译码后的预处理集的大小，因此 δ 和常数 c 是度分布设计的关键。

首先，$\tau(1)$ 确保了可译集以一个合理的大小开始。考虑中间过程时，假设 1 个输入符号被处理，有 L 个输入符号未被处理。由于每次处理一个输入符号都会造成可译集大小减 1，因此，平均而言，应将可译集加 1，以弥补这种损失。若可译集大小为 η，则释放一个编码符号使可译集增加的概率仅为 $\frac{L-\eta}{\eta}$，这代表着令可译集大小增加 1 所需释放的编码符号平均为 $\frac{\eta}{L-\eta}$ 个。当保持 L 个输入符号未被处理时，若保证度值为 d 的编码符号释放速度稳定，则应令度值 d 保持在常数 $\frac{k}{L}$ 以内。因此，要想可译集的大小稳定为 η，则度值 $i = \frac{k}{L}$ 的编码符号的密度应为

$$\begin{aligned} \frac{L}{i(i-1)(L-\eta)} &= \frac{k}{i(i-1)(k-i\eta)} \\ &= \frac{1}{i(i-1)} + \frac{\eta}{(i-1)(k-i\eta)} \end{aligned} \tag{2.2.16}$$

式中，$i = 2,3,\cdots,\frac{k}{\eta-1}$。

其次，令 $\tau\left(\frac{k}{\eta}\right)$ 确保当 $L=\eta$ 时所有未处理的输入符号都被覆盖。这近似于当 η 个输入符号未被处理，如果一次将这些输入符号全部覆盖，则需要释放 $R\ln\frac{\eta}{\delta}$ 个编码符号。因此，为了将每个信息符号至少恢复一次，释放的编码符号会造成一定的编码冗余，但这种冗余与信息符号总数 k 的比例很小。

令编码总数 $K=k\beta$，则度分布为 d 的编码符号数的期望为 $k(\rho(i)+\tau(i))$。

综上，把理想孤子分布的 $\rho(d)$ 加上 $\tau(d)$，并使之归一化，可得鲁棒孤子分布 $\mu(d)$，鲁棒孤子分布为 $\mu(1),\mu(2),\cdots,\mu(k)$。鲁棒孤子分布将 η 控制在一个恒定的值，而不是始终为1，使其构造的码字更加鲁棒，提升了码字的抗干扰能力。采用鲁棒孤子分布设计的 LT 码，其编译码复杂度为 $O(k\log k)$。

2.2.3.5 鲁棒孤子分布的分析

本节将对鲁棒孤子分布性质进行理论分析。通常在证明定理时，会在多个位置使用悲观估计值，以实现简单、全面和完整的分析。启发式技术可用于提供设计和分析，从而基于计算机仿真来降低接收开销和平均度值，但对此的描述不在本书讨论范围之内。

定理 2.2.1：编码符号数为 $K=k+O\left(\sqrt{k}\cdot\ln^2\left(\frac{k}{\delta}\right)\right)$。

证明：

$$
\begin{aligned}
K &= k\beta = k\left(\sum_i \rho(i)+\tau(i)\right) \\
&= k+\sum_{i=1}^{k/\eta-1}\frac{\eta}{i}+R\ln\frac{\eta}{\delta} \\
&\leqslant k+\eta\cdot H\left(\frac{k}{\eta}\right)+R\cdot\ln\frac{\eta}{\delta}
\end{aligned}
\tag{2.2.17}
$$

$$
H(x)=1+\frac{1}{2}+\frac{1}{3}+\cdots+\frac{1}{x}\approx\ln x
$$

■

定理 2.2.2：一个编码符号的平均度值为 $D=O\left(\ln\frac{k}{\delta}\right)$。

证明：

$$
\begin{aligned}
D &= \frac{\sum_i i(\rho(i)+\tau(i))}{\beta} \\
&\leqslant \sum_i i(\rho(i)+\tau(i)) \\
&= \sum_{i=2}^{k+1}\frac{1}{i-1}+\sum_{i=1}^{k/\eta-1}\frac{\eta}{k}+\ln\frac{\eta}{\delta} \\
&\leqslant H(k)+1+\ln\frac{\eta}{\delta}
\end{aligned}
\tag{2.2.18}
$$

■

在以下定理的证明中，假设 LT 过程成功的可能性很高。

定理 2.2.3：鲁棒均匀释放速率：对于所有的 $L=k-1,k-2,\cdots,\eta$ 且不包括 $\tau\left(\frac{k}{\eta}\right)$，有$K\cdot r(L)\geqslant\frac{L}{L-\theta\eta}$，其中 θ 为一个适当的常数且大于等于零。

证明：该证明使用 $\tau(2),\tau(3),\cdots,\tau\left(\frac{k}{\eta}-1\right)$与理想孤子分布的条件。

对于 $L=\frac{k}{2},\cdots,k-1$，参考式（2.2.9）与式（2.2.12），有

$$
\begin{aligned}
K\cdot r(L) &\geqslant K\cdot\left(\frac{\sum_i\frac{1}{i(i-1)}\cdot q(i,L)+\tau(2)\cdot q(2,L)}{\beta}\right)\\
&=1+k\cdot\tau(2)\cdot q(2,L)\\
&=1+\frac{\eta L}{k(k-1)}\geqslant\frac{L}{L-\frac{\eta}{6}}
\end{aligned}
\tag{2.2.19}
$$

更一般性的，对于 $L\geqslant\eta$，

$$
K\cdot r(L)\geqslant 1+k\cdot\sum_{d=\frac{k}{2L}}^{\frac{k}{L}}\tau(d)\cdot q(d,L) \tag{2.2.20}
$$

由式（2.2.9）与式（2.2.12）可知，

$$
k\cdot\sum_{d=\frac{k}{2L}}^{\frac{k}{L}}\tau(d)\cdot q(d,L)=\sum_{d=\frac{k}{2L}}^{\frac{k}{L}}\frac{\eta L(d-1)}{k(k-1)}\cdot\prod_{j=0}^{d-3}\left(1-\frac{L-1}{k-j-2}\right) \tag{2.2.21}
$$

对于所有 $v=\frac{k}{2L},\cdots,\frac{k}{L}$，

$$
\prod_{j=0}^{d-3}\left(1-\frac{L-1}{k-j-2}\right)\geqslant\left(1-\frac{L}{k\left(1-\frac{1}{L}-\frac{1}{k}\right)}\right)^{\frac{k}{L}-3} \tag{2.2.22}
$$

进而得到

$$
k\cdot\sum_{d=\frac{k}{2L}}^{\frac{k}{L}}\tau(d)\cdot q(d,L)\geqslant\frac{\eta}{8\mathrm{e}L} \tag{2.2.23}
$$

综合可得

$$
K\cdot r(L)\geqslant 1+\frac{\eta}{8\mathrm{e}L}\geqslant\frac{L}{L-\theta\eta},\quad \theta=\frac{1}{16\mathrm{e}} \tag{2.2.24}
$$

■

2.3 Raptor 码

2.3.1 Raptor 码简介

LT 码作为喷泉码的第一种可实现编码，在喷泉码中有重要地位，但其自身仍然存在一些局限性，包括以下两方面：

（1）LT 码采用鲁棒孤子分布进行编码时，每个编码包的复杂度为 $O\left(\ln \frac{k}{\delta}\right)$，因此每个数据包的编译码运算量为 $O\left(\ln \frac{k}{\delta}\right)$。考虑到整个编译码过程，则整体运算量为 $O\left(k \cdot \ln \frac{k}{\delta}\right)$。由于复杂度为非线性，因此 LT 码无法按照固定的时空比进行编译码。

（2）LT 码为了保证编码包对所有数据包的良好覆盖性，从而保证译码过程有更好的延续性，会产生部分度值较大的高连接包。这些度值较大的高连接包会给编译码过程增加过多的异或操作，导致译码时延增大；同时，高连接包的存在会导致低连接包的比例变小，导致输出可译集的内容变少，从而导致译码失败概率增加。

为了克服 LT 码的这些局限性，并提高编译码的复杂度，Raptor 码应运而生。设计一个输出符号的平均度值恒定的 LT 码是一件很困难的事情，这是因为，在这种情况下，大概率有一定比例的源符号与收到的任何编码符号的值没有关联。因此，无论使用什么译码方式，这些源符号都无法被正确恢复。Raptor 码的基本思想：利用一种码（一般为高码率）对源符号进行预编码。这些预编码符号称为中间符号。之后，对中间符号选用合适的恒定度值分布的 LT 码进行编码，产生编码符号。LT 码译码器完成译码后，会有部分中间符号无法恢复，这些符号可根据预编码过程选择合适的译码算法来恢复。

Raptor 码增加一个预编码过程，使编译码复杂度与信息包数 k 呈线性关系，优于 LT 码的对数关系。因此，Raptor 码在 MBMS、VB－H 等国际标准中被采纳，作为纠删码使用。

Raptor 码的两个最成功的商业版本的设计和实现为 R10（Raptor10）码和 RQ（RaptorQ）码，它们是两种不同性质的码。R10 码是为需求相对适中的应用程序而设计的。例如，需要快速编码和译码、合理的开销－丢包率（overhead－failure）曲线并支持中等大小的信源符号长度（source blocks）的移动广播应用程序。RQ 码是为了更大范围、具有更严格要求的应用程序而设计的。例如，需要快速编码和译码、重要的特殊开销－丢包率曲线的高端流媒体应用程序，或者需要强制性地支持大信源符号长度的大型移动数据交付应用程序。

R10 码[8]已经被采用到许多不同的标准。第一个采用 R10 码的标准是 3GPP MBMS。此后，其他标准（如 IETF、DVB）相继出台。R10 码被设计用于处理多达 8 192 个源符号的源块，并支持多达 65 536 个编码符号。对于每个源块所支持的整体源符号数目而言，R10 码只需要花费几个符号的开销，就能使开销 - 丢包率曲线快速下降，以达到 10^{-6} 左右的丢包率。

虽然 R10 码是一个非常好的系统喷泉码，但仍有一些改进可以增加其实际应用，两个潜在的重要改进是更陡峭的开销 - 丢包率曲线和每个源块支持更多源符号。本质上，R10 码的开销 - 丢包率曲线是一个随机二进制喷泉码。在某些应用中，随机二进制喷泉码的开销 - 丢包率曲线并不理想，RQ 码的开销 - 丢包率曲线是对 R10 码的开销 - 丢包率曲线的改进，具有一些非常积极的实际成果。R10 码支持每个源块多达 8 192 个源符号。然而，在一些应用中，每个源块支持更多的源符号是必要的。对于 R10 码，源符号的数量被限制为 8 192 有多方面原因。其中的一个原因是：在 R10 码的度分布下，当 K 增加到 8 192 以上时，零开销的失效概率几乎增加到 1，这使得找到产生良好的系统码构造的系统指标变得更加困难。然而，由于 RQ 码设计的开销 - 丢包率曲线对于所有 K 值都是陡峭的，因此很容易找到好的系统指标，从而使 RQ 码能支持更大的 K 值。RQ 码是在商业中应用得最先进的一种 Raptor 码。

与 R10 码相比，RQ 码在很多方面都得到了改进。RQ 码支持最多 56 403 个源符号的源块，支持最多 16 777 216 个编码符号。这些 RQ 码支持的值的限制是基于感知的应用需求的实际考虑而设置的，而不是由于 RQ 码自身的限制。对于每个源块所支持的全部的源符号以及任意的丢包率，RQ 码都有一个开销 - 丢包率曲线，本质上模拟一个随机喷泉码。RQ 码是一个喷泉码，即编码器可以从源块的源符号动态生成所需的编码符号。RQ 码是一个系统码，即所有的源符号都在可生成的编码符号之中。因此，可以认为，RQ 码的编码符号是由编码器生成的原始源符号和修复符号的组合。

2.3.2　Raptor 码编码

由上节可知，Raptor 码是将预编码与弱化的 LT 码结合并改进得到的。因此，Raptor 码的编码过程分为两部分，分别为内码和外码。

内码是一个弱化的 LT 码，弱化的 LT 码即指其生成的编码包中没有连接度很高的编码包，因此无法完整地译出原始信息包；外码为普通的纠错编码，一般采用的是 LDPC 码。Raptor 码的预编码即外码的生成过程。原始信息包作为外码的输入经过预编码（LDPC 码）转变为中间编码包，然后将中间编码包作为内码的输入进行 LT 码编码。相比于传统的 LT 码，Raptor 码在编码过程中增加了 LDPC 码。因此，在 Raptor 码的译码过程中，Raptor 码中的 LT 码译码过程不需要保证中间编码包被全部恢复，只需要恢复一定比例的中间编码包，然后利用 LDPC 码的纠错特性进行译码，就可以保证所有源信息都被正确恢复。

2.3.2.1　Raptor 码编码过程

在 Raptor 码的编码过程中，根据中间编码包的层数不同，可将 Raptor 预编码分为单层校验预编码技术与多层校验预编码技术。

1. 单层校验预编码技术

单层校验预编码技术，即中间只存在一层编码包的技术，具体过程如图 2. 3. 1 所示。

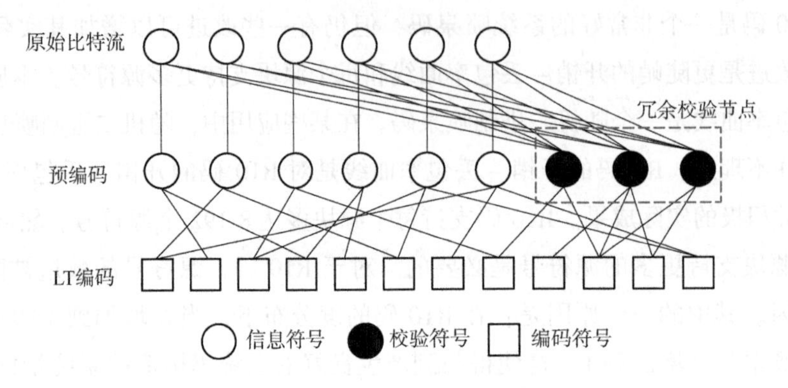

图 2. 3. 1　单层校验预编码过程

由图中可以看出，中间一层即预编码层，具体编码方式可根据通信条件进行选择，一般多为 LDPC 码。

2. 多层校验预编码技术

多层校验预编码技术具有多层的预编码层，具体过程如图 2. 3. 2 所示。从图中可以看出：原始比特流先经过扩展汉明码进行编码，产生第 1 层预编码；第 1 层预编码继续经过 LDPC 码进行编码，产生第 2 层编码；最后，第 2 层编码经过 LT 码产生编码符号。

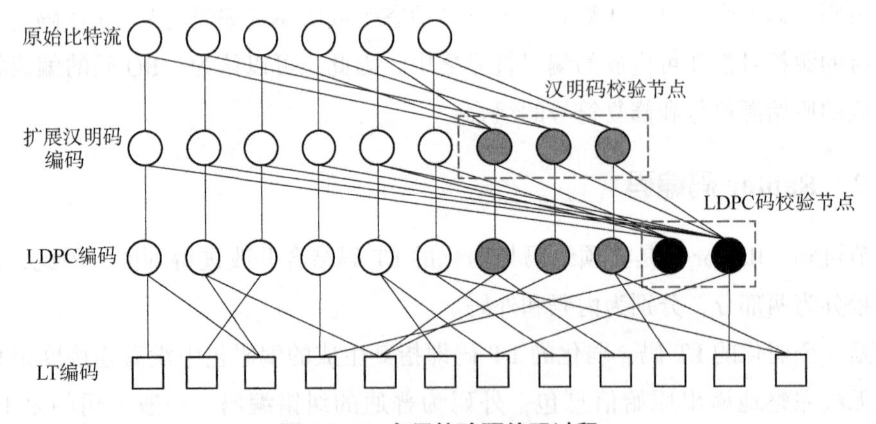

图 2. 3. 2　多层校验预编码过程

多层预编码技术让编码完成的码字具有更强的扩展性以及更优的纠错能力。但在实际应用中，由于汉明码存在有效性低、纠错能力有限的固有缺陷，且多层预编码校验技术的编码复杂度较高，因此常用的 Raptor 码一般采用单层校验方式。

2. 3. 2. 2　Raptor 码预编码——LDPC 码

本节重点介绍 Raptor 码预编码中采用较多的 LDPC 码[9]。

纠错编码的基本思想：通过添加除信息位以外的码字位，引入与信息位相关的冗余，进而“增强”信息位。额外添加的码字位使得码组内的各个码字更容易区分和识别，从而使得接收端更容易正确地解读信息。根据这种思想所设计的最简单的编码方式为单奇偶校验码。

设码字 $\boldsymbol{c}=[c_1c_2c_3c_4c_5c_6c_7c_8]$，$c_i\in\{0,1\}$，则所有码字位满足下式：

$$c_1\oplus c_2\oplus c_3\oplus c_4\oplus c_5\oplus c_6\oplus c_7\oplus c_8=0 \tag{2.3.1}$$

当码字位不满足式（2.3.1）时，则说明码字 $\boldsymbol{c}$ 中至少发生了一个错误，故称式（2.3.1）为码字 $\boldsymbol{c}$ 的一个奇偶校验方程。

尽管利用单奇偶校验码可以在一定程度上判断码字的正误，但它并不具备检测偶数位错误的能力，也无法得知发生错误的具体位数。因此，为了增加检测的准确性，需要增加校验位和校验方程的个数。只有所有的校验方程都被满足，才认为码字 $\boldsymbol{c}$ 为可用码字。

我们将码字 $\boldsymbol{c}$ 设定 3 个校验方程，见式（2.3.2），如果不满足式中 3 个校验方程的任意一个，就认为码字 $\boldsymbol{c}$ 发生了错误。

$$\begin{cases} c_1\oplus c_2\oplus c_4\oplus c_7=0 \\ c_1\oplus c_3\oplus c_5=0 \\ c_2\oplus c_3\oplus c_6=0 \end{cases} \tag{2.3.2}$$

将式（2.3.2）写成矩阵的形式为

$$\underbrace{\begin{bmatrix} 1 & 1 & 0 & 1 & 0 & 0 & 1 \\ 1 & 0 & 1 & 0 & 1 & 0 & 0 \\ 0 & 1 & 1 & 0 & 0 & 1 & 0 \end{bmatrix}}_{\boldsymbol{H}} \begin{bmatrix} c_1 \\ c_2 \\ c_3 \\ c_4 \\ c_5 \\ c_6 \\ c_7 \end{bmatrix} = \begin{bmatrix} 0 \\ 0 \\ 0 \end{bmatrix} \tag{2.3.3}$$

式中，$\boldsymbol{H}$——码字 $\boldsymbol{c}$ 的校验矩阵。

一般来说，对于码字总长度为 N、信息位长度为 K、校验位长度为 $M=N-K$ 的奇偶校验码，其对应的矩阵形式为

$$\boldsymbol{H}=\begin{bmatrix} h_{11} & h_{12} & \cdots & h_{1N} \\ h_{21} & h_{22} & \cdots & h_{2N} \\ \vdots & \vdots & & \vdots \\ h_{M1} & h_{M2} & \cdots & h_{MN} \end{bmatrix} \tag{2.3.4}$$

校验矩阵 $\boldsymbol{H}$ 的行数可能大于 M，但是其中只有 M 行向量是线性无关的，即 $\boldsymbol{H}$ 的秩为 M。

利用不同尺寸的校验矩阵编码得到的码字码长不同，因而增加的冗余信息量也不同。在

信息位长度 K 确定的前提下，码字总长度越大，则码字的冗余度越大。因此可以通过码率 $R=K/N$ 来衡量码字的冗余度。在 Raptor 码的预编码过程中，利用 LDPC 码进行编码的码率一般较高，即冗余度较小。

LDPC 码最直接的编码方式是通过校验矩阵 $\boldsymbol{H}$ 得到生成矩阵 $\boldsymbol{G}$，然后将信息序列 $\boldsymbol{u}$ 与校验矩阵 $\boldsymbol{G}$ 相乘得到码字 $\boldsymbol{c}$。但这种非线性的编码方式的复杂度较高（尤其是对于 LDPC 长码来说），会造成较大编码时延，不能满足 5G 低时延的要求。

下面介绍两种基于矩阵论而实现的 LDPC 快速编码方法。这些方法均利用校验矩阵 $\boldsymbol{H}$ 或其变形式进行回代的方式完成配对信息序列的编码，不需要求解生成矩阵 $\boldsymbol{G}$，因而不会影响矩阵的稀疏性，编码复杂度较低。

1. 下三角矩阵编码方法[10]

下三角矩阵编码方法的核心思想：通过对行与列的交换重排，将校验矩阵变换为准下三角矩阵，再利用变换后的校验矩阵进行回代编码。完成重排后的校验矩阵如图 2.3.3 所示，其中 $\boldsymbol{T}$ 为下三角矩阵。

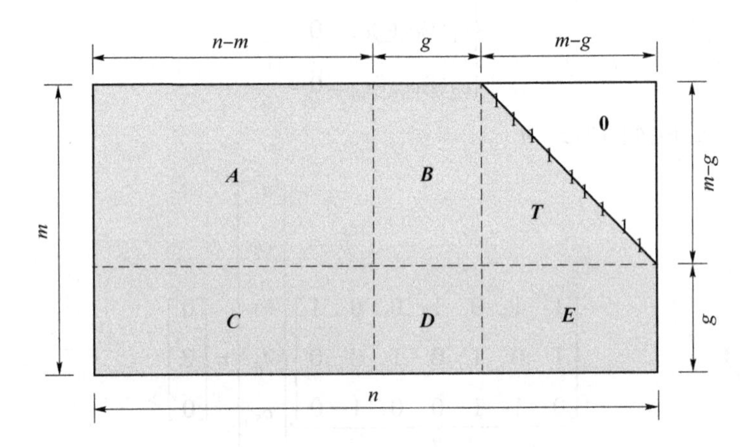

图 2.3.3　校验矩阵的下三角形式

在完成重排变换后，用矩阵$\begin{bmatrix} \boldsymbol{I}_{m-g} & \boldsymbol{0} \\ -\boldsymbol{E}\boldsymbol{T}^{-1} & \boldsymbol{I}_g \end{bmatrix}$左乘校验矩阵 $\boldsymbol{H}$ 得到 $\tilde{\boldsymbol{H}}$，即

$$\tilde{\boldsymbol{H}}=\begin{bmatrix} \boldsymbol{I}_{m-g} & \boldsymbol{0} \\ -\boldsymbol{E}\boldsymbol{T}^{-1} & \boldsymbol{I}_g \end{bmatrix}\boldsymbol{H}=\begin{bmatrix} \boldsymbol{A} & \boldsymbol{B} & \boldsymbol{T} \\ \tilde{\boldsymbol{C}} & \tilde{\boldsymbol{D}} & \tilde{\boldsymbol{E}} \end{bmatrix} \tag{2.3.5}$$

式中，

$$\tilde{\boldsymbol{C}}=-\boldsymbol{E}\boldsymbol{T}^{-1}\boldsymbol{A}+\boldsymbol{C}$$

$$\tilde{\boldsymbol{D}}=-\boldsymbol{E}\boldsymbol{T}^{-1}\boldsymbol{B}+\boldsymbol{D}$$

$$\tilde{\boldsymbol{E}}=-\boldsymbol{E}\boldsymbol{T}^{-1}\boldsymbol{T}+\boldsymbol{E}=\boldsymbol{0}$$

此步骤利用度值将 $\boldsymbol{E}$ “清零”，除了 $\tilde{\boldsymbol{C}}$ 和 $\tilde{\boldsymbol{D}}$ 外，校验矩阵的其他部分仍保持稀疏性。

最后，将码字 $\boldsymbol{c}=[c_1c_2\cdots c_N]$ 进行适度的分割。令 $\boldsymbol{c}=[\boldsymbol{u}\ \boldsymbol{p}^{(1)}\ \boldsymbol{p}^{(2)}]$，其中 $\boldsymbol{u}$ 为码字 $\boldsymbol{c}$ 的 K 位信息位，$\boldsymbol{p}^{(1)}$ 和 $\boldsymbol{p}^{(2)}$ 为码字 $\boldsymbol{c}$ 的长度为 g 和 $m-g$ 的校验位。

由于码字 $\boldsymbol{c}$ 满足校验方程 $\boldsymbol{c}\tilde{\boldsymbol{H}}^{\mathrm{T}}=\boldsymbol{0}$，故有

$$\boldsymbol{A}\boldsymbol{u}+\boldsymbol{B}\boldsymbol{p}^{(1)}+\boldsymbol{T}\boldsymbol{p}^{(2)}=\boldsymbol{0} \tag{2.3.6}$$

$$\tilde{\boldsymbol{C}}\boldsymbol{u}+\tilde{\boldsymbol{D}}\boldsymbol{p}^{(1)}+\boldsymbol{0}\boldsymbol{p}^{(2)}=\boldsymbol{0} \tag{2.3.7}$$

若 $\tilde{\boldsymbol{D}}$ 可逆，则根据式（2.3.7）可得 $\boldsymbol{p}^{(1)}$ 为

$$\boldsymbol{p}^{(1)}=\tilde{\boldsymbol{D}}^{-1}\tilde{\boldsymbol{C}}\boldsymbol{u} \tag{2.3.8}$$

再将 $\boldsymbol{p}^{(1)}$ 代入式（2.3.6），求得 $\boldsymbol{p}^{(2)}$ 为

$$\boldsymbol{p}^{(2)}=-\boldsymbol{T}^{-1}(\boldsymbol{A}\boldsymbol{u}+\boldsymbol{B}\boldsymbol{p}^{(1)}) \tag{2.3.9}$$

尽管此编码方式较大限度地保证了矩阵的稀疏性，但在计算过程中要求 $\boldsymbol{D}$ 可逆，若 $\boldsymbol{D}$ 不可逆则需要对 $\boldsymbol{H}$ 进行重排，且该矩阵为非奇异稠密矩阵，硬件实现结构较为复杂。

2. *LU 分解编码方法*

考虑信息位长度为 K、码长为 N 的 LDPC 码字 $\boldsymbol{c}$。令 $\boldsymbol{c}=[\boldsymbol{u}\quad \boldsymbol{p}]$，$\boldsymbol{H}=[\boldsymbol{H}_1\quad \boldsymbol{H}_2]$，$\boldsymbol{u}$ 和 $\boldsymbol{H}_1$ 对应码字的信息位，$\boldsymbol{p}$ 和 $\boldsymbol{H}_2$ 对应码字的校验位。

由 $\boldsymbol{H}\boldsymbol{c}^{\mathrm{T}}=\boldsymbol{0}$ 可得

$$[\boldsymbol{H}_1\quad \boldsymbol{H}_2]\begin{bmatrix}\boldsymbol{u}^{\mathrm{T}}\\ \boldsymbol{p}^{\mathrm{T}}\end{bmatrix}=\boldsymbol{H}_1\boldsymbol{u}^{\mathrm{T}}+\boldsymbol{H}_2\boldsymbol{p}^{\mathrm{T}}=\boldsymbol{0} \tag{2.3.10}$$

设 $\boldsymbol{b}=-\boldsymbol{H}_1\boldsymbol{u}^{\mathrm{T}}$，则有

$$\boldsymbol{H}_2\boldsymbol{p}^{\mathrm{T}}=\boldsymbol{b} \tag{2.3.11}$$

因此，求解 $\boldsymbol{p}$ 就是求解式（2.3.11）。

LU 分解编码方法的思想就是基于 LU 分解来求解式（2.3.11），通过分解有效地简化计算过程。

对矩阵 $\boldsymbol{H}_2$ 做 LU 分解，可得

$$\boldsymbol{H}_2=\boldsymbol{H}_{\mathrm{L}}\boldsymbol{H}_{\mathrm{U}} \tag{2.3.12}$$

式中，$\boldsymbol{H}_{\mathrm{L}}$——上三角矩阵；

$\boldsymbol{H}_{\mathrm{U}}$——下三角矩阵。

因此，对式（2.3.11）的求解可转化为对式（2.3.13）和式（2.3.14）的求解，即

$$\boldsymbol{H}_{\mathrm{L}}\boldsymbol{y}=\boldsymbol{b} \tag{2.3.13}$$

$$\boldsymbol{H}_{\mathrm{U}}\boldsymbol{p}^{\mathrm{T}}=\boldsymbol{y} \tag{2.3.14}$$

式中，$\boldsymbol{y}$——中间变量。

基于 $\boldsymbol{H}_{\mathrm{L}}$ 和 $\boldsymbol{H}_{\mathrm{U}}$ 的特殊结构，对式（2.3.13）和式（2.3.14）的求解可分别采用前向消

去和后向代入的方法。

由于以上过程都是对稀疏矩阵的运算，总的编码复杂度为 $O(n)$，故可以较大程度地缩短编码时间。

尽管 LU 分解编码方法不需要对 $\boldsymbol{H}_2$ 求逆，但 LU 分解的实现以 $\boldsymbol{H}_2$ 可逆为前提，即该方法有一定的局限性。

LU 分解编码方法的具体实现步骤如下：

第 1 步，对扩展校验矩阵做分解 $\boldsymbol{H}=[\boldsymbol{H}_1 \quad \boldsymbol{H}_2]$，其中 $\boldsymbol{H}_1$ 为 $\boldsymbol{M}_s \times \boldsymbol{K}_s$ 的矩阵，$\boldsymbol{H}_2$ 为 $\boldsymbol{M}_s \times \boldsymbol{M}_s$ 的矩阵。

第 2 步，对 $\boldsymbol{H}_2$ 做 LU 分解，可得到 $\boldsymbol{H}_2=\boldsymbol{H}_L\boldsymbol{H}_U$，并计算 $\boldsymbol{b}=-\boldsymbol{H}_1\boldsymbol{u}^T$。

第 3 步，利用式（2.3.15）求解方程组 $\boldsymbol{H}_L\boldsymbol{y}=\boldsymbol{b}$：

$$
y_k=\begin{cases} b_1, & k=1 \\ b_k-\sum_{j=1}^{k-1}\boldsymbol{H}_L(k,j)y_j, & k=2,3,\cdots,M_s \end{cases} \tag{2.3.15}
$$

第 4 步，利用式（2.3.16）求解 $\boldsymbol{H}_U\boldsymbol{p}^T=\boldsymbol{y}$：

$$
\boldsymbol{p}_k^T=\begin{cases} \boldsymbol{y}_{M_s}, & k=M_s \\ \boldsymbol{y}_k-\sum_{j=k+1}^{M_s}\boldsymbol{H}_U(k,j)\boldsymbol{p}_j^T, & k=M_s-1,M_s-2,\cdots,1 \end{cases} \tag{2.3.16}
$$

所求得的 $\boldsymbol{p}$ 即码字 $\boldsymbol{c}$ 的校验位，编码结果为 $\boldsymbol{c}=[\boldsymbol{u} \quad \boldsymbol{p}]$。

2.3.3 Raptor 码译码

2.3.3.1 Raptor 码的 Tanner 图

Raptor 码的 Tanner 图分为两部分，分别为内码和外码。内码即 LT 码，是一种稀疏码；而只有当外码为 LDPC 码时，外码才为稀疏码。因此，本节对采用 LDPC 码作为预编码的 Raptor 码的译码过程进行分析，以保证完整译码过程的 Tanner 图为一个稀疏图。假设译码过程中，外码部分为一个(n,k)的规则 LDPC 码，其 Tanner 图包含 n 个变量节点，对应 LDPC 码的 n 个输出比特（也是 LT 码的 n 个输入比特）；图中还包含 $m(m=n-k)$个校验节点，每个校验节点表征与其连接的变量节点之间的校验关系。内码部分为一个度分布为 $\Omega(x)$的 LT 码，其 Tanner 图中包含 n 个输入变量节点，对应 LT 码的 n 个输入比特（也是 LDPC 码的 n 个输出比特）。除了 n 个输入变量节点外，内码部分的 Tanner 图还包含了 N 个输出变量节点以及与输出变量节点一一对应的校验节点。Raptor 码的 Tanner 图表示如图 2.3.4 所示。

在译码时，我们可以将图 2.3.4 转化为图 2.3.5 所示的一种等效形式，即将 LDPC 码部分的图移至 LT 码部分图的左侧，将所有校验节点排在上面一行，同时将所有的变量节点排在下面一行。

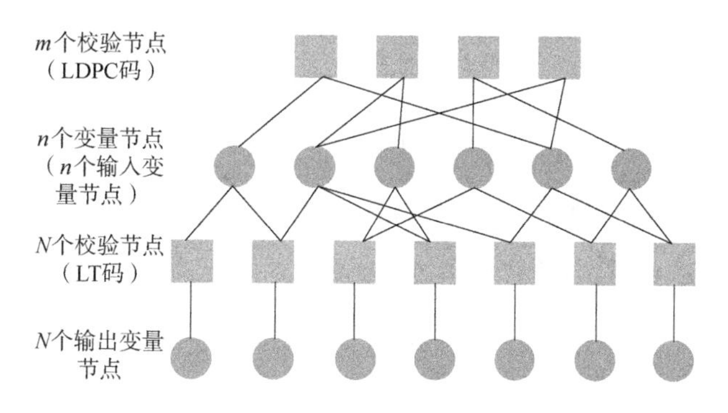

图 2.3.4　Raptor 码的 Tanner 图

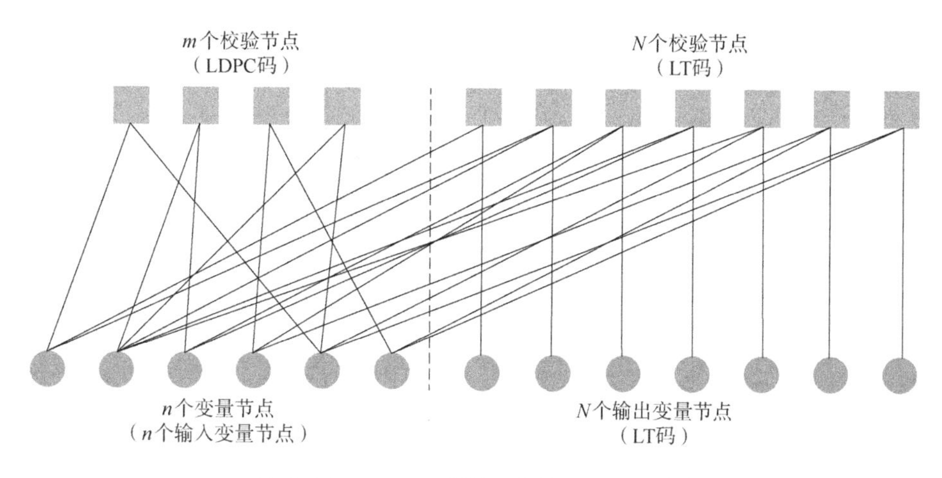

图 2.3.5　Raptor 码的译码等效 Tanner 图

2.3.3.2　Raptor 码的传统 BP 译码算法

记 A_i 为与第 i 个变量节点相连的校验节点的集合，B_j 为与第 j 个校验节点相连的变量节点的集合，$E_{j,i}$ 为从校验节点 j 到变量节点 i 传递的外部信息，$M_{j,i}$ 为从变量节点 i 到校验节点 j 传递的信息。

由于软判决算法是基于 MAP 准则进行译码的，故首先从后验概率的角度对信息传递过程进行分析。设 $P_{j,i}^{\text{ext}}$ 为 $c_i=1$ 时第 j 个校验方程被满足的概率。显然，$P_{j,i}^{\text{ext}}$ 就是第 j 个校验方程中除 c_i 外有奇数个 1 的概率，故有

$$P_{j,i}^{\text{ext}} = \frac{1}{2} - \frac{1}{2}\prod_{i' \in B_j/i}(1 - 2P_{j,i'}) \tag{2.3.17}$$

式中，$P_{j,i'}$——校验方程 j 认为 $c_{i'}=1$ 的概率。

由于信道为二元信道，故 $1-P_{j,i}^{\text{ext}}$ 为 $c_i=0$ 时第 j 个校验方程被满足的概率。根据 LLR（log likelihood ratio，对数似然比）的定义式

$$L(x) = \log\frac{p(x=0)}{p(x=1)} \tag{2.3.18}$$

及 $p(x=1)=1-p(x=0)$ 可得

$$p(x=1)=\frac{e^{-L(x)}}{1+e^{-L(x)}} \tag{2.3.19}$$

$$p(x=0)=\frac{e^{L(x)}}{1+e^{L(x)}} \tag{2.3.20}$$

由于 LLR 可以反映 $P_{j,i}^{\text{ext}}$信息，且计算 LLR 只需要做加法运算而不需要做乘法运算，因此可将 $P_{j,i}^{\text{ext}}$的 LLR 作为 $E_{j,i}$参与信息传递过程，即

$$E_{j,i}=L(P_{j,i}^{\text{ext}})=\log\frac{1-P_{j,i}^{\text{ext}}}{P_{j,i}^{\text{ext}}} \tag{2.3.21}$$

将式（2.3.17）代入式（2.3.21），可得

$$\begin{aligned}E_{j,i}&=\log\frac{\frac{1}{2}+\frac{1}{2}\prod_{i'\in B_j/i}(1-2P_{j,i'})}{\frac{1}{2}-\frac{1}{2}\prod_{i'\in B_j/i}(1-2P_{j,i'})}\\&=\log\frac{1+\prod_{i'\in B_j/i}\frac{1-e^{-M_{j,i'}}}{1+e^{-M_{j,i'}}}}{1-\prod_{i'\in B_j/i}\frac{1-e^{-M_{j,i'}}}{1+e^{-M_{j,i'}}}}\end{aligned} \tag{2.3.22}$$

式中，

$$M_{j,i'}=L(P_{j,i'})=\log\frac{1-P_{j,i'}}{P_{j,i'}} \tag{2.3.23}$$

根据 $\tanh\left(\frac{1}{2}\log\left(\frac{1-p}{p}\right)\right)=1-2p$，可将式(2.3.22)变形为

$$E_{j,i}=\log\frac{1+\prod_{i'\in B_j/i}\tanh\left(\frac{M_{j,i'}}{2}\right)}{1-\prod_{i'\in B_j/i}\tanh\left(\frac{M_{j,i'}}{2}\right)} \tag{2.3.24}$$

利用 $2\operatorname{artanh} p=\log\frac{1+p}{1-p}$，可将式（2.3.24）进一步变形为

$$E_{j,i}=2\operatorname{artanh}\prod_{i'\in B_j/i}\tanh\left(\frac{M_{j,i'}}{2}\right) \tag{2.3.25}$$

校验节点 c_j 在将外部信息 $E_{j,i}$传递给变量节点 v_i 后，变量节点 v_i 需要结合来自信道的信息 R_i 与所有 $E_{j,i}$更新自身的总信息：

$$L_i=L(P_i)=R_i+\sum_{j\in A_i}E_{j,i} \tag{2.3.26}$$

由于前 n 个变量节点所对应的 LDPC 码的输入信息比特并没有通过信道传输，只有后 N 个变量节点所对应的 LT 码的输出编码比特经信道传输，所以得到

$$R_i=\begin{cases}0, & 1\leqslant i\leqslant n\\ \frac{2y_i-n}{\sigma^2}, & n+1\leqslant i\leqslant n+N\end{cases} \tag{2.3.27}$$

变量节点 v_i 根据 L_i 的取值，对自身取值作出判决。若 $L_i>0$，则说明 $p(c_i=0)>p(c_i=1)$，故变量节点 v_i 应当将取值设置为 0；反之亦然。

待所有比特节点判决后，需用校验矩阵进行检验，若仍存在未被满足的校验方程，则比特节点需要继续向校验节点发送信息 $M_{j,i}$。为了避免校验节点收到重复的信息，$M_{j,i}$应为去除了 $E_{j,i}$的 L_i，即

$$M_{j,i}=L_i-E_{j,i}=R_i+\sum_{j'\in A_i/j}E_{j',i} \tag{2.3.28}$$

另外，在首次迭代时，由于未收到任何来自比特节点的外部信息，因此可将 $M_{j,i}$ 设置为 R_i。

综合以上讨论，可将 Raptor 码的传统 BP 译码算法步骤概括如下：

第 1 步，根据式（2.3.27）计算 R_i，并将其设置为第 1 次迭代时的 $M_{j,i}$。

第 2 步，根据式（2.3.28）计算每个变量节点 $v_i(1\leqslant i\leqslant n+N)$ 传递给相连校验节点的软信息 $M_{j,i}$。

第 3 步，根据式（2.3.25）计算每个校验节点 $c_j(1\leqslant j\leqslant m+N)$ 传递给相连变量节点的软信息 $E_{j,i}$。

第 4 步，对于变量节点 $v_i(1\leqslant i\leqslant n)$，根据式（2.3.26）计算 L_i，并按下述判决规则对取值进行判决：

$$\hat{c}_i=\begin{cases}1, & L_i\leqslant 0\\ 0, & L_i>0\end{cases} \tag{2.3.29}$$

第 5 步，若 $\boldsymbol{s}=\boldsymbol{H}_{\mathrm{LDPC}}\cdot\hat{\boldsymbol{c}}^{\mathrm{T}}=\boldsymbol{0}$ 成立，或达到最大迭代次数 $I_{\max}$，则停止译码，输出译码序列；若不成立，则返回第 2 步，继续进行新一轮译码。

需要注意的是，完成此译码算法后，得到的是 LT 码的输入比特序列（即 LDPC 码的编码比特序列）的估计值 $\hat{\boldsymbol{c}}$，我们还需要进一步还原原始信息比特序列。如果使用的码为非系统码，则需要先求出 $\boldsymbol{H}_{\mathrm{LDPC}}$的逆矩阵 $\boldsymbol{H}_{\mathrm{LDPC}}^{-1}$，再通过 $\hat{\boldsymbol{s}}=\hat{\boldsymbol{c}}\boldsymbol{H}_{\mathrm{LDPC}}^{-1}$恢复出原始信息比特序列；如果使用的码为系统码，则 $\hat{\boldsymbol{c}}$ 里已经包含 $\hat{\boldsymbol{s}}$，就可以直接恢复出原始信息比特序列。

2.3.4　Raptor 码性能分析

2.3.4.1　高斯近似

高斯近似是一种将消息密度近似为高斯（用于规则 LDPC）或者混合高斯（用于非规则 LDPC）模型的简易方法，使用这种近似可以使在 BP 算法的每一轮传递的消息密度转化为高斯平均值的递归，从而达到单变量递归[11]。

本节将使用高斯近似的方法分析 Raptor 码的性能。首先，将 LT 码部分的输出与输入节点的度分布表示为 $\omega(x)=\sum_d\omega_d x^{d-1}$ 和 $\iota(x)=\sum_d\iota_d x^{d-1}$。我们将 $\iota(x)$ 近似为 $\mathrm{e}^{\alpha(x-1)}$，其中 α 为输入节点的平均度值。

一个高斯分布可以由两个变量来完全表示，即它的均值μ和方差σ^2。一个对称高斯分布可以由一个单一变量（μ或σ^2）来表示，此时$\sigma^2=2\mu$。如果X是一个均值为μ的对称高斯分布，则

$$E\left[\tanh\left(\frac{X}{2}\right)\right]=\frac{1}{2\sqrt{\pi\mu}}\int_{-\infty}^{\infty}\tanh\left(\frac{u}{2}\right)\mathrm{e}^{-\frac{(u-\mu)^2}{4\mu}}\mathrm{d}u \tag{2.3.30}$$

定义$\varphi(x)$为

$$\varphi(x)=1-\frac{1}{2\sqrt{\pi x}}\int_{-\infty}^{\infty}\tanh\left(\frac{u}{2}\right)\mathrm{e}^{-\frac{(u-x)^2}{4x}}\mathrm{d}u,\quad x\in[0,\infty) \tag{2.3.31}$$

在$x=0$处，φ趋近于1，因此定义$\varphi(0)=1$。由此可得

$$1-\varphi\left(\frac{2}{\sigma^2}\right)=E(\mathrm{BIAWGN}(\sigma)) \tag{2.3.32}$$

可以证明，$\varphi(x)$在区间$[0,\infty)$上是一个连续、单调递减的凸函数。由此可知，在此区间上，该函数的反函数$\varphi^{-1}(x)$存在，且也为连续、单调递减的凸函数。由$E(\mathrm{BIAWGN}(\sigma))=\frac{1}{2}m-\frac{1}{4}m^2+\frac{5}{24}m^3+O(m^4),m=\frac{2}{\sigma^2}$得到$1-\varphi(x)=\frac{1}{2}x+O(x^2)$，因此，

$$\varphi'(0)=-\frac{1}{2} \tag{2.3.33}$$

假设从输入节点（或输出节点）发送的独立节点为高斯的。在第$l+1$次迭代的度为d的输入节点发送信息的均值为

$$E[m_{i,o}^{(l+1)}\mid\deg(i)=d]=(d-1)\cdot E[m_{o,i}^{(l)}] \tag{2.3.34}$$

式中，$m_{i,o}^{(l)}$——从第i个输入节点到第o个输出节点在算法的第l次迭代时发送的信息；

$E[m_{o,i}^{(l)}]$——第l次迭代的$m_{o,i}$的均值。因此，考虑从输入节点到输出节点的信息的高斯混合密度，有

$$E\left[\tanh\left(\frac{m_{i,o}^{(l+1)}}{2}\right)\right]=1-\sum_d \iota_d\varphi((d-1)E[m_{o,i}^{(l)}\mid\deg(i)=d]) \tag{2.3.35}$$

接下来，考虑输出节点的更新规则，我们可以计算度为b的输出节点的高斯信息的均值。为了简洁，用z表示$E\left[\tanh\left(\frac{Z_o}{2}\right)\right]$，则

$$E[m_{o,i}^{(l+1)}\mid\deg(o)=b]=\varphi^{-1}\left(1-z\left[1-\sum_d \iota_d\varphi((d-1)E[m_{o,i}^{(l)}])\right]^{b-1}\right) \tag{2.3.36}$$

我们即可根据以下公式对发送给输入节点的信息均值进行信息跟踪，最后得到$E[m_{o,i}^{(l)}]$的更新规则：

$$E[m_{o,i}^{(l+1)}]=\sum_b \omega_b\varphi^{-1}\left(1-z\left(1-\sum_d \iota_d\varphi((d-1)E[m_{o,i}^{(l)}])\right)^{b-1}\right) \tag{2.3.37}$$

为了在高斯假设下成功译码，我们需要保证下式成立：

$$y < \sum_b \omega_b \varphi^{-1}\left(1 - z\left(1 - \sum_d \iota_d \varphi((d-1)y)\right)^{b-1}\right)$$

此不等式无法对所有 y 值成立。事实上，φ^{-1} 的独立性表明对 $y \geqslant \varphi^{-1}(1-z)$ 不等式不成立。然而，不等式需要在 0 值附近成立，因此不等式左侧的导数需要由右侧在零的导数来进行广义化，即公式

$$\sum_b \omega_b (\varphi^{-1})'(1) z(b-1) \cdot \sum_b \sum_d \iota_d (d-1)\varphi'(0)\left(1 - \sum_d \iota_d \varphi(0)\right)^{b-2}$$

应大于 1，其中 $(\varphi^{-1})'(1)$ 为 φ 的反函数在 1 处的导数，也就是 φ 在 0 处的导数的倒数。在前面的和中，对于 $b \neq 2$ 的项的值为 0，即 $\sum_d \iota_d \varphi(0) = \sum_d \iota_d = 1$，这表示 $\omega_2 \geqslant \frac{1}{\alpha z}$。其中，$\omega_2 = \frac{2\Omega_2}{\beta}$，$\beta$ 为输出节点的平均度值。由此可得

$$\Omega_2 \geqslant \frac{\beta}{\alpha}\frac{1}{2z} \tag{2.3.38}$$

式中，$\frac{\beta}{\alpha}$——码率，最大值为信道的容量。

因此，对实现对应容量的度分配问题有

$$\Omega_2 \geqslant \frac{\mathrm{Cap}(\mathrm{BIAWGN}(\sigma))}{2E(\mathrm{BIAWGN}(\sigma))} = \frac{\prod \mathrm{BIAWGN}(\sigma)}{2} \tag{2.3.39}$$

式中，$\mathrm{Cap}(\mathrm{BIAWGN}(\sigma)) = 1 - \frac{1}{2\sqrt{\pi m}}\int_{-\infty}^{\infty} \log_2(1+\mathrm{e}^{-x}) \cdot \mathrm{e}^{-\frac{(x-m)2}{4m}}\mathrm{d}x$，$m = \frac{2}{\sigma^2}$；

$E(\mathrm{BIAWGN}(\sigma)) = \frac{1}{2\sqrt{\pi m}}\int_{-\infty}^{\infty} \tanh\left(\frac{x}{2}\right) \cdot \mathrm{e}^{-\frac{(x-m)2}{4m}}\mathrm{d}x$。

该不等式与稳定性条件类似，尽管其推导是基于不正确的高斯假设，但事实证明可以对其进行严格证明。

我们已经使用上述公式和线性规划来设计高斯信道的度分布。然而，以这种方式获得的设计在实践中的表现很差。造成这种情况的一个可能原因是，“从输出位传递到输入位的消息是高斯的”这一假设是非常不现实的。下一节将介绍该技术的另一种更实际的版本。

2.3.4.2　一种更精细的高斯近似

在本节中，假设信道是方差为 σ^2 的 BIAWGN 信道。在 BP 算法中将每次迭代的信息均看作高斯分布，这是错误的。一方面，在模拟与计算中，度值较小的输出位传递的信息并不是高斯随机变量。另一方面，每次迭代中输入位传递的信息是趋近于高斯分布的。这样认为的理由是：这些消息是作为来自相同分布的有限均值和方差的独立随机变量的总和而获得的，如果这些总和的数值很大，则根据中心极限定理，所得的密度函数接近高斯分布。

当然，上述方法是一种启发式的假设，但它比 2.3.4.1 节中的“全高斯”假设更接近事实。本节将假设在任何给定的迭代次数中，来自输入位的消息都是具有相同分布的对称高

斯随机变量，并推导它们的均值。在这个假设下，我们发送的码本为全零码本，希望均值随着迭代次数增加而增加。这个条件意味着输出度分布的未知系数具有线性不等式，并导致线性规划问题，使用任何标准算法均可解决该问题。

令 μ 表示对称高斯分布的均值，该均值表示在第 l 次迭代从输入位传递到输出位的信息。相同迭代次数中，度值为 d 的输出位传递给输入位的信息均值为

$$2E\left[\operatorname{artanh}\left(\tanh\left(\frac{Z}{2}\right)\prod_{i=1}^{d-1}\tanh\left(\frac{X_i}{2}\right)\right)\right] =: f_d(\mu) \tag{2.3.40}$$

式中，X_i——均值为 μ 的独立对称高斯随机变量，$i = 1, 2, \cdots, d-1$；

Z——信道的 LLR 值。

如果 α 为输入位的平均度值，则第 $l+1$ 次迭代从输入位传递到输出位的信息均值为

$$\alpha \sum_{d} \omega_d f_d(\mu) \tag{2.3.41}$$

用 $\omega(x) = \sum_{d} \omega_d x^{d-1}$ 表示 Raptor 译码图的输出边的度分布。

为了使输出位的平均度值能够尽可能地接近 $\alpha\mathrm{Cap}(C)$，同时满足条件：

$$0 < \mu < \alpha \sum_{d} \omega_d f_d(\mu) \tag{2.3.42}$$

换言之，我们想要 $\mathrm{Cap}(C)\alpha \sum_{d} \frac{\omega_d}{d}$ 尽可能接近 1，同时满足式（2.3.42）。

如果只有有限数量的 ω_d 为非零，则不可能全部的 $\mu > 0$ 均满足式（2.3.42）。如果假设式（2.3.42）仅在 μ 的一定区间内成立，即 $\mu \in (0, \mu_0)$，这意味着 LT 码部分的 BP 译码停止时，输出位比特的可靠度足够大，以至于高码率下的预编码同样可以完成整体的译码过程。

实际上，可以将式（2.3.42）转换为线性规划问题。我们固定 σ^2、α、μ_0 以及整数 N 和 D，在区间 $(0, \mu_0]$ 上选择 N 个等距离点 $\mu_{N-1} < \mu_{N-2} < \cdots < \mu_1 < \mu_0$，并在以下三个约束条件下使 $\mathrm{Cap}(C)\alpha \sum_{d} \frac{\omega_d}{d}$ 最小化：

① $\forall i = 0, 1, \cdots, N-1 : \alpha \sum_{d=1}^{D} \omega_d f_d(\mu_i) > \mu_i$；

② $\sum_{d=1}^{D} \omega_d = 1$；

③ $\forall d = 1, 2, \cdots, D : \omega_d \geqslant 0$。

该线性规划可以通过标准方法（如奇异值算法）来求解。

对于给定度值 d 计算 $f_d(\mu_i)$，既可计算分布 $2\operatorname{artanh}\left(\tanh\left(\frac{Z}{2}\right) \cdot \prod_{i=1}^{d-1}\tanh\left(\frac{X_i}{2}\right)\right)$ 的均值，也可以从此分布中多次采样并计算经验平均值。后者的运算复杂度非常低，并且很容易实现。图 2.3.6（a）所示为 $0 \leqslant \mu \leqslant 16$，$\sigma = 0.979$ 以及 $d = 1, 2, \cdots, 10$ 的条件下 $f_d(\mu)$ 的曲线。在这个例子中，每次采用 100 000 个样本，每个均值的步长间隔为 0.01。这些图是通过逐步采样

获得的。可以看出，该方法的精度随均值的增加而降低（由于密度被假定为对称的，因此方差也随之降低）。尽管如此，这些近似值提供了一种快速而鲁棒的方法来设计良好的输出度分布。

以 $\sigma=0.977$ 时的优化方法为例，相应的度分布为

$$\Omega(x)=0.006x+0.492x^2+0.033\,9x^3+0.240\,3x^4+0.006x^5+0.095x^8+0.049x^{14}+0.018x^{30}+0.035\,6x^{33}+0.033x^{200}$$

此时，平均度分布为 11.843。图 2.3.6（b）所示为输出均值减去输入节点处的输入均值与输入节点处的输入均值之间的差值曲线图。因此，该方法具有在译码过程中考虑到一些差异的优点，因此从这些数据产生的度分布在实践中的表现更好。

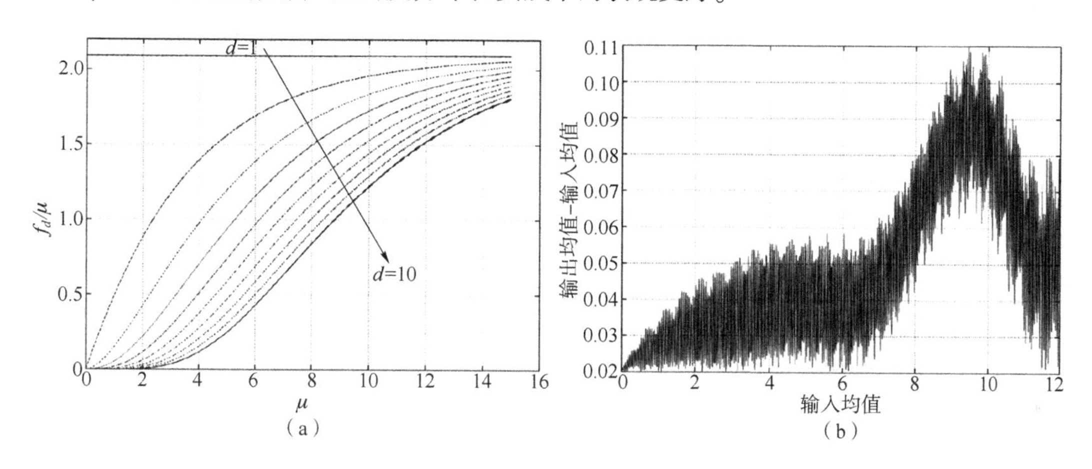

图 2.3.6　高斯近似法相关结果图

（a）不同 d 取值下 $f_d(\mu)$ 对 μ 曲线图；（b）差值曲线图

2.4　新型无速率编码

近年来，一些新型无速率编码不断被提出，本节将介绍两种新型的无速率码——BATS 码和 Spinal 码。通过新的编码方式，这两种无速率码在编码的鲁棒性与译码的正确性上均获得了不同程度的提升。

2.4.1　BATS 码

BATS 码是一种结合喷泉码和网络编码的级联码方案，即信源节点采用喷泉码生成编码包，而中间节点对接收到的编码包进行网络编码[12]。虽然网络编码具有改善负载均衡、增加传输安全性、降低网络节点能耗、减小传输延迟、增强网络鲁棒性等优点，但是网络编码的编译码复杂度较高，并且网络中节点需要将正确接收到的编码包进行缓存，在接收完成后进行编码传输，因此网络编码对网络中节点的计算能力和缓存有着较高的要求。采用将网络

编码与喷泉码相结合的方案，可以克服网络编码的缺陷，同时获得网络编码的优点。

2.4.1.1　随机线性网络编码

在了解 BATS 码之前，需要了解网络编码的原理。在此以随机线性网络编码在三节点网络中的应用为例，对网络编码的原理进行简要介绍，如图 2.4.1 所示。

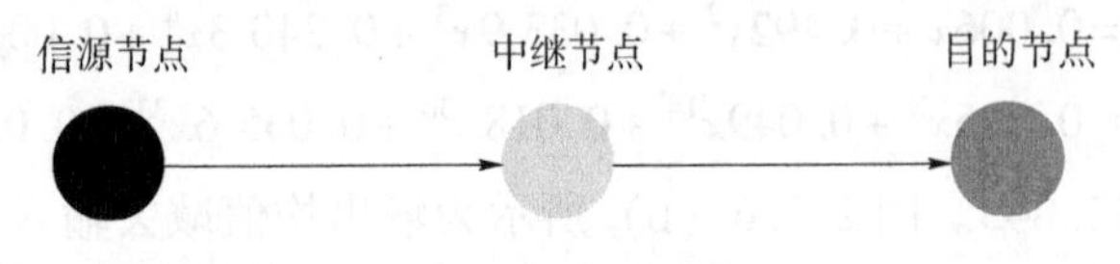

图 2.4.1　无线中继网络的结构示意图

假设信源节点有 K 个信息包用于传输，可用 $b_1, b_2, \cdots, b_K$ 表示，用矩阵形式表示为 $\boldsymbol{B} = [b_1, b_2, \cdots, b_K]$。令 $K' = (1+\delta)K$，$\delta > 0$。信源节点独立地产生 K' 个关于这 K 个信息包的随机线性组合，每一个随机线性组合可表示为 $\sum_{i=1}^{K} \alpha_i b_i$，其中，$\alpha_i$ 从基础域中随机选择。生成的信息包可统一写成以下形式：

$$\boldsymbol{X} = \boldsymbol{BA} \tag{2.4.1}$$

式中，$\boldsymbol{A}$——$K \times K'$的完全随机矩阵。

假设网络中每条链路被使用了 K'次。$\boldsymbol{X}$ 中的 K'个线性组合由信源节点在 K'个时隙上传输。三个节点之间的两条链路的丢包率可以被建模为一个 $K' \times K'$的元素间独立的随机对角矩阵 $\boldsymbol{E}$，其中对角元素为 0 的概率为 ε，对角元素为 1 的概率为 $1-\varepsilon$。中继节点的网络码可通过一个 $K' \times K'$的上三角矩阵 $\boldsymbol{\Phi}$ 进行建模，所有的上三角元素均独立同分布且在基础域中均匀分布。通过这些矩阵，接收的信息包可表示为

$$\boldsymbol{Y} = \boldsymbol{X}\boldsymbol{E}_1\boldsymbol{\Phi}\boldsymbol{E}_2 = \boldsymbol{B}\boldsymbol{A}\boldsymbol{E}_1\boldsymbol{\Phi}\boldsymbol{E}_2 \tag{2.4.2}$$

式中，$\boldsymbol{E}_1, \boldsymbol{E}_2$——与 $\boldsymbol{E}$ 具有相同分布的独立随机矩阵。

通常，称 $\boldsymbol{H} = \boldsymbol{E}_1\boldsymbol{\Phi}\boldsymbol{E}_2$ 为传输矩阵。

接下来，分析如何在目的节点将 $\boldsymbol{B}$ 进行译码。首先，目的节点通过信源节点传输一组系数向量来知道 $\boldsymbol{AH}$。假设对于每一个输入的信息包 b_i，信息包中的 T 个符号中有 K 个输出用于传输一个系数向量，所有输入信息包的系数向量形成一个维度为 K 的单位矩阵。因此，我们有

$$\boldsymbol{Y} = \boldsymbol{BAH} = \begin{bmatrix} \boldsymbol{I} \\ \boldsymbol{B}' \end{bmatrix} \boldsymbol{AH} = \begin{bmatrix} \boldsymbol{AH} \\ \boldsymbol{B}'\boldsymbol{AH} \end{bmatrix} \tag{2.4.3}$$

$\boldsymbol{AH}$ 的值可通过目的节点接收数据包的部分内容来恢复。现在，如果 $\boldsymbol{AH}$ 为满秩，则矩阵 $\boldsymbol{B}'$ 可通过求解线性方程组来进行恢复。可以看出，对于任意的 $\delta > \frac{\varepsilon}{1-\varepsilon}$，若基础域的大小趋向于无穷，则矩阵 $\boldsymbol{AH}$ 满秩的概率收敛为 1。

2.4.1.2　BATS 码的编码

一个 BATS 码包含外码与内码两部分。

1. BATS 码的外码

BATS 码的外码分批次产生编码信息包。一个批次就是由 K 个输入信息包自己所产生的 M 个编码信息包的集合。第 i 个批次 $\boldsymbol{X}_i$ 通过以下公式由输入信息包 $\boldsymbol{B}$ 的子集 $\boldsymbol{B}_i$ 所产生，$i \in \mathbf{N}$。

$$\boldsymbol{X}_i = \boldsymbol{B}_i \boldsymbol{G}_i \tag{2.4.4}$$

式中，$\boldsymbol{G}_i$——第 i 批次的生成矩阵，列数为 M。

令 A_i 为 $\boldsymbol{B}_i$ 的索引编号集合，例如，$\boldsymbol{B}_i = [b_1 \quad b_5 \quad b_7]$，则 $A_i = \{1,5,7\}$。

$d_{gi} \triangleq |A_i|$ 称为第 i 批次的度，是一个服从分布 $\psi = (\psi_1, \psi_2, \cdots, \psi_K)$ 的独立随机变量，且有

$$\Pr\{d_{gi} = d_i, i = 1,2,\cdots,n\} = \prod_{i=1}^{n} \psi_{d_i}, \quad n \in \mathbf{N} \tag{2.4.5}$$

式中，ψ——度分布，它是 BATS 码中的重要参数之一。

BATS 外码的编码过程如下：

第 1 步，对于度分布 ψ，从中以 ψ_{d_i} 的概率取得度值 d_i，d_i 为第 i 批次的度。

第 2 步，从输入信息包中随机选择 d_i 个信息包，构成当前批次的输入信息包集合 $\boldsymbol{B}_i$。

第 3 步，根据式（2.4.4）得到批次 $\boldsymbol{X}_i$。

第 4 步，将输入信息集合中信息包 $\boldsymbol{B}_i$ 的索引编号集合 A_i 以及批次 $\boldsymbol{X}_i$ 中的每个信息包对应的编码系数向量存放于信息包包头，以便于内码编码对系数向量的更新以及接收端的译码。

2. BATS 码的内码

由外码所产生的批次码在网络中进行线性网络编码后，被传输到多个目的节点。假设从信源节点到目的节点的每个批次的端到端传输为线性过程。给定一个目的节点，用 $\boldsymbol{H}_i$ 表示第 i 批次 $\boldsymbol{X}_i$ 的转移矩阵，$\boldsymbol{Y}_i$ 表示对应的输出数据包集合，则批次 $\boldsymbol{X}_i$ 在网络中的传输过程可表示为

$$\boldsymbol{Y}_i = \boldsymbol{X}_i \boldsymbol{H}_i = \boldsymbol{B}_i \boldsymbol{G}_i \boldsymbol{H}_i \tag{2.4.6}$$

式中，$\boldsymbol{H}_i$ 的行数为 M，其列数为第 i 批次接收到的信息包的数目。

转移矩阵 $\boldsymbol{H}_i$ 与网络拓扑结构和内码编码方案有关，不同批次对应的 $\boldsymbol{H}_i$ 可能不同。在一般情况下，假设接收端对 $\boldsymbol{H}_i$ 是已知的。如果一个批次中没有接收到数据包，则 $\boldsymbol{Y}_i$（用 $\boldsymbol{H}_i$）为 0 列的空矩阵。

假设 $\boldsymbol{H}_i$ 在编码过程中是独立的。由信息包头中的系数矢量就可以知道 $\boldsymbol{H}_i$，并将其用于译码。我们将第 i 批次 $\boldsymbol{X}_i$ 的秩称为 $\mathrm{rk}(\boldsymbol{H}_i)$。

由于随机线性网络编码作用于每个批次的内部，所以网络中间节点最多只需缓存 M 个编码包便可进行内码编码并发送，对中间设备的缓存空间和计算能力要求较低。需要注意的是，在进行内码编码的同时，还应对编码系数向量进行更新，以保证接收端的正确译码。

BATS 码的整体编码过程可由 Tanner 图表示，如图 2.4.2 所示。

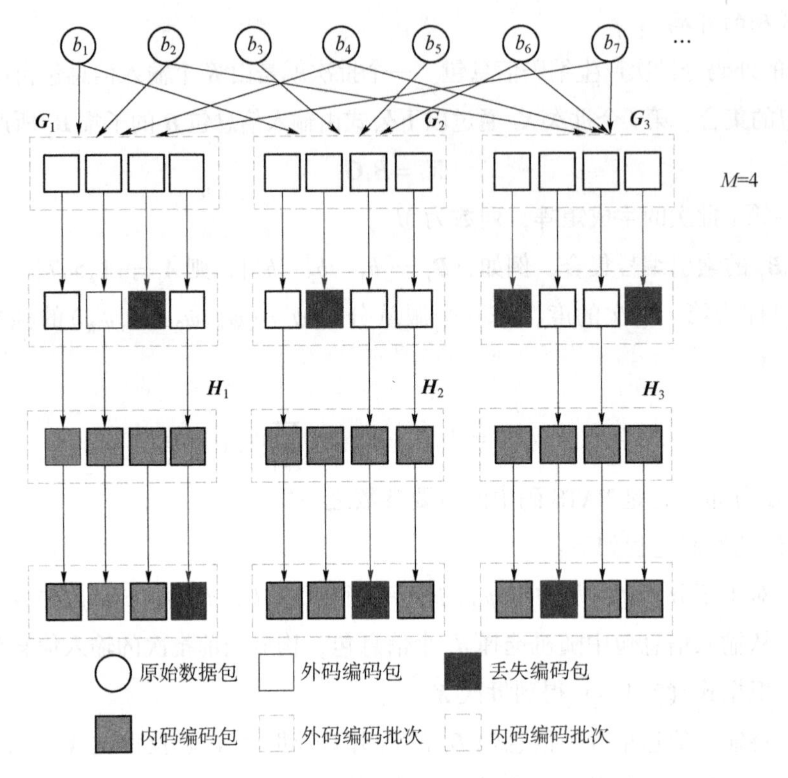

图 2.4.2 BATS 编码的 Tanner 图表示（附彩图）

首先，BATS 码根据 2.4.1.2 节的外码编码规则进行编码；随后，外码编码包按批次在网络中传输。由于网络传输中的丢包现象，中继节点依次对收到的外码编码批次进行批次内的随机线性网络编码。在外码编码批次 $\boldsymbol{X}_i$ 内，中继节点接收到的外码编码包 x_i 可用内码变量节点 i 表示，而内码编码后更新的批次 $\boldsymbol{Y}_j$ 可用内码校验节点 j 表示。若外码编码批次 $\boldsymbol{X}_j$ 中外码编码包 x_i 参与了内码编码批次 $\boldsymbol{X}_j'$ 的生成，则在 $\boldsymbol{X}_j$ 中第 i 个内码变量节点与内码校验节点 j 相连，而在内码编码过程中每个外码编码包所对应的系数向量由转移矩阵 $\boldsymbol{H}_j$ 决定。由于中间节点只在批次内部进行随机线性网络编码，没有增加新的原始信息，因此内码编码没有改变编码批次的度值。而且，由于在中间节点再次进行了编码，相对于传统路由的存储转发，可以较好地解决在传输过程中的丢包累积问题。

2.4.1.3 BATS 码的译码

本节分析对接收批次为 $\boldsymbol{Y}_1, \boldsymbol{Y}_2, \cdots, \boldsymbol{Y}_n$ 的 BATS 码进行译码。假设 $\boldsymbol{G}_i\boldsymbol{H}_i$ 在中继节点已知，K 个输入数据包可以被译码的充要条件是线性系统

$$\boldsymbol{Y}_i = \boldsymbol{B}_i\boldsymbol{G}_i\boldsymbol{H}_i, \quad i = 1, 2, \cdots, n \tag{2.4.7}$$

有唯一解，即当且仅当 $K \leqslant \sum_{i=1}^{n} \mathrm{rk}(\boldsymbol{H}_i)$。假设

$$\frac{\sum_{i=1}^{n} \mathrm{rk}(\boldsymbol{H}_i)}{n} \to C, \quad n \to \infty \tag{2.4.8}$$

式中，C——每批次数据包中 BATS 码可达到的速率的渐近上限。

这个上限可以通过使用 $\Psi_K = 1$ 的度分布，即在生成每批次时使用所有的输入数据包来实现。$\Psi_K = 1$ 的 BATS 码又称随机线性码，即

$$[\boldsymbol{Y}_1 \boldsymbol{Y}_2 \cdots \boldsymbol{Y}_n] = \boldsymbol{B}[\boldsymbol{G}_1 \boldsymbol{G}_2 \cdots \boldsymbol{G}_n]\begin{bmatrix} \boldsymbol{H}_1 & & & \\ & \boldsymbol{H}_2 & & \\ & & \ddots & \\ & & & \boldsymbol{H}_n \end{bmatrix} \tag{2.4.9}$$

令 $\tilde{\boldsymbol{G}} = [\boldsymbol{G}_1 \boldsymbol{G}_2 \cdots \boldsymbol{G}_n]$ 且 $\tilde{\boldsymbol{H}} = \mathrm{diag}(\boldsymbol{H}_1, \boldsymbol{H}_2, \cdots, \boldsymbol{H}_n)$。$\tilde{\boldsymbol{G}}\tilde{\boldsymbol{H}}$ 的每一行都是从跨越 $\tilde{\boldsymbol{H}}$ 的行组成的子空间中完全随机选择的矢量。如果 $\tilde{\boldsymbol{G}}\tilde{\boldsymbol{H}}$ 的 K 行是线性独立的，则该线性方程具有唯一解。令 $R = \sum_{i=1}^{n} \mathrm{rk}(\boldsymbol{H}_i)$，则有

$$\Pr\{\mathrm{rk}(\tilde{\boldsymbol{G}}\tilde{\boldsymbol{H}}) = K | R = r\} = \zeta_K^r \tag{2.4.10}$$

式中，

$$\zeta_K^r = \zeta_K^r(q) \triangleq \begin{cases} (1-q^{-r})(1-q^{-r+1})\cdots(1-q^{-r+K-1}), & 0 < K \leqslant r \\ 1, & K = 0 \end{cases} \tag{2.4.11}$$

因此，对于任意的 $\varepsilon > 0$ 且 $K = n(C - 2\varepsilon)$，有

$$\begin{aligned} \Pr\{\mathrm{rk}(\tilde{\boldsymbol{G}}\tilde{\boldsymbol{H}}) = K\} &= \sum_{r \geqslant n(C-\varepsilon)} \Pr\{\mathrm{rk}(\tilde{\boldsymbol{G}}\tilde{\boldsymbol{H}}) = K | R = r\} \Pr\{R = r\} \\ &= \sum_{r \geqslant n(C-\varepsilon)} \zeta_K^r \Pr\{R = r\} \\ &\geqslant \sum_{r \geqslant n(C-\varepsilon)} \zeta_K^{\lfloor n(C-\varepsilon) \rfloor} \Pr\{R = r\} \\ &= \zeta_K^{\lfloor n(C-\varepsilon) \rfloor} \Pr\{R \geqslant n(C-\varepsilon)\} \end{aligned} \tag{2.4.12}$$

当 $n \to \infty$ 时，$\zeta_K^{\lfloor n(C-\varepsilon) \rfloor}$ 和 $\Pr\{R \geqslant n(C-\varepsilon)\}$ 都收敛于 1，当 $n \to \infty$ 时，$\Pr\{\mathrm{rk}(\tilde{\boldsymbol{G}}\tilde{\boldsymbol{H}}) = K\}$ 也趋向于 1，因此 C 是可实现的。

从上述分析中可以看出：

①可实现性并不取决于域的大小；

②对于任何 $\boldsymbol{H}_i$，随机线性码都可以达到速率的渐进上限 C。

随机线性码的编码复杂度为 $O(KT)$，T 为每个信息包中包含的符号数量；通过度值译码算法解决上述的线性系统的复杂度为 $O(K^3 + TK^2)$。尽管随机线性码可以达到速率 C，但实际上我们需要具有更低编译码复杂度的 BATS 码。

使用 BP 译码，可实现较低的译码复杂度，图 2.4.3 直观地描述了基于 BATS 码的 BP 译码过程。在图 2.4.3 中，第一行表示信息包，第二行表示接收端收到的所有编码批次。生成矩阵 $\boldsymbol{G}_i$ 和转移矩阵 $\boldsymbol{H}_i$ 相乘，得到编码系数矩阵 $\boldsymbol{G}_i\boldsymbol{H}_i$。其中，编码系数矩阵 $\boldsymbol{G}_i\boldsymbol{H}_i$ 与校验节点 i 相关联。

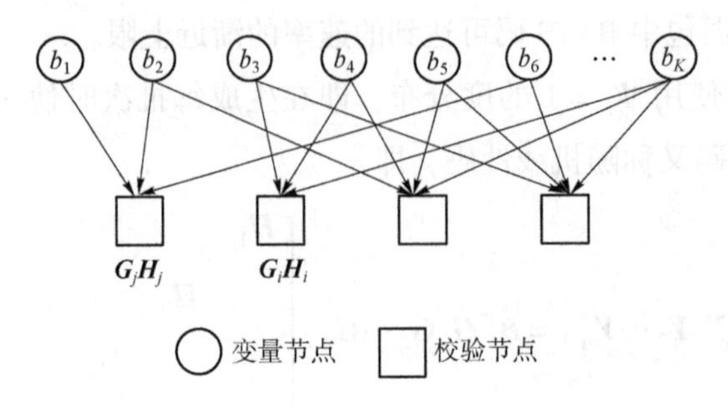

图 2.4.3　BATS 译码的 Tanner 图表示

基于 BATS 码的 BP 译码算法与基于 LT 码的 BP 译码算法类似，其译码过程也是一个迭代更新的过程，其具体步骤如下：

第 1 步，在所有校验节点中寻找度等于秩的校验节点。这些校验节点构成输出可译集，与这些校验节点相连的变量节点构成输入可译集。

第 2 步，在输出可译集中选择一个校验节点 i，通过解方程组 $\boldsymbol{Y}_i=\boldsymbol{B}_i\boldsymbol{G}_i\boldsymbol{H}_i$ 得到 $\boldsymbol{B}_i$ 的唯一解，在输出可译集中删除校验节点 i。

第 3 步，利用 $\boldsymbol{B}_i$ 中已恢复的信息包，对与之相关联的未译码编码批次进行替换和更新。

第 4 步，再次寻找度等于秩的校验节点，同时更新输出可译集和输入可译集。若输出可译集为空集，则译码结束；否则，跳转到第 2 步，继续进行译码。

基于 BATS 码的 BP 译码算法是主要针对可译编码批次及其关联编码批次的迭代译码算法，而不是如度值算法那样针对所有编码批次进行联合译码。在译码复杂度方面，BP 译码算法的复杂度为 $O\left(nM^3+TM\sum d_i\right)$，相较于度值算法，其译码复杂度更低。在译码性能方面，由于 BP 译码算法只利用了可译编码批次以及与其相关的校验信息进行译码，而度值译码算法针对全部编码批次进行，因此 BP 算法的译码性能比度值算法差。

2.4.2　Spinal 码

Spinal 码是由 Perry 于 2011 年提出的一种新型的无速率码[13]。2012 年，Perry 等[13]重新阐释了 Spinal 码的编码原理，提出了新的译码算法、反馈模式以及新的打孔传输模式；而且，在 2012 年 Balakrishnan 等[14]在理论上完整证明了无速率 Spinal 码在 BSC 和 AWGN 信道上均能实现接近香农容量限的传输性能。

2.4.2.1　Spinal 码的特点

相对于其他无速率码，Spinal 码具有以下的显著特点：

首先，无速率 Spinal 码的编码方式与其他编码方式不同。在编码过程中，将信息分段之后，逐次送入 hash 函数进行随机映射，顺序得到伪随机的编码序列。对任意消息的随机编码，通过 hash 函数映射，使得即使仅相差 1 bit 的信息，也会得到完全不同的编码序列，从而大大提高编码的鲁棒性和译码的正确性。同时，在译码端通过复现编码端的形式构造译码树，根据极大似然译码算法取译码开销和最小的比特序列为正确的译码结果，因此在信道传输过程中某些原因造成的突发错误对译码结果的影响不大，从而提高了编码的抗突发错误的能力。

其次，无速率编码在理论上可以产生足够多的编码符号，所以 Spinal 码可以根据信道容量与译码情况发射一定的符号数，最大化地利用信道传输能力。

最后，相比传统的高增益固定码率编码（如 LDPC 码）以及无速率编码中改进 Raptor 码等编码方式，Spinal 码在极宽的信噪比范围（$-10\sim40$ dB）内均能获得良好的性能。同时，Spinal 码在模拟信道和数字信道中都能实现接近香农容量限的传输。因此，Spinal 码适用于不同情况下的不同信道，增大了编码的使用范围，展现了其广阔的编码应用前景。

2.4.2.2 Spinal 码的 hash 函数

Spinal 码编码结构的核心是 hash 函数，因此本节将介绍 Spinal 码的 hash 函数。

通常，hash 函数就是将任意长度的输入变换为固定长度输出的不可逆的单向密码体制。hash 函数的输出结果称为 hash 值、hash 码或 hash 状态等。hash 函数最初应用于计算机软件内部的快速查找，在数据存储中得到了广泛应用。基于 hash 函数的已知输出而输入仍具有不确定性的特点，hash 函数在密码学及信息安全领域得到了大量研究。hash 函数在其他领域（如随机数生成、数据传输、数据存储等）也受到普遍关注。

hash 函数的映射性能主要受 hash 函数的输出独立特性以及随机特性影响。不论是对哪种应用，都希望 hash 函数能够对不同的输入提供完全独立的随机输出分布，这样的 hash 函数则被认为具有完全独立的性质。然而，设计具有完全独立性质的 hash 函数是极为困难的。在实际应用中，通常用弱化的全域性质来代替完全独立随机性质。下面给出相关定义：

定义 2.4.1：令 Φ 表示带映射序列的集合，且满足 $|\Phi|>n$，其中，n 为正整数。令 Γ 表示集合 $\{0,1,\cdots,n-1\}$。用 H 表示一个将原集合 Φ 映射为集合 Γ 的 hash 函数构成的 hash 函数族。如果对于任意的原集合中的元素 $x_1,x_2,\cdots,x_k$ 和任意一个从 H 中均匀随机选择的 hash 函数 h，满足

$$\Pr(h(x_1)=h(x_2)=\cdots=h(x_k))\leqslant\frac{1}{n^{k-1}} \tag{2.4.13}$$

则 H 具有强 k－全域性质，也可称为 k－独立性质。对于 $k=2$ 的情况，称为成对独立性质。

对于无速率 Spinal 码所采用的 hash 函数，可将其表示为

$$h:(0,1)^v\times(0,1)^k\rightarrow(0,1)^v \tag{2.4.14}$$

式中，k 和 v 均为正整数。

在无速率 Spinal 码编码中，hash 函数是一个随机函数，即从一个具有成对独立性质的 hash 函数族 H 中随机选择出来，即定义 2.4.2。

定义 2.4.2：对于任意的输入 $s \in (0,1)^v$ 和 $m \in (0,1)^k$，以及由随机函数生成的任意的随机数，hash 函数 h 都能产生一个长度为 v 的独立等概二进制序列 s_{out}，而对于另一个输入 $s' \in (0,1)^v$ 和 $m' \in (0,1)^k$，且 $(s,m) \neq (s',m')$，则有

$$\begin{aligned} & \Pr(h(s,m) = s_{\text{out}}, h(s',m') = s'_{\text{out}}) \\ &= \Pr(h(s,m) = s_{\text{out}}) \Pr(h(s',m') = s'_{\text{out}}) \\ &= \frac{1}{2^{2v}} \end{aligned} \tag{2.4.15}$$

式中，$s_{\text{out}} \in (0,1)^v$，$s'_{\text{out}} \in (0,1)^v$。

2.4.2.3 Spinal 码的编码

Spinal 码的核心除了 hash 函数外，还包含伪随机数生成器（pseudorandom number generator，RNG)，其对于发送端与接收端都是已知的。每个 RNG 都会生成一个包含 c 个比特的伪随机序列。

Spinal 码的编码过程如图 2.4.4 所示。

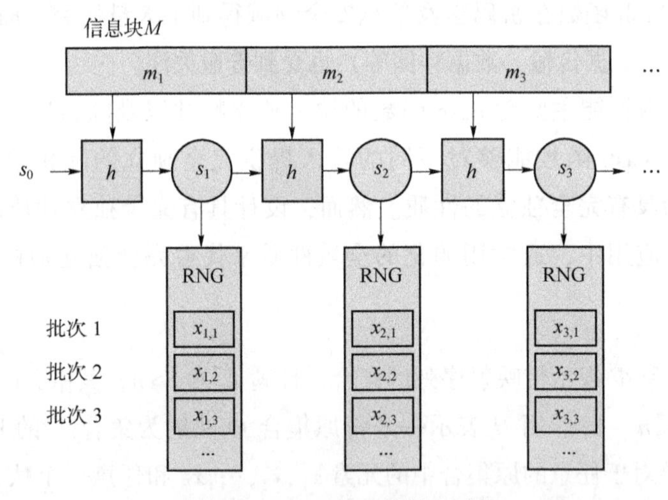

图 2.4.4 Spinal 码的编码过程

信息块 M 的总长度为 n，将其划分为长度为$\left\lceil \frac{n}{k} \right\rceil$的 k 个编码段 $m_1, m_2, \cdots, m_{\lceil \frac{n}{k} \rceil}$。Spinal 码通过引入 hash 函数和 RNG 实现随机编码并产生足够多的伪随机序列，将产生的伪随机序列进行调制，得到用于信道传输的编码符号。首先，在发送端有已知的初始状态值 $\boldsymbol{s}_0$（也叫作 Spine 值，长度为 v)，hash 函数利用初始状态值 $\boldsymbol{s}_0$ 和第 1 块编码段 m_1 产生对应的状态值 $\boldsymbol{s}_1$，长度也为 v；然后，每个编码段 m_i 利用前一编码段产生的状态值 $\boldsymbol{s}_{i-1}$，通过 hash 函数产生对应的状态值，即

$$\boldsymbol{s}_i = H(m_i, \boldsymbol{s}_{i-1}), \boldsymbol{s}_0 = \boldsymbol{0}^v \tag{2.4.16}$$

每个编码段依次利用前一状态值，通过 hash 函数产生对应的状态值；每个编码段产生对应的状态值后，利用 RNG 进行位运算，产生对应的伪随机序列，即

$$\text{RNG}:(0,1)^v \times \mathbf{N} \to (0,1)^c \tag{2.4.17}$$

通过 RNG 可以产生多批次的序列长度为 c 的伪随机序列。调制模块将每批次伪随机序列作为信息输入，产生对应批次的编码符号 $x_{i,l}$（i 表示为对应的第 i 个状态值，l 表示对应的 RNG 输出的第 l 批次的序列）。编码符号 $x_{i,l}$ 为最终在信道中传输的编码符号。所有状态值产生的同一批次的编码符号组成一个传输通道。由于 RNG 的特性，可以产生足够多批次的随机序列，因此可以在发送端产生足够多的编码通道，这也是 Spinal 码的无速率特性的体现。根据接收端的需求，发送端源源不断地产生编码符号传输到接收端，直到接收端正确译码，或达到一定数目后放弃对该编码段的传输。

在 Spinal 码编码中，编码器需要根据信道的不同，将二进制 hash 序列 $\boldsymbol{s}_i$ 映射为信道的输入信号 $x_{i,l}$。我们定义该映射函数为

$$f:(0,1)^v \to X^{\left\lfloor \frac{v}{c} \right\rfloor} \tag{2.4.18}$$

式中，X——映射的信道输入信号的集合。

通过式（2.4.18），将 $\boldsymbol{s}_i$ 中的每 c 个比特映射为信道的输入信号集 x_i 中的每个元素。

对于二进制输入信道（如二元对称信道、二元删除信道等），选择 $c=1$，同时令 $\boldsymbol{x}_i=\boldsymbol{s}_i$。也就是说，对于二进制输入信道，直接将 $\boldsymbol{s}_i$ 中的每个比特作为信道输入发送给接收端。

对于连续输入信道，可以选择 $c \geqslant 1$，将 c 个比特映射成一个实数或复数，然后选择合适的调制方式发送给接收端。当输入信道为 AWGN 信道时，信道映射函数可以选择脉冲幅度调制（pulse amplitude modulation，PAM），将 c 个比特映射为一个调制符号；当输入信道为复高斯信道时，信道映射函数可以采用正交振幅调制（quadrature amplitude modulation，QAM）。

2.4.2.4 Spinal 码的译码

根据无速率 Spinal 码的编码过程，可以构造 Spinal 码译码树，即以第一个状态值 $\boldsymbol{s}_0$ 为根节点，随后的状态值 $\boldsymbol{s}_i$ 为译码树中的第 i 级进行构造，如图 2.4.5 所示。

译码核心为最大似然（maximum likelihood，ML）算法。采用最小距离的译码准则找到一组比特序列，使其编码结果与接收端收到的信息最接近，即

$$\hat{\boldsymbol{m}} = \arg \min_{\boldsymbol{m} \in (0,1)^n} \| \bar{\boldsymbol{y}} - \boldsymbol{x}(\boldsymbol{m}) \|^2 \tag{2.4.19}$$

式中，$\bar{\boldsymbol{y}}$——译码端接收的符号序列；

$\boldsymbol{x}(\boldsymbol{m})$——消息序列 $\boldsymbol{m}$ 编码后的结果。

将 $\bar{\boldsymbol{y}}$ 表示为

$$\bar{\boldsymbol{y}} = \{(y_{1,1}, y_{2,1}, \cdots, y_{\lceil \frac{n}{k} \rceil,1}), (y_{1,2}, y_{2,2}, \cdots, y_{\lceil \frac{n}{k} \rceil,2}), \cdots, (y_{1,l}, y_{2,l}, \cdots, y_{\lceil \frac{n}{k} \rceil,l})\} \tag{2.4.20}$$

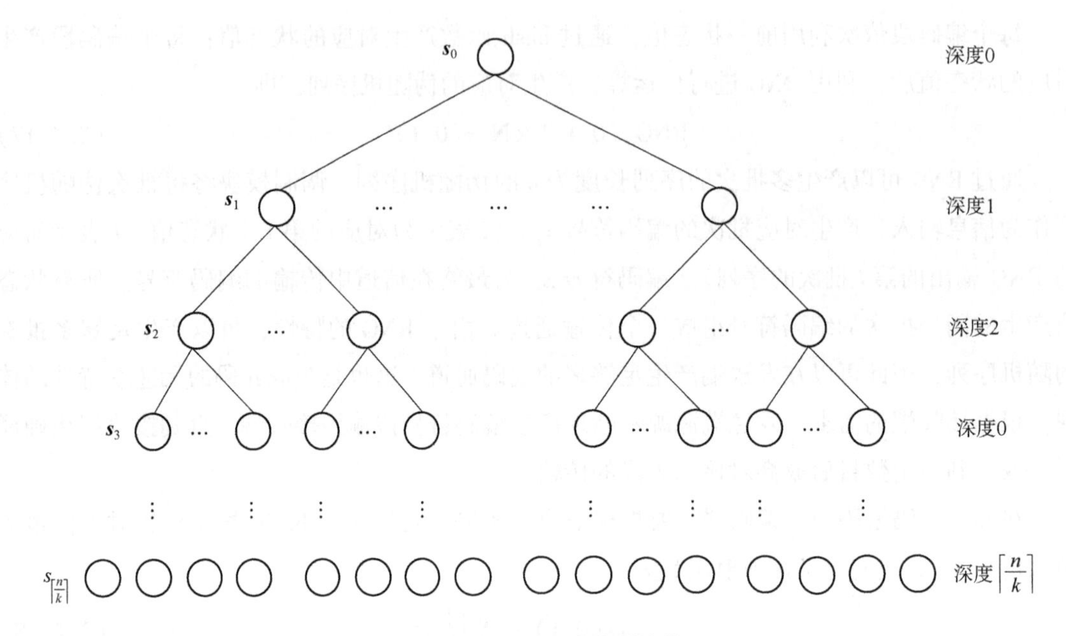

图 2.4.5　Spinal 码的树结构

则式（2.4.19）可以表示为

$$\|\bar{\boldsymbol{y}} - \boldsymbol{x}(\boldsymbol{m})\|^2 = \sum_{i=1}^{\left\lceil \frac{n}{k} \right\rceil} \sum_{l=1}^{L} \| \bar{\boldsymbol{y}}_{i,l} - \boldsymbol{x}_{i,l}(\boldsymbol{m}) \|^2 \tag{2.4.21}$$

式中，内层求和 $\sum_{l=1}^{L} \|\bar{\boldsymbol{y}}_{i,l} - \boldsymbol{x}_{i,l}(\boldsymbol{m})\|^2$ 对应第 i 级编码段的译码开销，外层求和对应于所有级数的编码段的译码开销和，即总的译码开销和。

Spinal 码的截断译码算法基于贪婪算法，将 ML 译码方法进行修改。在描述该算法之前，首先对路径进行定义：将根节点到树中的某一个节点之间的分支组合称为路径；若路径中分支数量为$\left\lceil \frac{n}{k} \right\rceil$，则该路径为完整路径。截断译码的处理方法：译码器由根节点开始扩展并计算相应分支的量度（对于 BSC，量度为汉明距离；对于 AWGN 信道，量度为欧氏距离），同时将这些分支的量度按照相应的路径进行加和作为路径量度。基于该量度累加运算，某个节点所指代路径的量度可以由其父节点指代的路径度量加上父节点与该节点之间分支的度量得到。当扩展到某个深度，且得到的路径数量超过一个指定参数 B 后，译码器就根据路径量度将这些路径进行删减，只保留量度最小的 B 个路径；之后，将所保留的路径进行下一个深度的扩展。译码处理过程就是不断重复上述的扩展、量度计算和删除的步骤，直至到达第$\left\lceil \frac{n}{k} \right\rceil$深度的叶子节点为止。此时将现存路径中量度最小的路径对应的信息序列输出，作为译码结果。

截断译码算法的具体过程如下：

第1步，将根节点的路径量度初始化为0，并存入节点存储器B。

第2步，考虑对深度为i（初始为1）的所有节点，清空节点运算器C。

第3步，对于节点$s(s\in\mathrm{B})$，计算节点s到其第$j(1\leqslant j\leqslant 2^k)$个子节点之间分支的量度，并与节点$s$的量度相加，作为第$j$个子节点的量度。

第4步，将节点s的第j个子节点及其度量存入C。

第5步，对深度为i的每个节点及其子节点执行第3、4步后，清空B。

第6步，将C中路径量度最小的B个节点存入B，若C中的节点数小于B，则将C中的所有节点存入B。

第7步，将深度加1，并执行第2~6步，直至到达深度$\left\lceil\frac{n}{k}\right\rceil$。

第8步，输出B中路径量度最小的节点。

Bubble译码算法是截断译码算法的扩展算法，该算法在截断译码算法的基础上引入一个计算深度参数$d_{\mathrm{comp}}\in\mathbf{N}$。当$d_{\mathrm{comp}}=1$时，Bubble译码算法和截断译码算法相同；当$d_{\mathrm{comp}}>1$时，Bubble译码算法在计算某个位于深度为$i$的节点所指代路径的量度时，不再只是将从根节点到该节点的路径上所有分支的量度求和，而是将该深度为i的节点扩展到深度$i+d_{\mathrm{comp}}-1$，得到该节点的$2^{(d_{\mathrm{comp}}-1)k}$个子节点，并将这$2^{(d_{\mathrm{comp}}-1)k}$个子节点所指代路径中的最小量度作为该深度为$i$的节点所指代路径的量度。Bubble译码算法中的节点删除操作与截断译码处理一致。

与截断译码算法相比，Bubble译码算法在每个节点处的处理都额外增加了$2^{(d_{\mathrm{comp}}-1)k}$个子路径的计算，从而增加了节点保留的可靠性。然而，译码树的最后$d_{\mathrm{comp}}-1$深度中的节点无法进行深度为$d_{\mathrm{comp}}-1$的扩展。因此，这些节点的可靠性并没有得到相同的加强，特别是叶子节点的处理方式实际上与截断译码相同，这使得Bubble译码带来的速率性能提升实际上并不是十分明显，且额外增加了运算量。在实际应用中，通常选择截断译码算法。

2.4.2.5 Spinal码性能与复杂度分析

根据Spinal码的编码原理可知，Spinal码的码率可以用$\frac{k}{l}$表示，对于AWGN信道，我们令$C_{\mathrm{AWGN}}(\mathrm{SNR})$表示信道容量，当发送$l$个通道时，在误码率为0且消息序列足够长的情况下，具有以下的关系式：

$$l[C_{\mathrm{AWGN}}(\mathrm{SNR})-\delta]>k \tag{2.4.22}$$

式中，δ——译码性能与信道容量的差值，

$$\delta\approx\frac{3(1+\mathrm{SNR})}{2^{\mathrm{e}}}+\frac{1}{2}\log\frac{\pi\mathrm{e}}{6} \tag{2.4.23}$$

若星座图映射密度较大时，有$\delta\approx0.25$，此时Spinal码的性能与信道容量之间的差距不大于0.25，可以实现接近香农容量限的传输。

在Spinal编码端，消息长度为n、分块长度k及状态值v的大小均能影响编码的性能和

译码端的复杂度。与其他编码（如 LDPC、Raptor 码）类似，可以通过增大消息长度来获得较大的增益；分块长度 k 的大小影响在接收端构建译码树时每级扩展时计算节点开销次数的大小，其译码开销计算随 k 值的增大而呈指数增加；同时，k 值的大小也影响着编码中码率的变化，如在模拟信道中速率可以表示为$\frac{k}{l}$；状态值的长度 v 的取值要考虑 hash 函数中的仿碰撞问题。当发送一个通道时，Spinal 码的编码复杂度可以表示为 $O\left(\frac{n\cdot(v+k)}{k}\right)$，译码复杂度可以表示为 $O(n\cdot B\cdot 2^k\cdot(v+k+\log B))$，均与消息长度 n 呈线性关系。

针对 k 值的取值问题，可以在编码端采取打孔、删除冗余的方式来提高编码码率，使得译码性能能实现更接近香农容量限的传输。通过打孔、删除冗余的方式，可将每个编码通道分为多个子通道来传输，从而细化了码率间隔，可以有效地降低接收端成功译码时所需传输的符号数。

参考文献

[1] LUBY M, MITZENMACHER M, SHOKROLLAHI A, et al. Practical loss - resilient codes [C] //The 29th ACM Symposium on Theory of Computing, Texas, 1997: 150 - 159.

[2] LUBY M, MITZENMACHER M, SHOKROLLAHI A, et al. Efficient erasure correcting codes [J]. IEEE Transactions on Information Theory, 2001, 47 (2): 569 - 584.

[3] LUBY M. LT codes [C] //The 43rd Symposium on Foundations of Computer Science, Vancouver, 2002: 16 - 19.

[4] MACKAY D J C. Fountain codes [J]. IEE Proceedings - communications, 2005, 152 (6): 1062 - 1068.

[5] PISHRONIK H, FEKRI F. On decoding of low - density parity - check codes over the binary erasure channel [J]. IEEE Transactions on Information Theory, 2004, 50 (3): 439 - 454.

[6] LÁZARO F, LIVA G, BAUCH G. Inactivation decoding of LT and raptor codes: analysis and code design [J]. IEEE Transactions on Communications, 2017, 65 (10): 4114 - 4127.

[7] SCOT J. Report on waves [C] //Report of the 14th Meeting of the British Association for the Advancement of Science, London, 1845: 311 - 390.

[8] SHOKROLLAHI A. Raptor codes [J]. IEEE Transactions on Information Theory, 2006, 52 (6): 2551 - 2567.

[9] GALLAGER R J. Low density parity - check codes [J]. Information Theory, 1962, 8 (1): 70 - 71.

[10] RICHARDSON T J, URBANKE R L. The capacity of low - density parity - check codes under message - passing decoding [J]. IEEE Transactions on Information Theory, 2002, 47

(2): 599 -618.

[11] ETESAMI O, SHOKROLLAHI A. Raptor codes on binary memoryless symmetric channels [J]. IEEE Transactions on Information Theory, 2006, 52 (5): 2033 -2051.

[12] YANG S, YEUNG W. BATS codes: theory and practice [J]. Synthesis Lectures on Communication Networks, 2017, 10 (2): 1 -226.

[13] PERRY J, LANNUCCI A, FLEMING K, et al. Spinal codes [J]. ACM SIGCOMM Computer Communication Review, 2012, 42 (4): 49 -60.

[14] BALAKRISHNAN H, IANNUCCI P A , PERRY J, et al. De - randomizing Shannon: the design and analysis of a capacity - achieving rateless code [J]. arXiv preprint arXiv, 2012: 12060418.

第 3 章

喷泉码优化设计

3.1　喷泉码性能分析方法

密度演进与 EXIT 图（extrinsic information transfer charts，外信息传递图）作为两种主流方法，被用于分析稀疏图编码在迭代译码下的渐进性能。密度演进可以计算置信传播（belief propagation，BP）译码中交换信息的密度，EXIT 图则基于互信息进行分析。

3.1.1　密度演进

密度演进理论考察的是译码过程中传递消息的概率密度函数的演变过程。另外，它考察的不是个别、具体码字的演进过程，而是从概率上考察一个码字集合在无限码长的情况下迭代译码过程中传递消息的概率密度函数的演进过程。

喷泉码采用 BP 译码算法进行译码时，消息传递于变量节点与校验节点之间。在进行消息更新时，一个比较重要的条件是，从节点 u 沿着边 e 传出的消息，不包括沿着边 e 接收到的消息，传递的只是外部信息。该条件称为独立性假设。变量节点与校验节点之间传递的消息在 Tanner 图没有环的情况下，满足独立性假设，此时某个节点接收到的消息可以看作统计独立的随机变量。

假设初始消息取自消息集合 O，校验节点消息和变量节点消息取自消息集合 M，并且 $O \subset M$。设迭代次数为 l，初始消息的更新规则为 $\Psi_{\mathrm{v}}^{(0)}: O \to M$，变量节点消息的更新规则为 $\Psi_{\mathrm{v}}^{(l)}: O \times M^{d_{\mathrm{v}}-1} \to M, l \geqslant 1$，校验节点消息的更新规则为 $\Psi_{\mathrm{c}}^{(l)}: M^{d_{\mathrm{c}}-1} \to M, l \geqslant 1$[1]，$d_{\mathrm{v}}$ 与 d_{c} 分别是变量节点与校验节点的最大度数。

对于给定的集合 O 和 M，用 Π_O 和 Π_M 表示定义在集合 O 和集合 M 上的概率分布空间。在消息迭代译码过程中，传递的消息是随机变量，而密度演进考察的是消息的概率分布的演进。因此，可以定义映射为

$$\begin{cases} \Psi_{\mathrm{v}}^{(0)}: \Pi_O \to \Pi_M \\ \Psi_{\mathrm{v}}^{(l)}: \Pi_O \times \Pi_M^{d_{\mathrm{v}}-1} \to \Pi_M, & l \geqslant 1 \\ \Psi_{\mathrm{c}}^{(l)}: \Pi_M^{d_{\mathrm{c}}-1} \to \Pi_M, & l \geqslant 1 \end{cases} \tag{3.1.1}$$

假设 m_0 是一个随机变量，其概率分布为 $P_0 \in \Pi_O$，$m_i(i=1,2,\cdots,d_v-1)$ 是具有概率分布 $P_i \in \Pi_M$ 的随机变量，所有随机变量统计独立，那么随机变量节点值 $\Psi_v^{(l)}(m_0,m_1,\cdots,m_{d_v-1})$ 的概率分布为 $\Psi_v^{(l)}(P_0,P_1,\cdots,P_{d_v-1})$。

下面介绍密度演进的对称性条件。

（1）信道对称性条件。信道输出对称，即信道的转移概率满足下式：

$$p(y|x=1)=p(-y|x=-1) \tag{3.1.2}$$

式中，x——信道输入；

y——信道输出。

（2）校验节点对称性条件。任意取值为 ± 1 的序列 $(b_1,b_2,\cdots,b_{d_c-1})$，校验节点消息的映射满足符号齐次性，即

$$\Psi_c^{(l)}(b_1m_1,b_2m_2,\cdots,b_{d_c-1}m_{d_c-1}) = \Psi_c^{(l)}(m_1,m_2,\cdots,m_{d_c-1})\prod_{i=1}^{d_c-1}b_i \tag{3.1.3}$$

（3）变量节点对称性条件。变量节点的映射能够满足符号反映射不变性，即

$$\Psi_v^{(l)}(-m_1,-m_2,\cdots,-m_{d_c-1}) = -\Psi_v^{(l)}(m_1,m_2,\cdots,m_{d_c-1}) \tag{3.1.4}$$

译码的错误率在信道和 BP 译码算法都满足对称性条件时，与传输的码字没有关系。

3.1.2 EXIT 图

EXIT 图可以用来在不进行实际译码的情况下研究迭代译码的收敛性，这是通过分析连续迭代过程中译码器的互信息交换过程实现的。密度演进与 EXIT 图都可以在二进制删除信道（binary erasure channel，BEC）传输下提供准确的 BP 译码阈值。然而，使用 EXIT 图进行度分布设计以提升传输效率通常可以构造成一个凸优化问题。这样，使用已有的数值方法就可以高效地获得 LT 码的渐进意义下较好的校验节点度分布。在 EXIT 图分析中，得到的校验节点与变量节点间传递信息的外部互信息由消息传递译码器进行跟踪。为了进行 EXIT 图分析，译码器被建模为两个交换外部互信息的子译码器。度数为 j 的内部校验节点译码器（check node decoder，CND）接收来自 j 个变量节点译码器（variable node decoder，VND）的先验信息与来自信道的信息。

加性高斯白噪声（additive white Gaussian noise，AWGN）信道下的 LT 码的译码器结构如图 3.1.1 所示。图中，L_{ch} 为信道输出变量的 LLR 值，$L_{E,CND}$ 为校验节点输出的后验 LLR 值，$I_{A,CND}$ 为校验节点的先验互信息，$I_{A,VND}$ 为变量节点的先验互信息，$I_{E,VND}$ 为变量节点的外部互信息。内部的度数为 j 的 CND 接收来自 j 个 VND 的先验 LLR（对数似然比）与来自 AWGN 信道的信息。随后，该 CND 将这些 LLR 转化为后验 LLR，并传递到相连的变量节点。

令 $J(\sigma)$ 代表二进制随机变量 X 与含噪声观察项 $Y=X+Z$ 间的互信息，其中 Z 是方差为 σ_n^2 的 AWGN，即

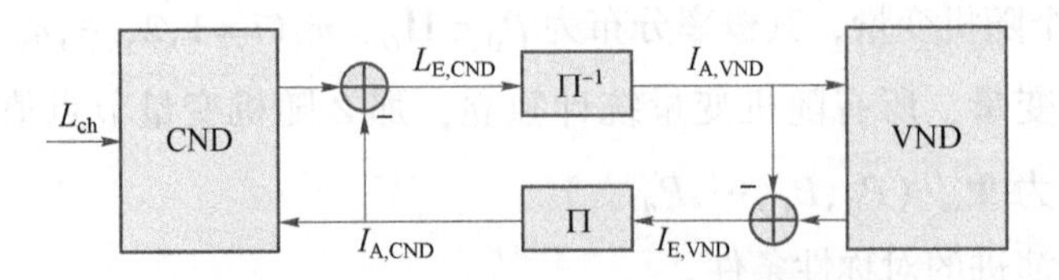

图 3.1.1 EXIT 图分析下的 LT 译码器

$$J(\sigma) = 1 - \frac{1}{\sqrt{2\pi}\sigma_n}\int_{-\infty}^{+\infty} e^{-\frac{(y-\sigma_n^2)^2}{2\sigma_n^2}} \log_2(1+e^{-y})\,dy \tag{3.1.5}$$

$J(\sigma)$是单调递增的，因此$\sigma = J^{-1}(I)$仅存在唯一解。然而，$J(\sigma)$与$J^{-1}(I)$无法闭式表达，只能对它们进行近似。

为了更好地利用 EXIT 图，我们将 LT 码看作一系列固定码率的不规则低密度生成矩阵（low density generator matrix，LDGM）码。度数为 i 的 VND 的 EXIT 曲线可以表示为

$$I_{E,VND}(I_{A,VND}, i) \approx J(\sqrt{(i-1)\sigma_V^2}) \tag{3.1.6}$$

式中，σ_V——来自 CND 的先验信息的标准差，由 $\sigma_V = J^{-1}(I_{A,VND})$给出。

所有 VND 的 EXIT 曲线可以近似为

$$I_{E,VND}(I_{A,VND}) \approx \sum_{i=1}^{d_v} \lambda_i I_{E,VND}(I_{A,VND}, i) \tag{3.1.7}$$

式中，λ_i——度值为 i 的变量节点的分布概率。

根据文献［2］，输入信息的先验互信息为$I_{A,CND}$的校验节点的输出互信息可以近似为输入信息的互信息为$1 - I_{A,CND}$的重复码的输出互信息。根据这种近似，度数为 j 的 CND 的 EXIT 函数可以计算为

$$I_{E,CND}(I_{A,CND}, j) \approx (1 - J(\sqrt{(j-1)\sigma_C^2 + \sigma_{ch}^2})) \tag{3.1.8}$$

式中，σ_C^2——由 VND 输入的先验信息的方差，$\sigma_C^2 = [J^{-1}(1 - I_{A,CND})]^2$；

$\sigma_{ch}^2 = \left[J^{-1}\left(1 - J\left(\frac{4}{\sigma_n^2}\right)\right)\right]^2$。

于是，所有 CND 的 EXIT 曲线可以近似为

$$I_{E,CND}(I_{A,CND}) \approx \sum_{j=1}^{d_c} \rho_j I_{E,CND}(I_{A,CND}, j) \tag{3.1.9}$$

式中，ρ_i——度值为 i 的校验节点的分布概率。

根据式（3.1.6）~式（3.1.9），EXIT 图可以跟踪两个子译码器在无限码长的假设下迭代译码中互信息的交换过程。

在 BEC 信道下，对 LT 码进行 EXIT 图分析与密度演进等效。在 BEC 信道下，LT 码译码器的校验节点的 EXIT 函数由下式[3]给出：

$$I_{E,C}(I_{A,C}) = \sum_j \rho_j (1-\epsilon)(I_{A,C})^{j-1} \tag{3.1.10}$$

式中，$I_{A,C}$——由 VND 传输至 CND 的先验信息。

类似地，变量节点的 EXIT 函数由下式给出：

$$I_{E,V}(I_{A,V}) = \sum_{i} \lambda_i (1 - (1 - I_{A,V})^{i-1}) \tag{3.1.11}$$

式中，$I_{A,V}$——由 CND 传输至 VND 的先验信息。

3.1.3　与或树定理

本节基于与或树定理（AND - OR tree lemma）进行度分布函数的分析以及设计。首先给出与或树的介绍以及定理的推导[4-5]。

与或树的定义如下：设 T_l 为深度 $2l$ 的树，它的根节点的深度是 0，叶子节点的深度是 $1,2,\cdots$，以此类推，它的最下层的叶子节点的深度是 $2l$。每个深度值为偶数（如 $0,2,4,\cdots,2l-2$）的节点称为 OR 节点，它们对其子节点作或运算；每个深度值为奇数（如 $1,3,5,\cdots,2l-1$）称作 AND 节点，它们对其子节点作与运算。设定每个 OR 节点可以独立地以概率 α_i，$i\in\{0,1,\cdots,A\}$ 选取 i 个子节点，其中 $\alpha_0,\alpha_1,\alpha_2,\cdots,\alpha_A$ 均为选择概率；同样，每个 AND 节点可以独立地以概率 β_j，$j\in\{0,1,\cdots,B\}$ 选取 j 个子节点，其中 $\beta_0,\beta_1,\beta_2,\cdots,\beta_B$ 也均为选择概率。每个最下层的叶子节点都被独立地赋予 0、1 两种取值。同时定义没有子节点的 OR 节点被赋予 0 值，没有子节点的 AND 节点被赋予 1 值。Luby 指出，与或树可以很好地体现喷泉码译码的迭代过程，变量节点做的是类似与或树中的 AND 运算，而校验节点做的是类似与或树中的 OR 运算。我们的目标是找到 $y_\infty = \lim_{l\to\infty} y_l$，即与或树的根节点的值为 0 的概率，这也代表着信源符号译码失败的概率。由上述定义可知，LT 码的与或树理论类似 LDPC 码的密度进化（density evolution）理论，可以通过数值分析的方法预测码字的 BER 性能。

下面所推导出的与或树定理建立起了 y_l 的表达式。我们考虑位于 T_l 中深度为 2 的 OR 节点，把它当作树 T_{l-1} 的根节点。这样，y_l 就可以被表示为 y_{l-1} 的函数，其中 y_{l-1} 表示树 T_{l-1} 的根节点取值为 0 的概率。对于位于 T_l 的根节点与 T_{l-1} 的根节点之间的节点，由于它所做的是 AND 运算，那么它的值为 1 的概率为

$$p = \sum_{d} \beta_d (1 - y_{l-1})^d \tag{3.1.12}$$

定义 $\beta(x) = \sum_{d} \beta_d x^d$，式（3.1.12）可表示为

$$p = \beta(1 - y_{l-1}) \tag{3.1.13}$$

那么，该节点的值为 0 的概率为

$$p' = 1 - \beta(1 - y_{l-1}) \tag{3.1.14}$$

与上面的推导类似，T_l 的根节点的值为 0 的概率为

$$p'' = \sum_{d} \alpha_d (1 - \beta(1 - y_{l-1}))^d \tag{3.1.15}$$

同样，定义 $\alpha(x) = \sum_{d} \alpha_d x^d$，式（3.1.15）可以表示为

$$p''=\alpha(1-\beta(1-y_{l-1}))\tag{3.1.16}$$

那么可以得到定理3.1.1。

定理3.1.1：与或树 T_l 的根节点取值为0的概率 y_l 可以由与或树 T_{l-1} 的根节点取值为0的概率 y_{l-1} 来表示：

$$y_l=\alpha(1-\beta(1-y_{l-1}))\tag{3.1.17}$$

$$\alpha(x)=\sum_{i=0}^{A}\alpha_i x^i,\quad \beta(x)=\sum_{i=0}^{B}\beta_i x^i\tag{3.1.18}$$

下面，对定理3.1.1变形。首先，很容易得出校验节点（即编码符号）的平均度为

$$\Omega'(1)=\sum d\Omega_d\tag{3.1.19}$$

式中，$\Omega(x)=\sum \Omega_d x^d$ 是喷泉码在编码时所采用的度分布。根据 $\beta(x)$ 的含义可得 $\beta_i=\dfrac{(i+1)\Omega_{i+1}}{\Omega'(1)}$，进而可得

$$\beta(x)=\frac{\Omega'(x)}{\Omega'(1)}\tag{3.1.20}$$

由此，可将定理3.1.1改写为

$$y_l=\alpha\left(1-\frac{\Omega'(1-y_{l-1})}{\Omega'(1)}\right)\tag{3.1.21}$$

在连接信息符号与编码符号的二分图中，平均共有 $\Omega'(1)n(1+\varepsilon)$ 条边连接着所有信息符号，其中 n 是编码符号的个数，ε 代表编码开销。那么，二分图中一个变量节点（即信息符号）具有的度数为 d 的概率是：

$$\delta_d=\mathrm{C}^{d}_{\Omega'(1)n(1+\varepsilon)}p^d(1-p)^{\Omega'(1)n(1+\varepsilon)-d}\tag{3.1.22}$$

式中，变量节点以概率 p 连接到任意一条边上。

当 n 渐进趋向于无穷大时，式（3.1.22）趋向于一个泊松分布：

$$\delta_d=\frac{\exp(-\Omega'(1)pn(1+\varepsilon))(\Omega'(1)pn(1+\varepsilon))^d}{d!}\tag{3.1.23}$$

与 $\beta(x)$ 类似，$\alpha_i=\dfrac{(i+1)\delta_{i+1}}{pn\Omega'(1)(1+\varepsilon)}$，其中 $p=\dfrac{1}{n}$。从以上推导中可知，δ_d 符合泊松分布，那么基于泰勒级数的展开式，有

$$\alpha(x)=\exp(\Omega'(1)(1+\varepsilon)(x-1))\tag{3.1.24}$$

基于以上推导，可以得出推论3.1.1。

推论3.1.1：定理3.1.1与或树 T_l 的根节点取值为0的概率 y_l 可以由 y_{l-1} 表示为

$$y_l=\exp(-(1+\varepsilon)\Omega'(1-y_{l-1}))\tag{3.1.25}$$

以上为与或树的介绍以及与或树定理的证明与推论的推导。下面简单介绍一些与或树的性质：

性质1　随着迭代次数 l 的增加，y_l 呈递减趋势。

性质2　随着编码开销 ε 的增加，y_l 呈递减趋势。

以上两条性质与人们的通常理解是吻合的。接下来，基于与或树定理以及以上两条性质对 RSD 进行优化。

3.2　喷泉码优化方法

3.2.1　基于线性/非线性规划的 LT 码度分布设计

传统的 LT 码和 Raptor 码都是非系统码，在实际应用中，相比非系统码，系统码由于其出色的性能更受欢迎。文献［6］提出了一种由鲁棒孤子分布演变而来的适用于系统 LT 码的度分布——截断孤子分布。

在设计 LT 码时，有三个重要因素决定 LT 码的性能，即度分布、随机整数生成器和待发送的源数据包总数，其中度分布设计为主要因素。鲁棒孤子分布 $\mu(d)$ 由 $\rho(d)$ 和 $\tau(d)$ 组成，d 为节点度值，为了从接收 LT 编码数据包中成功恢复出所有源输入数据包，所有 LT 输入必须满足两个条件：其一，LT 编码数据包的数量必须满足 $N\geqslant K+2\cdot\ln\left(\frac{S}{\delta}\right)\cdot S$；其二，拥有最高度的编码数据包必须满足 $d\geqslant\frac{K}{S}$。当设计码率高于 $R=\frac{1}{2+\epsilon}$ 的系统 LT 码时，上述要求是提高系统 LT 码可译性的充要条件，其中 $\epsilon=2\cdot\ln\left(\frac{S}{\delta}\right)$ 表示 LT 码的等效开销。然而，上述要求对于设计码率小于 $R=\frac{1}{2+\epsilon}$ 的系统 LT 码已经不再充分，因为此时系统 LT 码的奇偶校验矩阵和生成矩阵的密度都太低。为了提高其密度函数，文献［6］重新定义了用于生成系统 LT 码校验部分的度分布函数，即

$$\Omega(d)=\begin{cases}\frac{1}{Z}\left[1+\frac{S}{K}+v\right], & d=\gamma\\ \frac{\gamma}{Z}\left[\frac{1}{d(d/\gamma-1)}+\frac{S}{Kd}\right], & d=2\gamma,3\gamma,\cdots,\frac{K\gamma}{S}-1\\ \frac{S}{ZK}\left[\ln\left(\frac{S}{\delta}\right)+\frac{1}{K/S-1}\right], & d=\frac{K\gamma}{S}\\ 0, & d>\frac{K\gamma}{S},d=1\end{cases}\tag{3.2.1}$$

式中，$Z = \sum_{d}[\rho(d)+\tau(d)+v(\gamma)]$，$\gamma$ 为比 1 稍大的整数，保证最大度数 $\frac{\gamma K}{S}$ 能确保系统 LT 码的奇偶校验部分中所有源输入符号至少出现 γ 次。

校验节点度分布函数 $\Omega(x)$ 是影响系统 LT 码性能的重要因素。图 3.2.1 所示为系统 LT 码二分图，观察该图可以发现，连接的边数直接受校验节点平均度数的影响。也就是说，校验节点平均度数 β 越大，译码计算复杂度就越高。因此，我们希望在实现尽可能小的误码率的同时，校验节点平均度数 β 也尽可能小，即优化目标为最小化 $\beta = \sum_{j=1}^{d_c} j\Omega_j$，而 $\Omega_j(j=1,2,\cdots,d_c)$ 正是我们的优化对象。

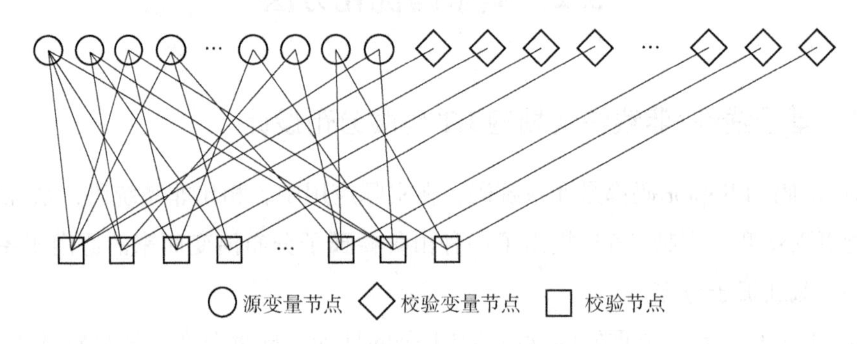

图 3.2.1　系统 LT 码二分图

为保证成功译码，我们希望 LLR 均值 μ 随着迭代次数 l 逐渐增加，即满足 $\mu^{(l+1)} > \mu^{(l)}$，根据 LT 码的消息传递更新准则，需要满足下式：

$$\alpha \sum_{j=1}^{d_c} \omega_j f_j(\mu_Q^{(l)}) + \frac{2}{\sigma_n^2} > \mu_Q^{(l)} \tag{3.2.2}$$

式中，α——变量节点平均度数；

ω_j——度数为 j 的节点用于更数 LLR 均值时的权重系数；

σ_n^2——噪声功率；

$\mu_Q^{(l)}$——第 1 次迭代时变量节点传递到校验节点的对数似然比均值；

$$f_j(\mu_Q^{(l)}) = \varphi^{-1}\left(1-\left(1-\varphi\left(\frac{2}{\sigma_n^2}\right)\right)(1-\varphi(\mu_Q^{(l)}))^{j-1}\right) \tag{3.2.3}$$

观察系统 LT 码二分图可发现，连接的边数直接受校验节点平均度数影响，即校验节点平均度数越大，BP 译码复杂度越高，因此应在实现尽可能小的误码率的同时降低校验节点平均度数，具体推导过程可参考文献［7］。将式 $\omega(x) = \Omega'(x)/\Omega'(1)$ 代入式（3.2.2），可得

$$\varepsilon \sum_{j=1}^{d_c} j\Omega_j f_j(\mu_Q^{(l)}) + \frac{2}{\sigma_n^2} > \mu_Q^{(l)} \tag{3.2.4}$$

基于式（3.2.4），文献［8］给出了基于线性规划的系统 LT 码度分布优化模型——传统线性规划（conventional linear programming，CLP）模型，即

$$
\begin{aligned}
&\min \sum_{j=1}^{d_c} j\Omega_j \qquad (3.2.5)\\
&\text{s. t. } \varepsilon_0 \sum_{j=1}^{d_c} j\Omega_j f_j(\mu_k) + \frac{2}{\sigma_n^2} > \mu_k, \quad k = 0,1,\cdots,L-1\\
&\sum_{j=1}^{d_c} \Omega_j = 1\\
&\Omega_j \geqslant 0, \quad j = 1,2,\cdots,d_c
\end{aligned}
$$

式中，$d_c,\varepsilon_0,\sigma_n^2,\mu_0,L$——提前给定值；

μ_k——区间$(0,\mu_0]$的 L 个等分点，$k=0,1,\cdots,L-1$。

该模型将最小化平均度数作为优化目标，然而最小化平均度数会导致渐进误码下界值变大，造成较差的“错误平底”。为了解决这一问题，文献［9］结合单用户系统 LT 码的渐进误码下界公式，在式（3.2.5）中引入误码下界约束，从而改善“错误平底”现象。具体来说，系统 LT 码渐进误码下界可以表示为

$$
P_{\text{lb}} = \sum_{i=1}^{d_s} \Lambda_i Q\left(\frac{\sqrt{i+1}}{\sigma_n}\right) \qquad (3.2.6)
$$

式中，d_s——输入节点最大度数；

$Q(\cdot)$——标准正态分布尾函数；

Λ_i——输入节点的度分布。

Λ_i 由变量节点平均度数 α 决定；α 与校验节点平均度数 β 满足 $\alpha=\frac{\beta}{\varepsilon}$，即受校验节点度分布 $\Omega(x)$ 影响；σ_n 受信噪比影响。因此，系统 LT 码的渐进误码下界与校验节点度分布 $\Omega(x)$、开销 ε、信噪比有关。将式（3.2.6）简记为 $P_{\text{lb}}(\gamma,\beta,\varepsilon)$，其中 $\gamma=\frac{1}{\sigma_n^2}$表示接收符号信噪比。通过在 CLP 模型中增加渐进误码下界约束，文献［9］提出一种新的度分布优化模型——基于下界规划（programming based on the lower bound，PBLB）模型，即

$$
\begin{aligned}
&\min \sum_{j=1}^{d_c} j\Omega_j \qquad (3.2.7)\\
&\text{s. t. } \varepsilon_0 \sum_{j=1}^{d_c} j\Omega_j f_j(\mu_k) + \frac{2}{\sigma_n^2} > \mu_k, k = 0,1,\cdots,L-1\\
&P_{\text{lb}}\left(\gamma, \sum_{j=1}^{d_c} j\Omega_j, \varepsilon_0\right) \leqslant y_0\\
&\sum_{j=1}^{d_c} \Omega_j = 1\\
&\Omega_j \geqslant 0, \quad j = 1,2,\cdots,d_c
\end{aligned}
$$

式中，ε_0,y_0——期待优化度分布所能实现的译码开销阈值和最大误码下界。

此外，在 CLP 模型中，为实现成功译码，就需要设置较大的 μ_0 值，μ_0 的大小直接影响 CLP 模型的优化复杂度。在 PBLB 模型中，通过增加下界约束，同时合理设置 y_0 值，我们可以在不需要设置较大的 μ_0 值的情况下得到较好的误码性能，从而降低优化复杂度。

图 3.2.2 展示了由 CLP 模型和 PBLB 模型得到的系统 LT 码误码性能。为保证这两种优化模型优化参数一致，CLP 模型的 μ_0 由 PBLB 模型的 y_0 确定。具体参数配置：$\sigma_n = 0.977$，$\varepsilon_0 = 0.9$，$y_0 = 5 \times 10^{-4}$，PBLB 模型中的 $\mu_0 = 10$，CLP 模型中的 $\mu_0 = 15$。所得到的 PBLB 优化度分布为

$$\begin{aligned}\Omega_{\mathrm{PBLB}}(x) = {} & 0.0044x + 0.0046x^2 + 0.0055x^3 + 0.0048x^4 + 0.3327x^5 + 0.4143x^6 + \\ & 0.0875x^7 + 0.0758x^8 + 0.0059x^9 + 0.005x^{10} + 0.0054x^{11} + \\ & 0.0059x^{12} + 0.0047x^{13} + 0.0034x^{14} + 0.0026x^{15} + 0.0012x^{16} + \\ & 0.001x^{17} + 0.0008x^{18} + 0.0006x^{19} + 0.0003x^{20} + 0.0332x^{200}\end{aligned} \tag{3.2.8}$$

CLP 优化度分布为

$$\Omega_{\mathrm{CLP}}(x) = 0.3481x^5 + 0.5504x^6 + 0.0572x^{38} + 0.0443x^{39} \tag{3.2.9}$$

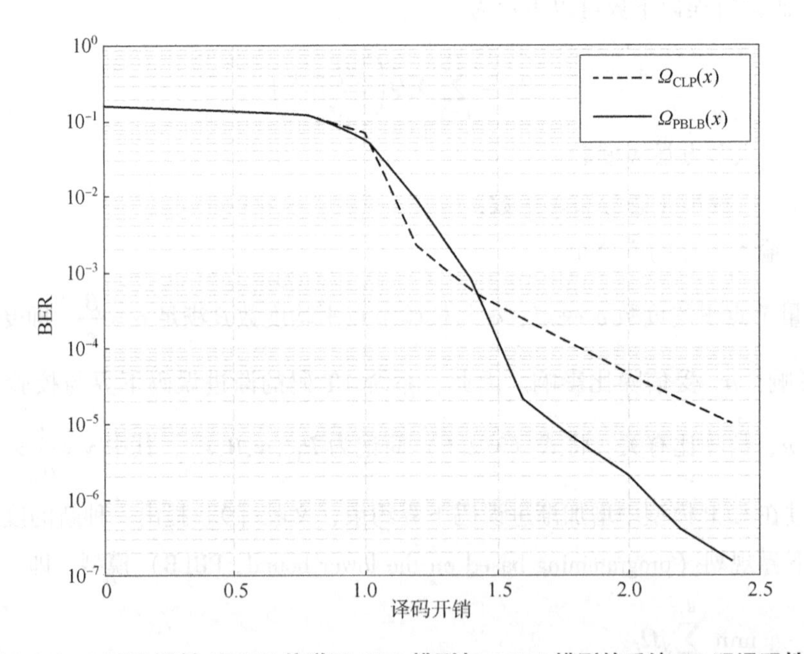

图 3.2.2 BPSK 调制 AWGN 信道下 CLP 模型与 PBLB 模型的系统 LT 码误码性能

由图 3.2.2 可以看出：虽然采用 CLP 模型优化得到的系统 LT 码在瀑布区的性能更陡峭，但较早出现“错误平底”；采用 PBLB 模型优化得到的系统 LT 码可以实现更低的“错误平底”，其误码性能较好。

3.2.2 基于智能优化算法的 LT 码度分布设计

3.2.2.1 基于泊松鲁棒孤子分布与鸟群算法的 LT 码度分布设计

在 LT 码的构造与译码过程中，度分布中某些度数的比例对 LT 码的可译码性起着主

导作用。LT 码可通过调整这些度数的比例来获得良好的性能，例如，度数为 2 的编码分组对 LT 码的可译码性影响重大，为保证译码率，需要 $\lim\limits_{k\to\infty}\Omega_2=0.5$[7]，$k$ 为输入分组数；此外，过多的度数为 1 的编码分组会造成低效译码，即译码开销过大，因此需要降低度数为 1 的编码分组的比例。

基于 LT 码的度分布特性，可通过调整泊松分布中度数 d 为 2 的比例来对泊松分布进行改进，以获得更优的译码性能。具体表示如下：

$$\mu_d=\begin{cases}\dfrac{1}{2}, & d=2\\[2ex] \dfrac{\lambda^d\mathrm{e}^{-\lambda}}{d!}, & \text{其他}\end{cases} \tag{3.2.10}$$

随后，对 μ_d 进行归一化，可得到改进泊松分布（improved Poisson distribution，IPD）函数 Ω_d^{IPD}：

$$\Omega_d^{\mathrm{IPD}}=\frac{\mu_d}{\sum\limits_{d=1}^{k}\mu_d},\quad d=1,2,\cdots,k \tag{3.2.11}$$

文献［10］通过归一化的方式将 IPD 与鲁棒孤子分布（robust soliton distribution，RSD）进行结合，提出一种适用于 LT 码的泊松鲁棒孤子分布（Poisson robust soliton distribution，PRSD），其函数表达式如下：

$$\Omega_d^{\mathrm{PRSD}}=\frac{\mu_d+\tau_d}{\sum\limits_{d=1}^{k}(\mu_d+\tau_d)},\quad d=1,2,\cdots,k \tag{3.2.12}$$

式中，

$$\mu_d=\begin{cases}\dfrac{1}{2}, & d=2\\[2ex] \dfrac{c^d\mathrm{e}^{-c}}{d!}, & \text{其他}\end{cases}$$

$$\tau_d=\begin{cases}\dfrac{R}{dk}, & d=1,2,\cdots,\dfrac{k}{R}-1\\[2ex] \dfrac{R}{k}\ln\dfrac{R}{\delta}, & d=\dfrac{k}{R}\\[2ex] 0, & d=\dfrac{k}{R}+1,\dfrac{k}{R}+2,\cdots,k\end{cases}$$

式中，$R=c\sqrt{k}\ln\dfrac{k}{\delta}$。

可以看到，PRSD 函数包含 δ 和 c 两个重要参数，对 LT 码的编译码过程有直接影响。因此，需要根据不同的输入分组数 k，为这两个参数选择合适的参数值。其中，参数 δ 表示允许的译码失败概率，参数 c 主要影响平均度数及度数为 1 的编码分组数量。Cataldi 等[11]将 c

的取值范围缩小为$\left[\frac{1}{k-1}\cdot\frac{\sqrt{k}}{\ln\frac{k}{\delta}},\frac{1}{2}\cdot\frac{\sqrt{k}}{\ln\frac{k}{\delta}}\right]$。

基于上述分析，文献［10］采用鸟群算法（bird swarm algorithm，BSA）对δ和c两个参数值进行搜索，得到最优值。BSA 是 Meng 等[12]在 2016 年提出的一种模拟鸟群觅食、警觉和飞行行为以实现寻优的仿生算法，与传统的遗传算法、粒子群算法等优化算法相比，该算法具有搜索效率高、收敛精度高和鲁棒性强等特点。文献［10］中提出的基于 BSA 的度分布优化算法的几个关键点如下。

1）初始值生成

每个δ和c的初始值分别从其限制范围内随机选取，即

$$0<\delta<1$$

$$\frac{1}{k-1}\cdot\frac{\sqrt{k}}{\ln\frac{k}{\delta}}\leqslant c\leqslant\frac{1}{2}\cdot\frac{\sqrt{k}}{\ln\frac{k}{\delta}}$$

2）目标函数构建

该算法基于期望可译集特性构建目标函数。在译码过程中，一方面，随着译出的输入分组和与其相连的所有编码分组之间的连接关系被移除，度数较高的编码分组逐渐变为度数为1 的编码分组，从而进入可译集；另一方面，度数为 1 的编码分组在译出后可从可译集中移除。因此，可译集的大小在译码过程中不断发生变化。对于一个好的度分布来说，希望产生足够多的度数为 1 的编码分组的同时，能够尽可能降低这种波动。因此，我们希望增大期望可译集均值的同时降低其方差[13]，将目标函数构建为

$$f(c,\delta)=\frac{1}{k}\sum_{\rho=0}^{k-1}R_{\Omega^{\mathrm{PRSD}}}(\rho)-0.25\cdot\frac{1}{k}\sum_{\rho=0}^{k-1}\left(R_{\Omega^{\mathrm{PRSD}}}(\rho)-\frac{1}{k}\sum_{\rho=0}^{k-1}R_{\Omega^{\mathrm{PRSD}}}(\rho)\right)^2 \tag{3.2.13}$$

式中，

$$R_{\Omega^{\mathrm{PRSD}}}(\rho)=(1+\varepsilon)(k-\rho)\left(\frac{\mathrm{d}}{\mathrm{d}x}\left(\sum_{d}\Omega_d^{\mathrm{PRSD}}x^d\right)\bigg|_{x=\frac{\rho}{k}}+\frac{1}{1+\varepsilon}\ln\frac{k-\rho}{k}\right)+O(1)$$

$$\Omega_d^{\mathrm{PRSD}}=\frac{\mu_d+\tau_d}{\sum_{d=1}^{k}(\mu_d+\tau_d)},\quad d=1,2,\cdots,k$$

ε为译码开销。

3）鸟类行为

（1）觅食行为。

每只鸟根据自己的经验和鸟群的经验，及时记录并更新其先前的最佳觅食位置，其觅食行为可表示为

$$x_{i,j}^{t+1}=x_{i,j}^{t}+(p_{i,j}-x_{i,j}^{t})\times C_{\mathrm{BSA}}\times\mathrm{rand}(0,1)+(g_j-x_{i,j}^{t})\times S_{\mathrm{BSA}}\times\mathrm{rand}(0,1) \tag{3.2.14}$$

式中，$x_{i,j}^t$——第 i 只鸟在觅食空间第 t 时刻的位置，j 为空间维数；

$p_{i,j}$——第 i 只鸟先前的最佳位置；

g_j——鸟群先前的最佳位置；

$C_{\mathrm{BSA}}, S_{\mathrm{BSA}}$——两个常数，分别称为认知系数与社会进化系数。

（2）警觉行为。

当保持警觉时，每只鸟试图向鸟群中心移动，从而与其他鸟产生竞争。警觉行为可表示为

$$x_{i,j}^{t+1} = x_{i,j}^t + A_1(\mathrm{mean}_j - x_{i,j}^t) \times \mathrm{rand}(0,1) + A_2(p_{v,j} - x_{i,j}^t) \times \mathrm{rand}(-1,1) \tag{3.2.15}$$

式中，

$$A_1 = a_1 \times \exp\left(-\frac{\mathrm{pFit}_i}{\mathrm{sumFit} + \varepsilon_{\mathrm{BSA}}} \times m\right)$$

$$A_2 = a_2 \times \exp\left(\frac{\mathrm{pFit}_i - \mathrm{pFit}_v}{|\mathrm{pFit}_i - \mathrm{pFit}_v| + \varepsilon_{\mathrm{BSA}}} \times \frac{m \times \mathrm{pFit}_v}{\mathrm{sumFit} + \varepsilon_{\mathrm{BSA}}}\right)$$

$v \in [1,m]$且 $v \neq i$，m 为鸟群规模；$a_1 \in [0,2]$，$a_2 \in [0,2]$；pFit_i 为第 i 只鸟的最佳适应度值；sumFit 为鸟群的最佳适应度值的总和；$\varepsilon_{\mathrm{BSA}}$用于避免分母为 0；$\mathrm{mean}_j$ 为鸟群的第 j 维平均位置。

（3）飞行行为。

由于掠夺压力、觅食或其他原因，鸟可能以周期 F_{L} 飞向另一边再次觅食。一些鸟扮演生产者寻找新食物，而另一些鸟扮演乞食者跟随生产者觅食。生产者和乞食者的行为分别表示如下：

$$x_{i,j}^{t+1} = x_{i,j}^t + \mathrm{rand}(0,1) \times x_{i,j}^t \tag{3.2.16}$$

$$x_{i,j}^{t+1} = x_{i,j}^t + (x_{v,j}^t - x_{i,j}^t) \times F_{\mathrm{L}} \times \mathrm{rand}(0,1) \tag{3.2.17}$$

式中，$F_{\mathrm{L}} \in [0,2]$。

基于以上理论，基于 BSA 的参数寻优具体实现步骤如下：

第 1 步，产生 m 行 2 列的初始值鸟群，其中每只鸟的位置可表示为向量 $\boldsymbol{x}_i^t = (c_i, \delta_i)$，$c_i$ 和 δ_i 需满足初始值条件。

第 2 步，计算鸟群中每只鸟的适应度值，选取最大的适应度值f^t对应的位置作为当前最佳位置 $\boldsymbol{p}_i$。

第 3 步，如果鸟处于迁移周期内，则每只鸟选择觅食行为或警觉行为，在（0,1）内产生一个随机数，若该随机数小于觅食概率 P_{BSA}，则根据式（3.2.14）更新位置 $\boldsymbol{x}_i^{t+1}$，否则根据式（3.2.15）更新位置 $\boldsymbol{x}_i^{t+1}$。如果鸟未处于迁移周期内，则将鸟群中的鸟分为生产者和乞食者：若第 i 只鸟为生产者，则根据式（3.2.16）更新位置 $\boldsymbol{x}_i^{t+1}$；否则，根据式（3.2.17）更新位置 $\boldsymbol{x}_i^{t+1}$。

第 4 步，计算当前鸟个体的适应度函数值f^{t+1}，并与上一次记录的最优适应度值f^t进行

比较。若$f^{t+1}>f^t$，则将最佳位置更新为$\boldsymbol{x}_i^{t+1}$。

第5步，如果迭代次数小于设定值，则转移到第3步；否则，寻优完成，得到全局最优适应度值及其对应的鸟个体的最佳位置（$c_{\text{BEST}},\delta_{\text{BEST}}$）。

在文献［10］中，选取BSA参数为鸟群规模$m=50$、迭代次数为100次、FQ = 10、$C_{\text{BSA}}=0.0015$、$S_{\text{BSA}}=0.0015$、$a_1=0.001$、$a_2=0.001$、$P_{\text{BSA}}\in(0.8,1)$，目标函数参数选取为$\varepsilon_{\text{BSA}}=0.1$，所得到RSD与PRSD在不同数量的输入分组译码成功所需的译码开销、平均度数和平均编译码耗时如表3.2.1所示。可以看到，相较于RSD，PRSD的平均度数明显减小，这意味着编码过程中所需的异或运算次数大大降低；同时，PRSD所需的译码开销和编译码耗时同样明显降低。

表3.2.1　RSD与PRSD的性能对比

输入分组数量k	译码开销/%		平均度数		平均编译码耗时/s	
	RSD	PRSD	RSD	PRSD	RSD	PRSD
100	39.91	18.38	6.50	4.48	0.27	0.19
500	24.27	9.42	9.50	5.76	3.81	2.17
1 000	20.46	7.56	10.72	6.30	17.48	8.08
2 000	16.80	5.82	11.63	6.51	47.21	25.21

进一步，在$k=1\,000$、$c=0.09$、$\delta=0.25$条件下，将采用PRSD优化得到的度分布与采用粒子群优化（particle swarm optimization，PSO）算法得到的度分布、文献［14］与文献［15］中提出的度分布性能进行对比，如表3.2.2所示。可以看到，与其他三种度分布相比，PRSD在译码开销、平均度分布、平均编译码耗时等性能方面均有提升。

表3.2.2　PRSD与其他三种度分布的性能对比

性能	PSO	文献［14］	文献［15］	PRSD
译码开销/%	13.34	15.52	15.57	7.56
平均度数	6.87	9.85	7.59	6.30
平均编译码耗时/s	9.33	14.78	11.59	8.08

3.2.2.2　基于改进的二进制指数分布与人工鱼群算法的LT码度分布设计

文献［16］提出了二进制指数分布（binary exponential distribution，BED）：

$$\Omega_d^{\text{BED}}=\begin{cases}\dfrac{1}{2^d}, & d=1,2,\cdots,k-1\\[2ex]\dfrac{1}{2^{d-1}}, & d=k\end{cases}\tag{3.2.18}$$

式中，d——每个编码分组的度数；

　　k——输入分组数量。

相较于 RSD，BED 能够产生足够多的度数为 1 的编码分组来保证译码持续进行和较低的编译码复杂度，但可能由于度数较大的编码分组数量不够而导致输入分组不能被全部覆盖。为弥补这一缺陷，文献［10］提出一种改进的二进制指数分布（improved binary exponential distribution，IBED），具体表达式如下：

$$B_d = \begin{cases} \frac{1}{16\mathrm{e}}, & d=1 \\ \frac{1}{2^{d-1}}, & d=2,3,\cdots,k \end{cases} \tag{3.2.19}$$

归一化后得到 IBED：

$$\Omega_d^{\mathrm{IBED}} = \frac{B_d}{\sum_{d=1}^{k} B_d}, \quad d=1,2,\cdots,k \tag{3.2.20}$$

为了将 IBED 与 RSD 的优点结合，文献［10］采用人工鱼群算法（artificial fish swarm algorithm，AFSA）在这两种度分布间进行寻优，得到译码性能更佳的度分布。AFSA 是一种模拟鱼群的觅食、聚群、追尾等典型行为在搜索域中实现寻优的智能进化算法。人工鱼对视野范围内的环境进行感知（即模拟聚群行为和追尾行为），然后进行行为评价，选择最优者来实际执行，默认行为方式为觅食行为。

度分布优化问题的解决是通过人工鱼在寻优过程中以局部最优和个体最优形式表现出来的。人工鱼能通过模拟追尾行为感知并跟踪视野范围内最优个体的状态，即个体最优值；同时，人工鱼能通过模拟聚群行为聚集在视野范围内的局部极值点周围，即局部最优值。通过对个体最优值与局部最优值反复比较及迭代，逼近整个人工鱼群搜索的全局最优值。

基于 AFSA 的度分布优化的几个关键点如下。

1）初始值产生

每个度值的初始值从 RSD 和 IBED 两种度分布相应的度值间随机选取，即 $\Omega_d \in [\Omega_d^{\mathrm{IBED}}, \Omega_d^{\mathrm{RSD}}], d=1,2,\cdots,k$。

2）人工鱼的视觉模拟

度分布对应人工鱼的当前状态，表示为向量 $\boldsymbol{\Omega}=[\Omega_1,\Omega_2,\cdots,\Omega_k]$，在视野范围内进行随机搜索。如果感知到更优状态 $\boldsymbol{\Omega}_{\mathrm{better}}=[\Omega_{1\mathrm{better}},\Omega_{2\mathrm{better}},\cdots,\Omega_{k\mathrm{better}}]$，则朝该状态的位置方向前进一步，状态为 $\boldsymbol{\Omega}_{\mathrm{next}}$；否则，继续巡视。该过程可表示为

$$\Omega_{d\mathrm{better}} = \Omega_d + \mathrm{Visual} \times \mathrm{rand}(-1,1), \quad d=1,2,\cdots,k \tag{3.2.21}$$

$$\boldsymbol{\Omega}_{\mathrm{next}} = \boldsymbol{\Omega} + \frac{\boldsymbol{\Omega}_{\mathrm{better}}-\boldsymbol{\Omega}}{\|\boldsymbol{\Omega}_{\mathrm{better}}-\boldsymbol{\Omega}\|} \times \mathrm{Step} \times \mathrm{rand}(-1,1) \tag{3.2.22}$$

式中，Visual——视野范围；

Step——最大移动步长。

3）目标函数构建

基于期望可译集特性，将目标适应度值函数构造为

$$f(\Omega_1,\Omega_2,\cdots,\Omega_k) = \frac{1}{k}\sum_{\rho=0}^{k-1}R_{\boldsymbol{\Omega}}(\rho) - 0.25\cdot\frac{1}{k}\sum_{\rho=0}^{k-1}\left(R_{\boldsymbol{\Omega}}(\rho) - \frac{1}{k}\sum_{\rho=0}^{k-1}R_{\boldsymbol{\Omega}}(\rho)\right)^2 \tag{3.2.23}$$

式中，

$$R_{\boldsymbol{\Omega}}(\rho) = (1+\varepsilon)(k-\rho)\left(\frac{\mathrm{d}}{\mathrm{d}x}(\Omega_1 x + \Omega_2 x^2 + \cdots + \Omega_k x^k)\bigg|_{x=\frac{\rho}{k}} + \frac{1}{1+\varepsilon}\ln\frac{k-\rho}{k}\right) + O(1) \tag{3.2.24}$$

4）人工鱼行为

（1）聚群行为。

设人工鱼当前状态为$\boldsymbol{\Omega}_v$，在视野范围 Visual 内随机搜索聚集成群的伙伴数目n_{f}，并定位鱼群的中心位置$\boldsymbol{\Omega}_{\mathrm{c}}$，$f_{\mathrm{c}}$为整个人工鱼群当前适应度值，$f_v$为该鱼群的适应度值，$\delta$为拥挤度因子。如果$\frac{f_{\mathrm{c}}}{n_{\mathrm{f}}} > \delta\cdot f_v$，则表明该位置为局部最优位置，则根据式（3.2.22），朝$\boldsymbol{\Omega}_{\mathrm{c}}$方向前进一步；否则，执行觅食行为。

（2）追尾行为。

设人工鱼当前状态为$\boldsymbol{\Omega}_v$，在视野范围 Visual 内随机搜索伙伴数目n_{f}，并定位其中f_{j}为最大的伙伴，如果$\frac{f_{\mathrm{j}}}{n_{\mathrm{f}}} > \delta\cdot f_v$，表明该状态为个体最优，则根据式（3.2.22），朝$\boldsymbol{\Omega}_{\mathrm{j}}$方向前进一步；否则，执行觅食行为。

（3）觅食行为。

设人工鱼当前状态为$\boldsymbol{\Omega}_v$，在视野范围 Visual 内随机搜索一个状态$\boldsymbol{\Omega}_{\mathrm{j}}$，如果$f_v < f_{\mathrm{j}}$，表明状态$\boldsymbol{\Omega}_j$优于当前状态$\boldsymbol{\Omega}_v$，则根据式（3.2.22），朝$\boldsymbol{\Omega}_{\mathrm{j}}$方向前进一步；反之，重新搜索。试探多次后，如果仍无法定位更优状态，则根据式（3.2.21），随机移动一步。

基于 AFSA 的度分布优化具体实现步骤如下：

第 1 步，基于 IBED 和 RSD，产生初始鱼群。例如，鱼群大小为m，有k个待优化的参数，即要随机产生一个k行m列初始鱼群$\{\boldsymbol{\Omega}_v \mid v=1,2,\cdots,m\}$。一个人工鱼的当前状态可表示为向量$\boldsymbol{\Omega}=[\Omega_1,\Omega_2,\cdots,\Omega_k]$，其中$\Omega_d\in[\Omega_d^{\mathrm{IBED}},\Omega_d^{\mathrm{RSD}}], d=1,2,\cdots,k$。

第 2 步，每个人工鱼执行聚群行为得到局部最优值，执行追尾行为得到个体最优值。

第 3 步，通过行为评价（即比较两种行为的目标函数值），选取函数值较大者作为一个人工鱼的最优值$f_{v\max}$及其对应的最优状态$\boldsymbol{\Omega}_{v\max}$。

第 4 步，m个人工鱼完成一次感知行为，得到$\{f_{1\max},f_{2\max},\cdots,f_{m\max}\}$及其对应的$\{\Omega_{1\max},\Omega_{2\max},\cdots,\Omega_{m\max}\}$后，比较$m$个人工鱼的目标函数值，选取函数值最大者作为人工鱼群的最优值f_{MAX}，并得到其对应的最优状态$\boldsymbol{\Omega}_{\mathrm{MAX}}$。

第 5 步，将f_{MAX}与前一次的最优值进行比较，得到一次迭代的最优值f_{best}及其对应的$\boldsymbol{\Omega}_{\mathrm{best}}$。如果迭代次数小于设定值，则转移到第 2 步；否则，寻优完成，得到全局最优目标函数值f_{BEST}及其对应的人工鱼状态$\boldsymbol{\Omega}_{\text{BEST}}$。

在文献［10］中，选取 AFSA 参数为人工鱼数量 $m=50$、试探次数为 100 次、迭代次数为 50 次、Visual $=0.001$、$\delta=0.618$、Step $=0.0005$，目标函数参数选取为 $\varepsilon=0.1$，所得到的 AFSA 与 RSD 在不同输入分组数量译码成功所需的译码开销、平均度数和平均编译码耗时如表 3.2.3 所示。可以看到，相较于 RSD，AFSA 的平均度数明显减小，这意味着编码过程中所需的异或运算次数大幅减少；同时，AFSA 所需的译码开销和平均编译码耗时也明显缩短。

表 3.2.3　RSD 与 AFSA 性能对比

输入分组数量 k	译码开销/%		平均度数		平均编译码耗时/s	
	RSD	AFSA	RSD	AFSA	RSD	AFSA
100	39.91	15.96	6.50	4.62	0.27	0.20
500	24.27	5.63	9.50	6.03	3.81	3.15
1 000	20.46	5.16	10.72	6.73	17.48	8.30
2 000	16.80	3.56	11.63	7.22	47.21	31.48

进一步，在 $k=1\,000$、$c=0.09$、$\delta=0.25$ 条件下，将采用 AFSA 优化得到的度分布与采用 PSO 算法得到的度分布、文献［14］和文献［15］中提出的度分布的性能进行对比，如表 3.2.4 所示。可以看到，与其他三种度分布相比，采用 AFSA 优化得到的度分布在译码开销、平均度分布、平均编译码耗时等性能方面均有提升。

表 3.2.4　AFSA 与其他三种度分布的性能对比

性能	PSO	文献［14］	文献［15］	AFSA
译码开销/%	13.34	15.52	15.57	5.16
平均度数	6.87	9.85	7.59	6.73
平均编译码耗时/s	9.33	14.78	11.59	8.30

3.2.3　基于混沌序列特性的喷泉码优化构造方法

在喷泉码的编译码过程中，影响喷泉码性能的关键因素有两个：度分布、编码符号选择邻接节点的方式。对于后者，传统的 LT 码和 Raptor 码均采用随机方式进行编码，因此生成矩阵中代表邻接关系的 1 的位置也是随机变化的，编码过程不能用一个事先固定的生成矩阵描述，这不利于编码的实现与优化。此外，这种随机性只有在码长较长时才具有较优的性能，而在码长较短的情况下不能保证度分布满足预先设定，降低了译码成功概率。基于此，文献［17］提出了一种基于混沌序列特性的喷泉码优化构造方法。

混沌序列是确定性非线性动力系统中的一类随机行为。它在动力学上是确定的，同时又是不可预测的。混沌现象具有以下特性：

（1）初值敏感性。混沌对初始条件极端敏感，即使初始条件仅有微小差别，也会对系统状态造成巨大影响。

（2）不可预测性。混沌系统长期演化行为具有极有限的可预测性，当系统进入混沌状态后，系统或表现为整体的不可预测，或表现为局部的不可预测。

（3）内在随机性。混沌行为具有很强的内在随机性，虽然混沌系统可以由确定的动力学方程描述，但系统内部表现出的仍是类随机行为。

（4）非周期性和遍历性。混沌序列的运动轨道具有不稳定的周期，其中周期上限无穷大，轨道具有遍历特性。

Kent 映射具有逐段线性的特点，其动力学方程为

$$x_{n+1}=\begin{cases}\dfrac{x_n}{m}, & 0\leqslant x_n\leqslant m\\ \dfrac{1-x_n}{1-m}, & m<x_n\leqslant 1\end{cases} \tag{3.2.25}$$

式中，$0<m<1$，因此当 $x_0\in[0,1]$ 时，$x_n\in[0,1]$。Kent 映射产生的混沌序列具有均匀分布的统计特性。

喷泉码优化构造方式以 LT 码构造矩阵 $\boldsymbol{C}_{\mathrm{LT}}$ 的设计为核心。首先，由于利用了混沌序列特性，因此构造矩阵 $\boldsymbol{C}_{\mathrm{LT}}$ 中的参数在给定混沌序列初值之后即可确定。其次，LT 码的邻接节点选择可以用此 LT 构造矩阵描述。在 $\boldsymbol{C}_{\mathrm{LT}}$ 中，改变了原始邻接节点随机选择的方式，邻接节点选择在一定范围内变得随机受限，这样 LT 码在码长较短时就能以较大概率成功译码。

LT 码构造矩阵 $\boldsymbol{C}_{\mathrm{LT}}$ 由取值事先确定的元素 0、1 构成，如图 3.2.3 所示。构造矩阵 $\boldsymbol{C}_{\mathrm{LT}}$ 的维度为 $N\times K$，其中列数 K 代表输入符号数目，行数 N 代表编码符号数目。$\boldsymbol{C}_{\mathrm{LT}}$ 中每行的元素 1 所对应的输入符号代表用于生成编码符号的邻接节点，每行元素 1 的个数对应编码符号的度。

$\boldsymbol{C}_{\mathrm{LT}}$ 由 n 个稀疏矩阵 $\boldsymbol{G}_i$ 和一个稀疏矩阵 $\boldsymbol{G}_{\mathrm{LT}}$ 构成，其中 $i=1,2,\cdots,n$。$\boldsymbol{G}_i$ 的维数为 $\left(1+\dfrac{K}{2S}\right)\times K$，其中 K 能被 $2S$ 整除。关于 $\boldsymbol{G}_i$ 的具体描述如图 3.2.3 所示。输入符号被分成 $\dfrac{K}{S}$ 段。在矩阵 $\boldsymbol{G}_i$ 中，处于两折线之外的元素均为 0，而两折线之间的元素 1 按照 Kent 映射的动力学方程随机分布。矩阵 $\boldsymbol{G}_{\mathrm{LT}}$ 是普通的 LT 码生成矩阵，维数是 $\left(N-N\left(1+\dfrac{K}{2S}\right)+1\right)\times K$，$N$ 为编码符号数目。矩阵 $\boldsymbol{G}_i$ 和 $\boldsymbol{G}_{\mathrm{LT}}$ 中元素 1 的位置均可由 Kent 映射的动力学方程导出。因此，LT 码构造矩阵 $\boldsymbol{G}_{\mathrm{LT}}$ 中的值可由以下 3 个参数事先确定：用于生成编码符号度分布的 Kent 映射初值 $x_1(1)$；用于生成邻接关系的 Kent 映射初值 $x_2(1)$；当前已编码符号数目 y_{num}。

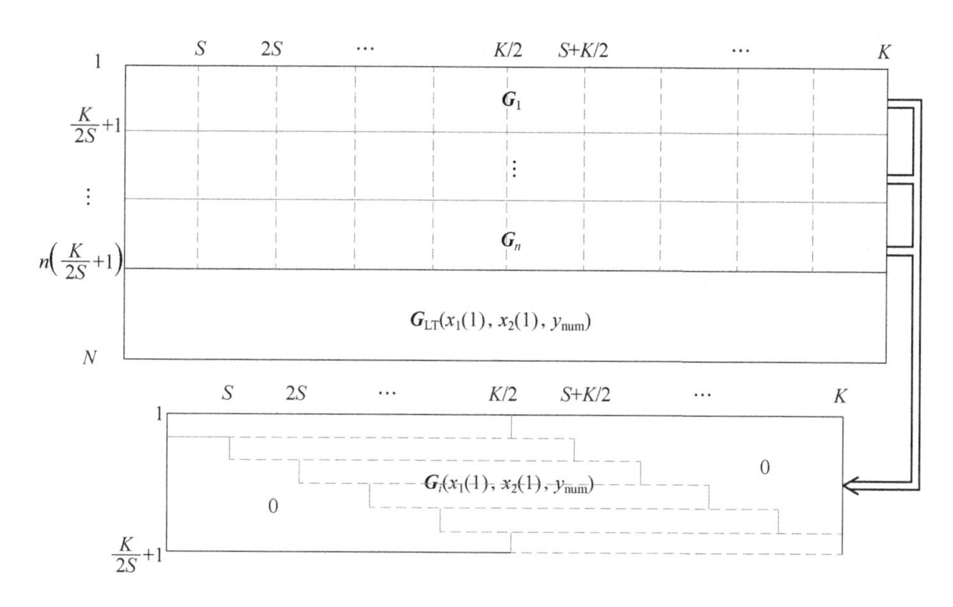

图 3.2.3　LT 码构造矩阵

同时，基于构造矩阵 C_{LT}，邻接节点的选择被限制在一个$\frac{K}{2}$长度的区间，此区间随着编码过程变化。矩阵 G_i 中处于两折线中间位置的 $2S$ 个输入符号最多比边界输入符号多 $\frac{K}{2S}$ 次选择机会。当产生了 $n\left(1+\frac{K}{2S}\right)$个编码符号之后，$K$ 个输入符号的选择恢复成随机的。这里，$n\left(1+\frac{K}{2S}\right)$是待求的转折门限。此时，大部分处于中间位置的 $2S$ 个输入符号已经被正确恢复。参数 S 和 n 就是待解的优化变量。

至此，设计的构造矩阵 C_{LT}实现了对原始喷泉码的两大改造：首先，利用混沌序列特性，让每次都随机生成的编码生成矩阵变得取值固定，这有利于编码的实现和优化，减少了编码过程的不确定性；其次，在构造矩阵中改变了邻接节点的方式，节点选择由随机选择变成了随机受限，增大了 LT 码在码长较短时的成功译码概率。

下面使用“与或树”理论[4]来分析求解优化变量，最终达到整体优化设计的目的。

设计的 LT 码构造矩阵改变了喷泉码邻接节点每次都是随机选择的特性，节点选择在一定范围内变得随机受限了。可以看到，在 LT 码构造矩阵中，处于中间位置的 $2S$ 个输入符号最多比边界输入符号多 $\frac{K}{2S}$ 次选择机会，一旦输入符号在这 $\frac{K}{2S}$ 次选择中被正确恢复，译码成功率 P_r 就会趋于 1，此时译码成功所带来的性能增益将趋于饱和。也就是说，当发送端编码符号大于 $n\left(1+\frac{K}{2S}\right)$ 之后，邻接节点应该在 K 个原始输入符号中恢复随机选择。

根据“与或树”理论，可以估算处于中间位置的 $2S$ 个输入符号在随机受限的节点选择中，经过多次迭代译码后仍不能被正确恢复的概率。这些符号能够被成功译码的概率 P_{r} 可以表示为 $1-y_{\mathrm{t}}^{\frac{K}{2S}}$，其中 y_{t} 是关于度分布 Ω、编码符号平均度值 μ 及译码开销 ε_{r} 的函数。在此希望在译码开销尽可能低的情况下，中间节点的译码成功率 P_{r} 足够高。同时，希望处于中间位置的 $2S$ 个输入符号在 K 个原始输入符号中的比例尽可能大。

基于以上约束，优化模型可以表示为

$$P_{\mathrm{r}}=1-y_{\mathrm{t}}^{\frac{K}{2S}} \tag{3.2.26}$$

$$\frac{K(1+\varepsilon_{\mathrm{r}})}{p_{\mathrm{loss}}}=\left(1+\frac{K}{2S}\right)n \tag{3.2.27}$$

$$\lim_{\varepsilon_{\mathrm{r}}\to 0,\frac{2S}{K}\to 1}\left(1-y_{\mathrm{t}}^{\frac{K}{2S}}\right)\in[0.9,1) \tag{3.2.28}$$

$$\text{s.t.}\begin{cases}y_l=f(y_{l-1})\\f(x)=\delta(1-\beta(1-x))\\\beta(x)=\dfrac{\Omega'(x)}{\Omega'(1)}\\\delta(x)=\exp[\mu(1+\varepsilon_{\mathrm{r}})(x-1)]\\\mu=\Omega'(1)\end{cases}$$

式中，p_{loss}——丢包率。

其中，式（3.2.28）由“与或树”定理推导得出。求解此式，解出 y_{t} 代入式（3.2.26），可以得到参数 S 和译码开销 ε_{r}。这样可以计算出译码端接收的编码符号个数为$\dfrac{K(1+\varepsilon_{\mathrm{r}})}{p_{\mathrm{loss}}}$。同时，考虑到构造矩阵 $\boldsymbol{C}_{\mathrm{LT}}$的结构，门限值$\dfrac{K(1+\varepsilon_{\mathrm{r}})}{p_{\mathrm{loss}}}$还应该能被 $1+\dfrac{K}{2S}$ 整除。于是参数 n 可以表示为 $n\leqslant \mathrm{floor}\left(\dfrac{K(1+\varepsilon_{\mathrm{r}})}{p_{\mathrm{loss}}}\cdot\left(1+\dfrac{K}{2S}\right)^{-1}\right)$，其中 floor(·) 表示满足条件的最大整数。

以上述基于混沌序列特性的喷泉码优化构造理论为基础，文献［17］提出了一种 LT 码优化构造方法，具体分为如下步骤：

第 1 步，度的选取。

假设输入符号的数目为 K，依照 RSD 度分布 $u(d)$，区间（0,1）被分为 K 个不重叠的子区间，并且分别对应一个不同的度 d。取一个长度为 K 的 Kent 映射混沌序列作为随机数生成器，把随机数落在子区间的位置所对应的度作为当前编码符号的度值（这里利用了 Kent 混沌序列接近理想随机数的特性）。同时，由于 Kent 映射混沌序列的初始值 $x_1(1)$ 确定，后续随机数的值可以根据 Kent 动力学方程推导出来，K 个输入符号的度也就随之确定了。这个度值就是构造矩阵 $\boldsymbol{C}_{\mathrm{LT}}$中每行元素 1 的个数。一旦这一初值发生了微小的变化，生成的随机序列就完全不同，从而能很好地满足 LT 码对度的选取要求。

第 2 步，优化参数求解。

基于“与或树”理论，建立 LT 码优化构造模型，求解优化模型即可得到参数 S 和译码开销 ε_{r}；同时，考虑到删除信道的丢包率和整除限定条件，选择一个满足条件的合适优化参数 n。经过理论分析求解的优化参数，可以最大限度地提升基于混沌序列特性的喷泉码优化构造方法的优势。

第 3 步，邻接节点选择。

解得优化参数 S 和 n 后，就可以根据设计的 LT 码构造矩阵选择邻接节点。对于每一个编码符号，生成一个长度为 K 的 Kent 映射混沌序列作为随机数生成器来进行邻接节点选择。如果编码符号数小于 $n\left(1+\dfrac{K}{2S}\right)$，则在 Kent 映射混沌序列的 $(j-1)\times S+1$ 至 $(j-1)\times S+\dfrac{K}{2}$ 区间内选择 d 个最大值。其中，$j\in\left[1,1+\dfrac{K}{2S}\right]$；$j$ 的初值为 1，在每次迭代中 $j+1$；当 $j=1+\dfrac{K}{2S}$ 时，j 被重置为 1。随着 j 的变化，Kent 映射混沌序列的不同区间被相应取到。反之，如果编码符号数大于 $n\left(1+\dfrac{K}{2S}\right)$，则直接从长度为 K 的 Kent 映射混沌序列中选取 d 个最大值。由于 Kent 映射混沌序列可由其动力学方程描述，一旦初值 $x_2(1)$ 和当前编码符号数目 y_{num} 确定，就能确定 Kent 映射混沌序列中 d 个最大值的相应位置。发送端原始输入向量中与之位置相同的 d 个输入符号被选为邻接节点生成编码符号。这就是 LT 码构造矩阵 $\boldsymbol{C}_{\mathrm{LT}}$ 中每行元素 1 的位置。也就是说，利用混沌序列的特性，LT 码构造矩阵中的元素能够事先确定。这就实现了 LT 码优化构造方法中构造矩阵 $\boldsymbol{C}_{\mathrm{LT}}$ 参数事先固定的特性，而且邻接节点的选择方式不同于原始喷泉码。

第 4 步，异或操作。

对上述步骤中选择出来的 d 个邻接节点执行异或操作，从而得到编码符号。将编码符号的度值、编码符号的个数以及 Kent 映射混沌序列的初值附加到数据包头，以便译码执行。由于混沌序列的特性，接收端能够根据包头信息准确无误地恢复编码数据的邻接关系，这样就降低了包头开销。

第 5 步，重复第 3 步和第 4 步，直到编码过程结束。

经过上述步骤，实现了基于混沌序列特性的喷泉码优化构造方法。此方法的执行基于一个参数固定的喷泉码构造矩阵，该构造矩阵改变了喷泉码的邻接节点选择方式；通过“与或树”理论对构造矩阵中的参数进行优化设计，最大化优化了喷泉码构造方法的编译码性能。

为了验证基于混沌序列特性的喷泉码优化构造方法的优越性，文献［17］对其编译码性能进行了仿真，仿真参数见表 3.2.5。

表 3.2.5 仿真参数

参数		取值
LT 码分布参数	δ	0.5
	c	0.05
输入符号数目 K		1 000
符号长度/bit		5
丢包率 p_{loss}		0.5
译码开销 ε_r		［0：0.05：0.25］①
Kent 映射混沌序列参数 m		0.7

①［0：0.05：0.25］表示在［0，0.25］范围内取值，按 0.05 迭进。

原始 LT 码、参数随机选取的 LT 码构造方法及利用“与或树”理论对参数优化后的 LT 码构造方法在不同译码开销下的误码率（BER）性能如图 3.2.4 所示。从图中可以看出，BER 随着译码开销的增加而逐渐降低。这是因为，译码开销越大，接收端接收的冗余码字越多，恢复出原始数据包的可能性就越大。与原始 LT 码相比，基于混沌序列特性的 LT 码优化构造方法具有更低的 BER，而基于“与或树”理论对参数优化后的 LT 码性能更优，可在译码开销降低约 0.05 的情况下达到相同的 BER，从而使接收端在接收到较短码长的情况下即可恢复出原始信息。

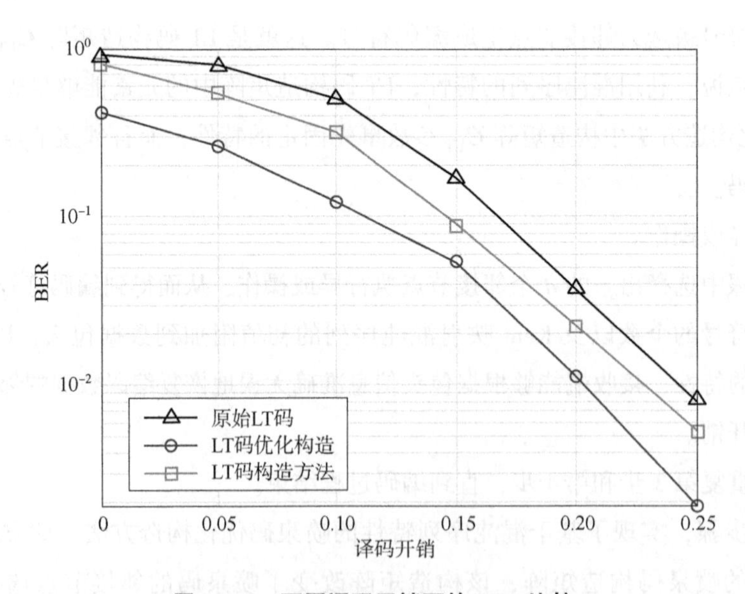

图 3.2.4 不同译码开销下的 BER 比较

在某些应用中，并不需要把所有输入信息都正确恢复。针对这种情况，文献［17］定义了译码成功率这一概念，即只要多于 90% 的输入符号被正确恢复，就认为此次译码成功。原始 LT 码、参数随机选取的 LT 码构造方法及利用“与或树”理论对参数优化后的 LT 码构造方法在不同译码开销下的译码成功率如图 3. 2. 5 所示。可以看到，译码成功率随着译码开销的增加而升高。与原始 LT 码相比，在译码开销为 0. 10 时，利用“与或树”理论对参数进行优化的基于混沌序列特性的 LT 码优化构造方法可以达到约 53% 的增益；在参数随机选择的情况下，基于混沌序列特性的 LT 码构造方法也可取得约 37% 的性能增益。

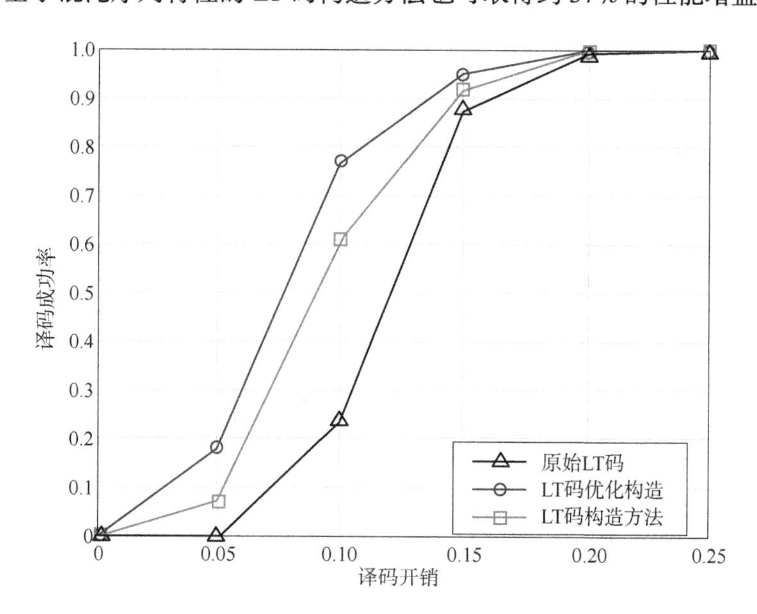

图 3. 2. 5　不同译码开销下的译码成功率比较

3. 3　低能耗低开销喷泉码设计

随着通信系统所支持的应用层业务更加多样化，人们在享受信息传递的方便与快捷的同时，对通信系统的服务能力提出了更高的要求，绿色通信由此提出。根据绿色通信的需求，提高网络吞吐量、降低传输单位比特信息所消耗的焦耳能量已成为热点问题。LT 码由于具有码率不受限的特性，只要接收端接收到足够多的编码分组就可以恢复出原始信息，不需要进行数据内容的协调和分配，因此在提高系统的可靠性和鲁棒性方面有很大优势，能够降低因确认重传所带来的网络资源浪费。然而，LT 码需要相对较大的编码开销来实现高概率译码。为了进一步降低能耗，以实现绿色通信，在保证传输质量的前提下减小广播过程中的编译码开销是十分必要的。本节研究低编码开销场景下的喷泉码，通过优化 RSD 度分布函数来降低通信系统的误码率和误帧率，进而优化度分布函数的分解问题，提高通信系统的吞吐量，并在此基础上设计低开销编译码算法。

在喷泉码的应用场景中，时延敏感业务是具有性能提升空间的一类业务。例如，在 3GPP 的多媒体广播多播业务中，规定了一个时间受限的广播发送阶段和一个修补传输阶段[18]，由于该传输阶段是时延受限的，接收端的用户只能接收到一部分编码比特，因此用户处于低开销区域。所以，为处在低开销区域的接收端设计最优化的码字是一个很有研究价值的问题。通过设计优化的码字，使得 UEs 在时延受限的广播阶段恢复出尽可能多的信源比特（即好的误比特率性能），可以提高其在修补传输阶段的性能，进而提升整个多媒体广播多播系统的可靠性以及吞吐量性能。

不失一般性，设置信源比特的长度为 k，编码比特的长度为 n，采用 LT 码作为信道编码，其编码开销为 $\gamma=\frac{n-k}{k}$。由 Luby 的理论[4]，LT 码在 $n\geqslant k\beta$ 时其性能令人满意，误帧率（frame error rate，FER）最大为 δ。在本节所研究的低开销区域，我们关注 $k\beta\geqslant n\geqslant k$，研究如何优化 $\gamma=\frac{n-k}{k}$ 时 LT 码的 BER 和 FER 性能。

在 LT 码中，“ripple”定义为每次译码时所有度为 1 的编码符号所对应的信源符号，“spike”定义为理想孤子分布中相对选择概率较高的位置。在低开销区域，由于接收到的编码符号数量并不足够多，因此初始 ripple 并不大，这就容易导致在译码过程中由于度为 1 的编码比特的消失导致 ripple 大小为 0，译码失败。另外，spike 的作用体现在全恢复（即误码底限区域），在低开销区域中其作用并不明显；相反，为了将 spike 对应的高度数编码比特在译码过程中进行处理使其度数下降为 1，我们需要在译码过程中释放与这些编码比特相连接的信源比特，这又要求 UEs 接收到更多编码比特，从而产生矛盾。因此，在低开销区域，spike 甚至会对译码起到副作用。基于以上对于 ripple 和 spike 的分析，我们通过减少 spike 产生的概率、增加度为 1 的编码比特产生的概率来增加初始 ripple 的大小，以提高 $\gamma=\frac{n-k}{k}$ 时 LT 码的 BER 和 FER 性能。

3.3.1 鲁棒孤子分布的优化设计

由推论 3.1.1，信源比特未被恢复的概率 $y_\infty=\lim\limits_{l\to\infty}y_l$ 可由下式渐进地给出：

$$y_l=\begin{cases}1, & l=0\\ \exp(-(1+\varepsilon)\Omega'(1-y_{l-1})), & \text{其他}\end{cases}\tag{3.3.1}$$

式中，l ——迭代的次数；

$\Omega(x)$——编码比特（即 Tanner 图中的校验节点）的度分布函数，其平均度数为定值；

$\Omega'(x)$——$\Omega(x)$ 对 x 求导的结果。

根据与或树定理，y_l 渐进地趋向于一个固定值，该值即接收端的 BER。

根据 3.1.3 节中的思路，我们将 RSD 中 $\sigma\in(0,1]$ 比例的 spike 的选取概率移动到度为 1 的选取概率上。根据与或树定理，得出下式来分析接收端的渐进性能：

$$\begin{cases}\Omega_1'(x_1)=\Omega_1+\sigma\Omega_{\frac{k}{R}}+2\Omega_2x_1+3\Omega_3x_1^2+\cdots+d_{\max}\Omega_{\max}x_1^{d_{\max}-1}+\frac{k}{R}(1-\sigma)\Omega_{\frac{k}{R}}x_1^{\frac{k}{R}-1}+\cdots\\ \Omega_2'(x_2)=\Omega_1+2\Omega_2x_2+3\Omega_3x_2^2+\cdots+d_{\max}\Omega_{\max}x_2^{d_{\max}-1}+\frac{k}{R}\Omega_{\frac{k}{R}}x_2^{\frac{k}{R}-1}+\cdots\end{cases}\tag{3.3.2}$$

式中，$\Omega_1(x)$——所设计的度分布函数；

$\Omega_2(x)$——对于某个固定 k 值的 RSD；

$\Omega_{\frac{k}{R}}$——RSD 中选取 spike 的概率。

接下来，分析与或树定理中的迭代过程。将 x_1 和 x_2 替换为 $x_{t,1}$ 和 $x_{t,2}$，表示它们在第 t 时刻的值，并且令 $x_{t,1}=1-y_{t-1,1}, x_{t,2}=1-y_{t-1,2}, t\in(1,\infty)$。首先，给出主要结论。

结论 3.3.1：对于低开销区域的 LT 码，如果其使用 RSD 时 BER 大于一个阈值（将在后续讨论），那么对于一个将 $\sigma\in(0,1]$ 比例的 spike 的选取概率移动到度为 1 的选取概率上的度分布，其 BER 性能强于 RSD，且 BER 在 $\sigma=1$ 时最优。

证明：对于上面的公式，我们的目的是使 $\Omega_1'(x_{\infty,1})>\Omega_2'(x_{\infty,2})$，从而保证所设计的度分布函数在 BER 性能上优于 RSD。作为第 1 步，考虑第 1 次迭代。由于 $y_{0,1}=y_{0,2}=1$，所以 $\Omega_1'(x_{1,1})=\Omega_1+\sigma\Omega_{\frac{k}{R}}>\Omega_2'(x_{1,2})=\Omega_1$，那么可以得出 $y_{1,1}<y_{1,2}$。在接下来的迭代过程中，需要保证 $\Omega_1'(x_{t,1})>\Omega_2'(x_{t,2})$ 使得 $y_{t,1}<y_{t,2}$。所以对接下来的每次迭代过程，可以推导出如下需要满足的式子：

$$\sigma\Omega_{\frac{k}{R}}+\frac{k}{R}(1-\sigma)\Omega_{\frac{k}{R}}x_{t,1}^{\frac{k}{R}-1}-\frac{k}{R}\Omega_{\frac{k}{R}}x_{t,2}^{\frac{k}{R}-1}>0 \tag{3.3.3}$$

从式（3.3.3）中可以推导出，在每次迭代中需要 $x_{t,1}>x_{t,2}$。基于此，对式（3.3.3）进行放缩，将 $x_{t,1}$ 用 $x_{t,2}$ 代替，可以推导出如下不等式：

$$\sigma\Omega_{\frac{k}{R}}+\frac{k}{R}(1-\sigma)\Omega_{\frac{k}{R}}x_{t,2}^{\frac{k}{R}-1}-\frac{k}{R}\Omega_{\frac{k}{R}}x_{t,2}^{\frac{k}{R}-1}>0$$

$$\Rightarrow\frac{k}{R}x_{t,2}^{\frac{k}{R}-1}<1 \tag{3.3.4}$$

在与或树迭代过程中，$x_{t,2}$ 不断增大，因此 $x_{\infty,2}$ 是其最大值。于是，只需要考虑最后一次迭代过程。在最后一次迭代中，需要满足 $f(x_{\infty,2},k)=\frac{k}{R}x_{\infty,2}^{\frac{k}{R}-1}<1$，使得 $\Omega_1'(x_{\infty,1})>\Omega_2'(x_{\infty,2})$。对于一个固定的 k 值，$f(x_{\infty,2},k)$ 随着 $x_{\infty,2}$ 的增大而增大。由于 $x_{\infty,2}=1-y_{\infty,2}$，所以对于一个固定的 k 值而言，$y_{\infty,2}$ 需要大于一个阈值，以使得式（3.3.4）得到满足。LT 码的 BER 也由开销 ε_r 所决定。开销越低，BER 性能就越差。因此，在低开销区域中如果 RSD 的 BER$y_{\infty,2}$ 大于一个阈值，使得 $f(x_{\infty,2},k)<1$ 满足，那么我们所提出的度分布函数的 BER 性能就优于 RSD。

注意到在式（3.3.4）中，σ 被消掉。因此无论 σ 取何值，只要满足 $f(x_{\infty,2},k)<1$，所提度分布函数即优于 RSD。下面通过优化的方法找出最优的 σ 值以达到最优的 BER。基于式（3.3.4），可以找到以下优化方法：

$$\max_{\sigma}\ \sigma\Omega_{\frac{k}{R}}+\frac{k}{R}(1-\sigma)\Omega_{\frac{k}{R}}x_{t,2}^{\frac{k}{R}-1}-\frac{k}{R}\Omega_{\frac{k}{R}}x_{t,2}^{\frac{k}{R}-1} \tag{3.3.5}$$

$$\text{s. t. } \sigma\in(0,1],\frac{k}{R}x_{t,2}^{\frac{k}{R}-1}<1$$

很容易通过以上优化方法得到 $\sigma=1$ 时，达到最优 BER 性能，这是一个简单而有趣的结果。因此对于某个 k 而言，渐进地，在低开销区域中，如果 RSD 的 BER 大于一个阈值，那么将 spike 的概率全部移到度为 1 上的度分布函数可以得到超越 RSD 的并且最优的 BER 性能。证明完毕。■

将所有 k 值合在一起，即可得出以下优化的低开销场景下的度分布函数：

$$\rho_i(i)=\begin{cases}\dfrac{1}{k}+\dfrac{R}{k}\ln\dfrac{R}{\delta}, & i=1\\[2ex] \dfrac{1}{i(i-1)}, & i=2,3,\cdots,k\end{cases} \tag{3.3.6}$$

$$\Gamma_i(i)=\begin{cases}\dfrac{R}{ik}, & i=1,2,\cdots,\dfrac{k}{R}-1\\[2ex] 0, & i=\dfrac{k}{R},\dfrac{k}{R}+1,\cdots,k\end{cases} \tag{3.3.7}$$

$$u_i(i)=\frac{\rho_i(i)+\Gamma_i(i)}{\beta},\quad i=1,2,\cdots,k \tag{3.3.8}$$

3.3.2 对优化的度分布函数的讨论

1. BER 阈值

如 3.3.1 节中所提，BER 阈值在所设计的度分布函数中是一个很重要的因素。上文所述，若 RSD 的 BER$y_{\infty,2}$大于一个阈值，使得$f(x_{\infty,2},k)<1$ 被满足，那么所提出的度分布函数的 BER 性能则优于 RSD。根据式（3.3.4），可以得到该阈值 $\hat{y}_{\infty,2}$：

$$\hat{y}_{\infty,2}=1-\left(\frac{k}{R}\right)^{1/\left(1-\frac{k}{R}\right)} \tag{3.3.9}$$

$\hat{y}_{\infty,2}$如图 3.3.1 所示。注意：RSD 在低开销区域下 BER 处在很高的区域，会超过 BER 阈值 $\hat{y}_{\infty,2}$。

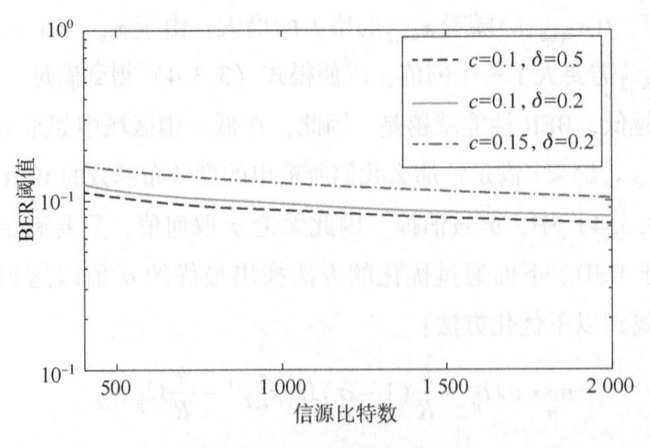

图 3.3.1 BER 阈值 $\hat{y}_{\infty,2}$

2. 开销区域

由于我们关注的是低开销区域，那么在多大的开销范围内所提出的度分布函数的 BER 性能优于 RSD 是一个值得关注的问题。首先，根据 Luby 的理论，给出 RSD 下能够取得令人满意的性能的最低开销 ε_{r}：

$$\varepsilon_{\mathrm{r}}=\frac{k\beta-k}{k}=\beta-1 \tag{3.3.10}$$

另外，定义 γ_{M}：γ_{M} 是一个集合 $\alpha=\{\gamma_i\}$ 中元素的最大值，其中 α 中的元素表示了所提度分布函数性能优于 RSD 的开销区域。基于与或树定理及相关结论，α 基于 $\hat{y}_{\infty,2}$ 确定，也就意味着对于任意的 i，必须满足下式：

$$\begin{cases} y_0=1 \\ \hat{y}_{\infty,2}\leqslant \lim\limits_{l\to\infty}\{y_l=\exp(-(1+\gamma_i)\Omega'(1-y_{l-1}))\} \end{cases} \tag{3.3.11}$$

通过数值分析，就可以确定 γ_{M} 的值。图 3.3.2 描述了 ε_{r} 和 γ_{M}。从该图中可以看到，γ_{M} 的值相对较大，这也意味着对于 RSD 而言，需要较大的编码开销来达到令人满意的译码性能，这也印证了上文内容，在低开销区域中 RSD 的性能较差。而 $\gamma_{\mathrm{M}}<\varepsilon_{\mathrm{r}}$，即在 RSD 性能较差的低开销区域中，所设计的度分布函数有着更佳的 BER 性能。另外值得指出的是，即使 γ_{M} 接近甚至在某些超过 ε_{r} 的区域中，所设计的度分布函数的 BER 性能依然超过 RSD，这可以通过下文中的仿真结果来证实。

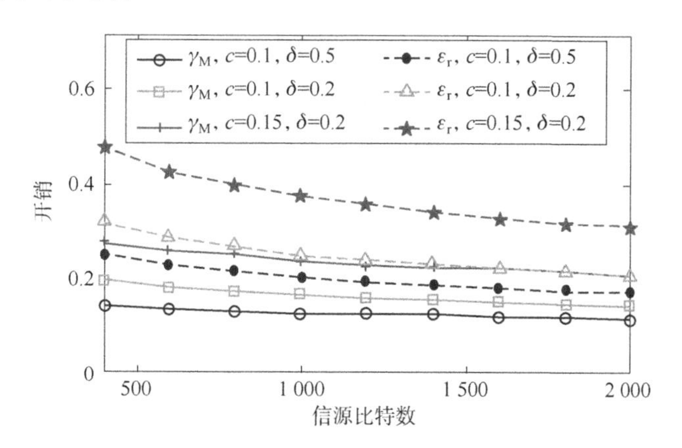

图 3.3.2　开销区域 γ_{M} 以及 ε_{r}（附彩图）

3. 复杂度

喷泉码的编码复杂度定义为编码比特的平均度数。对于某度分布函数 $\Omega(x)$，经过简单推导可知，其编码比特的平均度数即 $\Omega'(x)$，即 $\Omega(x)$ 对 x 求导的结果。

由于所设计的度分布函数是将 spike 的概率移到度为 1 处，显而易见，该度分布函数有着更低的复杂度。相比 RSD 降低的复杂度 Δ 可以用下式表示：

$$\Delta=u'(1)-u_{i'}(1)=\frac{k}{R}\Omega_{\frac{k}{R}}-\Omega_{\frac{k}{R}} \tag{3.3.12}$$

为了更直观地描述不同度分布函数的复杂度，我们将 RSD 与所设计的度分布函数的复杂度在图 3.3.3 中体现。可以看出，所设计的度分布函数具有相比 RSD 更低的复杂度，这也是其优势之一。

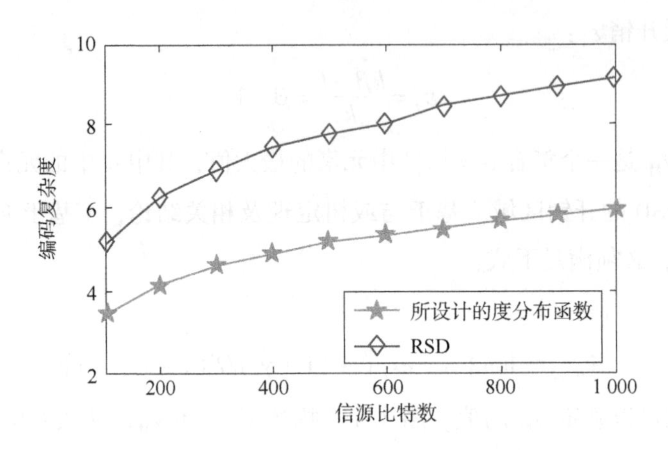

图 3.3.3　两种度分布函数的复杂度比较

4. 仿真结果

本部分给出所设计的度分布函数的仿真结果，如图 3.3.4 所示。我们选取几个具有代表性的度分布函数进行比较。除了 RSD 与所设计的度分布函数外，还选取了两个具有代表性的度分布函数，即 $W_1=0.062\ 4x+0.540\ 7x^2+0.223\ 2x^4+0.173\ 7x^5$ 和 $W_2=0.144\ 8x+0.855\ 2x^2$。这两个度分布函数是为 $k=1\ 000$ 设计的，其中 W_1 能在 $n=k$ 时取得最佳性能，W_2 能在 $n=0.75k$ 时取得最佳性能。它们是为了 LT 码的部分恢复区域而设计的（即 $n\leqslant k$），而我们设计的度分布函数是为低开销区域而设计的（即 $k\leqslant n\leqslant k\beta$）。

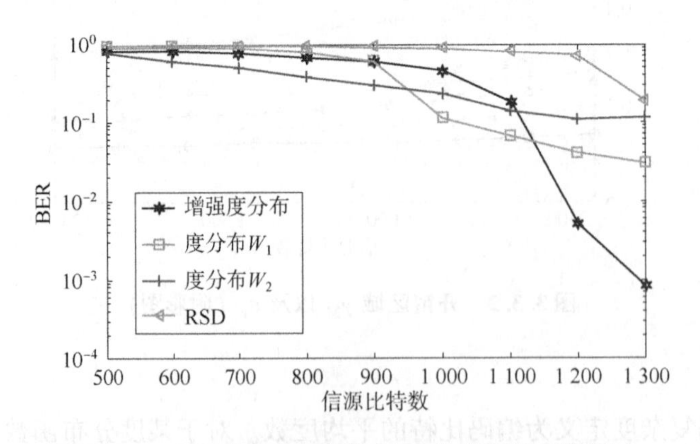

图 3.3.4　多种度分布函数的 BER 性能比较（附彩图）

在图 3.3.4 中，LT 码的参数为 $c=0.15$，$\delta=0.2$，$k=1\ 000$。可以看出，当 $n=k$ 时，W_1 的性能最佳；当 $n=0.75k$ 时，W_2 的性能最佳。在低开销区域，我们所设计的度分布函数的性能最佳。值得注意的是，RSD 在部分恢复区域以及低开销区域的 BER 性能都很不令人满意，这也说明了我们这部分工作具有理论以及实用的意义。

3.3.3　低开销喷泉码在点到点传输场景中的应用

基于上文中所设计的低开销场景下优化的度分布函数，我们将其应用在多种实际场景中，包括点对点传输以及多源中继。其中，点对点传输场景可以容易地扩展到广播多播场景。本节介绍低开销喷泉码在点对点传输场景中的应用。

已经证明，在低开销场景下所设计的 LT 码具有相比传统 LT 码更优的 BER 性能，在点对点传输中，我们试图在保证低开销下性能增益的同时，增加所设计的 LT 码在完全译码区域的性能。

由于所设计的 LT 码将 spike 完全移除，不能保证总是覆盖所有信源比特，因此其在完全译码区域的性能不如 RSD。我们发现，基于 LT 码的编码二分图（或者生成矩阵），对于固定的信源比特数 k，使用所设计的 LT 码未能覆盖的信源比特数 m 可以估计为

$$m = k\left(1 - \frac{u_i'(1)}{k}\right)^n \tag{3.3.13}$$

在完全译码区域，即 $n = k\beta$，并且 k 处于千位数量级时，m 通常小于 1。例如，当 k 值为 500、2 000 和 5 000 时，m 的值可通过计算得到，为 0.68、0.65 和 0.618，其中 LT 码的参数为 $c = 0.15$、$\delta = 0.2$。因此可以得出结论，即在我们所设计的度分布函数中，将 spike 的概率移到度为 1 处造成的不能保证所有信源比特都被覆盖的影响，通常只使得一个信源比特没有被编码比特覆盖。基于此，我们提出一个点对点传输的机制来提高所设计的度分布函数在完全译码区域的性能，如图 3.3.5 所示。

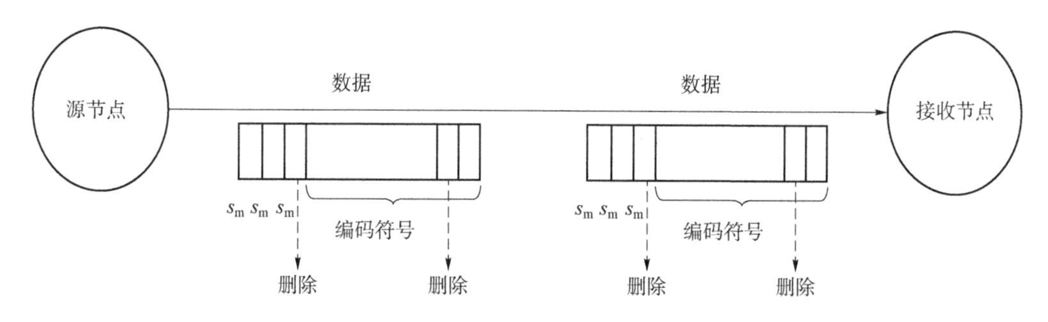

图 3.3.5　基于所设计的度分布函数的点对点传输机制

该传输机制的解释如下：基于所设计的度分布函数，当所有 LT 编码比特都产生之后，在编码比特串的末尾附加一个（或几个）特殊的编码符号 s_m，该编码符号为所有 k 个信源比特的模二加法运算。在接收端进行译码时，当 $k-1$ 个信源比特被恢复之后，若由于某一个信源比特没有被编码比特覆盖导致译码失败（即产生 FER），就将 s_m 与之前译码得到的 $k-1$个信源比特做模二加法运算，即能够在接收端计算得到该信源比特，使得译码成功。然而，系统的 FER 会被 s_m 很大程度地影响，而 s_m 可能会在信道中被删除而丢失。因此，应视情况需要来传输多个 s_m，以保证接收端能接收到其副本。由经验可知，传输至多 5 个 s_m

即可以高概率地保证接收端收到其副本，对于长度为几百或者几千的 k 来说，其引入的编码开销很小。

图 3.3.6 所示为基于所设计的度分布函数的点对点传输机制的仿真曲线。其中，信源比特的长度 k 分别为 400 和 2 000（代表了短码和中长码），$c=0.15$，$\delta=0.2$，编码开销为 $\frac{n-k}{n}$。对于所设计的度分布函数而言，$n-5$ 个编码符号是由 LT 编码产生的，另 5 个编码符号即特殊的编码符号 S_{m}。对于 RSD 而言，所有 n 个编码符号都是由 LT 编码产生的。通过图 3.3.6 可以看出，基于所设计的度分布函数的点对点传输机制的 BER 和 FER 性能优于传统的基于 RSD 的喷泉码传输，尤其是在低开销区域，BER 和 FER 的性能提升更加明显。

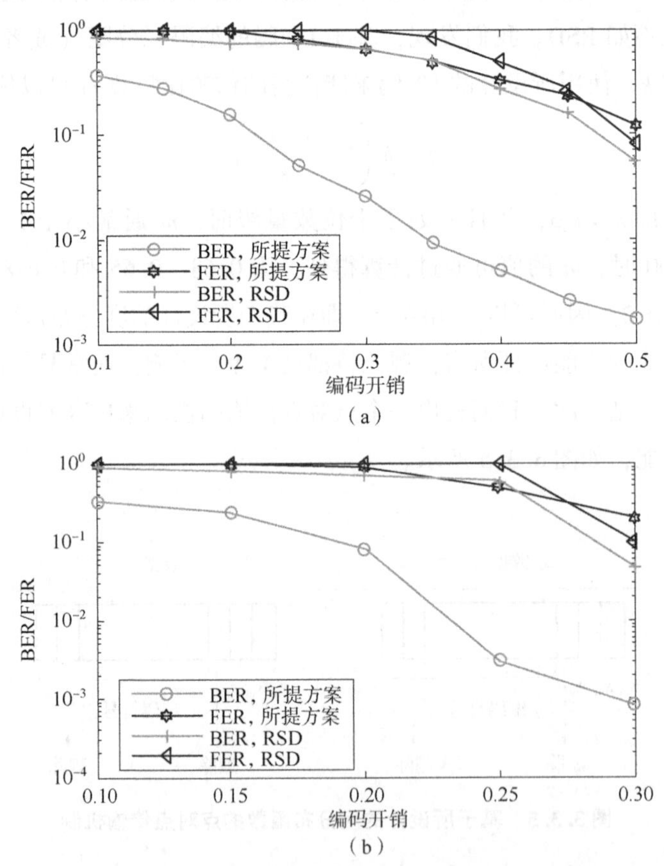

图 3.3.6　基于所设计的度分布函数的点对点传输机制的仿真结果（附彩图）

（a）$k=400$；（b）$k=2\ 000$

3.3.4　低开销分布式 LT 码在多源中继场景中的应用

3.3.3 节讨论了所设计的度分布函数在点对点传输场景中的应用，本节讨论其在多源中继场景中的应用，系统模型如图 3.3.7 所示。在本节中，假设每个信源节点的信源比特数为 $\frac{k}{2}$，经过 LT 编码之后，每个信源节点产生长度为 n 的编码比特串 E_1 和 E_2，并将其发送到中继节点。在中继节点，第 i 个来自不同信源节点的编码比特 $E_{1,i}$ 和 $E_{2,i}$ 依照一定的概率，或者做异或运算得到新的编码比特，或者丢掉其中一个编码比特而保留另一个编码比特，最后将中继节点处理之后得到的 n 个新的编码比特串发送到接收端，在接收端进行 LT 码的 BP 迭代译码来恢复信源比特。

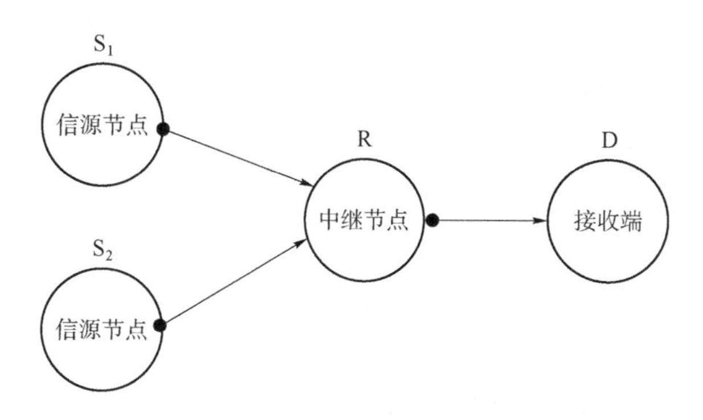

图 3.3.7　多源中继系统模型

本节的 LT 码应用在多源中继场景的工作基于文献［19］的研究。文献［19］中对此的基本思想是：LT 码的性能随码长的增加而提升，因此在中继端形成一个码长为 $2n$ 的长码字发送到接收端，其效果要好于将两串长度为 n 的短码字串发送到接收端。因此文献［19］中提出的分布式 LT 码的机制通过设计信源节点的度分布函数以及中继节点的操作，达到在中继端形成由类似 RSD 的度分布函数编码而成的编码比特串，进而在接收端通过 LT 译码恢复出信源比特。由于在中继节点形成的新的度分布函数是信源节点的度分布函数进行卷积的结果，所以关键在于如何设计信源节点的度分布函数，使得中继端形成类似 RSD 的度分布函数。

具体地，将 RSD（即 $u(i)$）分解为 $u'(i)$ 和 $u''(i)$：

$$u'(i)=\frac{\rho(1)+\Gamma(1)}{\beta'} \tag{3.3.14}$$

$$u''(i)=\begin{cases}\dfrac{\rho(i)+\Gamma(i)}{\beta''}, & 2\leqslant i\leqslant\dfrac{k}{R}-1\\[2ex] \dfrac{\rho(i)}{\beta''}, & \dfrac{k}{R}\leqslant i\leqslant k\end{cases} \tag{3.3.15}$$

然后，对 $u''(i)$ 进行解卷积操作，即求 $f(m)$ 使得 $u''(n)=f(m)*f(m)=\sum_{m=1}^{n}f(m)f(n-m)$，可得

$$f(i)=\begin{cases}\sqrt{u''(2)}, & i=1\\[2ex] \dfrac{u''(i+1)-\sum_{j=2}^{i-1}f(j)f(i+1-j)}{2f(1)}, & 2\leqslant i\leqslant\dfrac{k}{2}\end{cases} \tag{3.3.16}$$

最终得到信源节点的度分布函数 $p(i)$：

$$p(i)=\sqrt{\frac{\beta''}{\beta}}f(i)+\left(1-\sqrt{\frac{\beta''}{\beta}}\right)u'(i) \tag{3.3.17}$$

中继节点的操作如下：

（1）若两个 $E_{1,i}$ 和 $E_{2,i}$ 都由 $u'(i)$ 产生，那么中继节点对 $E_{1,i}$ 和 $E_{2,i}$ 做异或操作。

（2）若 $E_{1,i}$ 和 $E_{2,i}$ 其中之一由 $f(i)$ 产生，那么保留由 $f(i)$ 产生的编码比特并将其发送到接收端，丢弃另一个编码比特。

（3）若 $E_{1,i}$ 和 $E_{2,i}$ 都由 $f(i)$ 产生，那么任意丢弃其中之一，将另一个编码比特发送到接收端。

度分布函数的设计以及中继节点操作的详细描述以及分析可以参考文献［19］。

该分布式 LT 码的缺点在于，进行解卷积操作时，spike 的存在会导致 spike 附近的度的概率在解卷积之后得到负数的值，因此必须将 spike 从待解卷积的函数中移除。这就是将 $u(i)$ 分解为 $u'(i)$ 和 $u''(i)$ 的原因。由于我们所设计的度分布函数中没有 spike，因此特别适合该基于解卷积的分布式 LT 码；而且，经过设计之后，基于所提度分布函数的分布式 LT 码可以实现不等差错保护（unequal error protection，UEP），这是文献［19］中所不能实现的。下面重点介绍不等差错保护是如何实现的。

类似传统的分布式 LT 码，首先通过类似的方法给出信源节点的度分布函数。记所设计的度分布函数为 $u_i(i)$，通过类似上面介绍的方法，可得

$$u_i'(i)=\frac{\rho_i(1)+\Gamma_i(1)}{\beta'} \tag{3.3.18}$$

$$u_i''(i)=\begin{cases}\dfrac{\rho_i(i)+\Gamma_i(i)}{\beta''}, & 2\leqslant i\leqslant \dfrac{k}{R}-1\\[2ex] \dfrac{\rho_i(i)}{\beta''}, & \dfrac{k}{R}\leqslant i\leqslant k\end{cases} \tag{3.3.19}$$

信源节点的度分布函数为

$$p_i(i)=\sqrt{\frac{\beta''}{\beta}}f_i(i)+\left(1-\sqrt{\frac{\beta''}{\beta}}\right)u_i'(i) \tag{3.3.20}$$

式中，$f_i(i)*f_i(i)=u_i''(i)$。

中继节点的操作与上文描述有所相同。我们称所提的这个传输机制为低开销的分布式 LT 码，因为它是基于低开销的度分布函数所演化而成的。显而易见，在低开销区域，该机制会得到比文献［19］更好的性能。

UEP 技术被广泛应用于语音及视频业务，它将信源比特分为重要比特（more important bits，MIB）和次重要比特（less important bits，LIB），特别是在实时性业务中，其优先恢复出 MIB，以保持视频的基本信息，使得用户能得到基本的视频体验，这尤为重要。接下来，设置一个参数 s 为 UEP 因子，它控制着 MIB 与 LIB 的成功译码概率的差距，s 越大，MIB 的

译码率（1 - BER）相比 LIB 的译码率的差距就越大。本节给出基于 UEP 的信源节点的度分布函数。假设在图 3.3.7 中，信源节点分为 MIB 节点和 LIB 节点，那么度分布函数如下：

$$p_i(i)=\begin{cases}\left(\sqrt{\dfrac{\beta''}{\beta}}-s\right)f_i(i)+\left(1-\sqrt{\dfrac{\beta''}{\beta}}+s\right)u_i'(i), & \text{MIB 节点}\\ \left(\dfrac{\dfrac{\beta''}{\beta}}{\sqrt{\dfrac{\beta''}{\beta}}-s}\right)f_i(i)+\left(1-\dfrac{\dfrac{\beta''}{\beta}}{\sqrt{\dfrac{\beta''}{\beta}}-s}\right)u_i'(i), & \text{LIB 节点}\end{cases} \tag{3.3.21}$$

下面对该度分布函数进行分析。令

$$p_{1,\mathrm{M}}=\sqrt{\frac{\beta''}{\beta}}-s,\quad p_{2,\mathrm{M}}=1-\sqrt{\frac{\beta''}{\beta}}+s$$

$$p_{1,\mathrm{L}}=\frac{\dfrac{\beta''}{\beta}}{\sqrt{\dfrac{\beta''}{\beta}}-s},\quad p_{2,\mathrm{L}}=1-\frac{\dfrac{\beta''}{\beta}}{\sqrt{\dfrac{\beta''}{\beta}}-s}$$

根据该传输机制可知，MIB 节点和 LIB 节点的信源比特被编码为度为 1 的编码比特的概率分别为 $p_{2,\mathrm{M}}\times p_{1,\mathrm{L}}+\frac{1}{2}p_{2,\mathrm{M}}\times p_{2,\mathrm{L}}$ 和 $p_{2,\mathrm{L}}\times p_{1,\mathrm{M}}+\frac{1}{2}p_{2,\mathrm{L}}\times p_{2,\mathrm{M}}$，这两个概率的差值为

$$\begin{aligned}&\left(p_{2,\mathrm{M}}\times p_{1,\mathrm{L}}+\frac{1}{2}p_{2,\mathrm{M}}\times p_{2,\mathrm{L}}\right)-\left(p_{2,\mathrm{L}}\times p_{1,\mathrm{M}}+\frac{1}{2}p_{2,\mathrm{L}}\times p_{2,\mathrm{M}}\right)\\ &=s+\frac{\dfrac{\beta''}{\beta}}{\sqrt{\dfrac{\beta''}{\beta}}-s}-\sqrt{\frac{\beta''}{\beta}}=\left(1+\frac{\sqrt{\dfrac{\beta''}{\beta}}}{\sqrt{\dfrac{\beta''}{\beta}}-s}\right)\times s\end{aligned} \tag{3.3.22}$$

由于 $p_{2,\mathrm{L}}>0$，$s<\sqrt{\frac{\beta''}{\beta}}-\frac{\beta''}{\beta}$，所以 s 的值相比 $\sqrt{\frac{\beta''}{\beta}}$ 而言很小。因此式（3.3.22）的结果约为

$$\left(p_{2,\mathrm{M}}\times p_{1,\mathrm{L}}+\frac{1}{2}p_{2,\mathrm{M}}\times p_{2,\mathrm{L}}\right)-\left(p_{2,\mathrm{L}}\times p_{1,\mathrm{M}}+\frac{1}{2}p_{2,\mathrm{L}}\times p_{2,\mathrm{M}}\right)\approx s \tag{3.3.23}$$

由式（3.3.23）可以看出，UEP 因子 s 的物理意义即 MIB 节点和 LIB 节点的信源比特被编码为度为 1 的编码比特的概率的差。因此，度为 1 的编码比特会以更高的概率覆盖 MIB 节点的信源比特，以更低的概率覆盖 LIB 节点的信源比特。于是，在低开销区域中，MIB 信源比特会很快被恢复出来并获得较高的译码率，而 LIB 信源比特的译码率相比 MIB 较低。显然，随着 s 的增加，MIB 节点和 LIB 节点的信源比特的译码率差距会增大。

低开销分布式 LT 码的仿真结果如图 3.3.8 所示，其中 $k=400$，$c=0.15$，$\delta=0.2$。图中给出了基于分布式 LT 码（DLT）、低开销分布式 LT 码（EEP，DLLT）以及基于 UEP 的低开销分布式 LT 码的译码率（1 - BER）仿真结果。可以看出，在低开销区域，低开销的分布式 LT 码的译码率好于分布式 LT 码；引入 UEP 因子 s 后，MIB 信源节点与 LIB 信源节点的

译码率产生差异，并且该差异随着 s 的增加而增大。

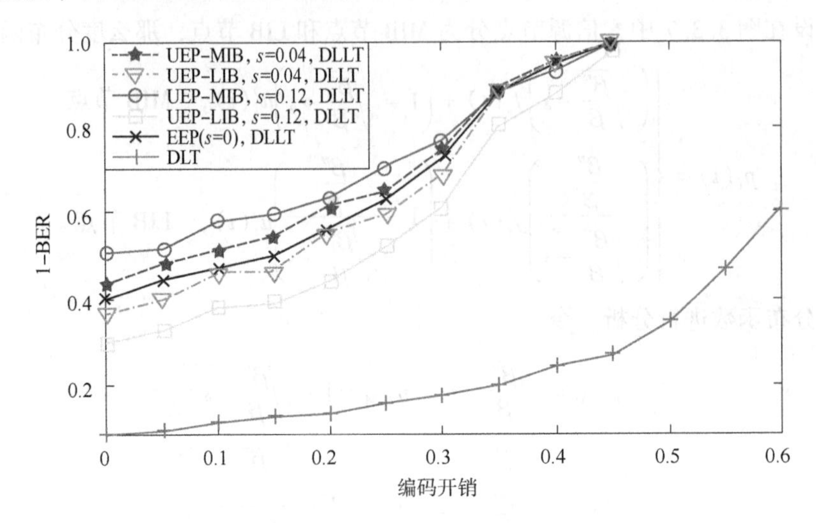

图 3.3.8　低开销分布式 LT 码的仿真结果（附彩图）

参考文献

[1] 马丕明. 低密度校验码的理论及应用研究［D］. 济南：山东大学，2005.

[2] TEN BRINK S, KRAMER G, ASHIKHMIN A. Design of low – density parity – check codes for modulation and detection［J］. IEEE Transactions on Communications, 2004, 52（4）: 670 – 678.

[3] ASHIKHMIN A, KRAMER G, TEN BRINK S. Extrinsic information transfer functions: model and erasure channel properties［J］. IEEE Transactions on Information Theory, 2004, 50（11）: 2657 – 2673.

[4] LUBY M, MITZENMACHER M, SHOKROLLAHI M A. Analysis of random processes via AND – OR tree evaluation［C］// The 9th Annual ACM – SIAM Symposium on Discrete Algorithms, 1998: 364 – 373.

[5] SEJDINOVIC D, PIECHOCKI R J, DOUFEXI A. AND – OR tree analysis of distributed LT codes［C］// 2009 IEEE Information Theory Workshop on Networking and Information Theory, Volos, 2009: 10 – 12.

[6] NGUYEN T D, YANG LL, NG S X, et al. An optimal degree distribution design and a conditional random integer generator for the systematic Luby transform coded wireless internet［C］// Proceedings of Wireless Communications & Networking Conference, Las Vegas, 2008: 243 – 248.

[7] 邓昭. 多用户数字喷泉码的性能分析与设计方法研究［D］. 南京：南京航空航天大

学，2019.

[8] ETESAMI O, SHOKROLLAHI A. Raptor codes on binary memoryless symmetric channels [J]. IEEE Transactions on Information Theory, 2006, 52 (5): 2033 -2051.

[9] XU S K, XU D Z. Optimization design and asymptotic analysis of systematic LT codes over BIAWGN channels [J]. IEEE Transactions on Communications, 2016, 64 (8): 3160 -3168.

[10] 姚渭箐. LT码关键技术及其应用研究 [D]. 武汉：武汉大学，2017.

[11] CATALDI P, SHATARSKI M P, GRANGETTO M, et al. Implementation and performance evaluation of LT and Raptor codes for multimedia applications [C] //2006 International Conference on Intelligent Information Hiding and Multimedia, Pasadena, 2006: 263 -266.

[12] MENG X B, GAO X Z, LU L, et al. A new bio - inspired optimization algorithm: bird swarm algorithm [J]. Journal of Experimental & Theoretical Artificial Intelligence, 2016, 28 (4): 673 -687.

[13] YEN K K, LIAO Y C, CHEN C L, et al. Adjusted robust soliton distribution (ARSD) with reshaped ripple size for LT codes [J]. IEEE Communications Letters, 2013, 17 (5): 976 -979.

[14] 雷维嘉，刘慧锋，谢显中. 开关度分布：一种改进的LT数字喷泉编码度分布 [J]. 重庆邮电大学学报（自然科学版），2012, 24 (1): 34 -38.

[15] 任鹏，相征. LT码中一种新的开关度分布 [J]. 西安电子科技大学学报（自然科学版），2015, 42 (5): 43 -47.

[16] AL AGHA K, KADI N, STOJMENOVIC I. Fountain codes with XOR of encoded packets for broadcasting and source independent backbone in multi - hop networks using network coding [C] //IEEE 69th Vehicular Technology Conference, Barcelona, 2009: 1 -5.

[17] 陆维阳. 喷泉码的优化设计及其应用 [D]. 北京：北京邮电大学，2013.

[18] KOKALJ - FILIPOVIC S, SOLJANIN E, SPASOJEVIC P. Low complexity differentiating adaptive erasure codes for multimedia wireless broadcast [J]. arXiv preprint arXiv: 12094066.

[19] PUDUCHERI S, KLIEWER J, FUJA T E. The design and performance of distributed LT codes [J]. IEEE Transactions on Information Theory, 2007, 53 (10): 3740 -3754.

第 4 章　在线喷泉码

4.1　在线喷泉码概述

传统无速率码（如 LT 码和 Raptor 码）在优化过程中均假设已接收到足够多的编码符号，因此其可达速率接近信道容量，完成信源信息的全恢复所需的编码符号数量较少，我们称其全恢复性能（full recovery performance）较好。但是，这些编码方式的译码性能具有全或无特性。假设信源符号数量为 k，当编码符号数量接近 k 时，几乎所有的编码符号都能完成恢复；而当编码符号数量远小于 k 时，几乎不能恢复任何信源符号，我们称其中间性能（intermediate performance）较差。中间性能的重要性体现在两方面。一方面是部分恢复（partial recovery）能力，即在编码符号数量小于 k 时能否恢复一定数量的信源符号。部分恢复性能可以应用在多媒体传输等场景，以支持在通信链路意外中断、无法恢复全部信源数据时，恢复部分信源数据，从而支持低清晰度内容的播放。另一方面是实时译码（real time decoding）能力，即接收端可以对每接收到的编码符号立即完成译码处理，而无须将其存储在缓存中，等待接收足够数量的编码符号后进行译码。对于物联网场景中的低成本接收机而言，实时译码能力较好的编码方案具有重要意义。一方面，低成本接收机缓存空间有限；另一方面，低成本接收机的计算能力也有限，如果译码处理在编码符号数量足够后集中进行，接收机就有可能需要将有限的计算能力全部用于译码运算，从而阻碍其他进程的正常进行。

在线喷泉码（online fountain code，OFC）是一种利用反馈改进中间性能的无速率码编码方案。其基本思想是：接收端将实时译码状态反馈给发送端，发送端根据译码状态确定对应的最优编码策略。通过反馈，编码策略根据实时译码状态不断调整，以提高译码实时性，进而增强部分恢复能力，改善中间性能。广义来说，所有通过反馈来改善中间性能的无速率码方案都可以叫作在线喷泉码，包括 RT 码[1]、Growth 码[2]等。狭义来说，在线喷泉码特指 Cassuto 等[3]提出的编码方式，这种方式对 BP 译码器和相应的译码图进行了简化，使得实时译码状态可以通过已恢复的信源符号数量这一简单指标进行较精确的反馈，从而增加了反馈的有效性，减少了译码开销。如果无特殊说明，后续中介绍的在线喷泉码均指文献［3］中的编码方案及其改进方案。

与传统无速率码一样，在线喷泉码也是面向 BEC 信道的数据包级别纠删码。编码器选择若干个信源符号进行异或运算，产生一个编码符号，其中信源符号的个数称为这个编码符号的度值（degree），记为 m。译码时，将编码符号与已恢复的信源符号做模二运算，得到未恢复的信源符号。不同的是，接收端只处理符合以下两种情况的编码符号：

情况 1：一个度值为 m 的编码符号包含 $m-1$ 个未恢复的信源符号和 1 个已恢复的信源符号。

情况 2：一个度值为 m 的编码符号包含 $m-2$ 个未恢复的信源符号和 2 个已恢复的信源符号。

对于其他情况的编码符号，接收端不进行任何处理，将其直接丢弃。

4.1.1　一部图与译码

与传统无速率码一样，在线喷泉码的译码图可以用 Tanner 图表示。Tanner 图又称二分图（bipartite graph），用圆形的变量节点表示信源符号，用方形的校验节点表示编码符号，该编码符号由与其以边相连的对应信源符号做异或运算产生。由于在线喷泉码的特殊接收规则，Tanner 图中的校验节点最多只与两个变量节点相连，因此可以进一步简化为只有一种节点的随机图，称为一部图（unipartite graph）。一部图中的一些基本概念如下：

（1）圆形的信源节点代表一个信源符号。

（2）两个信源节点之间以边相连，代表其异或运算后产生了一个编码符号，这两个信源节点互称邻接节点（neighbor）。

（3）在接收端已知的信源符号所对应的节点用黑色表示，而未知的信源符号用白色表示。

（4）所有以边连接在一起的节点构成的连通子图称为集团（component），其中的节点数量称为集团的尺寸（size）。

需要注意的是，一个不与任何其他节点相连的白色节点本身也是一个尺寸为 1 的集团。Tanner 图与一部图的对应关系如图 4.1.1 所示。

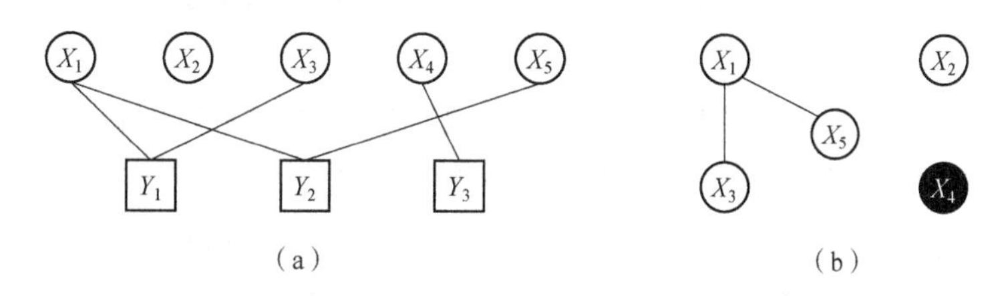

图 4.1.1　Tanner 图与一部图

（a）Tanner 图；（b）一部图

在线喷泉码的译码过程与传统无速率编码类似，同样使用 BP 译码器进行译码。当一个新的信源符号完成恢复后，这个符号进入可译集，其对应的信源节点变为黑色。然后，对所有与之相连的边，将边所对应的编码符号与其异或，异或的结果是相应邻接节点对应的信源符号的值，将邻接节点用黑色表示，并将该边删除。将所有边都删除后，该信源符号从可译集中删除，而新恢复的信源符号进入可译集。对可译集中的其他符号重复上述过程，直到可译集为空，译码暂停。由上述过程可知，只要一个集团中的一个节点变为黑色，则整个集团里所有节点对应的信源符号都可以被译码恢复。

4.1.2　在线喷泉码传输过程

在线喷泉码的编码传输过程可以分为建立阶段（build - up phase）和完成阶段（completion phase）。假设信源符号数量为 k，在线喷泉码的编码传输过程可以详细描述如下。

（1）建立阶段。发送端随机选取两个信源符号进行异或，产生一个 $m=2$ 的编码符号，直到接收端译码图中最大集团的尺寸为 $k\alpha_0$。其中，α_0 是一个给定参数，$0<\alpha_0<1$。随后，接收端产生反馈，发送端改为发送一个随机选取的信源符号作为 $m=1$ 的编码符号，直到译码图中的最大集团变为黑色。

（2）完成阶段。接收端统计已恢复的信源符号占全部信源符号的比例 β，并将其反馈给发送端；发送端根据下式计算当前最优的编码符号度值 $\hat{m}$，并随机选择 $\hat{m}$ 个信源符号进行异或，得到编码符号：

$$\hat{m}=\arg\max_{m}\left[P_1(m,\beta)+P_2(m,\beta)\right] \tag{4.1.1}$$

式中，$P_1(m,\beta)$——当前恢复比例下度为 m 的编码符号符合情况 1 的概率；

$P_2(m,\beta)$——当前恢复比例下度为 m 的编码符号符合情况 2 的概率。

$P_1(m,\beta)$ 与 $P_2(m,\beta)$ 之和称为有效概率。$P_1(m,\beta)$ 和 $P_2(m,\beta)$ 可表示为

$$P_i(m,\beta)=\binom{m}{i}\beta^{m-i}(1-\beta),\quad i=1,2 \tag{4.1.2}$$

接收端对符合接收规则的编码符号进行处理，更新译码图，统计恢复比例 β，在 β 值引起 $\hat{m}$ 改变时产生反馈。

4.2　基于随机图的在线喷泉码性能分析

性能分析是对编码方案进行优化和设计的关键。在线喷泉码的译码图可以看作一个 Erdös - Rényi 随机图，因此可以利用随机图理论中的一些关键结论对在线喷泉码的性能进行分析。本节首先介绍在线喷泉码的最优度值及反馈位置，给出有效概率下界的推导，进而推导译码开销的上界；然后，介绍体现在线喷泉码部分恢复能力的性能分析方法，并将两种分析方法进行对比。

4.2.1　最优度值与反馈位置

首先，推导在线喷泉码的反馈位置和最优度值之间的关系。

定理 4.2.1：当最优度值从 m 变化到 $m+1$ 时，相应的恢复比例称为反馈位置，记为 β_m。β_m 满足下式：

$$\beta_m=\frac{\sqrt{m(m-1)}}{\sqrt{2}+\sqrt{m(m-1)}} \tag{4.2.1}$$

证明：度值为 m 和度值为 $m+1$ 在 β_m 时的有效概率相等，即

$$P_1(m,\beta_m)+P_2(m,\beta_m)=P_1(m+1,\beta_m)+P_2(m+1,\beta_m) \tag{4.2.2}$$

将式（4.1.2）代入式（4.2.2），可得式（4.2.1）。■

当 m 从 1 变化到 ∞ 时，β_m 的序列构成的集合记为 $B=\{\beta_m\}_{m=1}^{\infty}$，即对于给定的 m，无论 k 为何值，其反馈位置都可以预先确定。集合 B 的具体数值为

$$B=\{0,0.5,0.634,0.71,0.76,0.795,\cdots\} \tag{4.2.3}$$

且当 $m\to\infty$ 时，$\beta_m\to 1$。

4.2.2　有效概率

在得到反馈位置和最优度值之间的关系后，就可以推导有效概率的下界。

定理 4.2.2：对于任意 β，存在一个 $\hat{m}$，使得下式成立：

$$P_1(\hat{m},\beta)+P_2(\hat{m},\beta)>(1+\sqrt{2})\mathrm{e}^{-\sqrt{2}}=0.5869 \tag{4.2.4}$$

式中，$\hat{m}$ 是唯一的，且满足下式：

$$\frac{\sqrt{(m-1)(m-2)}}{\sqrt{2}+\sqrt{(m-1)(m-2)}}\leqslant\beta<\frac{\sqrt{m(m-1)}}{\sqrt{2}+\sqrt{m(m-1)}} \tag{4.2.5}$$

证明：首先，将式（4.2.1）代入式（4.1.2），得到

$$P_1(m,\beta_m)+P_2(m,\beta_m)=\frac{m+\sqrt{2m(m-1)}-1}{m-1}\cdot\left(\frac{m^2-m-\sqrt{2m(m-1)}}{m^2-m-2}\right)^m \tag{4.2.6}$$

整理式（4.2.6），得到

$$\begin{aligned}&P_1(m,\beta_m)+P_2(m,\beta_m)\\&=\left(1+\sqrt{\frac{2m}{m-1}}\right)\cdot\left(1-\frac{\sqrt{2}}{\sqrt{2}+\sqrt{m(m-1)}}\right)^m\\&>\left(1+\sqrt{\frac{2m}{m-1}}\right)\cdot\left(1-\frac{\sqrt{2}}{\sqrt{2}+m-0.6}\right)^m\end{aligned} \tag{4.2.7}$$

式中，最后一个不等式成立的原因是对于任意 $m>1$，$\sqrt{m(m-1)}>m-0.6$ 恒成立。显然，式（4.2.7）中不等号右侧的两项都是正数，且随 m 的增加而单调递减，因此其积也随 m 的增加而单调递减，从而可得

$$
\begin{aligned}
& P_1(m,\beta_m)+P_2(m,\beta_m) \\
& > \lim_{m\to\infty}\left(1+\sqrt{\frac{2m}{m-1}}\right)\cdot\left(1-\frac{\sqrt{2}}{\sqrt{2}+m-0.6}\right)^m \\
& =(1+\sqrt{2})\mathrm{e}^{-\sqrt{2}}=0.586\,9
\end{aligned} \tag{4.2.8}
$$

现在，我们已经推导出对于每个反馈位置上的 β_m，有效概率存在一个下界。接下来，进一步证明上述结论对所有 β 均成立。我们对 $P_1(m,\beta)+P_2(m,\beta)$ 取关于 β 的二阶导数，发现其在区间

$$
1-\frac{m+\sqrt{3m^2-10m+16}-4}{m(m-3)}<\beta<1-\frac{m-\sqrt{3m^2-10m+16}-4}{m(m-3)} \tag{4.2.9}
$$

内是负值。对于所有满足 $m>3$ 的正整数 m，有

$$
1-\frac{m+\sqrt{3m^2-10m+16}-4}{m(m-3)}<\beta_{m-1} \tag{4.2.10}
$$

以及

$$
\beta_m<1-\frac{m-\sqrt{3m^2-10m+16}-4}{m(m-3)} \tag{4.2.11}
$$

因此，当 $m>3$ 时，对所有 $\beta\in(\beta_{m-1},\beta_m)$，$P_1(m,\beta)+P_2(m,\beta)$ 是凹的；$m=2,3$ 时，函数的凹性也可以通过类似的方式证明，即对所有 $\beta\in(\beta_{m-1},\beta_m)$，有

$$
P_1(m,\beta_m)+P_2(m,\beta_m)\geqslant\min[P_1(m,\beta_{m-1})+P_2(m,\beta_{m-1}),P_1(m,\beta_m)+P_2(m,\beta_m)] \tag{4.2.12}
$$

所以，对所有 β，有效概率的下界均满足式（4.2.8）。■

事实上，从结论 4.2.1 可以发现，当 $\beta\to1$ 时，$P_1(\hat{m},\beta)$ 和 $P_2(\hat{m},\beta)$ 各自独立地趋近于一个常数，而非只有其和趋向于一个常数。

结论 4.2.1：对于式（4.2.4）中的 $\hat{m}$，当 $\beta\to1$ 时，$P_1(\hat{m},\beta)$ 和 $P_2(\hat{m},\beta)$ 趋向于常数。

证明：我们检验 $P_1(\hat{m},\beta)$ 与 $P_2(\hat{m},\beta)$ 的比值，有

$$
\frac{P_1(\hat{m},\beta)}{P_2(\hat{m},\beta)}=\frac{2\beta}{(\hat{m}-1)(1-\beta)} \tag{4.2.13}
$$

将式（4.2.1）代入式（4.2.13），得

$$
\frac{P_1(\hat{m},\beta_m)}{P_2(\hat{m},\beta_m)}=\frac{\sqrt{2\hat{m}(\hat{m}-1)}}{\hat{m}-1} \tag{4.2.14}
$$

当 $\hat{m}\to\infty$ 时，趋向于一个常数。由于 $P_1(\hat{m},\beta)$ 与 $P_2(\hat{m},\beta)$ 的和与比值都趋向于一个常数，因此 $P_1(\hat{m},\beta)$ 和 $P_2(\hat{m},\beta)$ 各自趋向于一个常数。■

4.2.3 译码开销上界

接下来，推导译码开销的上界。在建立阶段，随机选择两个信源符号生成 $m=2$ 的编码

符号，相当于在译码图中随机选择两个节点以边相连，这种构造方式将产生一个随机图 $\mathcal{G}$。在建立阶段结束时，$\mathcal{G}=G(k,p)$ 是一个有 k 个顶点，有 $\frac{k(k-1)}{2}$ 条可能的边，每条边出现的概率为 p 的随机图。其中，$p=\frac{c}{k}$，c 是信源符号平均度值，即每个信源符号被选择的平均次数。后续推导中，将使用随机图理论中的一些经典结论，见如下引理。

引理 4.2.1：c 和最大集团的归一化尺寸 α_0 之间的关系满足

$$\alpha_0+\mathrm{e}^{-c\alpha_0}=1 \tag{4.2.15}$$

因此，对任意 $\alpha_0<1$，总存在 $c>1$ 满足式（4.2.15）。

引理 4.2.2：对于满足式（4.2.15）的 α_0 和 c，随机图 $\mathcal{G}=G(k,p)$ 除最大集团之外的剩余子图也是一个随机图，为 $\mathcal{G}'=G\left(t,\frac{d}{t}\right)$，其中，$t=(1-\alpha_0)k$，$d=c(1-\alpha_0)<1$。

引理 4.2.3：在随机图 $\mathcal{G}=G(k,p)$ 中，当 $c>1$ 时，除最大集团外，几乎所有集团的尺寸均为 $O(\log k)$。此外，含有环的小集团数量几乎为 0。

引理 4.2.4：在随机图 $\mathcal{G}'=G\left(t,\frac{d}{t}\right)$ 中，当 $d<1$ 时，图中包含的集团数量的期望为

$$t-\frac{td}{2}+O(1) \tag{4.2.16}$$

式中，$O(1)$——一个不随 t 而增长的常数。

在给出随机图 $\mathcal{G}'$ 的相关性质之后，我们开始分析完成阶段。首先，对完成阶段进行定性描述；然后，给出定量分析。在完成阶段的开始，随机图 $\mathcal{G}'$ 中存在很多小的集团。属于情况 1 的编码符号可以使集团转变为黑色，从而从随机图 $\mathcal{G}'$ 中删除；属于情况 2 的编码符号可以在 $\mathcal{G}'$ 中增加边。由结论 4.2.1 可知，$P_1(\hat{m},\beta)$ 与 $P_2(\hat{m},\beta)$ 是同样数量级的常数，即一个集团转变为黑色的概率和尺寸增加的概率大小是相似的，所以随机图 $\mathcal{G}'$ 中的集团在转变为黑色之前，其尺寸不会变得很大。接下来证明，在完成阶段，每一个属于情况 2 的编码符号大概率会在图中引入一条不重复的边。

定理 4.2.3：当 k 趋向于无穷大时，对于随机图 $\mathcal{G}'$ 中的集团，在其被属于情况 1 的编码符号转变为黑色之前，一个属于情况 2 的编码符号在该集团中引入环的概率趋向于 0。

证明：定义一个随机过程，在每个离散时间节点 i 从集合 $\{X,Y,*\}$ 中选择一个事件发生。令事件 X 和 Y 发生的概率分别为 P_X 和 P_Y，则事件 X 发生在事件 Y 之前的概率为

$$\sum_{i=0}^{\infty}(1-P_X-P_Y)^i P_X=\frac{P_X}{P_X+P_Y} \tag{4.2.17}$$

其中，事件 * 可以在事件 X 发生前发生任意次。对于随机图 $\mathcal{G}'$ 中一个有 l 个顶点的集团，令：事件 X 为一个属于情况 2 的编码符号，在集团中引入环；事件 Y 为一个属于情况 1 的符号，将此集团转变为黑色；将事件 * 定义为编码符号，既不属于情况 1 也不属于情况 2。接着，P_X 可以表示为

$$P_X=P_2(m,\beta)\left(\frac{l}{(1-\beta)k}\right)^2 \tag{4.2.18}$$

式中，等号右边的第 1 项是一个编码符号属于情况 2 的概率；第 2 项是在随机图 $\mathcal{G}'$ 中一条边连接的两个节点都属于同一个尺寸为 l 的集团的概率，即一个属于情况 2 的编码符号所选取的两个未知信源符号都属于同一个集团的概率。注意：当恢复比例为 β 时，随机图 $\mathcal{G}'$ 中共有 $(1-\beta)k$ 个节点。与之类似，概率 P_Y 可以表示为

$$P_Y=P_1(m,\beta)\frac{l}{(1-\beta)k} \tag{4.2.19}$$

式中，等号右边第 1 项是一个编码符号属于情况 1 的概率；第 2 项是这个情况 1 的编码符号属于给定的尺寸为 l 的集团的概率。

将式（4.2.18）和式（4.2.19）代入式（4.2.17），可得事件 X 在事件 Y 之前发生的概率为

$$\frac{P_X}{P_X+P_Y}=\frac{P_2(m,\beta)}{P_2(m,\beta)+\frac{(1-\beta)k}{l}P_1(m,\beta)} \tag{4.2.20}$$

由结论 4.2.1，对任意 β，$P_1(m,\beta)$ 与 $P_2(m,\beta)$ 趋向于常数，只需推导 k 与 l 的关系即可证明该定理。接下来，证明 $l=o(k)$。

对于随机图 $\mathcal{G}'$ 中一个顶点数为 l 的集团，我们将一个编码符号属于情况 2，且将该集团与随机图 $\mathcal{G}'$ 中的另一个集团相连接记为事件 Z，可以得到事件 Z 发生的概率为

$$\begin{aligned}P_Z&=P_2(m,\beta)\left[2\frac{l}{(1-\beta)k}\left(1-\frac{l}{(1-\beta)k}\right)\right]\\&<P_2(m,\beta)\frac{2l}{(1-\beta)k}\end{aligned} \tag{4.2.21}$$

事件 Y 的定义仍然是一个编码符号属于情况 1，且将这个顶点数为 l 的集团转变为黑色，其概率见式（4.2.19）。那么，在事件 Y 发生前，事件 Z 发生了 $\log k$ 次的概率最大为

$$\left(\frac{2P_2(m,\beta)}{2P_2(m,\beta)+P_1(m,\beta)}\right)^{\log k} \tag{4.2.22}$$

显然，当 $k\to\infty$ 时，$P_1(m,\beta)$ 与 $P_2(m,\beta)$ 都是常数，则式（4.2.22）趋向于 0。故事件 X 在事件 Y 之前发生的概率为 0。

由引理 4. 2. 3 可知，在建立阶段开始时，随机图 $\mathcal{G}'$ 中的所有集团尺寸为 $O(\log k)$；由上述证明可知，在建立阶段的过程中，随机图 $\mathcal{G}'$ 中的所有集团尺寸仍保持在 $O(\log k)$，定理得证。■

从上述推导中，由证明 $l=o(k)$ 的部分可以获得如下结论。

结论 4. 2. 2：在随机图 $\mathcal{G}'$ 中，当 $k \to \infty$ 时，集团尺寸大于 $\log k$ 的概率趋向于 0。

定理 4. 2. 3 说明了属于情况 2 的编码符号不会冗余的概率趋向于 1，因此可以得到如下结论：

定理 4. 2. 4：在完成阶段，当 k 足够大时，完成全部信源符号译码所需的属于情况 1 和情况 2 的编码符号的数量期望为

$$k(1-\alpha_0)\left[1-\frac{(1-\alpha_0)c}{2}\right] \tag{4.2.23}$$

证明：在建立阶段结束后，仍未通过译码恢复的信源符号数量为 t，即随机图 $\mathcal{G}'$ 中的节点数量。根据建立阶段的定义，在尺寸为 $k\alpha_0$ 的集团转变为黑色后，恢复比例为 $\beta=\alpha_0$，所以

$$t=k(1-\alpha_0) \tag{4.2.24}$$

随机图 $\mathcal{G}'$ 中的平均节点度值为 d，而一条边连接两个节点，即边的数量等于节点度值总和的 $\frac{1}{2}$，因此在完成阶段开始时，$\mathcal{G}'$ 中的边的数量的期望为

$$\frac{1}{2}td=\frac{1}{2}k(1-\alpha_0)(1-\alpha_0)c \tag{4.2.25}$$

边的数量和集团数量之间的关系在引理 4. 2. 4 中已给出，将式（4. 2. 24）和式（4. 2. 25）代入式（4. 2. 16），可得 $\mathcal{G}'$ 中的集团的数量的期望为

$$k(1-\alpha_0)\left[1-\frac{(1-\alpha_0)c}{2}+o(1)\right] \tag{4.2.26}$$

式中，当 $k \to \infty$ 时，$o(1)$ 趋向于 0。

一个属于情况 1 的编码符号可以使一个集团转变为黑色，因此可以使图中的集团数量减少 1；从定理 4. 2. 3 可知，一个属于情况 2 的编码符号冗余的概率趋向于 0，因此其有趋向于 1 的概率将两个集团连接成一个，从而使集团数量减少 1。当图中的集团数量减少到 0 时，所有信源节点都完成恢复。因此，图中的集团数量即所需的属于情况 1 和情况 2 的编码符号的总数。也就是说，将所有剩余信源符号通过译码恢复所需的属于情况 1 和情况 2 的编码符号的总数为

$$\frac{k(1-\alpha_0)\left[1-\frac{(1-\alpha_0)c}{2}+o(1)\right]}{1-o(1)} \tag{4.2.27}$$

当 $k\to\infty$ 时，定理得证。■

综合定理4.2.2和定理4.2.4，就可以得到在完成阶段所需的编码符号的上界。

定理4.2.5：记完成阶段结束所需的编码符号数量为 N_c，N_c 的最大值满足

$$N_c<\frac{e^{\sqrt{2}}}{1+\sqrt{2}}k(1-\alpha_0)\left[1-\frac{1}{2}(1-\alpha_0)c\right] \tag{4.2.28}$$

式中，c 和 α_0 满足式（4.2.15）。

证明：由定理4.2.4，完成阶段结束所需的属于情况1和情况2的编码符号的总数为

$$k(1-\alpha_0)\left[1-\frac{(1-\alpha_0)c}{2}\right] \tag{4.2.29}$$

由定理4.2.2可知，在完成阶段，一个编码符号属于情况1和情况2的概率的下界为$(1+\sqrt{2})e^{-\sqrt{2}}$。因此，完成阶段结束所需的编码符号的总数的上界为

$$\frac{k(1-\alpha_0)\left[1-\frac{(1-\alpha_0)c}{2}\right]}{(1+\sqrt{2})e^{-\sqrt{2}}} \tag{4.2.30}$$

定理得证。■

4.2.4 中间性能分析

4.2.3节中推导了完成阶段所需的编码符号数量的上界。然而，对于重视中间性能的在线喷泉码来说，译码开销上界的分析并不能完全体现其性能。本节基于4.2.3节中给出的相关结论，分析给定恢复比例所需的编码符号数量的期望。

首先，分析建立阶段中编码符号数量与恢复比例之间的关系。

定理4.2.6：定义完成建立阶段所需的编码符号数量为 N_B，在建立阶段结束时，有

$$\mathbb{E}(N_B)=\frac{1}{2}kc+\frac{1}{\alpha_0} \tag{4.2.31}$$

式中，c 和 α_0 满足式（4.2.15）。此时，恢复的信源符号数量为 $\alpha_0 k$，在此之前，恢复的信源符号数为0。

证明：首先，由建立阶段的定义可知，建立阶段结束之前，恢复的信源符号数量为0；建立阶段结束时，尺寸为 $\alpha_0 k$ 的集团转变为黑色，恢复的符号数量为 $\alpha_0 k$。其次，当建立阶段结束时，信源节点的平均度值 c 和 α_0 的关系由式（4.2.15）给出，由引理4.2.1可知，对给定的 α_0，有唯一的 c 与之对应。又因为建立阶段先产生的度值为2的编码符号需要随机选择两个信源符号产生，则编码符号数量为信源节点度值之和的$\frac{1}{2}$，即所需度值为2的编码符号

数量为$\frac{1}{2}kc$。此时，最大集团尺寸达到 $\alpha_0 k$，发送端开始产生度值为 1 的编码符号。由简单的几何概型可知，随机产生的度值为 1 的编码符号集中尺寸为 $\alpha_0 k$ 的概率为$\frac{1}{\alpha_0}$。定理得证。■

接下来，分析完成阶段。由结论 4.2.2，完成阶段中不会像建立阶段一样出现一个较大的集团。由定理 4.2.3，完成阶段中的集团不会出现环，因此每一个属于情况 1 和情况 2 的编码符号对恢复信源符号都是有帮助的。由上述两个前提，可以得出以下结论。

定理 4.2.7：在完成阶段中，恢复一个信源符号平均需要一个有效编码符号，有效编码符号分为以下三种情况：

- 建立边（Build - up edge）：建立阶段中的度值为 2 的编码符号。
- 情况 1 完成符号（Case - 1 symbol）：完成阶段中属于情况 1 的编码符号。
- 情况 2 完成符号（Case - 2 symbol）：完成阶段中属于情况 2 的编码符号。

证明：图 4.2.1 用一个直观的例子展现了一个小集团是怎样被建立和转变为黑色的。在接收端，情况 1 完成符号，情况 2 完成符号和建立边都对完成阶段的信源符号恢复有帮助。显然，情况 2 完成符号和建立边可以使一个集团的尺寸增加。由定理 4.2.3，这些编码符号几乎不会成环，从而引入冗余。情况 1 完成符号可以用来使一个集团转变为黑色，由结论 4.2.2，在完成阶段中集团在转变为黑色之前尺寸一直很小。因此，对于一个有着 a 个节点的小集团而言，需要 $a-1$ 个建立边或情况 2 完成符号来形成，需要 1 个情况 1 完成符号将其转变为黑色。而当其转变为黑色之后，a 个信源符号完成恢复。因此，平均而言，一个信源符号的恢复需要一个有效编码符号。■

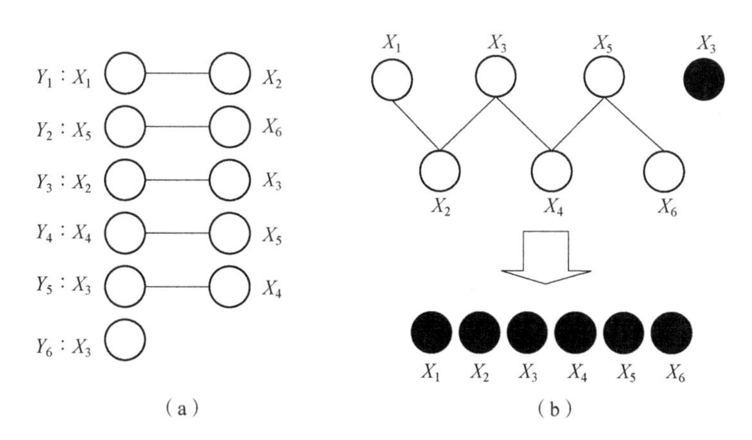

图 4.2.1　编码符号与恢复的信源符号之间的关系

（a）编码符号；（b）一部图

基于定理 4.2.7，我们可以进一步推导完成阶段中恢复的信源符号数量和接收到的情况 1 完成符号、情况 2 完成符号之间的关系。

定理 4.2.8：将 $N_{c1,2}(n)$ 定义为恢复 n 个信源符号所需的情况 1 完成符号和情况 2 完成符号的数量。$N_{c1,2}(n)$ 的期望满足

$$\mathbb{E}(N_{c1,2}(n)) = n - \frac{1}{2}(1-\alpha_0)cn \tag{4.2.32}$$

证明：由引理 4.2.2，建立阶段结束时，剩余子图 $\mathcal{G}' = G(t, d/t)$ 中，$t = (1-\alpha_0)k$，$d = c(1-\alpha_0) < 1$。对于 $\mathcal{G}'$ 中的 n 个待恢复的信源符号，nd 是其在建立阶段中被选择的次数之和，所以从这 n 个信源符号中产生了 $\frac{1}{2}nd$ 个建立边。从定理 4.2.7 可知，恢复 n 个信源符号需要 n 个有效编码符号，而有效符号包括建立边、情况 1 完成符号和情况 2 完成符号。因此，需要情况 1 完成符号和情况 2 完成符号的个数为

$$\mathbb{E}(N_{c1,2}(n)) = n - \frac{1}{2}nd = n - \frac{1}{2}(1-\alpha_0)cn \tag{4.2.33}$$

■

接下来，分析完成阶段所需的编码符号的期望。注意到在完成阶段中，不是所有编码符号都属于情况 1 或情况 2，所以首先根据式（4.1.2）确定一个编码符号属于情况 1 或情况 2 的概率。从图 4.2.2 可以看到，$P_1(m,\beta) + P_2(m,\beta)$ 是 β 的一个函数。将 $\beta = \alpha_0 + \frac{n}{k}$ 代入式（4.1.2），我们可以得到下述引理。

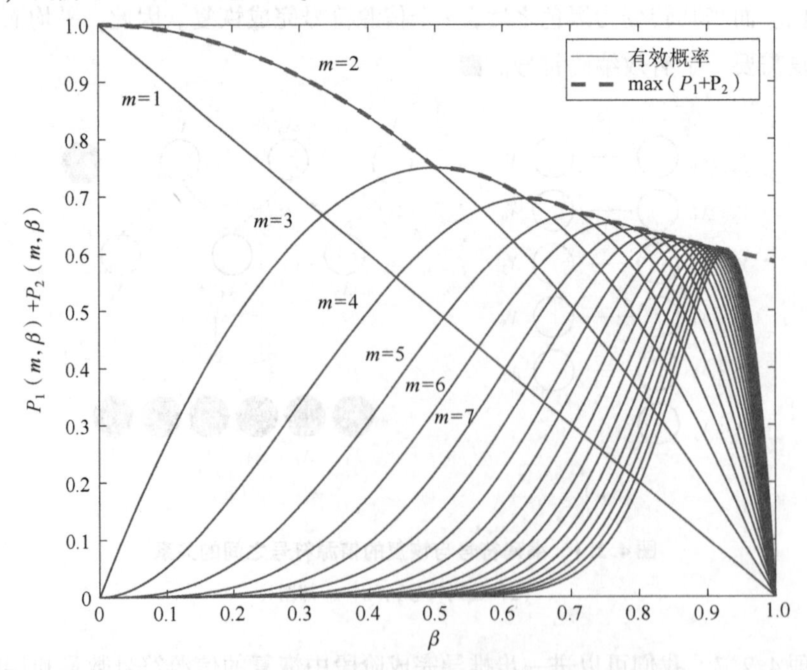

图 4.2.2　恢复比例与有效概率之间的关系（附彩图）

引理 4.2.5：将 P_c 定义为完成阶段中一个编码符号属于情况 1 或情况 2 的概率，则 P_c 是 n 的函数，且可以由下式表示：

$$P_c(n) = P_1\left(\hat{m}, \alpha_0 + \frac{n}{k}\right) + P_2\left(\hat{m}, \alpha_0 + \frac{n}{k}\right) \tag{4.2.34}$$

式中，

$$\hat{m} = \arg\max_m \left[P_1\left(m, \alpha_0 + \frac{n}{k}\right) + P_2\left(m, \alpha_0 + \frac{n}{k}\right)\right] \tag{4.2.35}$$

且

$$\begin{cases} P_1(m,n) = \binom{m}{1}\left(\alpha_0 + \frac{n}{k}\right)^{m-1}\left(1 - \left(\alpha_0 + \frac{n}{k}\right)\right) \\ P_2(m,n) = \binom{m}{2}\left(\alpha_0 + \frac{n}{k}\right)^{m-2}\left(1 - \left(\alpha_0 + \frac{n}{k}\right)\right)^2 \end{cases} \tag{4.2.36}$$

定理 4.2.9：定义 $N_{\text{tr}}(s)$ 是恢复 s 个信源符号所需要的发送的编码符号数，$N_{\text{tr}}(s)$ 的期望可以表示为

$$\mathbb{E}(N_{\text{tr}}(s)) = \frac{1}{2}kc + \frac{1}{\alpha_0} + \left(1 - \frac{1}{2}(1 - \alpha_0)c\right) \cdot \sum_{i=1}^{s-k\beta_0} \frac{1}{P_c(i)} \tag{4.2.37}$$

式中，$k\beta_0 < s \leqslant k$。

证明：定义 $N_{\text{comp}}(n)$ 为完成阶段中，恢复 n 个信源符号需要的编码符号个数。由引理 4.2.5，对于给定的 n，一个编码符号属于情况 1 或情况 2 的概率为 $P_c(n)$。因为只有属于情况 1 或情况 2 的编码符号会被用来译码，$N_{\text{comp}}(n)$ 可以表示为

$$\begin{aligned} \mathbb{E}(N_{\text{comp}}(n)) &= \sum_{i=1}^{n} \frac{\mathbb{E}(N_{c1,2}(i)) - \mathbb{E}(N_{c1,2}(i-1))}{P_c(i)} \\ &= \left(1 - \frac{1}{2}(1 - \alpha_0)c\right) \cdot \sum_{i=1}^{n} \frac{1}{P_c(i)} \end{aligned} \tag{4.2.38}$$

注意：在建立阶段完成时，有 $k\alpha_0$ 个信源符号已经完成恢复，在完成阶段恢复 n 个信源符号后，恢复的信源符号总数为 $s = n + k\alpha_0$。将 s 代入 $\mathbb{E}(N_{\text{comp}}(n))$，可得

$$\mathbb{E}(N_{\text{comp}}(s)) = \left(1 - \frac{1}{2}(1 - \alpha_0)c\right) \cdot \sum_{i=1}^{s-k\beta_0} \frac{1}{P_c(i)} \tag{4.2.39}$$

式中，$k\alpha_0 < s \leqslant k$。

最后，综合考虑建立阶段和完成阶段，恢复 s 个信源符号需要的编码符号数量为

$$\begin{aligned}\mathbb{E}(N_{\text{tr}}(s)) &= \mathbb{E}(N_{\text{B}} + N_{\text{comp}}(s)) \\ &= \mathbb{E}(N_{\text{B}}) + \mathbb{E}(N_{\text{comp}}(s))\end{aligned} \tag{4.2.40}$$

结合定理4.2.6，定理得证。■

尽管上述分析基于无损信道进行分析，但是很容易推广到删除信道中。在建立阶段和完成阶段对信源符号的选取都是随机选择，对于给定信道删除概率 ϵ，恢复 s 个信源符号所需的编码符号个数为$\dfrac{\mathbb{E}(N_{\text{tr}}(s))}{1-\epsilon}$。

4.2.5 分析能力比较

本节将4.2.4节中的中间性能分析方法与4.2.3节中译码开销的上界进行比较。在4.2.3节中，结合定理4.2.6，完全恢复所有信源符号所需的编码符号的上界为

$$N_{\text{tr}} < \frac{1}{2}ck + \frac{e^{\sqrt{2}}}{1+\sqrt{2}}k(1-\alpha_0)\left[1-\frac{1}{2}(1-\alpha_0)c\right] \tag{4.2.41}$$

式（4.2.41）计算了一部图中的集团数量，并通过集团数量减少到0时所有信源符号均可恢复这一事实，推导出所需编码符号数量的上界。然而，式（4.2.41）只用到了$P_{\text{c}}(n)$的最小值，而$P_{\text{c}}(n)$是一个随着恢复的信源符号数量变化而变化的函数。因此，式（4.2.41）中推导出的上界并不够紧。此外，由于在式（4.2.41）中，每一个集团中的节点数量是未知的，所以编码符号数量和可恢复的信源符号数量之间的关系并不能直接获得。而4.2.4节的推导中，由于$\mathbb{E}(N_{\text{tr}}(s))$是一个关于 s 的单调函数而非上界，通过求反函数，s 同样可以表示成N_{tr}的函数。因此，对于给定的编码符号数量，我们可以通过$s=f^{-1}(\mathbb{E}(N_{\text{tr}}(s)))$来计算所能恢复的信源符号数量。

如图4.2.3所示，我们通过仿真，给出了编码符号与恢复的信源符号间的数量关系。其中，信源符号数量$k=1\,000$，$\alpha_0=0.5$，信道为无损信道。与在线喷泉码对比的LT码使用了一组中间性能较好的参数，而理想状况指的是每发送一个编码符号就能恢复一个信源符号，可以通过对每个编码符号进行反馈重传实现。首先，由图中可看出，相比中间性能较好的LT码，在线喷泉码所需的译码开销更小。其次，相比4.2.3节中的分析只能得出译码开销的上界，4.2.4节中的分析可以准确地得出给定编码符号数量所能恢复的信源符号数量，从而更精确地分析在线喷泉码的中间性能。

图4.2.4中，给出了不同 α_0 下译码开销的变化情况。其中，信源符号数量依旧为$k=1\,000$，信道为无损信道。将仿真结果与4.2.3节和4.2.4节中的分析结果分别进行对比，可以发现，4.2.3节中的译码开销在$\alpha_0<0.65$时随着 α_0 的增加而减少，在$\alpha_0>0.65$时随着 α_0 的增加而增加，在$\alpha_0=0.65$时达到最小值，这与仿真结果不同。另一方面，4.2.4节中的译码开销随着 α_0 的增加而增加，且与仿真结果相吻合。

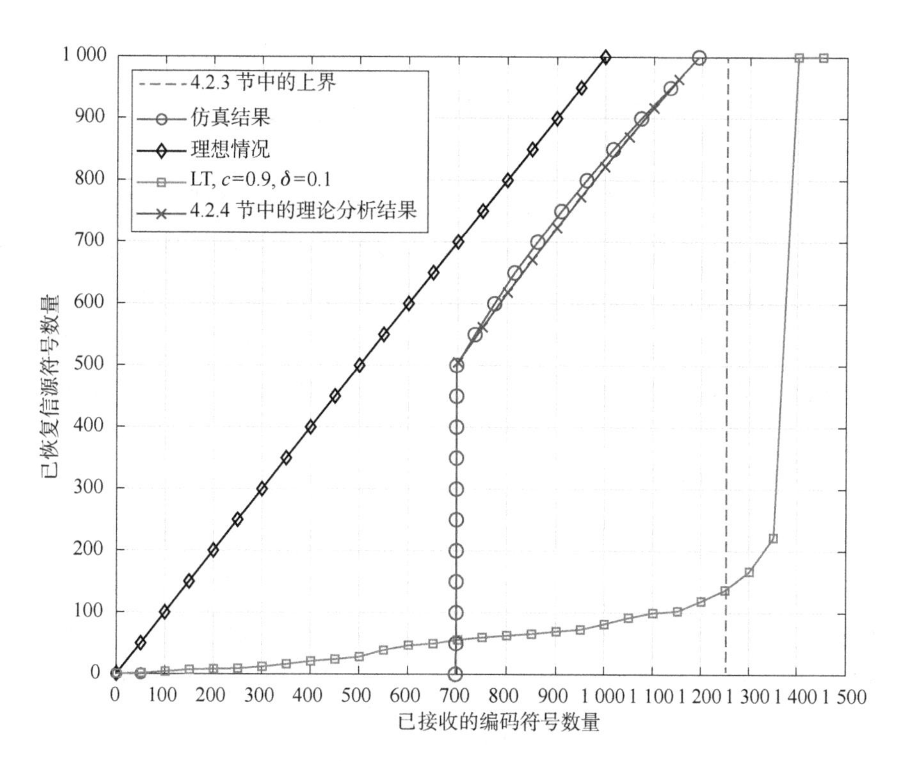

图 4.2.3 编码符号与恢复的信源符号间的数量关系（附彩图）

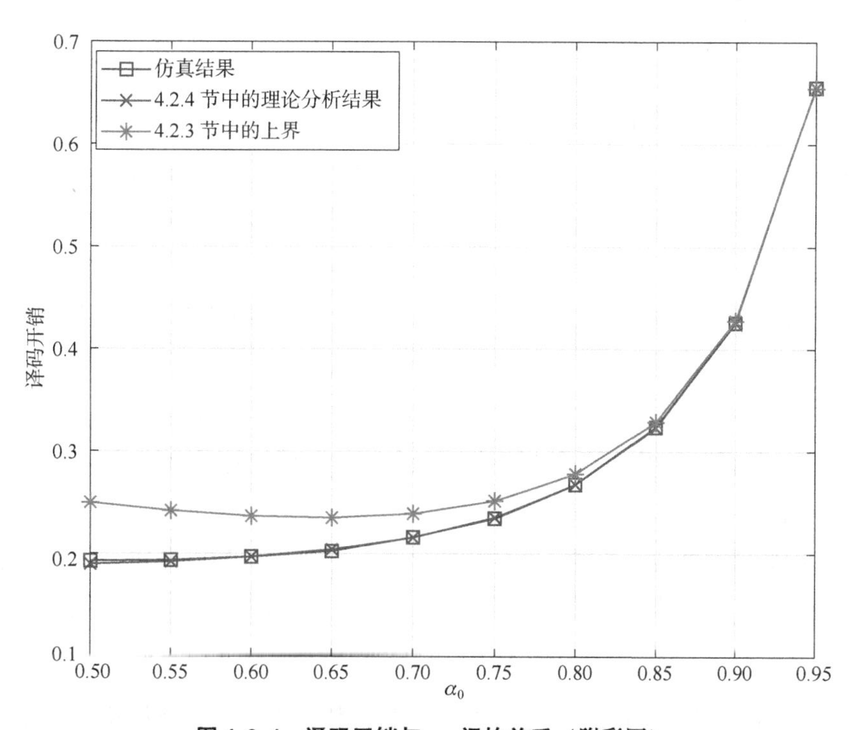

图 4.2.4 译码开销与 α_0 间的关系（附彩图）

更加重要的是，4.2.4 节更加深入地分析了在线喷泉码的建立阶段和完成阶段，让我们可以以此为指导，改进在线喷泉码的性能。

4.3 改进的在线喷泉码

本节基于在线喷泉码的性能分析的启发，对在线喷泉码的性能进行改进。首先，提出增强在线喷泉码和取消建立阶段的在线喷泉码，对在线喷泉码的全恢复性能和中间性能分别进行改进；然后，结合两种方案的改进思路，提出系统在线喷泉码，同时提升在线喷泉码的全恢复性能和中间性能。对于每一种方案，本节都对其在无损信道和 BEC 信道下的性能进行分析。为方便起见，本节之后，称 4.1 节中的编码方案为传统在线喷泉码（COFC）。

4.3.1 增强在线喷泉码

本节提出一种降低在线喷泉码译码开销的增强在线喷泉码方案。我们从信源节点度分布入手，改变信源节点度值的泊松分布，降低信源节点未被选择参与编码的概率，从而减少全恢复所需的编码符号数量。基于 4.2 节的理论分析方法，我们推导了增强在线喷泉码在无损信道下的性能，并将其结论推广到删除信道。从理论分析和性能仿真两方面，证明了增强在线喷泉码在多种参数设置下有比传统在线喷泉码更小的译码开销。

4.3.1.1 编码传输方案

基于 4.2.4 节中的性能分析可以发现，在完成阶段，并不是所有编码符号对于信源符号的恢复都是有用的。如图 4.2.2 所示，在完成阶段开始时，$P_c(n)$ 的大小在 0.7 左右，而其总体趋势随着 n 的增大而减小，直到达到其下界 $P_c(n)=0.586\,9$。在完成阶段中被丢弃的编码符号导致译码开销变大。另一方面，由引理 4.2.2，剩余子图中的信源符号平均度值 $d<1$，即不是所有信源符号在建立阶段都参与编码。如果选择两个从没被选择过的信源符号产生一个 $m=2$ 的编码符号，那么这个编码符号的有效概率为 1，而非 $P_c(n)$，译码开销也会相应地缩减。这个发现启发了我们，可以通过改变建立阶段的编码流程，保证 $d\geqslant 1$，从而降低译码开销。

在此思想指导下，我们提出了增强在线喷泉码（improved online fountain codes，IOFC）。在 IOFC 中，建立阶段被细分为三个步骤，而完成阶段同传统在线喷泉码一致。建立阶段的三个阶段细分如下：

第 1 步，编码器选择两个序号连续的信源符号，将其进行异或操作，产生一个度值为 2 的编码符号。定义 x_i 为序号为 i 的信源符号，y_j 为序号为 j 的编码符号，我们有

$$y_i=x_{2i-1}\oplus x_{2i}$$

式中，如果 k 为偶数，则 $i=1,2,\cdots,\frac{k}{2}$；如果 k 为奇数，则产生一个额外的信源符号 $y_{\frac{k+1}{2}}=x_1\oplus x_k$。在图 4.3.1 所示的例子中，$y_1=x_1\oplus x_2$，$y_2=x_3\oplus x_4$。这一步骤持续到产生 $y_{\frac{k}{2}}$（或 $y_{\frac{k+1}{2}}$）为止。

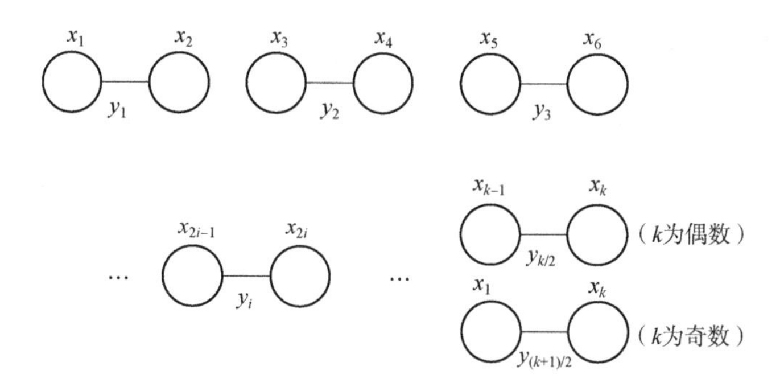

图 4.3.1　IOFC 建立阶段第 1 步的选取方式

第 2 步，随机选择信源符号产生度值为 2 的编码符号，直到最大的集团尺寸达到 α_0。

第 3 步，编码器产生度值为 1 的编码符号，直到最大的集团被转变为黑色。

IOFC 的信源符号选取规则确保了所有信源符号在建立阶段至少被选择过一次，使得信源符号度分布不再是泊松分布。同时注意到在第 1 步中，所需产生的编码符号数量由信源符号数量 k 确定，而 k 在发送端已知，因此第 1 步的结束不需要通过接收端的反馈来实现，从而 IOFC 相比传统在线喷泉码没有引入额外的反馈。接下来，我们分析 IOFC 传输过程中恢复的信源符号数量和编码符号数量之间的关系。

4.3.1.2　无损信道下性能分析

本节考虑无损信道下的性能分析。

定理 4.3.1：定义 N_{12} 为 IOFC 建立阶段中建立最大集团所需的度值为 2 的编码符号数量。给定最大集团尺寸 $k\alpha_0$，N_{12} 的期望可以被表示为

$$\mathbb{E}(N_{12}) = \frac{1}{2}k + \frac{1}{4}kc \tag{4.3.1}$$

式中，

$$c = -\frac{\ln(1-\alpha_0)}{\alpha_0} \tag{4.3.2}$$

证明：显然，在建立阶段的第 1 步中，需要产生的编码符号数量是 $\frac{1}{2}k$（k 为偶数）或 $\frac{k+1}{2}$（k 为奇数）。当 k 足够大时，$\frac{1}{2}$相比$\frac{1}{2}k$ 足够小，可以被忽略，因此，简单起见，无论 k 为奇数或偶数，我们都使用$\frac{1}{2}k$ 作为所需的编码符号数量。在第 1 步结束时，我们有了$\frac{1}{2}k$ 个尺寸为 2 的集团，在本段证明中，我们将其视为$\frac{1}{2}k$ 个尺寸为 2 的节点，则可以认为译码图是这些尺寸为 2 的节点中建立的。显然，对于尺寸为 1 的正常信源节点，最大集团尺寸为

$k\alpha_0$ 时，对于$\frac{1}{2}k$个尺寸为 2 的节点，最大集团的归一化尺寸依然为 α_0。定义 $k_2=\frac{1}{2}k$，由于第 2 步中信源符号是随机选取的，译码图中的边也是随机出现的，因此译码图仍是一个随机图，记为 $\mathcal{G}_{\mathrm{I}}=G\left(k_2,\frac{c}{k_2}\right)$。这个图有 k_2 个顶点，每个边从 $k_2(k_2-1)$个可能的边中以概率$\frac{c}{k_2}$出现。由定理 4.2.6，从$\frac{1}{2}k$个节点中建立尺寸为 $k\alpha_0$ 的集团，需要的度值为 2 的编码符号数量为

$$\frac{1}{2}\cdot\left(\frac{1}{2}k\right)\cdot c=\frac{1}{4}kc \tag{4.3.3}$$

所以 N_{I2}的期望为

$$\mathbb{E}(N_{\mathrm{I2}})=\frac{1}{2}k+\frac{1}{4}kc \tag{4.3.4}$$

■

第 3 步中需要的度值为 1 的编码符号数量同样可以通过定理 4.2.6 类似的方式获得。接下来，考虑完成阶段。与 4.2 节中类似，译码图 $\mathcal{G}_{\mathrm{I}}$ 中除了最大集团之外的边和节点可以定义为剩余子图 $\mathcal{G}_{\mathrm{I}}'=G\left(t_2,\frac{d_2}{t_2}\right)$，其中 $t_2=\frac{1}{2}(1-\beta_0)k$ 是仍待恢复的尺寸为 2 的节点数量，d_2 是子图中尺寸为 2 的节点的平均度值。首先，计算 $\mathcal{G}_{\mathrm{I}}'$ 中信源符号的平均度值；然后，可以得到完全恢复所需的情况 1 完成和情况 2 完成符号的个数，进而得到所需编码符号的总数。

定理 4.3.2：在 IOFC 中，$\mathcal{G}_{\mathrm{I}}'$ 中信源符号的平均度值 d_{I} 可以表示为

$$d_{\mathrm{I}}=\frac{1}{2}(1-\alpha_0)c+1 \tag{4.3.5}$$

证明：从定理 4.3.1 中可见，在建立阶段结束时，最大集团从$\frac{1}{2}k$个尺寸为 2 的节点中被建立。从引理 4.2.2，在建立一个归一化尺寸为 α_0 的集团后，$\mathcal{G}_{\mathrm{I}}'$ 中尺寸为 2 的节点的平均度值为 $d_2=(1-\beta_0)c$，而且每个尺寸为 2 的节点包含两个信源节点。此外，在建立阶段的第 1 步中，每个符号都被选择一次，从而使其平均度值增加 1。因此，$\mathcal{G}_{\mathrm{I}}'$ 信源符号的平均度值为

$$\begin{aligned}d_{\mathrm{I}}&=\frac{1}{2}d_2+1\\&=\frac{1}{2}(1-\alpha_0)c+1\end{aligned} \tag{4.3.6}$$

■

在上述结果的基础上，我们可以计算恢复的信源符号和已发送的编码符号之间的关系。

定理4.3.3：对于IOFC，定义$N_{\mathrm{Itr}}(s)$为恢复s个信源符号所需的编码符号数量。$N_{\mathrm{Itr}}(s)$的期望可以被表示为

$$N_{\mathrm{Itr}}(s)=\frac{1}{2}k+\frac{1}{4}kc+\frac{1}{\alpha_0}+\left(\frac{1}{2}-\frac{1}{4}(1-\alpha_0)c\right)\cdot\sum_{i=1}^{s-k\alpha_0}\frac{1}{P_{\mathrm{c}}(s_i-k\alpha_0)} \tag{4.3.7}$$

式中，$s_1=k\alpha_0+1$，$s_{i+1}=s_i+1$，$k\alpha_0<s\leqslant k$。

证明：定义$N_{\mathrm{Ic1,2}}(n)$为IOFC完成阶段恢复n个信源符号所需的属于情况1或情况2编码符号的数量。$N_{\mathrm{Ic1,2}}(n)$的期望可以表示为

$$\mathbb{E}(N_{\mathrm{Ic1,2}}(n))=n-\frac{1}{2}nd_2=\frac{1}{2}n-\frac{1}{4}(1-\alpha_0)nc \tag{4.3.8}$$

定义$N_{\mathrm{Icomp}}(n)$为IOFC完成阶段中恢复n个信源符号所需的编码符号数量，则其期望可以表示为

$$\begin{aligned}\mathbb{E}(N_{\mathrm{Icomp}}(n))&=\sum_{i=1}^{n}\frac{\mathbb{E}(N_{\mathrm{Ic1,2}}(i))-\mathbb{E}(N_{\mathrm{Ic1,2}}(i-1))}{P_{\mathrm{c}}(i)}\\&=\left(\frac{1}{2}-\frac{1}{4}(1-\alpha_0)c\right)\cdot\sum_{i=1}^{n}\frac{1}{P_{\mathrm{c}}(i)}\end{aligned} \tag{4.3.9}$$

将$s=n+k\alpha_0$代入$\mathbb{E}(N_{\mathrm{Icomp}}(n))$，可得

$$\mathbb{E}(N_{\mathrm{Icomp}}(s))=\left(\frac{1}{2}-\frac{1}{4}(1-\alpha_0)c\right)\cdot\sum_{i=1}^{s-k\alpha_0}\frac{1}{P_{\mathrm{c}}(i)} \tag{4.3.10}$$

式中，$k\alpha_0<s\leqslant k$。

因此，恢复s个信源符号所需的编码符号的总数量为

$$\begin{aligned}\mathbb{E}(N_{\mathrm{Itr}}(s))&=\mathbb{E}(N_{\mathrm{I2}}+N_1+N_{\mathrm{Icomp}}(s))\\&=\mathbb{E}(N_{\mathrm{I2}})+\mathbb{E}(N_1)+\mathbb{E}(N_{\mathrm{Icomp}}(s))\end{aligned} \tag{4.3.11}$$

式中，$\mathbb{E}(N_1)=\dfrac{1}{\alpha_0}$，定理得证。■

基于定理4.2.9和定理4.3.3，可以比较IOFC和传统在线喷泉码之间的译码开销，其结果见定理4.3.4。

定理4.3.4：$\forall k>0$，$0<\alpha_0<1$，有

$$\mathbb{E}(N_{\mathrm{Itr}}(s=k))<\mu(\alpha_0)\mathbb{E}(N_{\mathrm{tr}}(s=k)) \tag{4.3.12}$$

式中，

$$\mu(\alpha_0)=\frac{1}{2}\cdot\frac{1}{1-\alpha_0+\left(\frac{1}{2}\alpha_0-1\right)\ln(1-\alpha_0)}+\frac{1}{2} \tag{4.3.13}$$

且$0.5<\mu(\alpha_0)<1$。

证明：当 k 个信源符号完成恢复时，传统在线喷泉码需要$\mathbb{E}(N_{\mathrm{tr}}(s=k))$个编码符号，而 IOFC 需要$\mathbb{E}(N_{\mathrm{Itr}}(s=k))$个编码符号。定义

$$\sigma(k,\alpha_0)=\sum_{i=1}^{k-k\alpha_0}\frac{1}{P_{\mathrm{c}}(i)} \tag{4.3.14}$$

以及两者之间的比值为

$$r(\alpha_0)=\frac{\mathbb{E}(N_{\mathrm{Itr}}(s=k))}{\mathbb{E}(N_{\mathrm{tr}}(s=k))} \tag{4.3.15}$$

则有

$$\begin{aligned}
r(\alpha_0)&=\frac{\frac{1}{2}c+\frac{1}{4}kc+\left(\frac{1}{2}-\frac{1}{4}(1-\alpha_0)c\right)\sigma}{\frac{1}{2}kc+\left(1-\frac{1}{2}(1-\alpha_0)c\right)\sigma}\\
&=\frac{\frac{1}{2}k}{\frac{1}{2}k+\left(1-\frac{1}{2}(1-\alpha_0)c\right)\sigma}+\frac{1}{2}
\end{aligned} \tag{4.3.16}$$

因为 $P_{\mathrm{c}}(i)<1$，故有

$$\sigma(k,\alpha_0)>(1-\alpha_0)k \tag{4.3.17}$$

因此，

$$\begin{aligned}
r(\alpha_0)&<\frac{1}{2}\cdot\frac{k}{\frac{1}{2}kc+\left(1-\frac{1}{2}(1-\alpha_0)c\right)(1-\alpha_0)k}+\frac{1}{2}\\
&=\frac{1}{2}\cdot\frac{1}{\frac{1}{2}c+\left(1-\alpha_0+\frac{1}{2}(1-\alpha_0)^2\right)c}+\frac{1}{2}\\
&=\frac{1}{2}\cdot\frac{1}{1-\alpha_0-\frac{1}{2}\alpha_0c+\alpha_0c}+\frac{1}{2}\\
&=\frac{1}{2}\cdot\frac{1}{1-\alpha_0+\left(\frac{1}{2}\alpha_0-1\right)\ln(1-\alpha_0)}+\frac{1}{2}\\
&=\mu(\alpha_0)
\end{aligned} \tag{4.3.18}$$

因为$\mu'(\alpha_0)<0$，$\mu(\alpha_0)$是一个 α_0 的单调递减的函数。注意到$\mu(0)=1$，且当 $\alpha_0\to1$ 时 $\mu(0)=0.5$，所以当$0<\alpha_0<1$ 时，$0.5<\mu(\alpha_0)<1$。■

从定理 4.3.4 中可以发现，在无损信道中，对任意给定的 s，IOFC 总是需要比传统在线喷泉码更少的译码开销来完成信源符号的全恢复。该定理还表明，随着 α_0 的增加，IOFC 译码开销的降低更加显著。

4.3.1.3　BEC 信道下性能分析

本节考虑 IOFC 在 BEC 信道下的性能分析。我们将重点关注建立阶段的第 1 步，因为只有第 1 步的符号选择是非随机的，会被删除信道所影响。

在第 1 步结束时，译码图中有$\frac{1}{2}(1-\epsilon)k$个的尺寸为 2 的节点和ϵk个尺寸为 1 的节点。如果在建立阶段结束时，尺寸为 1 的节点对最大集团的影响可以忽略，我们认为此时ϵ较小。在实际中，通常有$\epsilon<0.2$，因此尺寸为 1 的节点数量本身很少；另一方面，一个尺寸为 1 的节点被选择的概率是尺寸为 2 的节点的一半。所以，可以认为尺寸为 1 的节点对最大集团的增长的影响可以忽略。在此基础上，假设最大集团完全从尺寸为 2 的节点中建立，而在建立阶段结束时，所有尺寸为 1 的节点仍有待恢复。因此，最大集团的归一化尺寸等于尺寸为 2 的节点属于最大集团的比例，我们将其定义为α_0'，并有

$$\alpha_0'=\frac{\alpha_0}{1-\epsilon} \tag{4.3.19}$$

定义尺寸为 2 的节点的平均度值为c_e，并假设随机图$\mathcal{G}_{eI}=G\left(c_e,\frac{c_e}{k'}\right)$是一个有着$k'=\frac{1}{2}(1-\epsilon)k$个尺寸为 2 的节点的随机图，我们有

$$c_e=-\frac{\ln(1-\alpha_0')}{\alpha_0'} \tag{4.3.20}$$

从而可以得到如下定理。

定理 4.3.5：在删除信道中，当ϵ较小时，将 IOFC 建立阶段形成最大集团所需的度值为 2 的编码符号数量定义为N_{eI2}。对于给定的α_0，N_{eI2}的期望可以表示为

$$\mathbb{E}(N_{eI2})=\frac{1}{2}k+\frac{1}{4}\cdot\frac{kc_e}{1-\epsilon} \tag{4.3.21}$$

证明：在第 1 步中需要$\frac{1}{2}k$个编码符号。在第 2 步中，为了从尺寸为 2 的节点中建立最大的集团，尺寸为 2 的节点的平均度值为c_e，则译码图中所有尺寸为 2 的节点的度值之和为$\frac{1}{2}k\cdot(1-\epsilon)\cdot c_e$，这也是尺寸为 2 的节点被选择的总次数。因为有$(1-\epsilon)k$个信源符号属于尺寸为 2 的节点，所以尺寸为 2 的节点被选择的概率是$1-\epsilon$。因此，所有信源符号的总度值之和为$\frac{1}{2}k\cdot(1-\epsilon)\cdot c_e/(1-\epsilon)$。又因为产生一个度值为 2 的编码符号需要选择两个信源符号，因此选择$\frac{1}{2}k\cdot(1-\epsilon)\cdot c_e/(1-\epsilon)$次后能产生的度值为 2 的编码符号的数量为

$$\frac{1}{2}\cdot\frac{\frac{1}{2}k\cdot(1-\epsilon)\cdot c_e}{1-\epsilon}=\frac{1}{4}kc_e \tag{4.3.22}$$

最后，考虑到信道删除概率以及第1步中需要的编码符号数量，我们有

$$\mathbb{E}(N_{eI2})=\frac{1}{2}k+\frac{1}{4}\cdot\frac{kc_e}{1-\epsilon} \tag{4.3.23}$$

其中，第1步中的编码符号数量不受信道删除概率的影响。■

第3步中需要的度值为1的编码符号数量，可以按照定理4.2.6中的方式获得。

接下来，分析完成阶段。在随机图 $\mathcal{G}_{eI}$ 中，除最大集团外的边与顶点组成随机子图 $\mathcal{G}'_{eI}=G(t_{eI},d_{e2}/t_{e2})$，其中 $t_{e2}=(1-\alpha'_0)\cdot(1-\epsilon)k/2$ 是仍未转变为黑色的尺寸为2的节点，而 d_{e2} 是尺寸为2的节点的平均度值。首先，计算所有未被恢复的信源符号的平均度值；然后，可以得到属于情况1或情况2的编码符号的数量期望，进而推导译码开销。

定理4.3.6：在删除信道中，给定 α_0，未被恢复的信源符号的平均度值 d_{eI} 可以表示为

$$d_{eI}=\left(\frac{1}{2}(1-\alpha'_0)c_e+1\right)\cdot\frac{(1-\epsilon)(1-\alpha'_0)}{(1-\epsilon)(1-\alpha'_0)+\epsilon}+\frac{1}{2}c_e\cdot\frac{\epsilon}{(1-\epsilon)(1-\alpha'_0)+\epsilon} \tag{4.3.24}$$

证明：与定理4.3.2类似，我们可以得到 $d_{e2}=(1-\alpha'_0)c_e$。在此基础上，我们定义完成阶段开始时，属于未被恢复的尺寸为2的节点的信源符号的平均度值为 d_{se2}，它可以表示为

$$d_{se2}=\frac{1}{2}d_{e2}+1=\frac{1}{2}(1-\alpha'_0)c_e+1 \tag{4.3.25}$$

用 $\frac{(1-\epsilon)(1-\alpha'_0)}{(1-\epsilon)(1-\alpha'_0)+\epsilon}$ 表示属于尺寸为2的节点的信源符号数量占全体信源符号数量的比例。由于第1步后尺寸为1的全部节点都被认为有待恢复，基于定理4.2.5，所有信源符号的度值之和为

$$\frac{\frac{1}{2}k\cdot(1-\epsilon)\cdot c_e}{1-\epsilon}=\frac{1}{2}kc_e \tag{4.3.26}$$

由于第2步中的选择是随机选择，因此属于尺寸为1的节点的信源符号的平均度值为 $\frac{1}{2}c_e$。注意到属于尺寸为1的节点的信源符号数量占全体信源符号数量的比例可以表示为 $\frac{\epsilon}{(1-\epsilon)(1-\alpha'_0)+\epsilon}$，将尺寸为1的节点和尺寸为2的节点的结果结合，定理得证。■

恢复 s 个信源符号所需要传输的编码符号的数量的期望可以由下述定理推导得到。

定理 4.3.7：对于信道删除概率 ϵ 和恢复的信源符号数量 s，定义所需编码符号数量为 $N_{\mathrm{eItr}}(s,\epsilon)$，则其期望可以表示为

$$\mathbb{E}(N_{\mathrm{eItr}}(s,\epsilon)) = \frac{1}{2}k + \frac{1}{4}\cdot\frac{kc_{\mathrm{e}}}{1-\epsilon} + \frac{1}{(1-\epsilon)\alpha_0} + \frac{1-\frac{1}{2}d_{\mathrm{eI}}}{1-\epsilon}\cdot\sum_{i=1}^{s-k\alpha_0}\frac{1}{P(s_i-k\alpha_0)} \tag{4.3.27}$$

证明：证明过程同定理 4.3.3，此处不再赘述。■

注意：当 $\epsilon=0$ 时，c_{e} 退化为式（4.3.2）中的 c，d_{eI} 退化为定理 4.3.2 中的 d_{I}，$N_{\mathrm{eItr}}(s,\epsilon)$ 退化为定理 4.3.3 中的 $N_{\mathrm{Itr}}(s)$。

4.3.1.4　相关仿真结果

本节将给出 IOFC 与传统在线喷泉码及其他基于反馈的喷泉码方案的性能对比。

如图 4.3.2 所示，比较了 IOFC 与传统在线喷泉码（COFC）的 BER 性能随译码开销的变化情况。

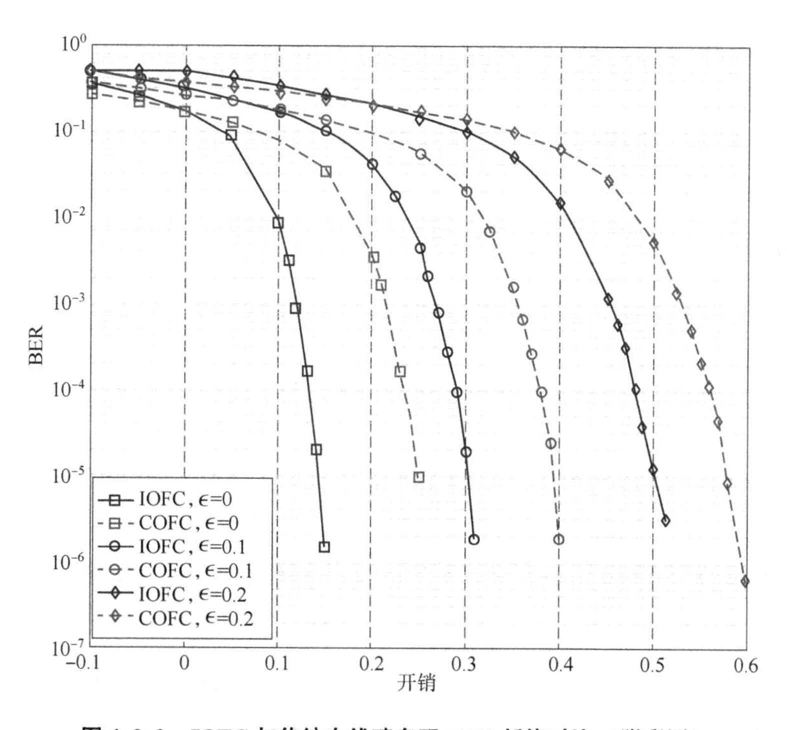

图 4.3.2　IOFC 与传统在线喷泉码 BER 新能对比（附彩图）

图中，信源符号数量设置为 $k=1\ 000$，$\alpha_0=0.5$，ϵ 从 0 变化到 0.2。对于这两种方案，我们在 BER 低至 10^{-5} 的位置都没有观察到明显的错误平层，这从另一方面体现了反馈的作用。此外，可以发现 IOFC 在低误码率区域有着比传统在线喷泉码更好的误码率性能。在 BER 低至 10^{-5} 时，若设置 ϵ 为 0、0.1、0.2，IOFC 相比传统在线喷泉码能减少的译码开销分别为 40%、23.08% 和 13.79%。由于建立阶段的非随机选择，IOFC 在译码开

销上的改进随着信道删除概率的增加变得不再明显，IOFC 仍然在实际的译码开销区段比传统在线喷泉码有优势。为了进一步证明这个结论，我们在图 4.3.3 中给出了两种编码方案在不同信道删除概率下译码开销的对比。其中，N_T 为完成译码所需的发送符号数，信道删除概率从 0 变化到 0.50，而 IOFC 的译码开销在这个区段中始终小于传统在线喷泉码。

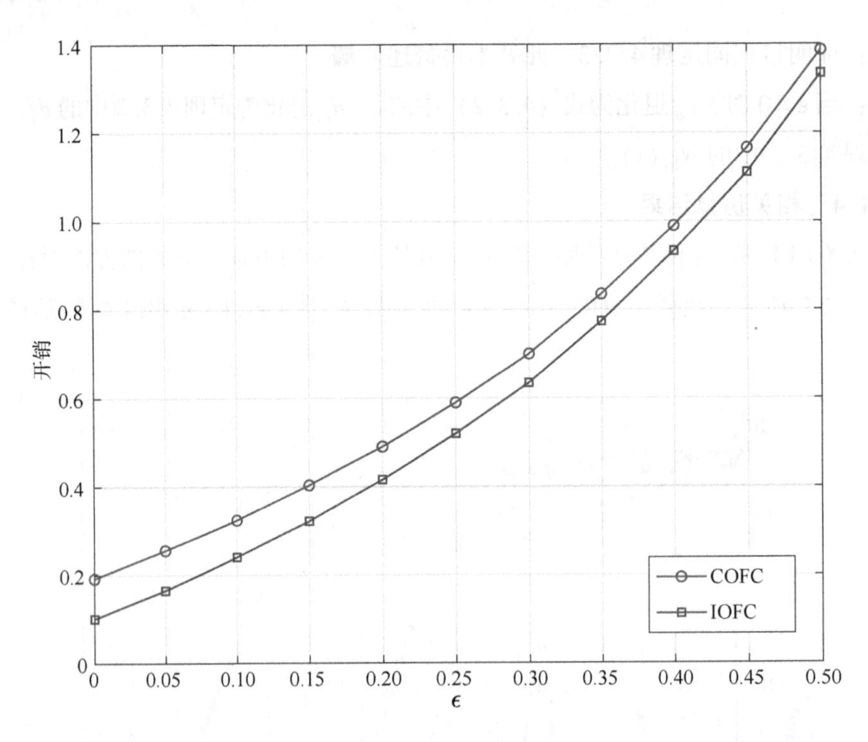

图 4.3.3　两种编码方案在不同信道删除概率下译码开销的对比

接下来，将 IOFC 与其他基于反馈的喷泉码方案进行对比。我们将信源符号数量设置为 $k=512$，$\epsilon=0.1$。对于 IOFC 和传统在线喷泉码（COFC），$\alpha_0=0.5$。我们还对比了文献［4］中的量化距离方案，和文献［5］中基于在线喷泉码的改进方案。对比结果如表 4.3.1、图 4.3.4 所示。表 4.3.1 中展现了不同编码方案的译码开销和所需的反馈次数。由表中可见，IOFC 的译码开销优于传统在线喷泉码和量化距离方案，只比文献［5］中的改进方案略差；其反馈次数也少于传统在线喷泉码，和量化距离方案相似，而比文献［5］中的改进方案略差。然而，中间性能同样是基于反馈的喷泉码追求的性能之一。图 4.3.4 体现了不同编码方案的中间性能，可以看到，译码开销和反馈次数最少的文献［5］方案的译码性能同样存在全或无特性，几乎没有部分恢复能力和实时译码能力。IOFC 的中间性能虽然相比传统在线喷泉码有了弱化，但仍具有一定的部分恢复能力和实时译码能力。

表 4.3.1 不同基于反馈的喷泉码方案的译码开销和反馈性能对比

编码方案	$(N_T-k)/k$	反馈次数
量化距离方案[4] ($s=50$)	0.49	15.1
COFC	0.32	21.0
IOFC	0.24	16.9
改进的在线喷泉码[5]	0.18	9.5

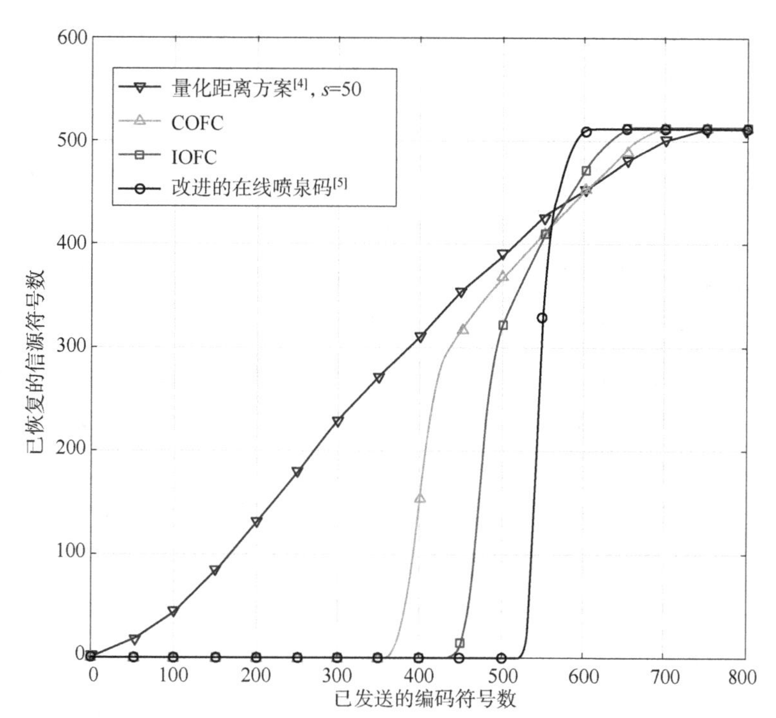

图 4.3.4 不同基于反馈的喷泉码方案的中间性能对比（附彩图）

从上面的性能对比中也可以发现，对于基于反馈的喷泉码方案来说，中间性能和全恢复性能是一对互相权衡的性能，中间恢复性能好的方案往往全恢复性能差，反之亦然。后续章节将进一步研究这一对性能的权衡关系。

4.3.2 取消建立阶段的在线喷泉码

为了提升在线喷泉码的中间性能，本节提出一种取消建立阶段的在线喷泉码（online fountain coding scheme without build－up phase，OFCNB）。通过对传统在线喷泉码的建立阶段进行深入分析，我们发现了传统在线喷泉码的建立阶段影响了其中间性能。通过取消建立阶段并对该编码方案进行改进，我们获得了更好的中间恢复性能。进一步，我们对 OFCNB 的两种特殊情况进行了理论分析，并将其推广到一般情况。通过仿真，我们证明了理论分析的正确性和所提方案的有效性。

4.3.2.1 编码传输方案

显然，在传统在线喷泉码的编码方案中，在建立阶段发送度值为1的编码符号之前，没有信源节点可以转变为黑色。也就是说，在建立阶段结束之前，没有信源符号能完成恢复。这一特点使得编码方案的中间性能有所下降。如果首先发送度值为1的编码符号，那么建立阶段中建立最大集团的过程就会变成信源符号的部分恢复，从而提升中间性能。此外，从图4.2.2中可以看出，一个度值为 m 的编码符号属于情况1或情况2的概率是随着恢复比例 β 变化的。当恢复比例 $\beta<0.5$ 时，最优度值为2。因此，即使将建立阶段取消，在恢复比例 $\beta<0.5$ 时，编码器的操作也不会改变。此外，注意到译码器在建立阶段和完成阶段采用相同的译码规则，因此译码图的演进过程也不会发生变化。受上述事实的启发，我们提出了OFCNB。

首先，编码器随机均匀选择一个信源符号作为度值为1的编码符号，直到接收端的译码器完成 $k\gamma_0$ 个信源符号的恢复。其中，γ_0 是人为设置的参数，$0<\gamma_0\leqslant 1$。然后，接收机产生反馈给发送端，编码器根据式（4.1.1）计算对 $\beta=\gamma_0$ 最优的 $\hat{m}$，以其作为编码符号的度值。剩下的编码流程与4.1节中传统在线喷泉码完成阶段的流程相同。

通过调整的 γ_0 取值，我们可以实现中间性能和全恢复性能之间的权衡。通常来说，设置一个较大的 γ_0 意味着可获得更好的中间性能，但会增加译码开销，反之亦然。需要注意的是，OFCNB 译码开销的下界与传统在线喷泉码相同，而其中间性能比传统在线喷泉码更好；对 IOFC 来说，其译码开销的上界和传统在线喷泉码相同，而中间性能更差。所以，OFCNB 和 IOFC 两种方案本身也是对中间性能和全恢复性能的权衡。接下来，详细讨论OFCNB 中参数 γ_0 的影响，并对该方案进行性能分析。

4.3.2.2 性能分析

本节基于4.2节的理论分析方法，对 OFCNB 的性能进行讨论和分析。由于 OFCNB 的性能受 γ_0 的取值影响，因此分为 $\gamma_0\to 0$ 和 $0.5<\gamma_0\leqslant 1$ 两种特殊情况进行讨论，进而将其推广到一般情况。

1. OFCNB 在 $\gamma_0\to 0$ 时的性能

在 OFCNB 编码过程的开始阶段，编码端产生并发送随机生成的度值为1的编码符号。定义恢复 s_1 个信源符号所需的度值为1的编码符号数量的期望为$\mathbb{E}(N_{\text{small1}}(s_1))$，我们可以推导得出下述定理。

定理4.3.8：当 $k\to\infty$ 时，$\mathbb{E}(N_{\text{small1}}(s_1))$满足：

$$\mathbb{E}(N_{\text{small1}}(s_1))\approx s_1 \tag{4.3.28}$$

证明：我们可以使用球入管理论推导这个结果。把信源符号看作筐，把编码符号看作球。一个信源符号被选择为度值为1的编码符号，可以看作一个球被随机投进了该信源符号对应的筐里。因此，$\mathbb{E}(N_{\text{small1}}(s_1))$等于使 s_1 个筐非空所需的球的个数。当已经有 $i-1$ 个非空的筐时，定义事件 A_i 为“一个球被随机扔到空的筐里”，定义 Z_i 为使非空的筐数量加1所需的球的个数。显然，事件 A_i 发生的概率为 $\Pr(A_i)=\frac{k-i+1}{k}$，所以有

$$\mathbb{E}(Z_i)=\frac{1}{\Pr(A_i)}=\frac{k}{k-i+1} \tag{4.3.29}$$

因此，

$$\begin{aligned}\mathbb{E}(N_{\text{small1}}(s_1)) &= \sum_{i=1}^{i=s_1}\mathbb{E}(Z_i) = \sum_{i=1}^{i=s_1}\frac{k}{k-i+1} \\ &\geqslant \sum_{i=1}^{i=s_1}\frac{k}{k}=s_1\end{aligned} \tag{4.3.30}$$

另外，我们同样可以得到

$$\begin{aligned}\mathbb{E}(N_{\text{small1}}(s_1)) &= \sum_{i=1}^{i=s_1}\frac{k}{k-i+1} \leqslant \sum_{i=1}^{i=s_1}\frac{k}{k-s_1+1} \\ &= \frac{s_1 k}{k-s_1+1}=\frac{s_1}{1-\frac{s_1}{k}+\frac{1}{k}}\end{aligned} \tag{4.3.31}$$

注意到 $\frac{s_1}{k}=\gamma_0$，而且当 $\gamma_0\to 0$ 和 $k\to\infty$ 时，有 $\frac{s_1}{1-\gamma_0+\frac{1}{k}}\to s_1$，因此 $\mathbb{E}(N_{\text{small1}}(s_1))\approx s_1$，定理得证。■

接着，编码过程进入完成阶段。我们将新提出的完成阶段分成两个阶段，即 $\gamma_0<\beta\leqslant 0.5$ 为第一完成阶段，$0.5<\beta\leqslant 1$ 为第二完成阶段。在第一完成阶段，恢复的信源符号数量和需要的编码符号数量期望之间的关系可以由下述定理表示。

定理4.3.9：定义在第一完成阶段中恢复 s_2 个信源符号所需的编码符号数量为 $N_{\text{small2}}(s_2)$，其期望可以表示为

$$\mathbb{E}(N_{\text{small2}}(s_2))=-\frac{k^2\ln\left(1-\frac{s_2}{k}\right)}{2s_2} \tag{4.3.32}$$

证明：在第一完成阶段，从图4.2.2中可以发现编码器只生成和发送度值为2的编码符号。当 γ_0 很小且可以忽略时，第一完成阶段中译码图的演进过程与传统在线喷泉码的建立阶段相似。

在传统在线喷泉码的建立阶段，译码图的演进受信源符号平均度值 c 的影响。根据随机图理论[6]，我们可以将这个过程描述如下：

（1）当 $0<c<1$ 时，接收到的度值为2的编码符号将建立多个尺寸为 $O(\ln(k))$ 的小集团。

（2）当 $c=1$ 时，这些小集团开始迅速联合，生成一个大尺寸集团。这个过程称为相变（phase transition）。

（3）当 $c>1$ 时，这个大尺寸集团变成最大集团，其尺寸为 $\Theta(k)$，而其他集团尺寸依旧很小，保持在 $O(\ln(k))$。

与定理4.2.1所述类似，在译码图演进过程中，定义大尺寸集团的归一化尺寸为 α，α 和 c 的关系满足下式：

$$\alpha+\mathrm{e}^{-c\alpha}=1 \tag{4.3.33}$$

式中，$0<\alpha<1$，$c>1$，且同样有

$$c=-\frac{\ln(1-\alpha)}{\alpha} \tag{4.3.34}$$

与之前类似，定义 N 为建立一个归一化尺寸为 α 的大尺寸集团所需的编码符号，其可以表示为

$$N=\frac{1}{2}kc=-\frac{k\ln(1-\alpha)}{2\alpha} \tag{4.3.35}$$

对于所提方案的第一完成阶段，因为 $\gamma_0 k$ 个信源符号已经完成恢复，其能连接到大尺寸集团的概率是 $1-(1-\alpha)^{\gamma_0 k}$。在实际使用中，这是一个很高的概率。因此，当这个大尺寸集团建立起来时，它就会以极高的概率转变为黑色。这样，传统在线喷泉码建立阶段中，小尺寸集团加入大尺寸集团这一过程，在OFCNB的第一完成阶段，就成了这些小尺寸集团也被转变为黑色。因此，原先大尺寸集团尺寸成长的过程就可以被视为完成恢复的信源符号数量增加，而大集团的尺寸就是恢复的信源符号数量，即 α 和 s_2 之间的关系满足下式：

$$\alpha=\frac{s_2}{k} \tag{4.3.36}$$

将式（4.3.36）代入式（4.3.35），可得

$$\mathbb{E}(N_{\mathrm{small2}}(s_2))=N=-\frac{k\ln\left(1-\frac{s_2}{k}\right)}{2\frac{s_2}{k}}=-\frac{k^2\ln\left(1-\frac{s_2}{k}\right)}{2s_2} \tag{4.3.37}$$

定理得证。■

对于OFCNB的第二完成阶段，恢复的信源符号数量和所需的编码符号数量之间的关系与传统在线喷泉码相同。利用与4.2.3节相似的方法，我们可以得到如下定理。

定理4.3.10：定义在第二完成阶段恢复 s_3 个信源符号所需的编码符号数量为 $N_{\mathrm{small3}}(s_3)$，其期望可以表示为

$$\mathbb{E}(N_{\mathrm{small3}}(s_3))=\left(1-\frac{1}{4}c_0\right)\cdot\sum_{n=\frac{1}{2}k}^{s_3+\frac{1}{2}k-1}\frac{1}{P_{\mathrm{M}}(n)} \tag{4.3.38}$$

式中，c_0 是恢复比例为 α_0 时的信源符号平均度值；$P_{\mathrm{M}}(n)$ 是完成阶段中当 n 个信源符号已恢复时，发送的编码符号属于情况 1 或情况 2 的概率。与式（4.2.34）不同，由于没有建立阶段，因此可将 $P_{\mathrm{M}}(n)$ 表示为

$$P_{\mathrm{M}}(n)=P_1\left(\hat{m},\frac{n}{k}\right)+P_2\left(\hat{m},\frac{n}{k}\right) \tag{4.3.39}$$

证明：由定理 4.3.7 可知，第二完成阶段恢复一个信源符号需要一个有效编码符号。第一完成阶段中，属于小尺寸集团的边与传统在线喷泉码中建立阶段的建立边相同。由于当 $\beta=0.5$ 时，最优度值不再是 2，即第二完成阶段不再与传统在线喷泉码中的建立阶段相同。所以，属于小尺寸集团的边的数量等于传统在线喷泉码中当 $\alpha_0=0.5$ 时的建立边的数量。由式（4.2.32），有

$$\mathbb{E}(N_{\mathrm{c1},2}(n))=\left(1-\frac{1}{4}c_0\right)n \tag{4.3.40}$$

式中，$c_0=-\dfrac{\ln(1-\beta_0)}{\beta_0}=1.3863$。所以，在完成阶段中恢复 n 个信源符号需要属于情况 1 或情况 2 的编码符号的个数为

$$\mathbb{E}(N_{\mathrm{ca1},2}(n))-\mathbb{E}(N_{\mathrm{ca1},2}(n-1))=1-\frac{1}{4}c_0 \tag{4.3.41}$$

当第二完成阶段内恢复了 s_0 个信源符号时，考虑到之前的编译码流程，恢复的信源符号总数为 $s_0+\dfrac{1}{2}k$，则此时一个编码符号属于情况 1 或情况 2 的概率为

$$P_{\mathrm{M}}\left(s_0+\frac{1}{2}k\right)=P_1\left(\hat{m},\frac{s_0+\frac{1}{2}k}{k}\right)+P_2\left(\hat{m},\frac{s_0+\frac{1}{2}k}{k}\right) \tag{4.3.42}$$

因此恢复一个信源符号总共需要发送 $\left(1-\dfrac{1}{4}c_0\right)\cdot\left[P_{\mathrm{M}}\left(s_0+\dfrac{1}{2}k\right)\right]^{-1}$ 个编码符号。当一个新的信源符号恢复之后，第二完成阶段恢复了 s_0+1 个信源符号。重复这一过程，由数学归纳法，可以有

$$\mathbb{E}(N_{\mathrm{small3}}(s_3))=\sum_{i=\frac{1}{2}k}^{s_3+\frac{1}{2}k-1}\frac{1-\frac{1}{4}c_0}{P_{\mathrm{M}}(i)}=\left(1-\frac{1}{4}c_0\right)\cdot\sum_{i=\frac{1}{2}k}^{s_3+\frac{1}{2}k-1}\frac{1}{P_{\mathrm{M}}(i)} \tag{4.3.43}$$

则定理得证。详细的证明过程与 4.2.3 节类似，在此不再赘述。■

最终我们可以得到 $\gamma_0\to 0$ 时，整个编译码过程中恢复的信源符号和所需的编码符号之间的关系。注意：在第一完成阶段之前，$\gamma_0 k$ 个信源符号已经完成恢复；在第二完成阶段之前，$\dfrac{1}{2}k$ 个信源符号已经完成恢复。

结合定理 4.3.8 ~ 定理 4.3.10，可以得到如下结论。

结果 4.3.1：当 $\gamma_0 \to 0$ 时，定义恢复 s 个信源符号需要的编码符号数量为 $N_s(s)$，其期望可以表示为

$$\mathbb{E}(N_s(s)) = \begin{cases} s, & 0 < s \leqslant \gamma_0 k \\ -\dfrac{k^2 \ln\left(1 - \dfrac{s - \gamma_0 k}{k}\right)}{2(s - \gamma_0 k)}, & \gamma_0 k < s \leqslant \dfrac{1}{2}k \\ \left(1 - \dfrac{1}{4}c_0\right) \cdot \displaystyle\sum_{i=\frac{1}{2}k}^{s-1} \dfrac{1}{P_M(i)} - \dfrac{k \ln\left(\dfrac{1}{2} + \gamma_0\right)}{1 - 2\gamma_0}, & \dfrac{1}{2}k < s \leqslant k \end{cases} \tag{4.3.44}$$

由于 $\gamma_0 \to 0$，因此式（4.3.44）可简化为

$$\mathbb{E}(N_s(s)) = \begin{cases} s, & 0 < s \leqslant \gamma_0 k \\ -\dfrac{k \ln\left(1 - \dfrac{s}{k}\right)}{2\dfrac{s}{k}}, & \gamma_0 k < s \leqslant \dfrac{1}{2}k \\ \left(1 - \dfrac{1}{4}c_0\right) \cdot \displaystyle\sum_{i=\frac{1}{2}k}^{s-1} \dfrac{1}{P_M(i)} + k \ln 2, & \dfrac{1}{2}k < s \leqslant k \end{cases} \tag{4.3.45}$$

对于传统在线喷泉码，将 $\alpha_0 = 0.5$ 代入式（4.2.37）可得

$$\mathbb{E}(N_{tr}(s)) = k \ln 2 + \left(1 - \frac{1}{4}c_0\right) \cdot \sum_{i=\frac{1}{2}k}^{s-1} \frac{1}{P_M(i)}, \quad 0.5k < s \leqslant k \tag{4.3.46}$$

注意到当 $k\ln 2$ 个编码符号被发送之前，接收端无法恢复任何信源符号。将式（4.3.45）与式（4.3.46）对比，可以得到如下结论。

结论 4.3.1：当 $\gamma_0 \to 0$ 时，相比传统在线喷泉码，OFCNB 有相似全恢复译码开销和更好的中间性能。

2. OFCNB 在 $0.5 \leqslant \gamma_0 \leqslant 1$ 时的性能

一个较大的 γ_0 意味着先发送许多度值为 1 的编码符号，这将带来较好的中间性能。然而，随着已恢复的信源符号数量的增加，随机选择的度值为 1 的编码符号是一个已经完成恢复的信源符号的概率也增加了。显然，一个重复的编码符号对译码没有任何帮助，反而将导致全恢复译码开销的增加。为了分析性能，首先给出如下定理，分析恢复 $s_1(0 < s_1 \leqslant \gamma_0 k)$ 个信源符号需要的度值为 1 的编码符号的数量。

定理 4.3.11：当 $0.5 \leqslant \gamma_0 \leqslant 1$ 时，定义恢复 $s_1(0 < s_1 \leqslant \gamma_0 k)$ 个信源符号需要的度值为 1 的编码符号数量为 $N_{\text{large1}}(s_1)$，其期望可以表示为

$$\mathbb{E}(N_{\text{large1}}(s_1)) = k\ln\frac{k}{k - s_1} \tag{4.3.47}$$

证明：由于编码符号是对信源符号随机选择而产生的，信源符号度分布可以近似表示为泊松分布。某个信源符号的度值为 d 的概率可以表示为

$$P(X = d) = \frac{c^d}{d!}\mathrm{e}^{-c} \tag{4.3.48}$$

式中，c——信源符号的平均度值。

因为这个阶段中只有度值为 1 的编码符号产生，所以一旦某个信源符号被选择为编码符号，接收端就可以立刻恢复这个信源符号。因此，只有从未被选择过的信源符号不能在接收端恢复，而这些信源符号的度值为 0，那么接收端可以恢复的信源符号的比例就是度值不为 0 的信源符号的概率，即

$$\begin{aligned}\mathbb{E}\left(\frac{s_1}{k}\right) &= P(X \neq 0) = 1 - P(X = 0)\\ &= 1 - \frac{c^0}{0!}\mathrm{e}^{-c} = 1 - \mathrm{e}^{-c}\end{aligned} \tag{4.3.49}$$

由于产生一个度值为 1 的编码符号将会使信源符号的平均度值增加$\frac{1}{k}$，于是有

$$c = \frac{N_{\text{large1}}}{k} \tag{4.3.50}$$

所以

$$\mathbb{E}\left(\frac{s_1}{k}\right) = 1 - \exp\left(-\frac{N_{\text{large1}}}{k}\right) \tag{4.3.51}$$

定理得证。■

我们同样可以发现，因为这个阶段产生的编码符号度值为 1，所以度值大于 1 的信源符号产生了至少 1 个重复的编码符号。

定理 4.3.12：当 $0.5 \leqslant \gamma_0 \leqslant 1$ 时，在完成阶段，定义恢复 $s_2(0 < s_2 < (1 - \gamma_0)k)$ 个信源符号所需的编码符号数量为 $N_{\text{large2}}(s_2)$，其期望可以表示为

$$\mathbb{E}(N_{\text{large2}}(s_2)) = \sum_{i=\gamma_0 k}^{s_2+\gamma_0 k-1}\frac{1}{P_{\mathrm{M}}(i)} \tag{4.3.52}$$

证明：基于定理 4.2.7，存在 3 种有效编码符号，平均每个有效编码符号都可以恢复一个信源符号。对于所提出的完成阶段，当 $0.5 \leqslant \gamma_0 \leqslant 1$ 时，发送端不会产生度值为 2 的编码

符号。此时，有效符号仅由情况 1 完成符号和情况 2 完成符号组成。当有 s_0 个信源符号在完成阶段被恢复时，整个编译码过程中共有 $s_0+\gamma_0 k$ 个信源符号被恢复，而一个编码符号属于情况 1 完成符号或情况 2 完成符号的概率为

$$P_{\mathrm{M}}(s_0+\gamma_0 k)=P_1\left(\hat{m},\frac{s_0+\gamma_0 k}{k}\right)+P_2\left(\hat{m},\frac{s_0+\gamma_0 k}{k}\right) \tag{4.3.53}$$

为了多恢复一个信源符号，需要的编码符号的期望数量为$[P_{\mathrm{M}}(s_0+\gamma_0 k)]^{-1}$。重复这个恢复过程，直到 $s_2+\gamma_0 k$ 个信源符号完成恢复，则定理得证。■

结合定理 4.3.11 和定理 4.3.12，我们可以得到对整个编译码过程的性能分析。

结果 4.3.2：当$0.5\leqslant\gamma_0\leqslant 1$ 时，定义恢复 s 个信源符号需要的编码符号数量为 $N_1(s)$，其期望可以表示为

$$\mathbb{E}(N_1(s))=\begin{cases}k\ln\dfrac{k}{k-s}, & 0<s\leqslant\gamma_0 k\\ \displaystyle\sum_{i=\gamma_0 k}^{s-1}\frac{1}{P_{\mathrm{M}}(i)}-k\ln(1-\gamma_0), & \gamma_0 k<s\leqslant k\end{cases} \tag{4.3.54}$$

比较结果 4.3.1 和结果 4.3.2，我们可以得到如下定理。

定理 4.3.13：定义恢复$\frac{1}{2}k$ 个信源符号需要的编码符号数量为 $N_{\frac{1}{2}k}$，对任意 γ_0，我们有

$$\mathbb{E}(N_{\frac{1}{2}k})=k\ln 2 \tag{4.3.55}$$

证明：当$0.5\leqslant\gamma_0\leqslant 1$ 时，发送端在 $s=\frac{1}{2}k$ 之前只生产度值为 1 的编码符号。由文献[7]可知，在恢复比例$\beta\leqslant 0.5$ 时只产生度值为 1 的编码符号，可以获得最优的中间性能。因此，当$s\leqslant 0.5k$ 时，$\mathbb{E}(N_1(s))$是恢复 s 个信源符号所需的编码符号数量的下界。

当 $\gamma_0\to 0$ 时，发送端几乎不产生度值为 1 的信源符号，因此其中间性能最差，所以当 $s\leqslant 0.5k$ 时，$\mathbb{E}(N_{\mathrm{s}}(s))$是恢复 s 个信源符号所需的编码符号数量的上界。

剩下的情况是上述两种情况的中间状态，即发送端既生成度值为 2 的编码符号，也生成度值为 1 的编码符号。因此，对任意 γ_0，恢复$\frac{1}{2}k$ 个信源符号需要的编码符号数量被$\mathbb{E}\left(N_1\left(\frac{1}{2}k\right)\right)$和$\mathbb{E}\left(N_{\mathrm{s}}\left(\frac{1}{2}k\right)\right)$界定，即

$$\mathbb{E}\left(N_1\left(\frac{1}{2}k\right)\right)\leqslant\mathbb{E}(N_{\frac{1}{2}k})\leqslant\mathbb{E}\left(N_{\mathrm{s}}\left(\frac{1}{2}k\right)\right) \tag{4.3.56}$$

当 $\gamma_0\to 0$ 时，由结果 4.3.1 可知

$$\mathbb{E}\left(N_s\left(\frac{1}{2}k\right)\right) = -\frac{k\ln\frac{1}{2}}{2\cdot\frac{1}{2}} = -k\ln\frac{1}{2} = k\ln 2 \tag{4.3.57}$$

当 $0.5 \leqslant \gamma_0 \leqslant 1$ 时，由结果 4.3.2 可知

$$\mathbb{E}\left(N_1\left(\frac{1}{2}k\right)\right) = k\ln\frac{k}{k-\frac{1}{2}k} = k\ln 2 = \mathbb{E}\left(N_s\left(\frac{1}{2}k\right)\right) \tag{4.5.58}$$

因此，

$$\mathbb{E}\left(N_1\left(\frac{1}{2}k\right)\right) = \mathbb{E}(N_{\frac{1}{2}k}) = \mathbb{E}\left(N_s\left(\frac{1}{2}k\right)\right) = k\ln 2 \tag{4.3.59}$$

■

基于上述结论，我们可以详细地讨论 γ_0 对性能的影响。首先，关注 $\beta<0.5$ 时的编译码过程。如果 γ_0 很小，那么编译码过程将受相变现象的影响，从而导致中间性能降低。如果 $\gamma_0 \leqslant 0.5$，则 γ_0 越大意味着发送端产生的度值为 1 的编码符号越多，接收端能够立即译码恢复的信源符号也越多，因此中间性能越好。如果 $\gamma_0>0.5$，那么发送端将在 $\beta>0.5$ 时产生更多的度值为 1 的编码符号，而这并不会进一步改善 $\beta<0.5$ 时的中间性能，因此其中间性能和 $\gamma_0=0.5$ 时相同。

当 $\beta=0.5$ 时，从定理 4.3.13 可以看出，恢复一半信源符号所需的编码符号数量对于不同的 γ_0 都是相同的。

最后，我们考虑 $\beta>0.5$ 时的编译码过程。比较式（4.3.38）和式（4.3.52）可以发现，γ_0 较小时需要的译码开销更少。如果 $\gamma_0>0.5$，则发送端在 $\beta>0.5$ 时仍产生度值为 1 的编码符号，但此时度值为 1 的编码符号属于情况 1 的概率变小了。因此，如果 $\gamma_0>0.5$，那么增加 γ_0 会导致译码开销增加。由上述讨论可以发现，设置 $\gamma_0>0.5$ 会导致比 $\gamma_0=0.5$ 更大的译码开销，而其中间性能和 $\gamma_0=0.5$ 时相同，因此这不是一个合适的选择。

综上所述，我们形成以下两个结论。

结论 4.3.2：如果 $\gamma_0 \leqslant 0.5$，较大的 γ_0 将带来更好的中间性能，也会导致更大的全恢复译码开销。反之亦然。

结论 4.3.3：γ_0 的取值不应大于 0.5。

我们也可以通过另一种方式分析 γ_0 取值的影响。如图 4.3.5 所示，我们给出了随机选择的度值为 m 的编码符号属于情况 1 的概率，即 $P_1(m,\beta)$。从图中可以发现，当 $\beta \leqslant 0.5$ 时，相较于其他所有度值，度值为 1 的编码符号属于情况 1 的概率最大。因为接收端可以立刻对属于情况 1 的编码符号完成译码，所以 $\beta \leqslant 0.5$ 时，$m=1$ 是对于中间性能最优的度值。

考虑到$\beta \leqslant 0.5$时，在所有编码符号中，$m=2$的编码符号属于情况1或情况2的概率最大，所以$m=2$是$\beta \leqslant 0.5$时对全恢复性能最优的度值。因此，在发送端随机选取信源符号产生编码符号的情况下，通过在$(0,0.5]$区间内调整γ_0的取值，OFCNB可以实现中间性能和全恢复性能间的最优权衡。这与结论4.3.2是相符的。另外，当$\beta > 0.5$时，$m=1$既不是对于中间性能最优的度值，也不是对于全恢复性能最优的度值，因此不应该将γ_0设置为0.5以上。这与结论4.3.3也相符。

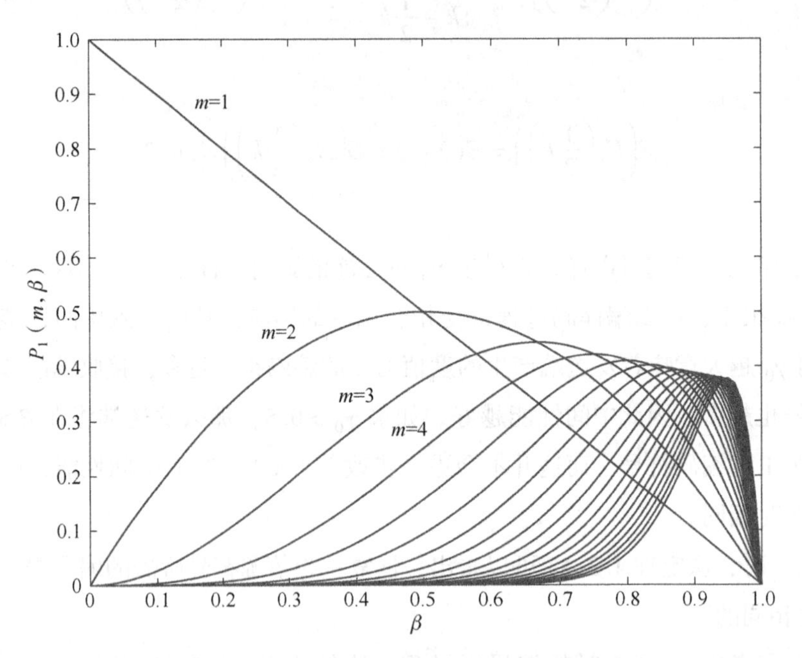

图4.3.5　$P_1(m,\beta)$的取值随β和m变化的情况

最后，我们将结论由上述两种特殊情况（$\gamma_0 \to 0$，$0.5 \leqslant \gamma_0 \leqslant 1$）推广到一般情况，即$0<\gamma_0<0.5$。对于这种情况，当$0<\beta<\gamma_0$时，发送端生成度值为1的编码符号，这个过程可以使用定理4.3.11进行分析。当$\gamma_0<\beta<0.5$时，发送端产生度值为2的编码符号，这个阶段即所提方案的第一完成阶段。最后，当$0.5 \leqslant \beta \leqslant 1$时，发送端产生度值为$\hat{m}$的编码符号，即所提方案的第二完成阶段。首先我们需要明确有多少度值为2的编码符号成了对第二完成阶段有帮助的建立边。

定理4.3.14：对于任意的$0<\gamma_0<0.5$，定义度值为2的编码符号引入的建立边的数量为N_B，其可以被表示为

$$N_B = \ln(2-2\gamma_0)k\hat{P}_u - \left(\frac{1}{2}-\gamma_0\right)k \tag{4.3.60}$$

式中，

$$\hat{P}_u \triangleq 1 - \frac{1}{2}\gamma_0^2 - \frac{1}{8} \tag{4.3.61}$$

证明：对于给定的$0<\gamma_0<0.5$，为了恢复$\frac{1}{2}k$个信源符号，由定理4.3.11可知，首先需要$-k\ln(1-\gamma_0)$个度值为1的编码符号；然后由定理4.3.13可知，$\mathbb{E}(N_{\frac{1}{2}k})=k\ln 2$。因此，发送端需要产生的度值为2的编码符号的数量为

$$k\ln 2+k\ln(1-\gamma_0)=\ln(2-2\gamma_0)k \tag{4.3.62}$$

定义产生的度值为2的编码符号是一个有效符号的概率为P_{u}。由于P_{u}随着恢复比例的变化而变化，其真实值很难计算，因此我们用其最大值和最小值的平均值作为近似。当$\beta=\gamma_0$时，P_{u}取到最大值；当$\beta=0.5$时，P_{u}取到最小值，所以P_{u}的估计值可以定义为$\hat{P}_{\mathrm{u}}=\frac{1}{2}\left(P_{\mathrm{M}}(\gamma_0k)+P_{\mathrm{M}}\left(\frac{1}{2}k\right)\right)$。由于$\beta\leqslant 0.5$时，编码符号的最优度值始终是2，因此有

$$\begin{aligned}P_{\mathrm{M}}(\beta)&=P_2(\beta)\\&=\binom{2}{1}\beta^{2-1}(1-\beta)+\binom{2}{2}\beta^{2-2}(1-\beta)^2\\&=1-\beta^2\end{aligned} \tag{4.3.63}$$

进而有

$$\hat{P}_{\mathrm{u}}=\frac{1}{2}\left(1-\gamma_0^2+1-\frac{1}{4}\right)=1-\frac{1}{2}\gamma_0^2-\frac{1}{8} \tag{4.3.64}$$

考虑到两个极端情况$P_{\mathrm{u}}=P_{\mathrm{M}}(\gamma_0)=1-\gamma_0^2$和$P_{\mathrm{u}}=P_{\mathrm{M}}\left(\frac{1}{2}\right)=\frac{3}{4}$，$\hat{P}_{\mathrm{u}}$和$P_{\mathrm{u}}$之间差距的最大值为$|\Delta|=|P_{\mathrm{u}}-\hat{P}_{\mathrm{u}}|=\frac{1}{8}-\frac{1}{2}\gamma_0^2$。

当发送端产生$\ln(2-2\gamma_0)k$个度值为2的编码符号时，其中有$\ln(2-2\gamma_0)k\hat{P}_{\mathrm{u}}$个编码符号属于情况1或情况2。这些编码符号没有被译码器丢弃，因此将对第一完成阶段剩余的$\left(\frac{1}{2}-\gamma_0\right)k$个信源符号有帮助；或者成为建立边，对第二完成阶段的信源符号恢复有帮助。显然，恢复$\left(\frac{1}{2}-\gamma_0\right)k$个信源符号只需要$\left(\frac{1}{2}-\gamma_0\right)k$个属于情况1或情况2的编码符号，剩下的没有被丢弃的编码符号都将成为建立边。■

接下来，分析第二完成阶段。

定理4.3.15：对于任意$\gamma_0(0<\gamma_0<0.5)$，定义在第二完成阶段恢复s_3个信源符号需要的编码符号数量为$N_{\mathrm{general3}}(s_3)$，其期望可表示为

$$\mathbb{E}(N_{\mathrm{general3}}(s_3))=\left(1-\frac{2N_{\mathrm{B}}}{k}\right)\cdot\sum_{i=\frac{1}{2}k}^{s_3+\frac{1}{2}k-1}\frac{1}{P_{\mathrm{M}}(i)} \tag{4.3.65}$$

证明：由定理4.2.7可知，为了在第二完成阶段恢复一个信源符号，平均需要一个有效

编码符号。由定理 4.3.14 可知，在第一完成阶段引入的建立边的数量为 N_B，这些建立边对剩下的$\frac{1}{2}k$ 个信源符号的恢复有帮助。所以，与每个信源符号有关的建立边平均为$\frac{2N_B}{k}$，进而得到恢复一个信源符号所需的情况 1 完成符号或情况 2 完成符号的个数为 $1-\frac{2N_B}{k}$。与定理 4.3.10 和定理 4.3.12 类似，采用数学归纳法，定理得证。■

最后，分析第一完成阶段。由前述已知，发送端在这个阶段产生了 $\ln(2-2\gamma_0)k$ 个度值为 2 的编码符号，接收端恢复了$\left(\frac{1}{2}-\gamma_0\right)k$ 个信源符号。因此，接收到一个度值为 2 的编码符号平均可以恢复的信源符号数为

$$\frac{\left(\frac{1}{2}-\gamma_0\right)k}{\ln(2-2\gamma_0)k}=\frac{\frac{1}{2}-\gamma_0}{\ln(2-2\gamma_0)} \tag{4.3.66}$$

■

我们用这个数值作为近似，得到如下结论。

结论 4.3.4：对于任意给定的 $0<\gamma_0<0.5$，定义在第一完成阶段恢复 s_2 个信源符号所需的编码符号数量为 $N_{\text{general2}}(s_2)$，其期望可以表示为

$$\mathbb{E}(N_{\text{general2}}(s_2))=\frac{s_2\cdot\ln(2-2\gamma_0)}{\frac{1}{2}-\gamma_0} \tag{4.3.67}$$

结合定理 4.3.11、定理 4.3.15 和结论 4.3.4，我们可以分析整个编译码过程。

结果 4.3.3：对于任意给定的 $\gamma_0(0<\gamma_0<0.5)$，定义恢复 s 个信源符号所需的编码符号数量为 $N_g(s)$，其期望可以表示为

$$\mathbb{E}(N_g(s))=\begin{cases} k\ln\left(\frac{k}{k-s}\right), & 0<s\leqslant\gamma_0 k \\ \frac{(s-\gamma_0 k)\cdot\ln(2-2\gamma_0)}{\frac{1}{2}-\gamma_0}-k\ln(1-\gamma_0), & \gamma_0 k<s\leqslant\frac{1}{2}k \\ k\ln 2+\left(1-\frac{2N_B}{k}\right)\cdot\sum\limits_{i=\frac{1}{2}k}^{s-1}\frac{1}{P_M(i)}, & \frac{1}{2}k<s\leqslant k \end{cases} \tag{4.3.68}$$

简单起见，上述理论分析都是在无损信道下推导的。然而，由于信源符号的选择是随机而均匀的，信源符号的度值分布为泊松分布，而随机丢包之后的泊松分布仍然是泊松分布，因此这些分析可以很直接地推广到删除信道。定义信道删除概率为 ϵ，上述结论只需要额外除以 $1-\epsilon$，就可以得到删除信道中的相应结果。

4.3.2.3　仿真结果

如图4.3.6所示为$\gamma_0=0.01, 0.3, 0.5$的OFCNB理论结果与仿真结果的对比，分别对应$\gamma_0 \to 0$、$0<\gamma_0<0.5$和$0.5 \leqslant \gamma_0 \leqslant 1$三种情况，图中还给出了$\alpha_0=0.5$的传统在线喷泉码作为对比项。其中，信源符号数量$k=1\ 000$，信道删除概率$\epsilon=0$。由图4.3.6可以发现，对于三种情况，理论结果和仿真结果都吻合得比较好。同时可以发现，对于OFCNB来说，恢复半数信源符号需要的编码符号数量总是$k\ln 2 \approx 694$，这与定理4.3.13中得出的结论相符。与传统在线喷泉码相比，$\gamma_0=0.01$时的OFCNB以几乎相同的全恢复译码开销实现了更好的中间恢复性能。当$\beta>0.5$时，$\gamma_0=0.01$的OFCNB曲线和传统在线喷泉码重合，这说明OFCNB的第二完成阶段与传统在线喷泉码的完成阶段相同。此外，γ_0越大，OFCNB的中间性能越好，但全恢复译码开销也越大，这也与前述提到的性能权衡相符。

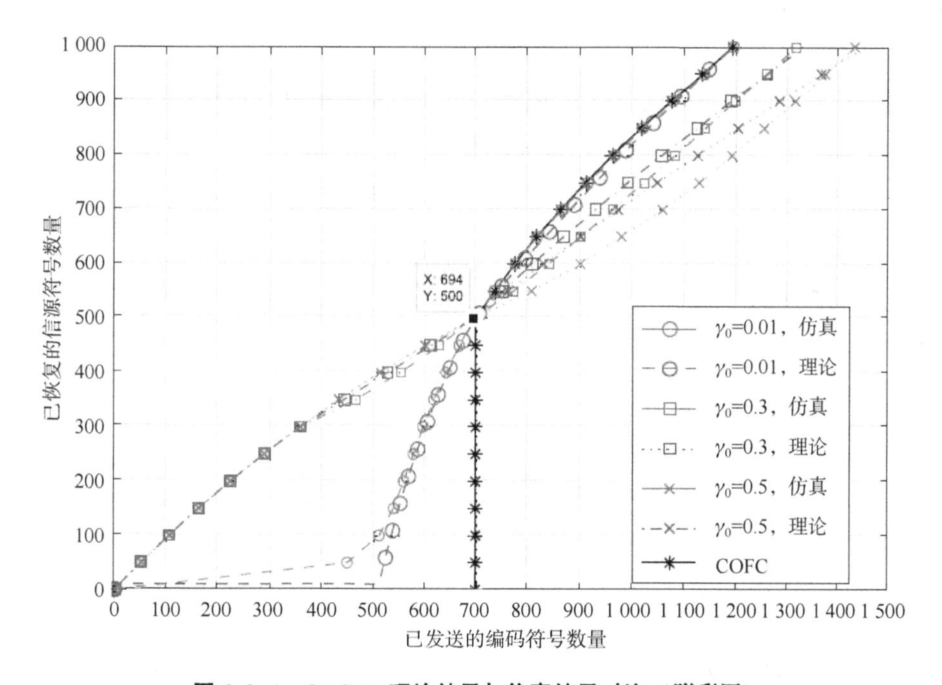

图4.3.6　OFCNB理论结果与仿真结果对比（附彩图）

4.3.3　系统在线喷泉码

受4.3.2节的启发，本节提出系统在线喷泉码（systematic online fountain codes, SOFC）。此外，本节还分析SOFC的性能，并将其与传统在线喷泉码进行比较。

4.3.3.1　编码传输方案

从4.3.2节中发现，OFCNB已经实现了全恢复性能和中间性能的权衡。但是，受到对信源符号随机选择的影响，OFCNB的性能仍然有待提高。当γ_0很小时，如定理4.3.9的证明过程所述，对信源符号的随机选择导致相变现象的产生。在相变现象发生前，译码图中将出现很多小的集团，它们不会立即被转变为黑色。因此，此时中间性能的改进相当有限。当 γ_0 很大时，如定理 4.3.11 的证明过程所述，由于随机选择的度值为 1 的编码符号成为冗余符号的概率很大，此时 OFCNB 的全恢复译码开销比传统在线喷泉码更大。

通过对 OFCNB 的观察，我们可以进一步研究随机选择对于中间性能和全恢复性能的影响。注意到好的中间性能意味着很多信源符号可以被立即恢复，而由于对信源的随机选择，这之后产生的编码符号更有可能由多个已经被恢复的信源符号异或产生，从而为非有效编码符号。这将导致更大的译码开销。因为同样的原因，如果我们以降低全恢复译码开销为目的，产生更多有效编码符号，恢复比例将在很长时间内维持在一个较低水平。因此，我们认为对信源符号的随机选择是中间性能和全恢复性能存在权衡、不能同时得到改善的原因。

因此，我们试着改变信源符号的选取规则，从而降低随机选择造成的影响。对于首先传输的度值为 1 的编码符号，我们对每个信源符号只选择一次，从而不会出现重复选取的编码符号。此时，所有度值为 1 的编码符号都是有效的，发送端可以尽可能多地产生这种符号。以此为基础，我们提出了系统 SOFC，编码方案如下。

- 系统化阶段：编码器按顺序连续选取信源符号成为编码符号，并将其发送，直到所有信源符号都被选择一次。

- 完成阶段：译码器统计恢复比例 β，并通过反馈告知编码器。编码器根据式（4.1.1）计算最优编码符号度值 $\hat{m}$，并随机选择 $\hat{m}$ 个信源符号产生一个编码符号。完成阶段的剩余部分与传统在线喷泉码相同。

4.3.3.2 性能分析

现在我们进行 SOFC 的性能分析。由于选取规则不再是随机的，因此 SOFC 的性能受到信道删除概率 ϵ 的影响，无损信道下的性能不再可以简单地推广到删除信道下。于是，我们直接分析删除信道下的性能。

定理 4.3.16：对于 SOFC，在系统化阶段，定义恢复 s_1 个信源符号所需的编码符号数量为 $N_{\text{sys1}}(s_1)$，其期望可以表示为

$$\mathbb{E}(N_{\text{sys1}}(s_1)) = \frac{s_1}{1-\epsilon} \tag{4.3.69}$$

证明：在系统化阶段，一旦一个度值为 1 的编码符号被成功接收，它就可以恢复一个信源符号。■

在完成阶段，信道删除概率有更大的影响。接下来，分情况进行讨论。我们考虑 $0 \leq \epsilon \leq 0.5$ 的情况，剩下两种情况（即 $0.5<\epsilon<1$ 和 $\epsilon \to 1$）与 OFCNB 相似，不再赘述。如果 $0 \leq \epsilon \leq 0.5$，则有 $1-\epsilon \geq 0.5$，因此完成阶段不会产生度值为 2 的编码符号。

定理 4.3.17：在 SOFC 的完成阶段，定义恢复 s_2 个信源符号所需的编码符号数量为 $N_{\mathrm{sys2}}(s_2)$，其期望可以表示为

$$\mathbb{E}(N_{\mathrm{sys2}}(s_2)) = \frac{1}{1-\epsilon} \cdot \sum_{i=(1-\epsilon)k}^{s+(1-\epsilon)k-1} \frac{1}{P_{\mathrm{M}}(i)} \tag{4.3.70}$$

式中，$P_{\mathrm{M}}(i)$ 见式（4.3.39）。

证明：当系统化阶段结束时，发送端产生并发送了 k 个度值为 1 的编码符号，其中 $(1-\epsilon)k$ 个编码符号被接收端接收，所以接收端恢复 $(1-\epsilon)k$ 个信源符号。因为这个阶段中所有编码符号都属于情况 1，所以不会引入建立阶段边。因此，在完成阶段，恢复一个信源符号平均需要一个情况 1 或情况 2 完成符号。当 $(1-\epsilon)k$ 个信源符号完成恢复时，一个编码符号属于情况 1 或情况 2 完成符号的概率可以被表示为 $P_{\mathrm{M}}((1-\epsilon)k)$。由数学归纳法，定理得证。■

当 $0.5<\epsilon<1$ 时，SOFC 的性能与 $0<\gamma_0<0.5$ 的 OFCNB 相似。其完成阶段可以细分为第一完成阶段和第二完成阶段，且第一完成阶段中，发送端产生并发送度值为 2 的编码符号，并在译码图中引入建立阶段边。当 $\epsilon \to 1$ 时，SOFC 的第一完成阶段与 $\gamma_0 \to 0$ 时的 OFCNB 相似。定义在第一完成阶段中恢复 s_2 个信源符号所需的编码符号数量为 $N_{\mathrm{sys2}}(s_2)$，在第二完成阶段中恢复 s_3 个信源符号所需的编码符号数量为 $N_{\mathrm{sys3}}(s_3)$，我们可以得到如下两个结论。

结论 4.3.5：当 $0.5<\epsilon<1$ 时，$N_{\mathrm{sys2}}(s_2)$ 的期望可以表示为

$$\mathbb{E}(N_{\mathrm{sys2}}(s_2)) = \frac{s_2 \cdot \ln(2\epsilon)}{\left(\epsilon-\frac{1}{2}\right)(1-\epsilon)} \tag{4.3.71}$$

$N_{\mathrm{sys3}}(s_3)$ 的期望可以表示为

$$\mathbb{E}(N_{\mathrm{sys3}}(s_3)) = \frac{k-2N_{\mathrm{B}\epsilon}}{k(1-\epsilon)} \cdot \sum_{i=\frac{1}{2}k}^{s_2+(1-\epsilon)k-1} \frac{1}{P_{\mathrm{M}}(i)} \tag{4.3.72}$$

式中，

$$N_{\mathrm{B}\epsilon} = \ln(2\epsilon)kP_{\mathrm{u}\epsilon} - \left(\epsilon-\frac{1}{2}\right)k \tag{4.3.73}$$

且

$$P_{\mathrm{u}\epsilon} = \frac{P_{\mathrm{M}}((1-\epsilon)k) + P_{\mathrm{M}}\left(\frac{1}{2}k\right)}{2} \tag{4.3.74}$$

结论 4.3.6：当 $\epsilon \to 1$ 时，$N_{sys2}(s_2)$ 的期望可以表示为

$$\mathbb{E}(N_{sys2}(s_2)) = -\frac{k^2 \ln\left(1 - \frac{s_2}{k}\right)}{2s_2(1-\epsilon)} \tag{4.3.75}$$

而 $N_{sys3}(s_3)$ 的期望可以表示为

$$\mathbb{E}(N_{sys3}(s_3)) = \frac{1 - \frac{1}{4}c_0}{1-\epsilon} \cdot \sum_{i=\frac{1}{2}k}^{s_3+\frac{1}{2}k-1} \frac{1}{P_M(i)} \tag{4.3.76}$$

证明：在 SOFC 的系统化阶段结束后，接收端恢复 $(1-\epsilon)k$ 个信源符号。对于 $0<\gamma_0<0.5$ 的 OFCNB 来说，度值为 1 的编码符号发送完毕后，接收端恢复了 $\gamma_0 k$ 个信源符号。将 $\gamma_0 = 1-\epsilon$ 代入，我们可以得到式（4.3.71）~式（4.3.76）。当 $\epsilon \to 1$ 时，SOFC 的完成阶段与 $\gamma_0 \to 0$ 时的 OFCNB 的第一完成阶段相同。■

结合定理 4.3.16、定理 4.3.17 和结论 4.3.6，我们可以得到如下结果。

结果 4.3.4：对于 SOFC，在给定信道删除概率 ϵ 时，定义恢复 s 个信源符号所需的编码符号数量为 $N_{sys}(s)$。当 $0 \leqslant \epsilon \leqslant 0.5$ 时，$N_{sys}(s)$ 的期望为

$$\mathbb{E}(N_{sys}(s)) = \begin{cases} \frac{s}{1-\epsilon}, & 0 < s \leqslant (1-\epsilon)k \\ k + \frac{1}{1-\epsilon} \cdot \sum_{i=(1-\epsilon)k}^{s-1} \frac{1}{P_M(i)}, & (1-\epsilon)k < s \leqslant k \end{cases} \tag{4.3.77}$$

当 $0.5 < \epsilon < 1$ 时，有

$$\mathbb{E}(N_{sys}(s)) = \begin{cases} \frac{s}{1-\epsilon}, & 0 < s \leqslant (1-\epsilon)k \\ k + \frac{(s-(1-\epsilon)k) \cdot \ln(2\epsilon)}{\left(\epsilon - \frac{1}{2}\right)(1-\epsilon)}, & (1-\epsilon)k < s \leqslant \frac{1}{2}k \\ k + \frac{k\ln(2\epsilon)}{1-\epsilon} + \frac{k - 2N_{B\epsilon}}{k(1-\epsilon)} \cdot \sum_{i=(1-\epsilon)k}^{s-1} \frac{1}{P_M(i)}, & \frac{1}{2}k < s \leqslant k \end{cases} \tag{4.3.78}$$

当 $\epsilon \to 1$ 时，有

$$\mathbb{E}(N_{sys}(s)) = \begin{cases} s, & 0 < s \leqslant \gamma_0 k \\ k - \frac{k^2 \ln\left(1 - \frac{s}{k}\right)}{2s(1-\epsilon)}, & \gamma_0 k < s \leqslant \frac{1}{2}k \\ k + \frac{k\ln 2}{1-\epsilon} + \frac{1 - \frac{1}{4}c_0}{1-\epsilon} \cdot \sum_{i=\frac{1}{2}k}^{s-1} \frac{1}{P_M(i)}, & \frac{1}{2}k < s \leqslant k \end{cases} \tag{4.3.79}$$

4.3.3.3　性能对比

由于 SOFC 的编码器会产生大量不重复的度值为 1 的编码符号，因此显然其比传统在线喷泉码和 OFCNB 有着更好的中间性能，即使 OFCNB 的 γ_0 设置得较大时也是如此。然而，SOFC 的全恢复性能受信道删除概率的影响。下述定理比较了三种编码方案（SOFC、OFCNB 和传统在线喷泉码）的权恢复性能及其与信道删除概率之间的关系。

定理 4.3.18：当 $\epsilon > \epsilon_0$ 时，对于 SOFC 和 $\alpha_0 = 0.5$ 的传统在线喷泉码，有 $\mathbb{E}(N_{\text{tr}}(k)) \leqslant \mathbb{E}(N_{\text{sys}}(k))$，其中，

$$\epsilon_0 = \frac{1}{2} - \frac{1}{8}c_0 \tag{4.3.80}$$

证明：当 $\epsilon \to 1$ 时，比较式（4.3.79）与式（4.3.46）可知，SOFC 与传统在线喷泉码的全恢复译码开销相似，因为与 $\dfrac{k\ln 2}{1-\epsilon} + \dfrac{1-\frac{1}{4}c_0}{1-\epsilon} \cdot \sum\limits_{i=\frac{1}{2}k}^{s-1} \dfrac{1}{P_{\text{M}}(i)}$ 相比，k 小到可以忽略。当 $0 \leqslant \epsilon < 1$ 时，由于恢复 k 个信源符号需要 k 个有效编码符号，而在完成阶段生成有效编码符号的概率对于 SOFC 和传统在线喷泉码相同，因此我们比较 SOFC 的系统化阶段和 COFC 的建立阶段产生的有效编码符号数量。对于 $\alpha_0 = 0.5$ 的传统在线喷泉码，建立阶段产生了 $k\ln 2$ 个编码符号。其中，$\frac{1}{2}k$ 个编码符号用于在建立阶段恢复 $\frac{1}{2}k$ 个信源符号；另外 $\frac{1}{4}c_0 \cdot \frac{1}{2}k = \frac{1}{8}kc_0$ 个编码符号是建立阶段边，将在完成阶段中对信源符号的恢复产生作用；其他的不是有效符号，将被接收端丢弃。总的来说，传统在线喷泉码的建立阶段一共产生了 $\frac{1}{2}k + \frac{1}{8}kc_0$ 个有效符号。对于 SOFC，只有系统化编码符号一定是有效的。因此，当超过 $\frac{1}{2}k + \frac{1}{8}kc_0$ 个系统化编码符号被成功接收时，有 $\mathbb{E}(N_{\text{sys}}(k)) < \mathbb{E}(N_{\text{tr}}(k))$，故有

$$(1-\epsilon_0)k = \frac{1}{2}k + \frac{1}{8}kc_0$$

$$\Rightarrow \epsilon_0 = \frac{1}{2} - \frac{1}{8}c_0 \tag{4.3.81}$$

定理得证。■

由上可见，当 $0 < \epsilon < \epsilon_0$ 时，SOFC 的全恢复性能和中间恢复性能都比传统在线喷泉码好。当 $\epsilon = \epsilon_0$ 时，SOFC 的中间恢复性能比传统在线喷泉码好，但两种方案的全恢复译码开销相同。当 $\epsilon_0 < \epsilon < 1$ 时，SOFC 的中间性能比传统在线喷泉码好，但需要的全恢复译码开销更多。当 $\epsilon \to 1$ 时，SOFC 的全恢复译码开销再次与传统在线喷泉码相同，但此时 SOFC

的中间恢复性能与 $\gamma_0 \to 0$ 时的 OFCNB 相同，所以 SOFC 的中间性能仍比传统在线喷泉码好。

4.3.3.4 仿真结果

图 4.3.7 给出了 SOFC 理论结果与仿真结果的对比。与 OFCNB 相同，我们仍设置信源符号数量 $k=1\ 000$。由于 SOFC 的性能受信道删除概率的影响，因此我们分别给出 $\epsilon=0.1$，0.4，0.7 三种信道删除概率下的结果，其中 $\epsilon=0.1$ 和 $\epsilon=0.4$ 对应 $0 \leqslant \epsilon \leqslant 0.5$ 的情况，而 $\epsilon=0.7$ 对应 $0.5<\epsilon<1$ 的情况。由于 $\epsilon \to 1$ 需要的全恢复译码开销无限大，所以这里没有给出。从图中可以看到，对于不同的信道删除概率，SOFC 的理论性能都和仿真结果吻合。此外，还可看出 SOFC 的性能随着信道删除概率的增加而恶化。

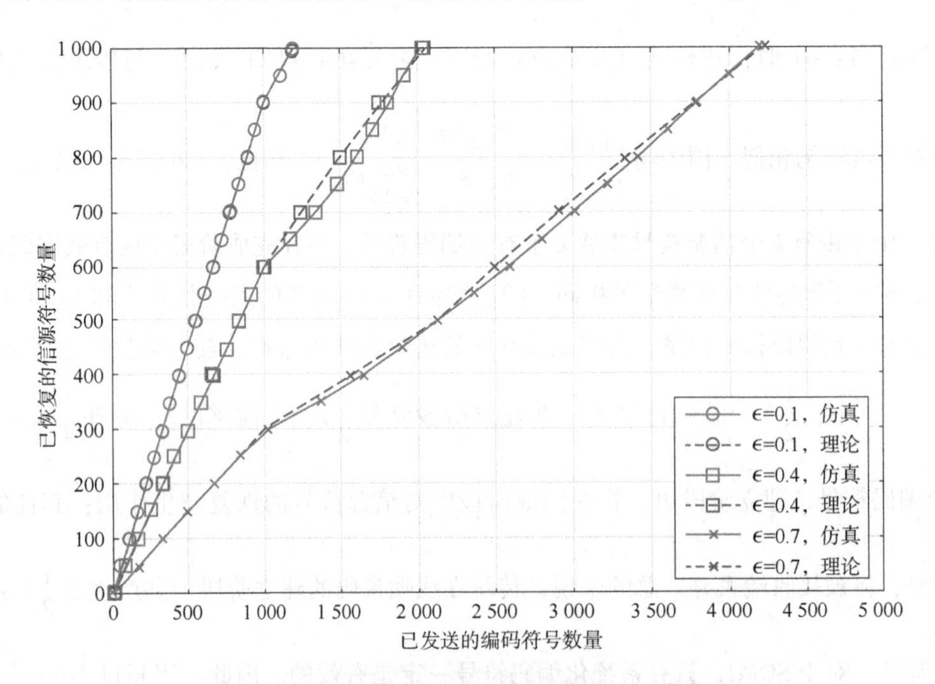

图 4.3.7 SOFC 理论结果与仿真结果对比（附彩图）

图 4.3.8 给出了 SOFC 和传统在线喷泉码在不同信道删除概率下的性能对比，信道删除概率设置为 $\epsilon=0.1$，0.326 7，0.5，其中 $\epsilon_0=\frac{1}{2}-\frac{1}{8}c_0\approx 0.326\ 7$。如前所述，当 $\epsilon=0.1<\epsilon_0$ 时，SOFC 的中间性能比传统在线喷泉码好很多，且其全恢复译码开销也低于传统在线喷泉码。当 $\epsilon=\epsilon_0=0.326\ 7$ 时，SOFC 仍比传统在线喷泉码有更好的中间性能。但此时，在 SOFC 的系统化阶段结束后，信源符号恢复的速度不如 $\epsilon=0.1$ 时那么快，所以其所需的全恢复译码开销与传统在线喷泉码相同。当 $\epsilon=0.5>\epsilon_0$ 时，SOFC 的完成阶段持续时间边长，其全恢复译码开销高于传统在线喷泉码，但是其中间性能依旧好于传统在线喷泉码。

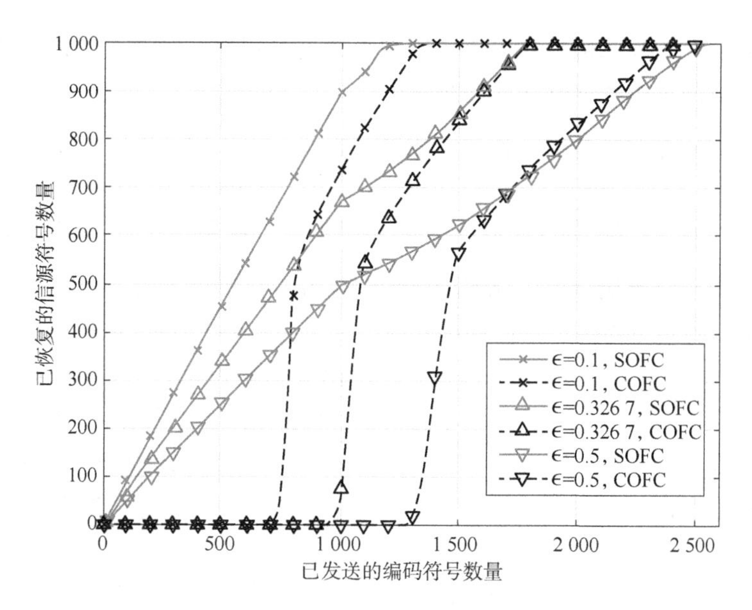

图 4.3.8　不同信道删除概率下 SOFC 与传统在线喷泉码性能对比（附彩图）

4.4　面向低成本接收机的在线喷泉码分析与设计

对于存储空间和计算能力有限的低成本接收机来说，良好的中间性能非常重要。对于中间性能不好的编码方案而言，接收机需要储存很多没有完全译码的编码符号。我们称接收端用来存储这些编码符号的存储空间为译码缓存。如果未完成译码的编码符号超过译码缓存的大小，那么译码器会从译码缓存中随机删除一个符号，然后用释放的空间存储一个新的编码符号。因此，对于译码缓存空间有限的低成本接收机而言，编码方案的全恢复性能会受到其中间恢复性能的影响。此外，对于中间性能不好的编码方案而言，当其接收到的编码符号数量接近全恢复译码开销时，大量被储存的编码符号需要参与译码，使得译码运算集中在一个很短的时间内进行。此时，由于低成本接收机的计算能力不足，其他计算任务就可能被搁置。在线喷泉码的中间性能优异，非常适合低成本接收机。然而，一方面，现有在线喷泉码方案没有考虑接收端译码缓存对存储开销的影响；另一方面，低成本接收机通常功耗有限，而在线喷泉码的传输过程中需要产生较多的反馈。因此，为了应对低成本接收机的实际需求，有必要降低在线喷泉码的译码缓存需求和反馈次数需求。

本节将首先分析在线喷泉码译码开销、恢复比例和译码缓存需求之间的关系，进而对在线喷泉码的最大译码缓存需求进行改进。通过对改进方案的性能分析，我们提出一种基于恢复比例预测的最优度值计算方法，可进一步降低在线喷泉码需要的反馈次数。

4.4.1　在线喷泉码存储开销分析

本节提出一种新的理论分析方法，通过分析在线喷泉码译码过程中的译码缓存占用量评估其中间性能。译码缓存占用量定义为接收端缓存中存储的未完成译码的编码符号的数量，

记为 M。对于传统在线喷泉码，M 等于译码图中的边的数量，而属于情况 1 的编码符号可以立刻完成译码，因而不需要存储在译码缓存中。

首先，从建立阶段开始分析。在建立阶段，译码图 $\mathcal{G}=G\left(k,\frac{c}{k}\right)$是一个有着 k 个顶点的随机图。图中，$\frac{k(k-1)}{2}$条可能的边中的每一条以概率$\frac{c}{k}$随机出现，其中 c 是信源符号平均度值，即一个信源符号被选择以生成编码符号的次数。在建立阶段，当度值为 2 的编码符号被接收端处理时，度值 c 增加，译码图中对应的两个节点间产生一条边，形成一个更大的集团。如 4.3 节所述，在译码图的演化过程中，将出现相变现象。当 $c<1$ 时，所有集团都很小，尺寸为 $O(\ln k)$。在 $c=1$ 时，这些小的集团开始互相连接，形成一个巨大集团。当 $c>1$ 时，译码图中存在一个尺寸为 $O(k)$的巨大集团，剩下的集团仍然很小，其尺寸为 $O(\ln k)$。注意到传统在线喷泉码建立阶段的结束需要巨大集团的出现，因此传统在线喷泉码中的参数 α_0 应该满足 $\alpha_0 k=O(k)$。

定义 n_{b} 为建立阶段中发送的编码符号数量，我们现在分析译码缓存占用量 M 与 n_{b} 之间的关系，以及恢复比例 β 与 n_{b} 之间的关系。

定理 4.4.1：β 和 n_{b} 之间的关系满足下式：

$$\beta(n_{\mathrm{b}})=\begin{cases}0, & 0<n_{\mathrm{b}}<\frac{1}{2}kc_0\\ \alpha_0, & n_{\mathrm{b}}=\frac{1}{2}kc_0\end{cases}\tag{4.4.1}$$

式中，

$$c_0=-\frac{1-\alpha_0}{\alpha_0}\tag{4.4.2}$$

而 M 和 n_{b} 之间的关系满足下式：

$$M(n_{\mathrm{b}})=\begin{cases}n_{\mathrm{b}}, & 0<n_{\mathrm{b}}\leqslant\frac{1}{2}k\\ \alpha(n_{\mathrm{b}})k+(1-\alpha(n_{\mathrm{b}}))^2 n_{\mathrm{b}}-1, & \frac{1}{2}k<n_{\mathrm{b}}<\frac{1}{2}kc_0\\ \frac{1}{2}(1-\alpha_0)^2 kc_0, & n_{\mathrm{b}}=\frac{1}{2}kc_0\end{cases}\tag{4.4.3}$$

式中，

$$\alpha(n_{\mathrm{b}})=\frac{W\left(-\frac{c(n_{\mathrm{b}})}{\mathrm{e}^{c(n_{\mathrm{b}})}}+c(n_{\mathrm{b}})\right)}{c(n_{\mathrm{b}})}\tag{4.4.4}$$

$$c(n_{\mathrm{b}})=\frac{2n_{\mathrm{b}}}{k}\tag{4.4.5}$$

而 $W(\cdot)$是朗伯 W 函数（Lambert W function）。

证明：建立阶段可以进一步分为三个阶段。

（1）当$0 < n_{\mathrm{b}} \leqslant \frac{1}{2}k$时，因为产生一个度值为2的编码符号需要选择两个信源符号，有$c = \frac{2n_{\mathrm{b}}}{k} < 1$。在这个阶段，因为$c < 1$，所有集团的尺寸都很小，为$O(\ln(k)) < \alpha_0 k$。因此，接收端恢复不出任何信源符号，且没有一个编码符号能够完全译码。此外，由于此时编码符号引入冗余的概率可以忽略，所有编码器不会丢弃任何一个编码符号。所以在此阶段中，所有接收到的编码符号都应该被存储在译码缓存中。于是，当$0 < n_{\mathrm{b}} \leqslant \frac{1}{2}k$时，有$\beta(n_b) = 0$，以及$M(n_{\mathrm{b}}) = n_{\mathrm{b}}$。

（2）当$\frac{1}{2}k < n_{\mathrm{b}} < \frac{1}{2}kc_0$时，有$c = \frac{2n_{\mathrm{b}}}{k} > 1$。此时，尺寸为$O(k)$的巨大元素几乎总会出现[8]。注意到当$n_{\mathrm{b}} = \frac{1}{2}kc_0$时才有$\beta(N_{\mathrm{b}}) = \alpha_0$，所以在$n_{\mathrm{b}} < \frac{1}{2}kc_0$的阶段依旧没有任何信源符号能完成恢复，即$\beta(n_b) = 0$。但是，由于巨大元素的出现，新的编码符号不再能确保不会引入冗余，可能会有编码符号被接收端丢弃。下面我们分析会被丢弃的编码符号的数量。度值c和巨大集团归一化尺寸α之间的关系可以由式（4.2.15）描述，所以对于给定的度值c，α可以由朗伯W函数给出，即

$$\alpha = \frac{W\left(-\frac{c}{\mathrm{e}^c} + c\right)}{c} \tag{4.4.6}$$

因为在没有成环的情况下，一个尺寸为αk的元素有$\alpha k - 1$个边，所以巨大集团中需要被储存的编码符号数量为

$$\alpha(n_{\mathrm{b}})k - 1 \tag{4.4.7}$$

另一方面，一些编码符号将引入巨大集团之外的边。因为其他的集团尺寸很小($O(\ln(k))$)，这些编码符号不会引入冗余，从而被丢弃。由引理4.2.2，这部分的编码符号数量为

$$\begin{aligned} \frac{1}{2}td &= \frac{1}{2}(1-\alpha)kc(1-\alpha) \\ &= \frac{1}{2}(1-\alpha)^2 kc \end{aligned} \tag{4.4.8}$$

将$c = \frac{2n_{\mathrm{b}}}{k}$代入式（4.4.8），可得，

$$\frac{1}{2}td = (1-\alpha)^2 n_{\mathrm{b}} \tag{4.4.9}$$

再结合式（4.4.7）和式（4.4.9），可得

$$M(n_{\mathrm{b}}) = \alpha(n_{\mathrm{b}})k + (1-\alpha(n_{\mathrm{b}}))^2 n_{\mathrm{b}} - 1 \tag{4.4.10}$$

（3）当$n_{\mathrm{b}} = \frac{1}{2}kc_0$时，巨大集团的尺寸等于$k\alpha_0$，且编码器开始产生度值为1的编码符

号，直到巨大集团转变为黑色。由于 $k\alpha_0 = O(k)$，所需的度值为 1 的编码符号的数量期望为 $\frac{k\alpha_0}{k} = O(1)$，因此可以忽略。于是，我们认为当 $n_b = \frac{1}{2}kc_0$ 时，$\beta(n_b) = \alpha_0 k$，并且忽视那些没有击中巨大集团的度值为 1 的编码符号的影响。当巨大集团转变为黑色后，这个集团的编码符号被完全译码，并从译码缓存中释放出来，但那些不在巨大集团内的边仍旧储存在译码缓存中。与式（4.4.8）相似，当 $\alpha = \alpha_0$ 时，在巨大集团之外的编码符号数量为

$$\frac{1}{2}(1-\alpha_0)^2 kc_0 \tag{4.4.11}$$

从而定理得证。■

从定理 4.4.1 中可以发现，在建立阶段，译码缓存占用量 M 随着 n_b 的增加而单调增加。在建立尺寸为 $\alpha_0 k$ 的巨大集团之前，接收端恢复不出任何信源符号，而 α_0 通常被设置为一个较大的值，如 0.5 或 0.65。因此，定义接收端译码缓存容量的上限为 $B_{\max}$，当 $B_{\max} < \alpha_0 k - 1$ 时，巨大集团永远不会出现，所以译码过程不会成功。另一方面，如果 $B_{\max} < \frac{k}{2}$，即使把 α_0 设置为一个比 0.5 小的数以满足 $B_{\max} > \alpha_0 k - 1$，全恢复性能依旧会受到影响。这是因为受相变现象影响，直到 $c > 1$ 之前，接收端都无法建立一个巨大集团，而译码缓存又不足以存储超过 $\frac{1}{2}k$ 个编码符号，所以接收端必须删除一些已经存储的编码符号以释放空间，用于存储新接收的编码符号，直到存储的编码符号恰好可以构成尺寸为 $\alpha_0 k$ 的巨大集团。综上所述，传统在线喷泉码的译码缓存占用量并不令人满意。

接下来，进行完成阶段的译码存储占用量分析。在完成阶段，编码符号的度值不再固定为 1 或 2，而是由接收端恢复比例 β，根据式（4.4.1）计算出最优值 $\hat{m}$。对于一个给定的 β，$\hat{m}$ 也是确定的，即 $\hat{m}$ 是 β 的函数，如图 4.2.2 所示。因此，$P_1(\hat{m},\beta)$ 和 $P_2(\hat{m},\beta)$ 也是 β 的函数，所以我们定义：

$$\begin{cases} \hat{P}_1(\beta) = P_1(\hat{m},\beta) \\ \hat{P}_2(\beta) = P_2(\hat{m},\beta) \end{cases} \tag{4.4.12}$$

然后我们需要若干随机图理论中的已知结论作为引理。一方面，如结论 4.2.2 所述，完成阶段不会出现巨大集团，只会出现若干小集团。另一方面，对于随机图中的集团尺寸，有引理如下。

引理 4.4.1：对于随机图 $\mathcal{G} = G\left(k, \frac{c}{k}\right)$，当 $c < 1$ 时，集团归一化尺寸的期望是 $\frac{1}{1-c}$。

然后，M 和编码符号数量之间的关系以及 β 和编码符号数量之间的关系可以由如下定理描述。

定理 4.4.2：在完成阶段，定义 β_i 为接收并处理第 i 个编码符号之后的恢复比例，M_i 为相应的译码缓存占用量。β_i 可以由下式表示：

$$\beta_0 = \alpha_0 \tag{4.4.13}$$

$$\beta_i = \beta_{i-1} + \frac{\hat{P}_1(\beta_{i-1})}{(1-d_{i-1})k} \tag{4.4.14}$$

式中，d_i——接收并处理第 i 个编码符号之后，未恢复的信源符号的平均度值，$d_i = \frac{2M_i}{(1-\beta_i)k}$。

M_i 可以由下式表示：

$$M_0 = \frac{1}{2}(1-\alpha_0)^2 k c_0 \tag{4.4.15}$$

$$M_i = M_{i-1} - \hat{P}_1(\beta_{i-1}) \cdot \left(\frac{1}{1-d_{i-1}} - 1\right) + \hat{P}_2(\beta_{i-1}) \tag{4.4.16}$$

证明：在完成阶段开始时，恢复比例和译码缓存占用量与建立阶段结束时相同，即 $\beta_0 = \alpha_0$，$M_0 = \frac{1}{2}(1-\alpha_0)^2 k c_0$，$d_0 = \frac{2M_0}{(1-\beta_0)k} = (1-\alpha_0)c_0$。

然后，考虑编码符号的处理过程。如果编码符号属于情况 1，其可以将一个集团转变为黑色，那么译码缓存可以释放这个集团中的所有边。当接收到第 i 个编码符号之后，因为已经恢复了 $\beta_{i-1}k$ 个信源符号，第 i 个编码符号属于情况 1 的概率是 $\hat{P}_1(\beta_{i-1})$。另外，考虑到译码图中的所有白色节点和所有边构成随机图 $\mathcal{G}'_{i-1} = G\left((1-\beta_{i-1})k, \frac{d_{i-1}}{k}\right)$，因为随机图 $\mathcal{G}'_{i-1}$ 中的边的总数为 M_{i-1}，未被恢复的信源符号的平均度值为

$$d_{i-1} = \frac{2M_{i-1}}{(1-\beta_{i-1})k} \tag{4.4.17}$$

因为 $\mathcal{G}'_{i-1}$ 中的集团都是尺寸小于 $\ln k$ 的小集团，我们有 $d_{i-1} < 1$。那么，从引理 4.4.1 可知，$\mathcal{G}'_{i-1}$ 中集团尺寸的期望是 $\frac{1}{1-d_{i-1}}$。所以，一个属于情况 1 的编码符号可以使恢复比例增加

$$\frac{1}{(1-d_{i-1})k} \tag{4.4.18}$$

且使译码缓存占用量减少

$$\frac{1}{1-d_{i-1}} - 1 \tag{4.4.19}$$

另一方面，第 i 个编码符号属于情况 2 的概率是 $\hat{P}_2(\beta_{i-1})$，而一个属于情况 2 的编码符

号可以在两个白色节点中引入边。所以，这个编码符号不仅不会增加恢复比例，而且会被储存在译码缓存中。■

从定理4.4.2中可以观察到两个有趣的结果。其一，M 的变化受 $\hat{P}_1$、$\hat{P}_2$ 和 d 的影响。如果 $\hat{P}_1$ 很大、$\hat{P}_2$ 很小，那么 M 会增长得很慢，甚至下降。所以我们可以通过增加 $\hat{P}_1$ 的大小来减少 M 的最大值。其二，β 的增加受 $\hat{P}_1$ 和 d 的影响，但是 M 减小之后，d 也随之减小，从而 β 的增加速度会被减缓。所以，译码缓存占用量一旦降低，全恢复译码开销就可能会增加。

4.4.2 加权在线喷泉码

本节将提出加权在线喷泉码（weighted online fountain codes，WOFC）。相比传统在线喷泉码，WOFC 可以降低译码缓存占用量。接着，我们分析 WOFC 的性能，并基于此进一步提出一种降低反馈的编码，以更好地满足低成本接收机的功耗需求。

4.4.2.1 动机及编码方案

从定理4.4.1的分析中发现，传统在线喷泉码的译码缓存占用量总是大于$\frac{k}{2}$，这并不令人满意。虽然传统在线喷泉码的建立阶段是其译码缓存占用量不够好的原因，我们却不能通过简单地取消建立阶段来改进译码缓存占用量。从图4.2.2中可以发现，当 $\beta<0.5$ 时，最编码符号优度值一直是 $m=2$。然而，当 β 较小时，$P_2(2,\beta)$ 的取值远大于 $P_1(2,\beta)$，如图4.4.1所示。因此，当 β 较小时，大量的度值为2的编码符号属于情况2，这将导致很大的译码缓存占用量。为了降低传统在线喷泉码的译码缓存占用量，基于上一节提出的性能分析方法，我们提出了一种简单却有效的改进方案，即 WOFC。在这种方案里，我们引入了一个权重因子 w 来控制编码符号属于情况1或情况2的概率。具体描述如下。

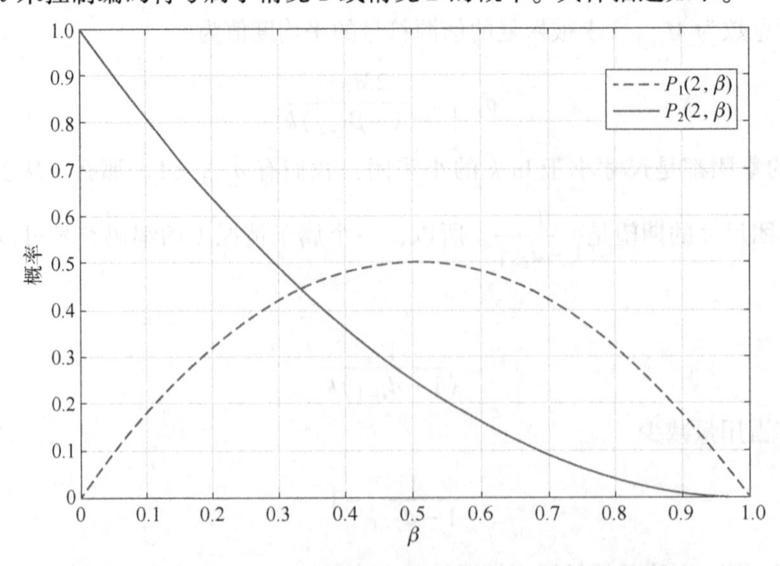

图4.4.1　度值为2的编码符号属于情况1和情况2的概率

WOFC 编码器：编码器产生度值为 $\hat{m}_w$ 的编码符号，满足下式：

$$\hat{m}_w = \max_m [wP_1(m,\beta) + (1-w)P_2(m,\beta)] \quad (4.4.20)$$

式中，w——可以控制 $P_1(m,\beta)$ 所占比例的权重因子，$0.5 < w \leqslant 1$；

$P_1(m,\beta), P_2(m,\beta)$——由式（4.1.2）计算得到。

通过调整 w，WOFC 可以灵活地适应各种场景。如果接收端的 B_{max} 比较小，就可以把 w 设置得比较大，以提升编码符号属于情况 1 的概率，减少译码缓存占用量；反之，如果 B_{max} 足够大，就可以设置较小的 w，以提升编码方案的全恢复性能。

4.4.2.2　性能分析

本节分析 WOFC 的译码缓存占用量和恢复比例。首先，分析最优编码符号度值和恢复比例之间的关系。

定理 4.4.3：定义最优编码符号度值从 m 变化到 $m+1$ 时对应的恢复比例为 $\beta_p(m)$。对于给定的 w，可得

$$\beta_p(m) = \frac{wm - (1-w)m^2 + \sqrt{m(w^2m + (1-w)^2m) - 2w(1-w)}}{(m+1)(2w - (1-w)m)} \quad (4.4.21)$$

式中，$m \neq \frac{2w}{1-w}$。

证明：当最优度值变化时，我们有

$$\begin{aligned} & wP_1(m,\beta_p(m)) + (1-w)P_2(m,\beta_p(m)) \\ = & wP_1(m+1,\beta_p(m)) + (1-w)P_2(m+1,\beta_p(m)) \end{aligned} \quad (4.4.22)$$

将式（4.1.2）代入式（4.4.22），可得

$$\begin{aligned} & wm(\beta_p(m))^{m-1}(1-\beta_p(m)) + (1-w)\frac{m(m-1)}{2}(\beta_p(m))^{m-2}(1-\beta_p(m))^2 \\ = & w(m+1)(\beta_p(m))^m(1-\beta_p(m)) + (1-w)\frac{(m+1)m}{2}(\beta_p(m))^{m-1}(1-\beta_p(m))^2 \end{aligned} \quad (4.4.23)$$

当 $0 < \beta_p(m) < 1$ 时，式（4.4.23）可简化为

$$\frac{(1-w)m(m+1) - w(m+1)}{2}(\beta_p(m))^2 + (wm - (1-w)m^2)\beta_p(m) + \frac{(1-w)m(m-1)}{2} = 0 \quad (4.4.24)$$

令

$$\begin{cases} A = \dfrac{(1-w)m(m+1) - w(m+1)}{2} \\ B = wm - (1-w)m^2 \\ C = \dfrac{(1-w)m(m-1)}{2} \end{cases} \quad (4.4.25)$$

当$A\neq 0\left(即\ m\neq\dfrac{2w}{1-w}\right)$时，有

$$\begin{aligned}\Delta &= B^2-4AC\\ &= wm^2+(1-w)^2m-2w(1-w)\\ &= \left(2\left(w-\frac{1}{2}\right)^2+\frac{1}{2}\right)m+2\left(w-\frac{1}{2}\right)^2-\frac{1}{2}\\ &> \frac{1}{2}(m-1)\\ &> 0\end{aligned} \tag{4.4.26}$$

从而，式（4.4.24）的根可以表示为

$$\beta_{\mathrm{p}}(m)=\frac{-B\pm\sqrt{B^2-4AC}}{2A} \tag{4.4.27}$$

由于$\beta_{\mathrm{p}}(m)$满足$0<\beta_{\mathrm{p}}(m)<1$，因此式（4.4.24）的根可以进一步化简。注意到

$$\begin{aligned}&-B-2A\\ &=(1-w)m^2-wm-(m+1)m(1-w)+2w(m+1)\\ &=2w(m+1)-m>m+1-m\\ &>0\end{aligned} \tag{4.4.28}$$

所以我们有$-B>2A$，且

$$\begin{cases}\dfrac{-B+\sqrt{\Delta}}{2A}>1, & -B>2A>0\\ \dfrac{-B+\sqrt{\Delta}}{2A}<0, & -B>0>2A\ 或\ 0>-B>2A\end{cases} \tag{4.4.29}$$

因此，

$$\beta_{\mathrm{p}}(m)=\frac{-B-\sqrt{\Delta}}{2A} \tag{4.4.30}$$

最后，将A、B、C代入式（4.4.30），定理得证。■

由定理4.4.3可知，对于一个给定的β，满足式（4.4.21）的最优度值可以由下式计算：

$$\hat{m}_{\mathrm{w}}(\beta)=m,\quad \beta_{\mathrm{p}}(m-1)<\beta<\beta_{\mathrm{p}}(m) \tag{4.4.31}$$

与传统在线喷泉码中的有效概率相似，$P_1(\hat{m}_{\mathrm{w}},\beta)$和$P_2(\hat{m}_{\mathrm{w}},\beta)$也可以表示为$\hat{P}_{\mathrm{w},1}(\beta)$和$\hat{P}_{\mathrm{w},2}(\beta)$。

接下来，我们可以像定理4.4.2那样，对于给定的编码符号数，分析对应的β和M。

结论4.4.1：定义$\beta_{\mathrm{w},i}$为WOFC中接收并处理第i个编码符号之后的恢复比例，$M_{\mathrm{w},i}$为对应的译码缓存占用量。$\beta_{\mathrm{w},i}$可以表示为

$$\beta_{\mathrm{w},0}=0 \tag{4.4.32}$$

$$\beta_{\mathrm{w},i}=\beta_{\mathrm{w},i-1}+\frac{\hat{P}_{\mathrm{w},1}(\beta_{\mathrm{w},i-1})}{(1-d_{\mathrm{w},i-1})k} \tag{4.4.33}$$

式中，$d_{w,i}$——第 i 个编码符号被接收并处理后，未完成恢复的信源符号的平均度值，$d_{w,i}=\dfrac{2M_{w,i}}{(1-\beta_{w,i})k}$。

$M_{w,i}$可以表示为

$$M_{w,0}=0 \tag{4.4.34}$$

$$M_{w,i}=M_{w,i-1}+\hat{P}_{w,2}(\beta_{w,i-1})-\hat{P}_{w,1}(\beta_{w,i-1})\cdot\left(\frac{1}{1-d_{w,i-1}}-1\right) \tag{4.4.35}$$

证明：由于 WOFC 取消了传统在线喷泉码的建立阶段，因此在传输开始时，有 $\beta_{w,0}=0$ 以及 $M_{w,0}=0$。注意到 WOFC 中，译码器对所接收到的编码符号的处理过程与传统在线喷泉码相同，所以证明过程与定理 4.4.2 相似，此处不再给出详细证明。■

4.4.2.3　降低反馈次数的权重在线喷泉码

本节中，我们考虑存储空间和功耗预算都有限的低成本接收机。为了降低能量消耗，需要降低接收机的反馈次数，且反馈信息应该包含尽可能少的比特数。然而，对于基于在线喷泉码的编码方案来说，接收机需要将恢复比例反馈给发送端，因此反馈信息至少包含$\log_2 k$ 个比特。传统在线喷泉码需要的反馈数量并不少，举例来说，当 $k=1\ 000$ 时，传统在线喷泉码需要的反馈次数约为 31 次，这对于低成本接收机来说过于频繁。对于 WOFC 来说，产生更多的属于情况 1 的编码符号在提升中间性能、降低译码缓存占用量的同时，也可能导致所需反馈次数的增加。这是因为，中间性能的提升意味着每次接收到的编码符号被立刻译码的可能性提高了，从而使得恢复比例更加频繁地增加，进而最优度值也会更加频繁地变化。

为了降低 WOFC 需要的反馈次数，我们提出降低反馈次数的加权在线喷泉码（weighted online fountain codes with low feedback，WOFC－LF）。首先，我们需要明确在线喷泉码中反馈的作用，即接收端将其译码状态反馈给发送端，发送端用以确定最优的编码策略。在在线喷泉码中，这里的译码状态可以由恢复比例简单地表征。实际上，如果不考虑信道的影响，对于给定的编码策略，其译码状态在发送端是可以预见的。从这个角度理解，在线喷泉码的反馈带来的主要信息是信道状态。作为一种无速率编码，在线喷泉码需要灵活适应不同的信道状态，而不能假定信道状态已知。因此，在所提方案中，我们通过利用一次反馈，使发送端得以估计当前信道状态，进而估计译码状态。此后，如果译码状态的估计值与接收端的真实值存在明显偏差，则接收端通过反馈告知发送端，否则不产生反馈，从而有效减少反馈次数。下面是 WOFC－LF 的具体过程。

首先，进行信道删除概率的估计。在 WOFC－LF 中，当恢复比例达到 $\beta_p(1)$时，接收端产生反馈，告知发送端 $\beta_p(1)k$ 个信源符号已经完成恢复。接着，发送端可以根据如下定理估计信道删除概率。

定理 4.4.4：定义信道删除概率为 ϵ，恢复 $\beta_p(1)k$ 个信源符号需要的度值为 1 的编码符号个数为 N_1，ϵ 的估计值可以表示为

$$\hat{\epsilon} = 1 - \frac{k\ln \dfrac{1}{1-\beta_p(1)}}{N_1} \tag{4.4.36}$$

证明：由 4.3 节可知，恢复 $\beta_1 k$ 个信源符号所需的度值为 1 的编码符号数量为

$$N_{1r} = k\ln \frac{k}{k-\beta_p(1)k} \tag{4.4.37}$$

在删除信道下，如果信道删除概率为 ϵ，接收到的编码符号数量 N_{1r} 和已发送的编码符号数量 N_1 间的关系满足下式：

$$N_{1r} = (1-\epsilon)N_1 \tag{4.4.38}$$

因此有

$$\hat{\epsilon} = 1 - \frac{N_{1r}}{N_1} \tag{4.4.39}$$

定理得证。■

接下来，接收机的恢复比例由发送端根据结论 4.4.1 估计得到，从而降低反馈次数。在第一次反馈之后，编码符号根据下式初始化恢复比例的估计值：

$$\hat{\beta}_{w,0} = \beta_p(1) \tag{4.4.40}$$

且译码缓存占用量的估计值同样被初始化为

$$\hat{M}_{w,0} = 0 \tag{4.4.41}$$

此后，编码器根据对恢复比例的估计产生编码符号。对于发送端产生的第 i 个编码符号，其最优度值可以根据式（4.4.21）确定，即

$$\hat{m}_w(\hat{\beta}_{w,i-1}) = m,\quad \beta_p(m-1) < \hat{\beta}_{w,i-1} < \beta_p(m) \tag{4.4.42}$$

发送端每产生并发送一个编码符号，都估计这个编码符号对恢复比例和译码缓存占用量的影响，从而更新估计值。当第 i 个编码符号发送后，编码器将恢复比例的估计值更新为

$$\hat{\beta}_{w,i} = \hat{\beta}_{w,i-1} + (1-\hat{\epsilon})\frac{\hat{P}_{w,1}(\hat{\beta}_{w,i-1})}{(1-\hat{d}_{w,i-1})k} \tag{4.4.43}$$

式中，

$$\hat{d}_{w,i} = \frac{2\hat{M}_{w,i}}{(1-\hat{\beta}_{w,i})k} \tag{4.4.44}$$

而译码缓存占用量的估计值被更新为

$$\hat{M}_{w,i} = \hat{M}_{w,i-1} - (1-\hat{\epsilon})\hat{P}_{w,1}(\hat{\beta}_{w,i-1}) \cdot \left(\frac{1}{1-\hat{d}_{w,i-1}} - 1\right) + (1-\hat{\epsilon})\hat{P}_{w,2}(\hat{\beta}_{w,i-1}) \tag{4.4.45}$$

这里要注意，当发送端接收到第一个反馈时，$i=0$。$\hat{\beta}_{w,i}$ 和 $\hat{M}_{w,i}$ 的值被成对存储在发送端。此外，我们假设第一个反馈一定成功。如果第一次反馈失败了，接收端接收到的编码符号的度值不会发生改变，接收端可以以此获知反馈失败，进而重新发送反馈信号。

接下来，在传输过程中，只有在符合当前编码符号度值的编码符号属于情况 1 的概率低于阈值 T 时，接收端才会产生反馈信息。具体而言，对于第 i 个编码符号，只有当

$$P_1(\hat{m}_w(\hat{\beta}_{w,i-1}),\beta_{w,i-1})<T \tag{4.4.46}$$

时，接收端产生反馈。这个反馈信息会告知发送端，当前编码符号度值比最优度值高（或低）得太多。一旦发送端接收到这个反馈信息，$\hat{\beta}_{w,i-1}$ 就会被更新成其真实值，即如下公式的根：

$$\hat{m}_w(\hat{\beta}_{w,i-1})x^{\hat{m}_w(\hat{\beta}_{w,i-1})-1}(1-x)=T \tag{4.4.47}$$

式中，$0<x<1$。

下面的定理说明了对于一个合适的 T 值，式（4.4.47）存在两个不同的根。

定理 4.4.5：对于 $0<T<\frac{1}{e}$，下式存在两个不同的根：

$$mx^{m-1}(1-x)=T \tag{4.4.48}$$

式中，$m\in\mathbf{N}^+$，$0<x<1$。

证明：定义 $y=mx^{m-1}(1-x)$，当 $m\in\mathbf{N}^+$ 且 $0<x<1$ 时，易得 $y>0$。对 y 求导可得

$$\begin{aligned}y'&=m(m-1)x^{m-2}-m^2x^{m-1}\\&=mx^{m-2}(m-1-mx)\end{aligned} \tag{4.4.49}$$

令 $y'=0$，我们有 $x=1-\frac{1}{m}$。当 $x<1-\frac{1}{m}$ 时，$y'>0$；当 $x>1-\frac{1}{m}$ 时，$y'<0$。因此，y 的最大值为

$$y\left(x=1-\frac{1}{m}\right)=m\left(1-\frac{1}{m}\right)^{m-1}\frac{1}{m}=\left(1-\frac{1}{m}\right)^{m-1} \tag{4.4.50}$$

此外，易知 y 随 m 的增大而减小，所以其最小值为

$$\lim_{m\to\infty}y\left(x=1-\frac{1}{m}\right)=\frac{1}{e} \tag{4.4.51}$$

因此，当 $0<T<\frac{1}{e}$ 时，式（4.4.48）有两个不同的根。■

将式（4.4.48）的两个根记为 x_1 和 x_2，其中 $x_1<x_2$。当 $\hat{m}_w$ 比最优度值小时，恢复比例的估计值更新为

$$\hat{\beta}_{w,i}=x_1 \tag{4.4.52}$$

否则，更新为

$$\hat{\beta}_{\mathrm{w},i}=x_2 \tag{4.4.53}$$

此外，译码缓存占用量的估计值也更新为更新之后的$\hat{\beta}_{\mathrm{w},i}$对应的译码缓存占用量。如果对应的译码缓存占用量未保存在发送端，则该值不更新。

WOFC－LF 的详细编码过程如算法 4.1 所示。注意到反馈只有两种状态，即使加上表示全部信源符号恢复完成的 ACK 信号，反馈也只有三种状态，反馈信息只需要包括 3 比特信息即可，这显然比其他大部分基于在线喷泉码的编码方案所需的反馈信息更加简单。此外，由于编码符号度值根据接收端恢复比例的估计值计算得到，而不需要接收端频繁将恢复比例的真实值反馈给发送端，因此 WOFC－LF 需要的反馈次数也明显少于其他基于在线喷泉码的编码方案。

算法 4.1　WOFC－LF 编译码算法

1：**初始化**：$\beta=0, N_i=0, i=0, f=0, f_1=0, f_{\mathrm{all}}=0$；

2：**编码端**：

3：**while** $f_1=0$ **do**

4：　　产生一个度值为 1 的编码符号；

5：　　$N_1=N_1+1$；

6：**end while**

7：$\hat{\epsilon}=1-\dfrac{k\ln\dfrac{1}{1-\beta_1(w)}}{N_1}, \hat{\beta}_0=\beta_1(w), \hat{M}_0=0$；

8：**while** $f_{\mathrm{all}}=0$ **do**

9：　　**if** $f\neq0$ **then**

10：　　　　**if** $f=-1$ **then**

11：　　　　　　$\hat{\beta}_i=x_1$；

12：　　　　**else**

13：　　　　　　$\hat{\beta}_i=x_2$；

14：　　　　**end if**

15：　　　　$j=\mathrm{find}(\hat{\beta}_j=\hat{\beta}_i)$；

16：　　　　$\hat{M}_0=\hat{M}_j$；

17：　　**end if**

18：　　产生一个度值为 $m_w(\hat{\beta}_i)$ 的编码符号，$i=i+1$；

19：　　根据式(4.4.43)计算 $\hat{\beta}_i$，根据式(4.4.45)计算 $\hat{M}_i$；

20：**end while**

（续）

```
21：译码端：
22：while β<1 do
23：    处理接收到的编码符号，并更新 β；
24：    if β=β_1(w) then
25：        产生反馈 f_1=1；
26：    end if
27：    f=0；
28：    if：式(4.4.46)成立 then
29：        if m̂_w(β̂_{i-1})>m̂_w(β) then
30：            产生反馈 f=-1；
31：        else
32：            产生反馈 f=1；
33：        end if
34：    end if
35：end while
36：产生反馈 f_all=1
```

4.4.3 仿真结果

本节给出所提方案的性能仿真结果。首先，我们将证实 4.4.1 节中对恢复比例和译码缓存占用量的分析和仿真结果相符合，且对于传统在线喷泉码及 WOFC 来说皆是如此。然后，我们将证实在不同的信道条件下，WOFC - LF 可以用有限次的反馈来实现与 WOFC 相似的性能。最后，我们将和其他针对中间性能进行优化的在线喷泉码进行性能比较。

首先，验证所提分析方法的正确性，结果如图 4.4.2 所示。我们设置 $k=1\ 000$，信道删除概率 $\epsilon=0$。注意：虽然我们只给出了无损信道下的结果，但将其推广到删除信道下是非常容易的。对于传统在线喷泉码，我们设置 $\alpha_0=0.5$。对于 WOFC，我们分别给出了 $w=0.55, 0.7, 1$ 时的性能。我们也给出了采用 DRSD（decreasing ripple size distribution，减小可译集大小的分布）的 LT 码的仿真结果用以对比。从图中可以发现，对于传统在线喷泉码，以及有着不同参数的 WOFC，无论是恢复比例还是译码缓存占用量，所提理论分析结果和仿真结果都十分贴合。对于传统在线喷泉码，由于建立阶段不能恢复任何信源符号，几乎所有建立阶段接收到的编码符号都要储存在译码缓存中，因此其译码缓存占用量的最大值 $\max(M)$ 很大，接近 LT 码。如果 $\max(M)>B_{\max}$，全恢复性能就会受到影响，所以 $\max(M)$ 表征全恢复性能不受影响所需的最大译码缓存容量。对于 WOFC，由于没有建立阶段，因此其 $\max(M)$ 远小于传统在线喷泉码。而且，w 值设置得越大，产生属于情况 1

的编码符号的概率就越大，WOFC 的 max(M)值就越小。同时注意到，w 值越大，全恢复译码开销也越大，这是因为一个编码符号属于情况 1 和情况 2 的概率之和减小了。

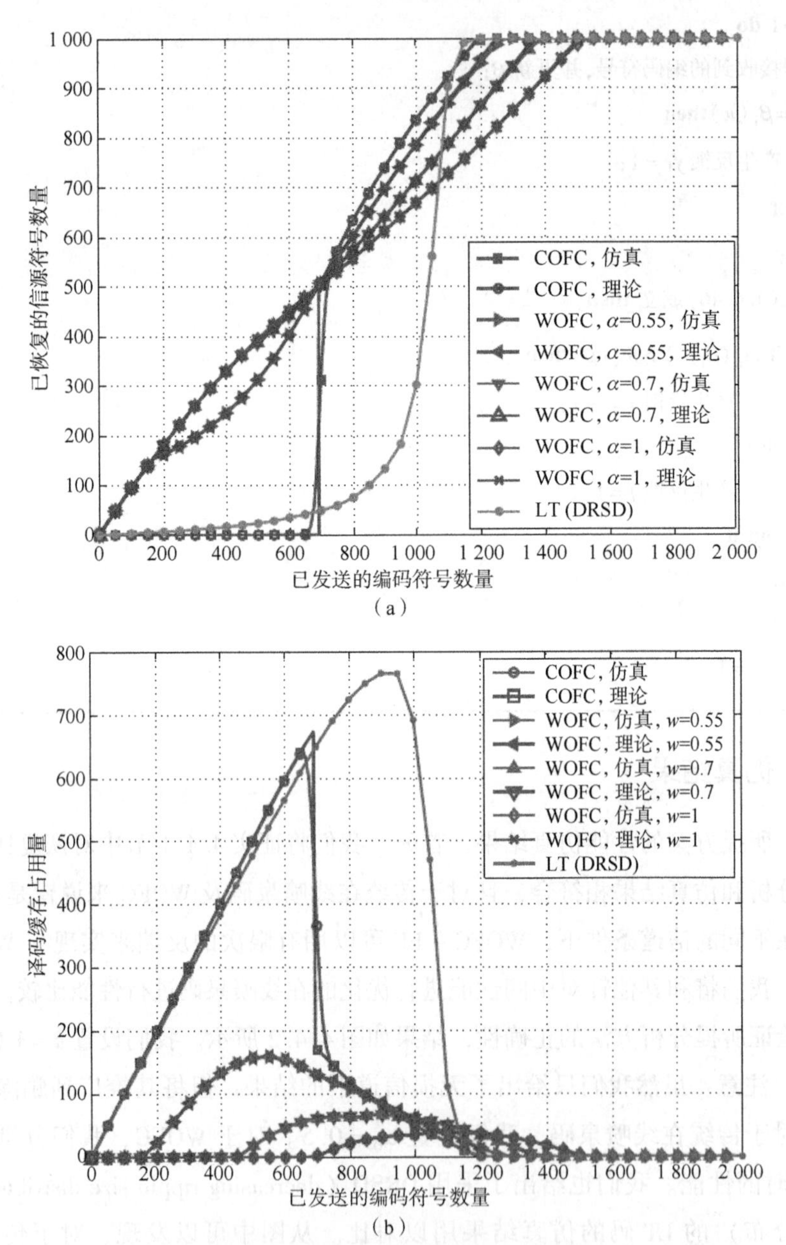

图 4.4.2 给定编码符号数量下的恢复比例和译码缓存占用量（附彩图）

（a）恢复比例；（b）译码缓存占用量

接下来，评估删除信道下 WOFC－LF 的性能，结果如图 4.4.3 所示。其中，仍设置 $k=1\,000$，信道删除概率 $\epsilon=0.2$。对于 WOFC 和 WOFC－LF，将权重 w 设置为 $w=0.505, 0.55, 0.7, 1$，WOFC－LF 的反馈门限 $T=0.1$。其中，$w=0.505$ 用来验证 $w\to 0.5$ 时的性能。从图中可以发现，WOFC－LF 和 WOFC 的性能在删除信道下相似，特别是当 w 设置得较大时（即

$w=0.7$ 和 $w=1$)。对于 $w=0.505$,WOFC - LF 和 WOFC 的性能存在一定差异。这是因为,当 $w\to0.5$ 时,度值为1的编码符号产生的数量太少。由于发送端需要依靠度值为1的编码符号估计信道删除概率,若其数量太少就会导致信道删除概率的估计不准确,从而发送端也无法准确地估计恢复比例。

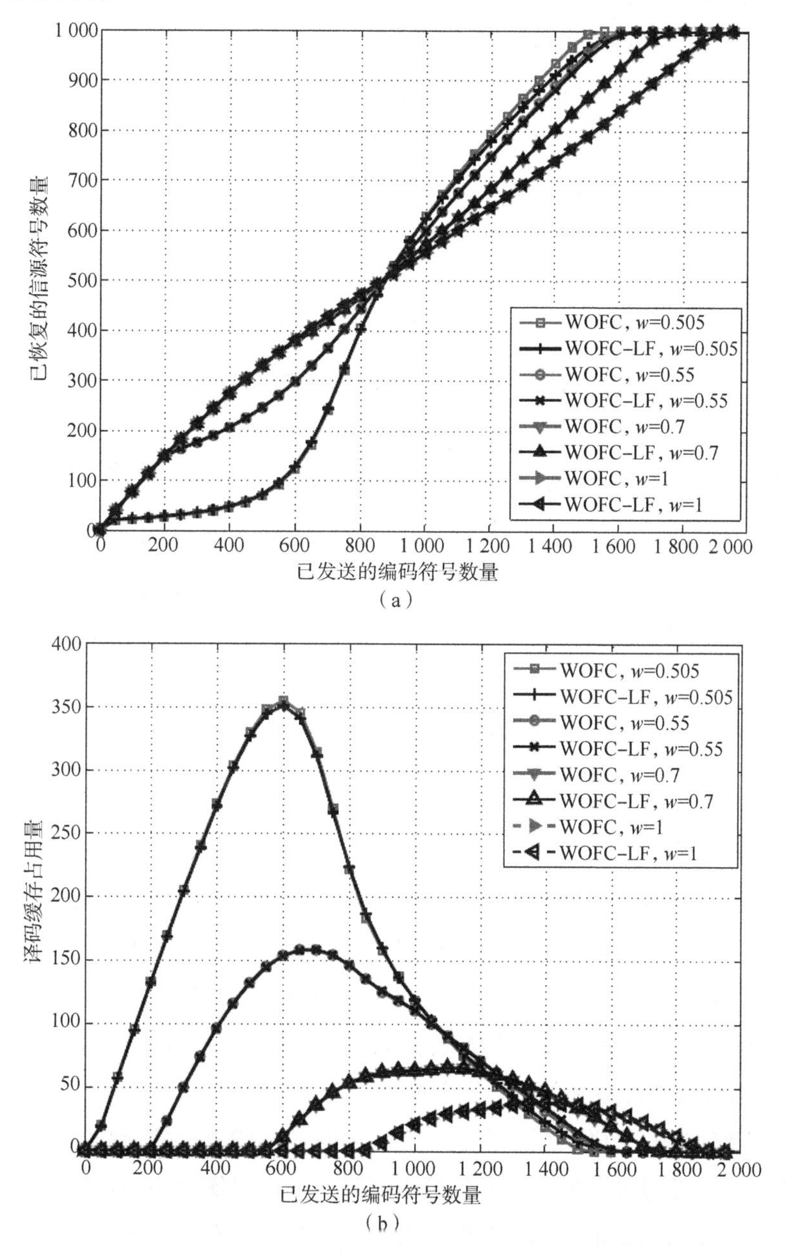

图 4.4.3 WOFC - LF 与 WOFC 在 $\epsilon=0.2$ 的删除信道下的性能对比(附彩图)

(a)恢复比例;(b)译码缓存占用量

如表4.4.1所示,我们在不同信道条件下比较了 WOFC - LF 和 WOFC 的性能。其中,使用的 GE(Gilbert - Elliott)信道是一种有记忆的二元删除信道,常使用在 IoT 通信、卫星通信等场景的信道建模中。GE 信道有两种状态，称为好状态和坏状态。定义 ϵ_g 为好状态下的信道删除概率，ϵ_b 是差状态下的信道删除概率。从一个状态转换为另一个状态的概率记为 p_{s_1,s_2}，其中 $s_i \in \{g,b\}, i=1,2$。我们设置了两种 GE 信道，其平均信道删除概率均为 $\bar{\epsilon}=0.2$，记为 GE1 和 GE2。GE1 的信道删除概率为 $\epsilon_g=0.1$、$\epsilon_b=0.3$，而 GE2 的信道删除概率为 $\epsilon_g=0.01$、$\epsilon_b=0.39$。两种信道的状态转移概率均为 $p_{g,g}=p_{b,b}=0.9$，$p_{g,b}=p_{b,g}=0.1$。我们还设置 $\epsilon=0.2$ 的无记忆 BEC（binary erasure channel，二元删除信道）作为对比。信源符号数量为 $k=1\ 000$。表中给出了不同方案的全恢复译码开销（记为 O）及反馈次数（记为 F）。表中的全恢复译码开销由下式计算：

$$O=\frac{N_t \cdot (1-\epsilon)}{k} \tag{4.4.54}$$

式中，N_t——完成信源符号的全恢复所需的编码符号数量。

表 4.4.1　不同信道状况下的全恢复译码开销与反馈次数

编码方案	无记忆 BEC		GE1		GE2	
	O	F	O	F	O	F
WOFC，$w=0.505$	1.197	43.1	1.213	43.1	1.285	43.0
WOFC－LF，$w=0.505$	1.271	2.23	1.310	2.66	1.384	3.29
WOFC，$w=0.7$	1.366	42.3	1.389	42.3	1.444	42.3
WOFC－LF，$w=0.7$	1.388	1.95	1.410	1.95	1.463	1.88

从表中可以看出，对于不断变化的信道，WOFC－LF 仍然可以用较少的反馈次数实现与 WOFC 相似的全恢复性能。当 $w=0.505$ 时，WOFC－LF 的译码开销增加了不到 6%。然而，由于度值为 1 的编码符号数量很少，对于 ϵ_g 和 ϵ_b 差异较大的 GE2，发送端对信道删除概率的估计偏差较大，所以 WOFC－LF 的全恢复译码开销和反馈次数都有增加。相对而言，$w=0.7$的 WOFC－LF 译码开销增加得更少，只有 1.6%，且其所需的反馈次数不到 2 次。此外，$w=0.7$ 的 WOFC－LF 在 GE2 下的性能损失并不明显，因为其产生了足够数量的度值为 1 的编码符号，对信道删除概率的估计比较准确。

最后，我们比较接收机译码缓存容量 B_{max}受限时，不同方案的全恢复译码开销。假设当存储的编码符号数量超过 B_{max}时，译码器随机删除一个译码缓存中的符号，以释放空间给一个新的编码符号。如图 4.4.4 所示，我们给出了 B_{max}从 0 变化到 k 时的译码开销，其中 $k=1\ 000$，$\epsilon=0$。图中给出的对比方案有 $\alpha_0=0.1$ 的传统在线喷泉码，度分布为 DRSD 的 LT 码、RT 码、Growth 码，以及 4.3 节中的 OFCNB（$\gamma_0=0.5$）。从图中可以看出，WOFC 的灵活性最好，通过调整 w 的值，可以适应不同的 B_{max}。从图中也可以看出，通过调整 w，WOFC 可以在 $B_{max}<0.5k$ 时获得最好的全恢复性能。

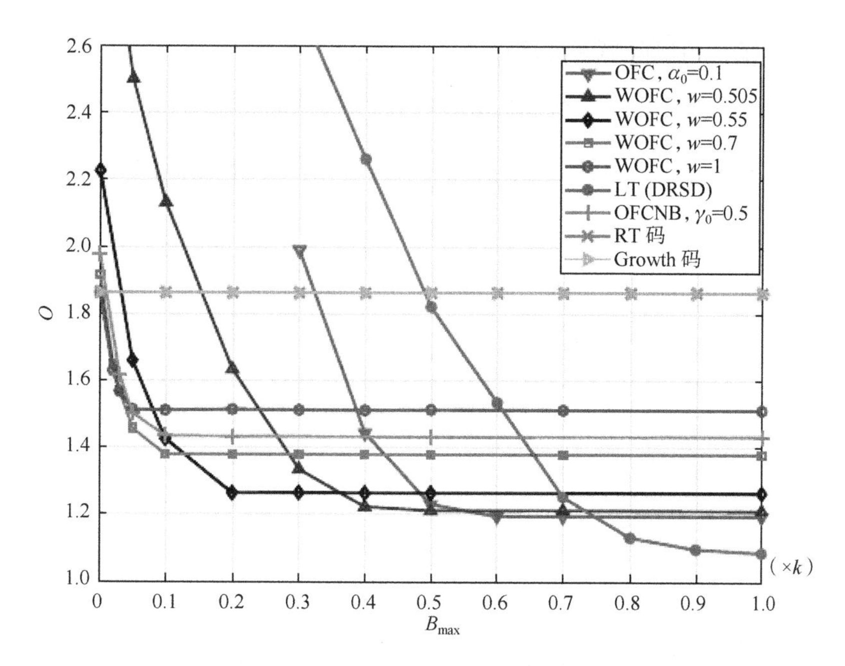

图 4.4.4　译码缓存容量变化时的全恢复性能（附彩图）

如表 4.4.2 所示，我们比较了 $k=100$、$B_{max}=0.3k$ 时，在 $\epsilon=0.2$ 的 BEC 下各种编码方案的性能。从图 4.4.4 中，我们可以观察到当 $B_{max}=0.3k$ 时，$w=0.55$ 的 WOFC 需要最低的全恢复译码开销。所以我们在表 4.4.2 中给出 $w=0.55$ 的 WOFC 和 WOFC－LF 的仿真结果，并将其与传统在线喷泉码、OFCNB、SOFC、TBZ 喷泉码[8] 以及三种 LT 码进行对比。从表中可见，当 $B_{max}=0.3k$ 时，WOFC 的全恢复译码开销最低，而反馈次数最高。WOFC－LF 的反馈次数大约为 2 次，但是可以实现除 WOFC 之外最低的译码开销。

表 4.4.2　全恢复译码开销与反馈次数

编码方案	O	F
LT（DRSD）	2.42	0
LT（ISRR，RCSS）	1.88	0
LT（DRSD，RCSS）	1.42	0
TBZ 喷泉码	1.42	0
OFC	1.56	11.7
OFCNB	1.42	11.9
WOFC	1.25	12.8
WOFC－LF	1.34	2.07

最后，我们在图 4.4.5 中给出了三种不同编码方案在不同信道删除概率下的全恢复性能对比。其中参数依然设置为 $k=100$，$B_{max}=0.3k$。对于 WOFC 和 WOFC－LF，$w=0.55$，WOFC－LF 的反馈阈值 $T=0.1$。TBZ 喷泉码必须针对固定的信道删除概率进行优化，在此设置其针对的信道删除概率 $\epsilon=0.2$。从图中可以发现，对于 WOFC 和 WOFC－LF，全恢复译码开销几乎不随信道删除概率变化，而且都比 TBZ 喷泉码小。然而，对于 TBZ 喷泉码，

其全恢复译码开销随信道删除概率的增加而明显增加。

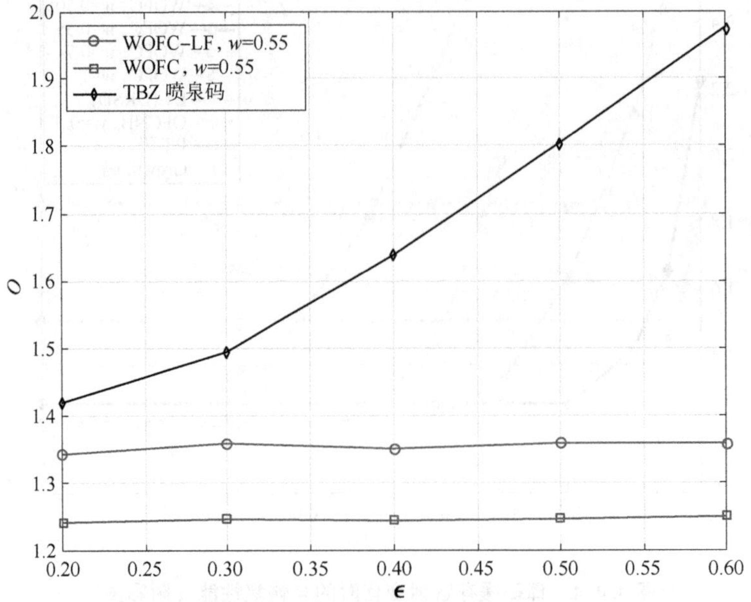

图 4.4.5　$B_{max}=0.3k$ 时，全恢复性能随信道删除概率的变化

4.5　在线喷泉码的应用

像传统喷泉码那样，多媒体广播业务是在线喷泉码的潜在应用场景之一。特别是在新兴的移动 VR 场景中，由于 VR 视频文件数据量大、VR 视频处理计算量大、移动 VR 设备存储与计算能力相对有限，因此中间性能好、对设备存储与计算能力要求低的在线喷泉码可能更加适用。然而，在线喷泉码作为一种针对译码状态寻找编码策略的编码方案，需要经过设计和改进才能应对广播场景下不同译码状态的接收机。此外，在多媒体传输中，信源信息通常存在不同的优先级，如视频文件中需要对关键帧进行更高等级的保护；又如，有些视频格式中区分基本层和增强层，通过基本层可以播放低清晰度的视频，而通过增强层可以获得更高的清晰度，显然这里对基本层的保护等级需求更高。

本节研究在线喷泉码在多媒体传输中的应用。首先，考虑面对不同译码状态的接收机时，在线喷泉码的广播方案；然后，考虑在信源信息优先级不同时，如何利用在线喷泉码对其进行不等差保护。

4.5.1　在线喷泉码的广播方案

无线广播场景中，不同的接收机接入同一个射频资源接收信号。受距离远近、衰落等因素的影响，广播信道对不同的接收机可能存在不同的信道状态，在 BEC 中表现为不同的信道删除概率。对于接收机而言，不同的信道删除概率也意味着不同的译码状态，即在线喷泉码中不同的最优编码符号度值。由于对于一个接收机最优的编码符号度值对于译码状态不同的接收机并非最优，甚至可能有效概率很低，因此如何针对多个接收机确定编码符号度值并非易事。本节提出一种基于发送机权重的在线喷泉码广播（weight - based broadcast scheme，WB）方案，并基于前文提出的性能分析方法对其进行理论分析。在分析过程中，我们发现不同译码状态的接收机之间会产生干扰，并将其定义为多状态干扰（multi - state influence）。为了降低多状态干扰的影响，我们改进了在线喷泉码的发送和接收算法，基于 SOFC 提出了高度值 SOFC 广播（high - degree broadcast scheme for SOFC，HB - SOFC）方案，在降低了多状态干扰的同时，有效降低了全恢复译码开销。

4.5.1.1 基于权重的广播方案

假设有 n 个接收机，其序号为 $i=1,2,\cdots,n$，第 i 个接收机的恢复比例为 β_i，且对应的信道删除概率为 ϵ_i。为不失一般性，我们假设接收机面对的信道删除概率由小到大排序，即 $\epsilon_1 \leqslant \epsilon_2 \leqslant \cdots \leqslant \epsilon_n$。在所提方案中，发送端根据编码符号对于所有接收机的有效概率的权重和来确定最优编码符号度值 $\hat{m}$，其具体方案可以描述如下：

- 建立阶段：发送机均匀随机产生度值为 2 的编码符号，直到对于所有接收机来说，最大集团尺寸超过 $k\alpha_0$。随后，发送机均匀随机产生度值为 1 的编码符号，直到所有接收机中的巨大集团转变为黑色。
- 完成阶段：发送机根据下式计算最优编码符号度值 $\hat{m}$：

$$\hat{m} = \max_{m} \frac{\sum_{i=1}^{n} w_i \cdot \left(P_1(m,\beta_i) + P_2(m,\beta_i)\right)}{\sum_{i=1}^{n} w_i} \tag{4.5.1}$$

式中，w_i——接收机 i 的权重值，$w_i > 0$。

每个接收机基于自己的恢复比例 β_i，根据式（4.1.1）计算对自己的译码图来说最优的编码符号度值，当对自己来说最优度值改变时，将 $\beta_i k$ 反馈给发送端。

这是一个可以适应不同场景的通用方案。对于大多数应用场景来说，可靠通信是其最大的目标。在这种情况下，时间、频率、功率等无线资源将一直被发送机占用，直到全恢复译码开销最大的接收机完成译码。此时，我们可以设置 $w_n=1$，$w_i=0$，$\forall i \neq n$，使得编码符号度值对于信道质量最差的接收机一直最优，从而这个信道质量最差的接收机能够以单播场景下最优的全恢复译码开销完成译码，以最大化系统吞吐量、最小化发送机功耗。在另一些应用场景中，我们更加关注接收机功耗，可将权重设置为 $w_1=w_2=\cdots=w_n=1$，以最大化编码符号对于所有接收机的有效概率之和，从而减少接收机全恢复译码开销的总和、降低接收机总功耗。

此外，WB 方案同样可以应用到 OFCNB 或 SOFC 等改进的在线喷泉码传输方案中，唯一的区别只是将传统在线喷泉码的建立阶段取消，代之以发送度值为 1 的编码符号，或代之以系统化阶段。

接下来，我们分析使用 WB 方案时，已发送的编码符号数量和每个接收机的恢复比例之间的关系。我们先从使用 WB 方案的传统在线喷泉码（WB - OFC）开始。

定理 4.5.1：定义建立阶段结束时，所需发送的编码符号度值为 N_{b}，且定义 $\beta_{0,i}$ 和 c_i 分别是建立阶段完成时，第 i 个接收机的恢复比例和信源符号平均度值。注意：这里的信源符号平均度值只与接收端可以收到的编码符号有关，与因为信道删除而未被接收到的编码符号无关。可以得到

$$N_{\mathrm{b}} = \frac{kc_n}{2(1-\epsilon_n)} \tag{4.5.2}$$

式中，$c_n = -\frac{\ln(1-\alpha_0)}{\alpha_0}$，且

$$\beta_{0,i} + \exp(-c_i\beta_{0,i}) = 1 \tag{4.5.3}$$

式中，$c_i = c_n \cdot \frac{1-\epsilon_i}{1-\epsilon_n}$。

证明：从前文相关章节可知，在建立阶段结束时，巨大集团尺寸 α_0 和信源符号平均度值之间的关系满足 $\alpha_0 + \mathrm{e}^{-c\alpha_0} = 1$，其中 $c > 1$。对于 WB 方案而言，建立阶段结束时，信道质量最差的接收机的最大集团尺寸达到了 $\alpha_0 k$，所以 $\beta_{0,n} = \alpha_0$，因此有 $c_n = -\frac{\ln(1-\beta_0)}{\beta_0}$。对于接收端而言，当编码节点平均度值变为 c_n 时，需要接收 $\frac{1}{2}kc_n$ 个度值为 2 的编码符号。由于 $c > 1$ 时，巨大集团的尺寸为 $O(k)$，所以 $\alpha_0 k = O(k)$，度值为 1 的编码符号可以省略。对于第 n 个接收机，考虑其信道删除概率，发送端需要发送 $N_{\mathrm{b}} = \frac{kc_n}{2(1-\epsilon_n)}$ 个编码符号。此时，对于第 i 个接收机而言，考虑其信道删除概率，其信源符号平均度值为 $c_i = c_n \cdot \frac{1-\epsilon_i}{1-\epsilon_n}$，其恢复比例可由式（4.5.3）得到。■

接下来，分析完成阶段。首先，将 4.2 节中的相关结论转写为如下引理。

引理 4.5.1：对于无损信道下的传统在线喷泉码，定义完成阶段恢复一个信源符号所需发送的编码符号数量为 ΔN，当前恢复比例为 β，则 ΔN 可表示为

$$\Delta N = \frac{1 - \frac{1}{2}(1-\alpha_0)c}{P(\beta)} \tag{4.5.4}$$

式中，$P(\beta)$——有效概率，$P(\beta) = P_1(\hat{m},\beta) + P_2(\hat{m},\beta)$。

在建立阶段结束时，平均从一个未被恢复的信源符号中产生 $\frac{1}{2}(1-\alpha_0)c$ 个编码符号，这些编码符号都属于情况 2，即 4.2 节中所述的建立阶段边。此后，在完成阶段中，为了恢复一个信源符号，平均需要 1 个属于情况 1 或情况 2 的编码符号。因为已经在接收端存

储了$\frac{1}{2}(1-\alpha_0)c$个建立阶段边，所以仍额外需要$1-\frac{1}{2}(1-\alpha_0)c$个属于情况 1 或情况 2 的编码符号，而编码符号属于情况 1 或情况 2 的概率为$P(\beta)$。具体证明过程如 4.2 节所述。

定理 4.5.2：定义完成阶段中传输的编码符号数量为t，对于第i个接收端，从第t个编码符号可以新恢复的信源符号数量为$\Delta S_{t,i}$，第t个编码符号度值为m_t，完成第t个编码符号的传输和处理后，第i个接收端的恢复比例为$\beta_{t,i}$。对于使用 WB 方案的传统在线喷泉码来说，有

$$\Delta S_{t,i}=\frac{(1-\epsilon_i)P_{t,i}}{1-\frac{1}{2}(1-\beta_{0,i})c_i} \tag{4.5.5}$$

式中，$P_{t,i}=P_1(\hat{m}_t,\beta_{t-1,i})+P_2(\hat{m}_t,\beta_{t-1,i})$。

然后，对于下一个被发送的编码符号，其恢复比例为

$$\beta_{t,i}=\beta_{t-1,i}+\frac{\Delta S_{t,i}}{k} \tag{4.5.6}$$

对应的最优编码符号度值为

$$\hat{m}_{t+1}=\arg\max_m \frac{\sum w_i\cdot(P_1(m,\beta_{t,i})+P_2(m,\beta_{t,i}))}{\sum w_i} \tag{4.5.7}$$

证明：对于第i个接收机，当恢复比例为$\beta_{t-1,i}$时，一个度值为$\hat{m}_t$的编码符号属于情况 1 或情况 2 的概率为$P_{t,i}=P_1(\hat{m}_t,\beta_{t-1,i})+P_2(\hat{m}_t,\beta_{t-1,i})$。根据引理 4.5.1，考虑到信道删除概率，恢复一个信源符号平均需要发送$\frac{1-\frac{1}{2}(1-\beta_{0,i})c_i}{P_{t,i}(1-\epsilon_i)}$个编码符号。因此，发送一个编码符号平均可以恢复$\frac{(1-\epsilon_i)P_{t,i}}{1-\frac{1}{2}(1-\beta_{0,i})c_i}$个信源符号。然后，每个接收机的恢复比例会按照式（4.5.6）进行更新，而编码符号度值会按照式（4.5.7）更新。■

需要注意的是，对于第i个接收机，若我们不关心已经发送的编码符号数量，则可以用$\beta_i=\beta_{t,i}$简单地表示恢复比例。此外，在建立阶段结束时，恢复比例记为$\beta_{0,i}$，此时完成阶段没有发送如何编码符号，所以这两种恢复比例的表述方式是相同的。

根据定理 4.5.1 和定理 4.5.2，我们可以获得所有接收机的恢复比例和已发送的编码符号数量之间的关系。对于使用 WB 方案的 SOFC（WB　SOFC）来说，性能分析的整体过程是类似的，唯一的变化是传统在线喷泉码的建立阶段被替换成了系统化阶段。

定理 4.5.3：定义系统化阶段需要发送的编码符号数量为N_s。对于 WB－SOFC 来说，有$N_s=k$，$\beta_{0,i}=1-\epsilon_i$，而$\Delta S_{t,i}=(1-\epsilon_i)P_{t,i}$。

证明：在系统化阶段，发送端将 k 个信源符号作为 k 个度值为 1 的编码符号进行发送，所以 $N_s = k$。考虑到信道删除概率，系统化阶段结束后，第 i 个接收机的恢复比例为 $\beta_{0,i} = 1 - \epsilon_i$。与式（4.5.4）不同的是，WB-SOFC 在系统化阶段不会引入任何建立阶段边，所以在完成阶段，恢复 1 个信源符号平均需要一个属于情况 1 或情况 2 的编码符号。考虑到信道删除概率和编码符号的有效概率，对于第 i 个接收机，第 t 个已经发送的编码符号能恢复的信源符号的数量为 $(1 - \epsilon_i) P_{t,i}$。■

4.5.1.2 高度值系统化在线喷泉码广播方案

对于广播应用来说，由于接收机是异构的，并非所有接收机都装有译码器，所以系统化编码方案非常重要。如果发送端使用系统化编码方案，那么没有译码器的接收机至少可以恢复接收到的系统化码字，进行信源信息的部分恢复；反之，如果不使用系统化编码方案，没有译码器的接收机将无法恢复任何信源信息，发送端可能需要一个额外的数据链路发送未编码信息，以此保证这些接收机的需求，从而使系统整体吞吐量下降。因此，本节特别针对 SOFC 的广播方案进行改进。

对于 WB 方案，尽管可以最大化编码符号对所有接收机的有效概率之和，但每个接收机的有效概率仍然并不令人满意。举例来说，如果我们设置 $w_n = 1$，且 $w_i = 0\ \forall i \neq n$，编码符号度值对于信道状态最差的接收机是最优的，但对于那些信道状态好一些的接收机来说太低了，如图 4.5.1 所示。如果编码符号对于接收机并不是最优度值，那么其很可能因为不属于情况 1 或情况 2 而被接收机丢弃。因此，在 WB 方案中可以观察到，不同信道状态的接收机之间互相影响，从而大部分接收机不能获得单播场景下的最优全恢复译码开销。我们称这种现象为多状态干扰，这种现象可能在很多基于反馈的喷泉码广播方案中出现。

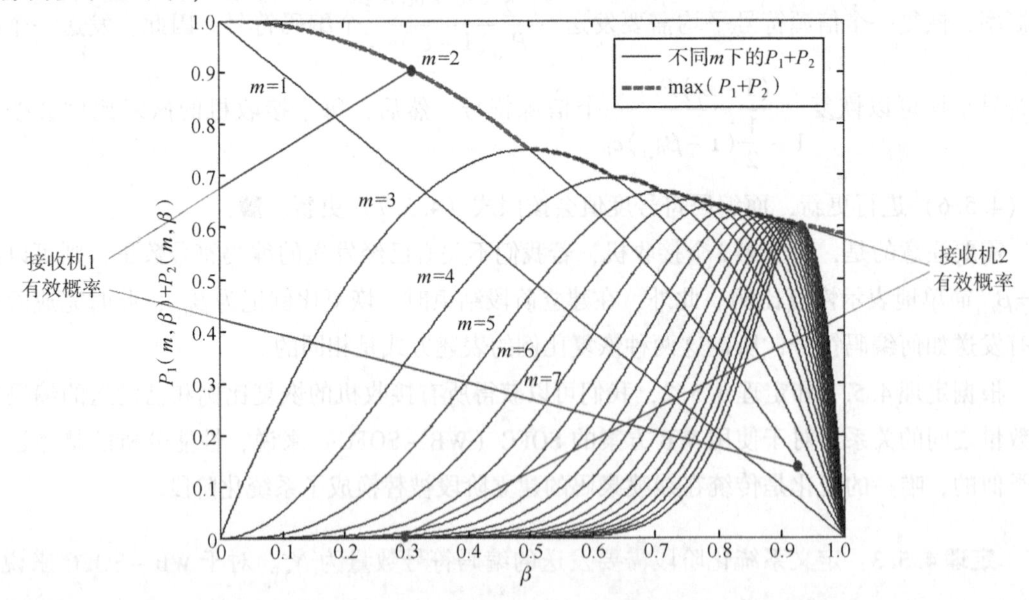

图 4.5.1 不同状态的接收机之间产生多状态干扰（附彩图）

另一个有趣的发现是，如果一个度值为 $\hat{m}_t$ 的编码符号不属于情况 1 或情况 2，那么它可能属于以下两种情况。其一，这个编码符号可能包含多余两个尚未恢复的信源符号，我们称这种情况为情况 m。其二，这个编码符号可能是 $\hat{m}_t$ 个已经恢复的信源符号的模二和，我们称这种情况为情况 0。注意到情况 m 中包含未知的信源符号，只是受接收机的处理规则限制而被丢弃，而情况 0 不包含任何有用信息。对于给定的恢复比例 β，一个度值为 $\hat{m}_t$ 的编码符号属于情况 0 的概率为 $P_0 = \beta^{\hat{m}_t}$，这个概率随着 $\hat{m}_t$ 的增大而趋向于零。同时，如果一个编码符号的度值高于接收机的最优度值，则其属于情况 m 的可能性更大。因此，为了提升编码方案的全恢复性能，减轻多状态干扰的影响，我们通过选择一个较高的编码符号度值来改进 SOFC 的广播方案，同时在接收端将属于情况 m 的编码符号存储在译码缓存中，以待后续使用，而非简单地直接丢弃。本质上，传统在线喷泉码的译码器和 BP 译码器之间的唯一差别为是否丢弃情况 m 的编码符号。因此，所提方案的译码器等效于 BP 译码，其与失活译码等先进译码器相比，同样具有较低的复杂度。SOFC 的高度值广播方案（high - degree broadcast scheme for SOFC，HB - SOFC）具体描述如下：

- 编码器选择所有接收机中最优编码符号度值的最大值作为发送符号的编码符号度值。接收机一旦接收编码符号，就立即处理属于情况 1 或情况 2 的编码符号，将属于情况 m 的编码符号存储在译码缓存中，并丢弃属于情况 0 的编码符号。对于第 i 个接收机，当其恢复比例 β_i 的变化导致其自身最优编码符号度值发生改变时，它首先尝试处理译码缓存中的属于情况 m 的编码符号，然后计算当前阶段的最优编码符号度值，并将其反馈给发送端。

接下来，分析 HB - SOFC 的性能。

定理 4.5.4：定义第 i 个接收机恢复 s 个信源符号所需发送的编码符号数量为 $N_i(s)$。对于 HB - SOFC 的第 1 个接收机，有

$$N_1(s) = \begin{cases} \dfrac{s}{1-\epsilon_1}, & 0 < \dfrac{s}{k} \leqslant \beta_{0,1} \\ k + \dfrac{1}{1-\epsilon_1} \displaystyle\sum_{j=k\beta_{0,1}}^{s-1} \dfrac{1}{P\left(\dfrac{j}{k}\right)}, & \beta_{0,1} < \dfrac{s}{k} \leqslant 1 \end{cases} \tag{4.5.8}$$

对于第 i 个接收机（$i>1$），有

$$N_i(s) = \begin{cases} \dfrac{s}{1-\epsilon_i}, & 0 < \dfrac{s}{k} \leqslant \beta_{0,i} \\ N_{i-1}(k) + \dfrac{\epsilon_i k - (1-\epsilon_i)\delta_i}{\epsilon_i(1-\epsilon_i)k} \displaystyle\sum_{j=k\beta_{0,i}}^{s-1} \dfrac{1}{P\left(\dfrac{j}{k}\right)}, & \beta_{0,i} < \dfrac{s}{k} \leqslant 1 \end{cases} \tag{4.5.9}$$

式中，$\beta_{0,i} = 1-\epsilon_i$，$\delta_i = N_{i-1}(k) - k$，$P\left(\dfrac{j}{k}\right) = P_1\left(\hat{m}, \dfrac{j}{k}\right) + P_2\left(\hat{m}, \dfrac{j}{k}\right)$。

证明：在系统化阶段，接收一个编码符号可以恢复一个信源符号，因此恢复 s 个信源符号需要 $\frac{s}{1-\epsilon_i}$ 个编码符号。

在系统化阶段后，接收机 1 的恢复比例最高，因此其最优编码符号度值也最大。所以发送端选择接收机 1 的最优编码符号度值作为发送符号的编码符号度值。对于其他发送机而言，接收机 1 的最优编码符号度值太大，难以立刻完成译码，所以其恢复比例和对应的编码符号度值将一直比接收机 1 小。所以，我们首先考虑接收机 1 的完成阶段。从 4.3 节可知，在完成阶段，要恢复一个信源符号，需要一个属于情况 1 或情况 2 的编码符号。当 j 个信源符号被恢复之后，新发送的编码符号的有效概率为 $P\left(\frac{j}{k}\right)$。因此，新恢复一个信源符号需要发送 $\frac{1}{(1-\epsilon_1)P\left(\frac{j}{k}\right)}$ 个编码符号，接着已恢复的信源符号数量变为 $j+1$。采用数学归纳法，我们可以获得式（4.5.8）。

然后，考虑第 i 个接收机，$i>1$。在第 $i-1$ 个接收机完成全恢复之后，有 δ_i 个编码符号在完成阶段被产生并发送，而它们中有 $(1-\epsilon_i)\delta_i$ 个被第 i 个接收机接收。当不同接收机之间的信道删除概率存在明显差异时，我们认为 $\beta_{0,j}>\beta_{0,i}$，其中 $j<i$，且一个对于 $\beta_{0,j}$ 最优的编码符号度值对于接收机 j 而言比对于接收机 i 有更大的有效概率，所以接收机 j 的恢复比例一直高于接收机 i。另外，对于接收机 i，一个度值为 $\hat{m}_t$ 的编码符号属于情况 0 的概率随着 $\hat{m}_t$ 的增加而趋向于零。因此，为了简单起见，我们假设这 $(1-\epsilon_i)\delta_i$ 个编码符号对于第 i 个接收机都属于情况 m，即 β_i 在这个阶段一直不变。在第 $i-1$ 个接收机完成全恢复之后，发送机发送度值对于接收机 i 最优的编码符号，此时 β_i 开始增加。

接下来证明，属于情况 m 的编码符号因恢复比例的增加而回退到情况 0 的概率是可以忽略的。定义一个属于情况 m 的编码符号回退到情况 0 为事件 X，X 出现的概率为

$$
\begin{aligned}
P(X) &= \frac{\binom{(1-\beta_i)k-m}{O(\ln k)-m}\cdot\binom{m}{m}}{\binom{(1-\beta_i)k}{O(\ln k)}} = \frac{\binom{(1-\beta_i)k-m}{O(\ln k)-m}}{\binom{(1-\beta_i)k}{O(\ln k)}} \\
&= \frac{((1-\beta_i)k-m)!\,O(\ln k)!}{(O(\ln k)-m)!\,((1-\beta_i)k)!} \\
&= \prod_{t=0}^{m-1}\frac{O(\ln k)-t}{(1-\beta_i)k-t} \leqslant \left(\frac{O(\ln k)}{(1-\beta_i)k-m+1}\right)^m
\end{aligned}
\tag{4.5.10}
$$

式中，$O(\ln k)$——可以同时被恢复的信源符号数量的最大值。

当 $k\to\infty$ 时，有 $\lim\limits_{k\to\infty}\left(\frac{O(\ln k)}{(1-\beta_i)k-m+1}\right)^m=0$，即一个属于情况 m 的编码符号回退到情况 0 的概率为 0，所以随着恢复比例 β_i 的增加，这个符号将会变为情况 1 或情况 2 的符号。因此，对于一个信源符号来说，接收端平均已经接收到了 $\frac{(1-\epsilon_i)\delta_i}{\epsilon_i k}$ 个属于情况 1 或情况 2 的编码符号。采用数学归纳法，我们可以得到式（4.5.9），定理得证。■

4.5.1.3　仿真结果

本节给出所提方案的性能仿真结果。仿真中，将信源符号数量设置为 $k=1\ 000$；对于 WB－OFC，设置参数 $\alpha_0=0.5$；设置 3 个接收机，其信道删除概率 ϵ 分别为 0.1,0.3,0.5。仿真中使用的反馈信道为无损信道。

图 4.5.2～图 4.5.4 分别给出了使用 WB－OFC、WB－SOFC 和 HB－SOFC 三种方案时已发送的编码符号数量和已恢复的信源符号数量之间的关系。其中，WB 方案中的权重设置为 $w_1=w_2=0$，$w_3=1$。从图中可以发现，所提理论分析与数值仿真结果基本符合，只有图 4.5.4中，接收机 2 和接收机 3 的曲线存在差距。这是因为，存储在译码缓存中的编码符号被译码的概率随着恢复比例的增加而增加。对于接收机 2 而言，存储的编码符号对于 $\beta_1>0.9$ 的恢复比例是最优的，所以它们会在 $\beta_2>0.9$ 时有更高的概率被译码，所以接收机 2 的曲线斜率在此时明显增加。基于同样的原因，接收机 3 的曲线斜率在 $\beta_3>0.7$ 时明显增加，且在 $\beta_3>0.9$ 时再次增加。然而，在进行性能分析时，我们已假设存储的编码符号以固定概率被译码，因此曲线的斜率保持不变。

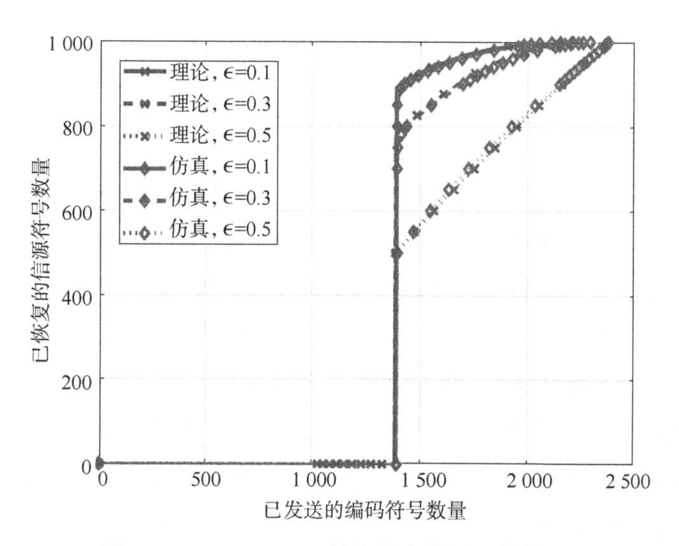

图 4.5.2　WB－OFC 性能仿真结果（附彩图）

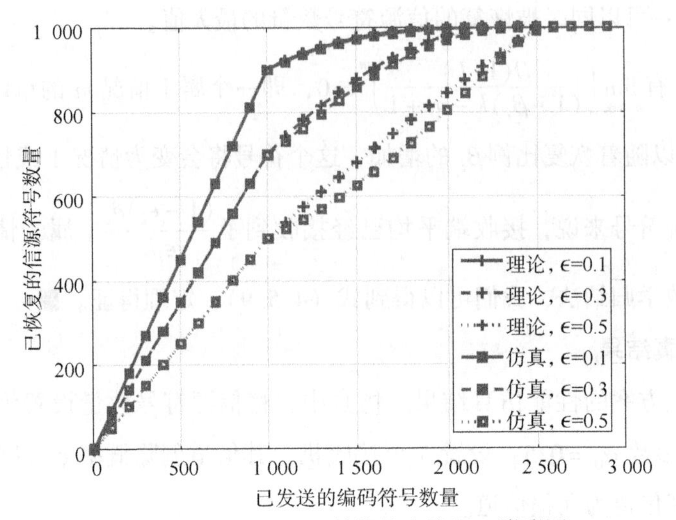

图 4.5.3　WB－SOFC 性能仿真结果（附彩图）

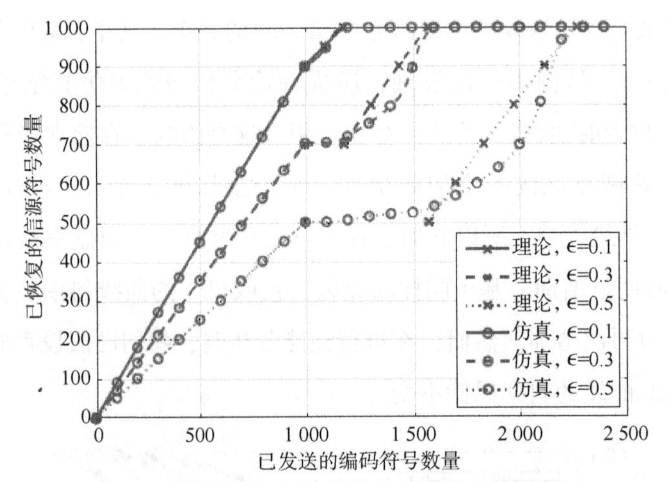

图 4.5.4　HB－SOFC 性能仿真结果（附彩图）

表 4.5.1 给出了全恢复所需的已发送编码符号数量和反馈次数。对于 WB－SOFC－A，我们设置权重参数为 $w_1=w_2=0$，$w_3=1$。对于 WB－SOFC－B，权重参数设置为 $w_1=w_2=w_3=1$。我们同时给出了 SOFC 在单播场景下的仿真结果进行对比，即每个接收机有一个单独的发送机发射信号，且编码符号的度值只对此接收机进行优化。表中，o_1、o_2、o_3 分别定义为 3 个接收机的全恢复译码开销，f_1、f_2、f_3 定义为全恢复所需的反馈次数。从表 4.5.1 中可以看出，WB 方案受到多状态干扰的影响。相比单播场景，如果使用 WB－SOFC－A 方案，则接收机 1 和接收机 2 需要更多的全恢复译码开销；如果使用 WB－SOFC－B 方案，则三个接收机都需要更多的全恢复译码开销。此外，如果使用 WB－SOFC－B 方案，那么三个接收机的全恢复译码开销之和（即 $o_1+o_2+o_3$）比 WB－SOFC－A 更小。这是因为，WB－SOFC－B 中的编码符号对于三个接收机的有效概率之和更大。最后可以看到，相比包括单播方案在内的其他所有方案，HB－SOFC 方案需要的全恢复译码开销与反馈次数都更少，这

是因为对情况 m 的编码符号有效利用而带来的增益。

表 4.5.1 不同方案的全恢复译码开销和反馈次数

结果 \ 方案	WB - SOFC - A	WB - SOFC - B	HB - SOFC	SOFC（单播）
o_1	2 216.9	2 089.2	1 153.9	1 184.6
o_2	2 396.6	2 378.8	1 549.3	1 670.9
o_3	2 485.6	2 529.0	2 208.7	2 485.6
f_1	16.4	16.2	10.7	12.2
f_2	22.4	22.1	11.3	18.1
f_3	19.8	19.7	11.8	19.8

如图 4.5.5 所示，我们比较了 HB - SOF、WB - SOFC、单播场景下的 SOFC、量化距离方案[4]及 SLT 方案的性能。对于 WB - SOFC，权重参数设置为 $w_1 = w_2 = 0$，$w_3 = 1$。对于量化距离方案和 SLT 方案，我们设置参数 $c = 0.9$，$\delta = 0.1$。从图中可见，SLT 的接收机 3 需要最大的全恢复译码开销。量化距离方案相比 SLT 方案有更好的中间性能，但是受到多状态干扰的影响更大。相比 SLT 方案和量化距离方案，WB - SOFC 的中间性能和接收机 3 的全恢复性能都更好，但是其受到多状态干扰的影响仍然更大。相比其他所有方案，HB - SOFC 的所有接收机都有最好的全恢复性能，且其多状态干扰的影响几乎可以忽略。

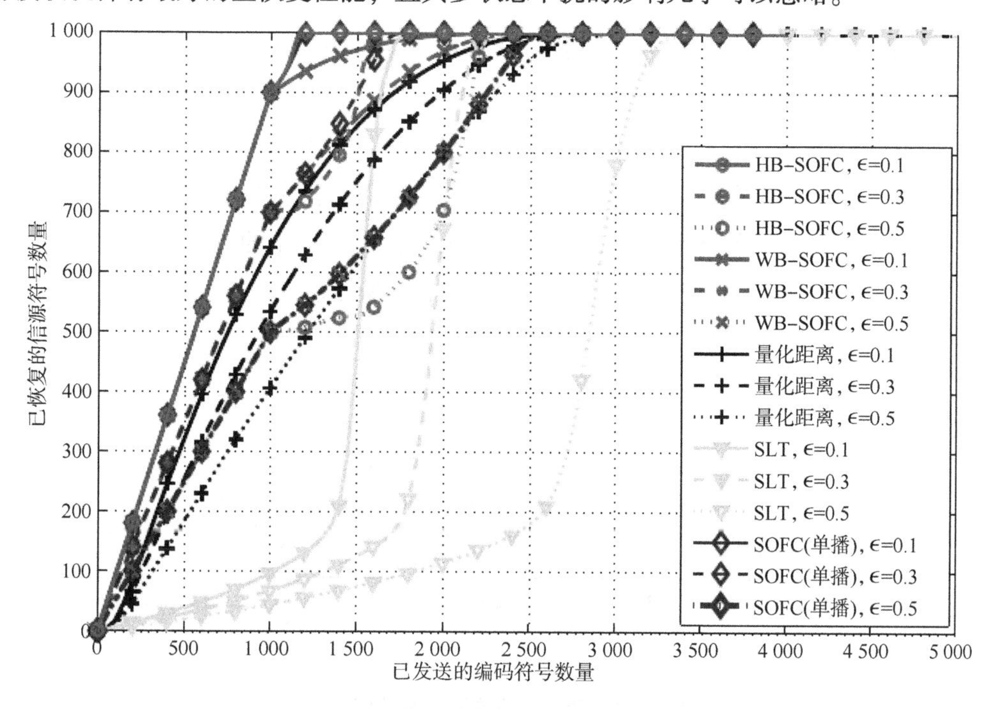

图 4.5.5 不同广播方案的性能比较（附彩图）

4.5.2 在线喷泉码的不等差保护方案

不等差保护是指对不同优先级的信源符号提供不同等级的保护，广泛应用于各种多媒体传输格式中，如 H.264 视频传输、MPEG 图像传输等。本节将介绍基于在线喷泉码的不等差保护方案，并对其进行性能分析。

4.5.2.1 结合扩展窗法与权重选择法的不等差保护方案

为不失一般性，我们假设 k 个信源符号被分为不同重要性的两个子集，其中 $\xi_1 k$ 个符号属于重要符号（most important symbols，MISs），其余 $\xi_2 k=(1-\xi_1)k$ 个符号属于非重要符号（least important symbols，LISs）。MISs 和 LISs 之间的数量之比定义为 $\mu=\dfrac{\xi_1}{\xi_2}$。我们的目标是 MISs 可以比 LISs 用更少的译码开销恢复。对于在线喷泉码的两个不同阶段，我们使用不同的方案保证其不等差保护性能。

在建立阶段，我们利用权重选择法进行不等差保护。建立阶段可以进一步细分为两个步骤：第 1 步，发送度值为 2 的编码符号；第 2 步，发送度值为 1 的编码符号。在第 1 步中，我们改变信源符号的选取规则，如图 4.5.6 所示。在所提方案中，第 1 步中生成度值为 2 的编码符号所需的两个信源符号可以都从 MISs 中选取，或者都从 LISs 中选取，或者分别从两个子集中选取。这 3 种选择出现的概率分别为 q_1、q_2 和 q_3。为了确保 MISs 的恢复速度比 LISs 更快，我们将选择概率设置为$\dfrac{q_1}{\xi_1 k}>\dfrac{q_2}{\xi_2 k}$。$q_1$ 和 q_2 两种概率的选择方式会在 MISs 和 LISs 中分别建立起一个巨大集团，而 q_3 的选择方式被用于连接两个巨大集团，形成一个尺寸满足 $k\alpha_0$ 的巨大集团，以结束第 1 步。一方面，q_3 的取值应该足够小，使得 MISs 和 LISs 的建立阶段不受影响；否则，很多 LISs 中的小集团会连接到 MISs 中的巨大集团，在建立阶段结束时完成恢复，使得不等差保护性能受到影响。另一方面，q_3 的取值也要足够大，以确保两个巨大集团能以足够高的概率连接到一起。此外，q_1、q_2 和 q_3 的取值应该满足 $q_1+q_2+q_3=1$。建立阶段中的第 2 步和传统在线喷泉码相同，不做改动。

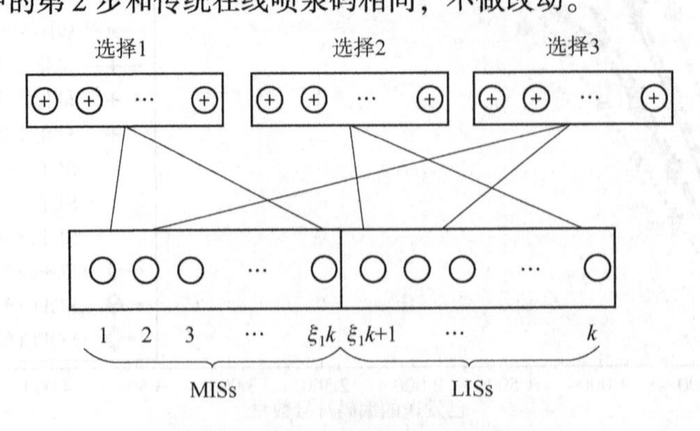

图 4.5.6 建立阶段信源符号选取规则

在完成阶段，我们利用扩展窗法进行不等差保护，如图 4.5.7 所示。我们设置窗 win_1 为对应 MISs 的选择窗，并将其对应的信源符号集合定义为 η_1；窗 win_2 为对应所有信源符号的选择窗，其对应的信源符号集合定义为 η_2。在编码过程中，编码符号从窗 win_i 产生的概率为 θ_i，这个概率满足窗分配分布 $\theta(w)=\sum_{i=1}^{2}\theta_i w^i$。一个从 win_1 中选择产生的编码符号对 MISs 的恢复有帮助，而一个从 win_2 中选择产生的编码符号对 MISs 和 LISs 的恢复都有帮助。

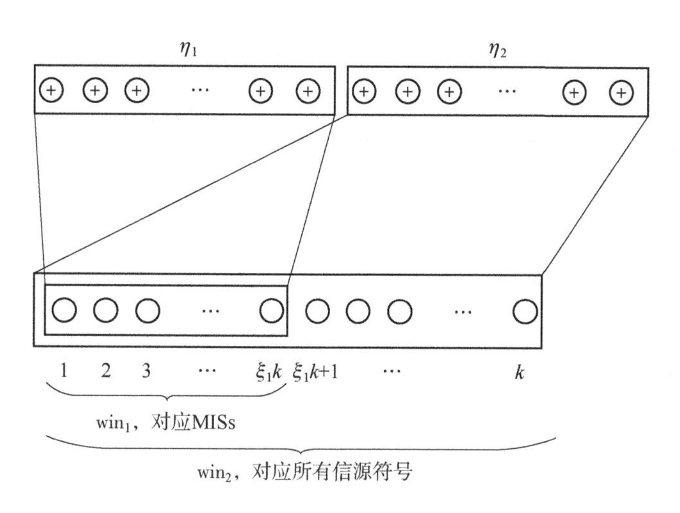

图 4.5.7　完成阶段信源符号选取规则

完成阶段的具体编码传输过程可以描述如下：

- 接收端：如果编码符号属于情况 1 或情况 2，则可以被接收端处理；否则，不做处理，被直接丢弃。接收机对集合 η_1 和集合 η_2 分别计算恢复比例（定义为 β_1 和 β_2），并在恢复比例变化导致最优度值变化时，将其反馈给发送端。

- 发送端：发送端首先对窗分配分布进行采样，得到一个选择窗 win_i 和对应的集合 η_i，然后根据下式计算最编码符号优度值 $\hat{m}$：

$$\hat{m}=\arg\max_{m}\left[P_{1,i}(m,\beta_i)+P_{2,i}(m,\beta_i)\right] \tag{4.5.11}$$

式中，$P_{1,i}(m,\beta_i)$，$P_{2,i}(m,\beta_i)$——编码符号对于集合 η_i 来说属于情况 1、情况 2 的概率。$P_{1,i}(m,\beta_i)$ 和 $P_{2,i}(m,\beta_i)$ 可以表示为

$$P_{1,i}(m,\beta_i)=\binom{m}{1}\beta_i^{m-1}(1-\beta_i) \tag{4.5.12}$$

$$P_{2,i}(m,\beta_i)=\binom{m}{2}\beta_i^{m-2}(1-\beta_i)^2 \tag{4.5.13}$$

最后，发送端从子集 η_i 中均匀地随机选取 $\hat{m}$ 个信源符号，将其进行异或运算，得到一个度值为 $\hat{m}$ 的编码符号。如果 MISs 全部完成恢复，则所有编码符号改为从最大的窗中选取。

4.5.2.2 全恢复译码开销分析

本节将对所提出的不等差保护方案进行理论分析。由于相比传统在线喷泉码，不等差保护方案的编码流程较复杂，因此我们只分析其全恢复译码开销的上界，不对其中间过程进行分析。

当 q_3 足够小时，所提方案的建立阶段可以看作对于 MISs 和 LISs 独立进行的两个建立阶段。将 MISs 和 LISs 中最大集团的归一化尺寸定义为 α_{01} 和 α_{02}，其与信源符号平均度值的关系满足下式：

$$\alpha_{01} + \mathrm{e}^{-c_1\alpha_{01}} = 1 \tag{4.5.14}$$

$$\alpha_{02} + \mathrm{e}^{-c_2\alpha_{02}} = 1 \tag{4.5.15}$$

式中，c_1, c_2——MISs 和 LISs 中的信源符号平均度值，

$$\frac{c_1}{c_2} = \frac{q_1/(\xi_1 k)}{q_2/(\xi_2 k)} = \frac{r}{\mu} \tag{4.5.16}$$

式中，$r = \dfrac{q_1}{q_2}$。

因为 MISs 和 LISs 中的巨大集团连接之后形成了尺寸为 $k\alpha_0$ 的集团，所以有

$$\alpha_0 = \xi_1\alpha_{01} + \xi_2\alpha_{02} \tag{4.5.17}$$

合并式（4.5.14）~式（4.5.17），可以得到如下引理。

引理 4.5.2：对于给定的 μ、r 和 α_0，可以根据如下方程组计算 α_{01}、α_{02}、c_1 和 c_2：

$$\begin{cases} \alpha_{01} + \mathrm{e}^{-c_1\alpha_{01}} = 1 \\ \alpha_{02} + \mathrm{e}^{-c_2\alpha_{02}} = 1 \\ \xi_1\alpha_{01} + \xi_2\alpha_{02} = \alpha_0 \\ \dfrac{c_1}{c_2} = \dfrac{r}{\mu} \end{cases} \tag{4.5.18}$$

基于引理 4.5.2，我们可以计算建立阶段所需的编码符号数量。

定理 4.5.5：定义结束建立阶段所需的编码符号数量为 N_{build}，其值可以通过下式计算得到：

$$N_{\mathrm{build}} = \frac{1}{2}\xi_1 kc_1 + \frac{1}{2}\xi_2 kc_2 = \frac{1}{2}k(\xi_1 c_1 + \xi_2 c_2) \tag{4.5.19}$$

证明：对于 MISs 或 LISs，信源符号被选择的总次数为 $\xi_i kc_i$。系数“$\dfrac{1}{2}$”意味着产生一个度值为 2 的编码符号需要选择两个信源符号。此外，与 N_{build} 相比，所需的度值为 1 的编码符号数量小到可以忽略，故在此省略。■

接下来，分析全恢复译码开销。

定理 4.5.6：定义恢复所有信源符号所需的编码符号数量为 N_{ta}，其上界可以表示为

$$N_{\mathrm{ta}} < \frac{1}{2}k(\xi_1 c_1 + \xi_2 c_2) + \frac{\sum_{i=1}^{2}\xi_i k(1-\alpha_{0i})\left[1-\frac{(1-\alpha_{0i})c_i}{2}\right]}{P_{\mathrm{SLB}}} \tag{4.5.20}$$

式中，P_{SLB}——定理 4.2.2 中得到的有效概率的下界。

证明：定义 MISs 和 LISs 的剩余子图分别为 $\mathcal{G}_1'$ 和 $\mathcal{G}_2'$，剩余子图中集团数量的期望为

$$t_i - \frac{t_i d_i}{2} + O(1) \tag{4.5.21}$$

式中，$t_i = \xi_i(1-\alpha_{0i})k$，$d_i = c_i(1-\alpha_{0i}), i = 1,2$。

包括所有未被恢复的信源符号的剩余子图为 $\mathcal{G}_0' = \mathcal{G}_1' + \mathcal{G}_2'$，其中集团数量的期望 C 满足

$$C = t_1 + t_2 - \frac{t_1 d_1}{2} - \frac{t_2 d_2}{2} + O(1) \tag{4.5.22}$$

将 $t_i = \xi_i(1-\alpha_{0i})k$ 和 $d_i = c_i(1-\alpha_{0i})$ 代入式（4.5.22），可得

$$C = \sum_{i=1}^{2}\xi_i k(1-\alpha_{0i})\left[1-\frac{(1-\alpha_{0i})c_i}{2} + o(1)_i\right] \tag{4.5.23}$$

式中，$o(1)_i = \frac{O(1)}{\xi_i k(1-\alpha_{0i})}$，在 k 趋向于无穷大时，其值趋向于 0。

由定理 4.2.2 可得，一个编码符号属于情况 1 或情况 2 的概率之和的下界为 P_{SLB}，而属于情况 1 或情况 2 的编码符号都可以使 C 的值减少 1，且无论编码符号度值从哪个窗中产生，它都可以使 C 的数量减少 1。当 C 减少到 0 时，接收端可以恢复所有信源符号，所以完成阶段所需的编码符号数量的上界为

$$N_{\mathrm{comp-all}} < \frac{\sum_{i=1}^{2}\xi_i k(1-\alpha_{0i})\left[1-\frac{(1-\alpha_{0i})c_i}{2}\right]}{P_{\mathrm{SLB}}} \tag{4.5.24}$$

将式（4.5.19）和式（4.5.24）结合在一起，定理得证。■

最后，给出恢复全部 MISs 所需的译码开销。

定理 4.5.7：定义恢复全部 MISs 所需的编码符号数量为 N_{tM}，其上界可以表示为

$$N_{\mathrm{tM}} < \frac{1}{2}k(\xi_1 c_1 + \xi_2 c_2) + \frac{\xi_1 k(1-\alpha_{01})\left[1-\frac{(1-\alpha_{01})c_1}{2}\right]}{\theta_1 P_{\mathrm{SLB}}} \tag{4.5.25}$$

证明：在完成阶段，一个编码符号从 MISs 中产生的概率为 θ_1，这个编码符号可以减少剩余子图 $\mathcal{G}_1'$ 中集团数量的概率至少为 P_{SLB}。另一方面，一个编码符号从窗 win_2 中产生的概率为 θ_2，这个编码符号从所有信源符号中选择产生，对于恢复 MISs 的帮助比较有限。未恢复的 MISs 和所有未恢复的信源符号数量之间的比值为

$$\gamma = \frac{\xi_1 k(1-\beta_1)}{k(1-\beta)} = \frac{\xi_1(1-\beta_1)}{1-\beta} \tag{4.5.26}$$

对于属于情况 1 的编码符号，其中的白色符号属于 MISs 的概率为 γ；对于属于情况 2 的编码符号，其中的两个白色符号都属于 MISs 的概率为 γ^2。因此，如果一个编码符号从 win_2 中产生，那么这个符号可以减少剩余子图 $\mathcal{G}_1'$ 中集团数量的概率为 $P_1\gamma + P_2\gamma^2$。结束 MISs 的完成阶段所需的编码符号数量的上界为

$$N_{\text{comp}-\text{MISs}} < \frac{\xi_1 k(1-\alpha_{01})\left[1-\dfrac{(1-\alpha_{01})c_1}{2}\right]}{\theta_1 P_{\text{SLB}} + \theta_2(P_1\gamma + P_2\gamma^2)} \tag{4.5.27}$$

在完成阶段开始时，有 $\beta_1 = \alpha_{01}$，$\beta = \alpha_0$，这使得式（4.5.26）中的 γ 很小，所以 $(P_1\gamma + P_2\gamma^2) \ll P_{\text{SLB}}$。此后，由于 MISs 的恢复速度比 LISs 快得多，γ 的值在整个完成阶段不断减小，因此 $P_1\gamma + P_2\gamma^2$ 在完成阶段开始时达到最大值，而这个最大值依然非常小。所以，在计算完成阶段所需的编码符号数量上界的过程中，这一项可以忽略。此时，式（4.5.27）的不等号右侧可以近似为

$$\frac{\xi_1 k(1-\alpha_{01})\left[1-\dfrac{(1-\alpha_{01})c_1}{2}\right]}{\theta_1 P_{\text{SLB}}} \tag{4.5.28}$$

结合式（4.5.19）和式（4.5.28），定理得证。■

4.5.2.3 仿真结果

本节将给出在线喷泉码不等差保护方案的性能仿真结果，并将其与等差保护的在线喷泉码及其他不等差保护喷泉码方案进行对比。

在仿真中，我们设置信源符号数量 $k = 1\,000$，信道为删除概率 $\epsilon = 0$ 的无损信道。设置 MISs 的数量等于 LISs 的数量，即 $\xi_1 = \xi_2 = 1/2$。在所提出的不等差保护方案中，最大集团归一化尺寸为 $\alpha_0 = 0.55$，选择概率为 q_1、q_2、q_3 分别为 0.582、0.388、0.03，即 $r = 1.5$；窗分配概率分布函数为 $\theta(x) = 0.5x + 0.5x^2$。在等差保护方案中，我们同样设置 $\alpha_0 = 0.55$。仿真中所选择的对比不等差保护方案为冗余不等差保护 LT 码（duplicate UEP LT，DULT）[9]，其相关参数设置为 EF = 2，RF = 3。

图 4.5.8 给出了所提出的不等差保护方案和等差保护（EEP）在线喷泉码、DULT 的 BER 性能对比。从图中可见，对于等差保护方案，BER 在译码开销达到 0.25 时降至 10^{-5}。对于不等差保护方案，MISs 和 LISs 得到了不同等级的保护。MISs 的 BER 性能在编码符号数小于信源符号数时就开始显著下降，且在译码开销为 0.15 时下降至 10^{-5}；而 LISs 在译码开销达到 0.3 时才能下降至 10^{-5}。显然，如果译码开销相同，则 MISs 的恢复比例要大于 LISs。因此，相较于 LISs，MISs 得到了更好的保护。从图中也可以看出，等差保护方案的性能比 MISs 差、比 LISs 好；与 DULT 相比，所提出的不等差保护方案有更好的 BER 性能。

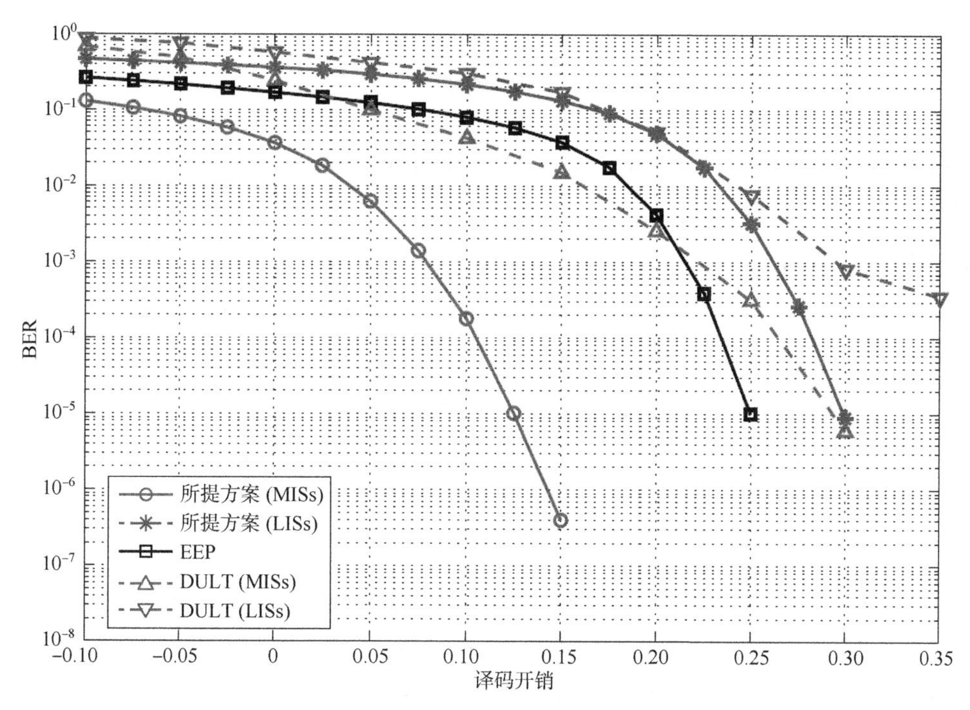

图 4.5.8　不同方案的 BER 性能对比（附彩图）

表 4.5.2 给出了仿真结果与理论分析结果的对比。其中，α_{01} 和 α_{02}、c_1 和 c_2 可以由引理 4.5.2 计算得到，N_{build} 可以由定理 4.5.5 计算得到。从表中可以看出，这些理论计算结果和仿真结果十分吻合。$N_{\text{comp-all}}$、N_{ta}、$N_{\text{comp-MISs}}$ 和 N_{tM} 可以由定理 4.5.6、定理 4.5.7 计算得到，从表中可见，所计算出的理论上界是紧上界。

表 4.5.2　理论结果与仿真结果对比

参数	理论结果	仿真结果
α_{01}	0. 75	0. 73
α_{02}	0. 35	0. 37
c_1	1. 848	1. 815
c_2	1. 231	1. 227
N_{build}	770	756
$N_{\text{comp-MISs}}$	327(上限)	286
N_{tM}	1 097(上限)	1 042
$N_{\text{comp-all}}$	486(上限)	470
N_{ta}	1 256(上限)	1 226

参考文献

[1] BEIMEL A, DOLEV S, SINGER N. RT oblivious erasure correcting [J]. IEEE/ACM Transactions on Networking, 2007, 15 (6): 1321 -1332.

[2] KAMRA A, MISRA V, FELDMAN J, et al. Growth codes: maximizing sensor network data persistence [C] //ACM SIGCOMM Computer Communication Review, 2006: 255 -266.

[3] CASSUTO Y, SHOKROLLAHI A. Online fountain codes with low overhead [J]. IEEE Transactions on Information Theory, 2015, 61 (6): 3137 -3149.

[4] HASHEMI M, CASSUTO Y, TRACHTENBERG A. Fountain codes with nonuniform selection distributions through feedback [J]. IEEE Transactions on Information Theory, 2016, 62 (7): 4054 -4070.

[5] HUANG T, YI B. Improved online fountain codes based on shaping for left degree distribution [J]. AEU International Journal of Electronics and Communications, 2017, 79: 9 -15.

[6] ERDÖS P, RÉNYI A. On the evolution of random graphs [J]. Publications of the Mathematical Institute of the Hungarian Academy of Sciences, 1960, 5 (43): 17 -61.

[7] SANGHAVI S. Intermediate performance of rateless codes [C] //2007 IEEE Information Theory Workshop, 2007: 478 -482.

[8] JUN B, YANG P, NO J, et al. New fountain codes with improved intermediate recovery based on batched Zigzag coding [J]. IEEE Transactions on Communications, 2017, 65 (1): 23 -36.

[9] AHMAD S, HAMZAOUI R, AL -AKAIDI M M. Unequal error protection using fountain codes with applications to video communication [J]. IEEE Transactions on Multimedia, 2010, 13 (1): 92 -101.

第5章
无速率调制与无速率多址接入技术

5.1 概　　述

对于无速率编码技术的研究可以分为两方面，一方面是对其编码结构及译码方法的研究，另一方面是对其在各种通信场景与系统中进行应用的研究。本章将介绍及探索无速率编码技术与调制技术以及多址接入技术的融合，具体包括技术的研究背景、技术的演进过程、性能界的理论推导、对方案的优化以及仿真得到的性能增益。

尽管物理层无速率编码可以实现速率连续变化，但其仍需要使用某一调制方式进行传输。无速率编码和调制方式相结合的编码调制技术称为速率可变调制（rate compatible modulation，RCM），最早在文献［1］中被提出，用于适应不断变化的信道条件，其克服了传统分层调制（hierarchical modulation，HM）需要实时变化编码和调制方案，以适应不断变化的信道条件所带来的问题。无速率编码调制方案首先通过无速率编码生成编码序列，然后通过数字调制生成调制信号序列，设计可变速率调制方式，能有效提升调制方式的自适应程度。在无速率编码调制中，每个信息比特可被多个符号选取，这样信源端就可以源源不断地生成调制符号，实现信源的无速率编码调制。

无速率多址接入技术，即在多址接入（包括随机多址接入和非正交多址接入）技术中引入无速率编码的思想，对原有技术进行改进，并更好地适应大连接场景下无须调度的接入模式，降低调度带来的开销，使系统容纳更多接入用户。在基于竞争的随机接入系统中，时隙ALOHA（slotted ALOHA，SA）[2]是一种常用技术，用户向基站发送数据时不会预先分配时频资源，而是自由选择合适的资源块进行传输。若有多个用户选择了同一资源块，则意味着数据包发生了碰撞[3]。时隙ALOHA技术的性能受到数据包碰撞所带来的丢包的影响[4]。为了充分利用碰撞包中所含的信息，将无速率码设计思想扩展到多用户接入场景，通过编码优化方法来优化用户重传次数，可以有效恢复用户碰撞的数据包，进而提升系统总体吞吐量。

5.2 速率可变调制

5.2.1 分层调制原理

传统的调制方式需要根据不同信道环境选择不同的星座图，以实现速率自适应。速率可变调制生成的调制符号在固定星座图中进行选择，且由于星座图足够大，可保证每个调制符号携带足够多的信息比特，从而使得吞吐量不会由于星座图过小而饱和在一个较低的值。

无速率调制技术与传统的分层调制技术同为可以实现自适应调制的技术，以分层调制技术为基础，可以更好地理解无速率调制技术，并展示无速率调制的优越性。分层调制技术可以解决无线传输中的不同用户信道条件不同的适应问题。如图 5.2.1 所示，与基站连接的所有用户由于与基站的距离不同，信号强度也有所不同。通常情况下，当用户和基站的距离很近时，会有更好的接收质量，这部分用户称为强接收用户；离基站稍远的用户信道质量较差，称为弱接收用户。

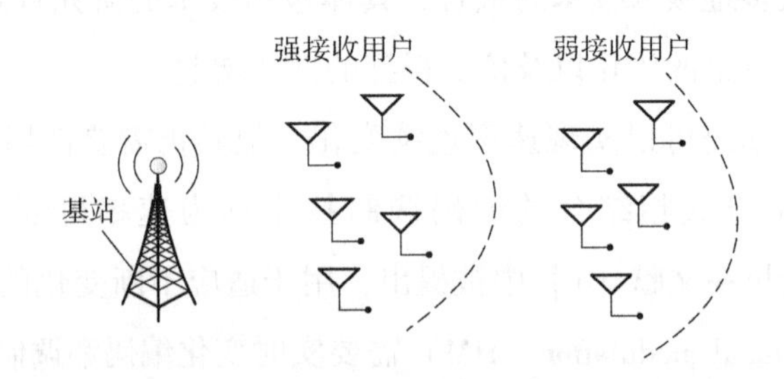

图 5.2.1 无线传输不同通信质量用户示意图

为了保证不同用户都可以获得质量合适的信号，可以通过分层编码技术和分层调制技术来实现。以向用户提供视频信号为例，可伸缩视频编码技术将视频信号分别编码到基层（basic layer，BL）和增强层（enhanced layer，EL）。其中，基层数据包含了视频数据的基本信息；增强层数据则包含了视频数据的细节信息，以增强视频的清晰度。然后，对两层信号进行分层调制。通过这种分层传输方案，基站可以确保弱接收用户能恢复基层数据，从而满足基本通信需求；而强接收用户可以同时解调恢复两层数据，从而得到高品质的数据信息。

例 5.1 观察图 5.2.2 中基层 2 比特、增强层 4 比特分层调制的调制星座图，分层调制后的星座图与 64QAM 相似，即 6 个比特映射为一个符号调制到星座图上。基层数据使用 QPSK 调制，增强层数据使用 16QAM 调制。由于 QPSK 调制的星座点间的欧氏距离很大，因此抗噪能力强，不容易受到噪声影响；而增强层的信号为 16QAM 调制，欧氏距离较短，抗噪能力较弱。强接收用户由于信噪比较高，因而可以正确解调整个 64QAM 星座；而对于信道质量较差的弱接收用户，由于信噪比较低，16QAM 的信息被湮没在噪声之中，因而接收用户只能恢复 QPSK 调制的信息。

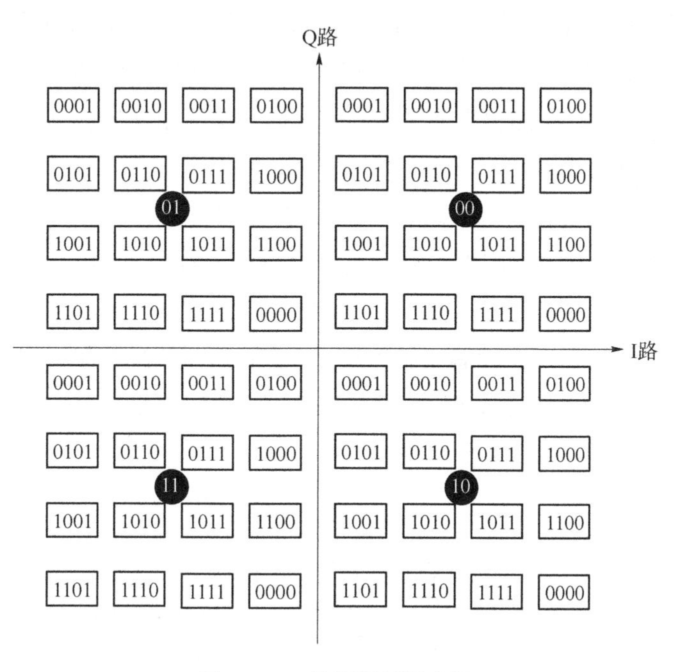

图 5.2.2　分层调制星座图

分层调制技术在一定程度上可以解决无线通信用户信道质量不同的问题，然而在实际使用时，基站必须实时切换编码速率和调制方式，以适应不断变化的信道条件。当信道条件变化很剧烈时，基站需要频繁地切换编码调制参数，这对此技术的实际应用是一个很大的挑战。速率可变调制通过引入权重叠加的方法，将分层调制中的基层和增强层的比特混合，生成调制符号。调制符号源源不断地发送，直到接收端成功恢复全部信息。因此，其速率的自适应性能是通过改变发送调制符号的个数来实现的。与分层调制方法的阶梯式速率相比，速率可变调制可以实现更平缓光滑的传输速率。

5.2.2　速率可变调制原理

为了解决分层调制存在的编码调制参数频繁切换问题，有学者提出了一种新的物理层技术，即无速率调制[5]。无速率调制是指通过对随机选择比特进行加权求和，将编码和调制相结合，实现信息的高效传输。其发送端可以不断地生成新的编码调制符号，并发送至接收端，直至接收端成功恢复信号信息并反馈 ACK 为止，因此其编码速率会根据发送的符号数量发生改变，从而实现无速率编码调制。将信号序列的长度记为 K 比特，当接收端成功恢复信息时，已发送的符号数记为 N，则此时的编码调制速率可以表示为

$$R = \frac{K}{N} \tag{5.2.1}$$

无速率调制编码信号的产生过程如图 5.2.3 所示，将 BL 和 EL 两层信息序列分别记为 $\boldsymbol{u}^{\mathrm{BL}}=\{u_1^{\mathrm{BL}},u_2^{\mathrm{BL}},\cdots,u_{K_1}^{\mathrm{BL}}\}$ 和 $\boldsymbol{u}^{\mathrm{EL}}=\{u_1^{\mathrm{EL}},u_2^{\mathrm{EL}},\cdots,u_{K_2}^{\mathrm{EL}}\}$，BL 和 EL 两层信息序列长度分别为 K_1 和 K_2，每个编码调制符号都从 BL 和 EL 两层分别选取固定数量的信息比特，图 5.2.3 中的两层各选 2 比特信息，将选取的信息比特乘以相应的权重后进行加和，即可得到相应的编码调制符号。图 5.2.3 中 BL 层的权重系数为$\{-3,3\}$，EL 层的权重系数为$\{-1,1\}$，则此时生成的调制符号可以表示为

$$c=-3\times u_1^{\mathrm{BL}}+3\times u_2^{\mathrm{BL}}-1\times u_1^{\mathrm{EL}}+1\times u_2^{\mathrm{EL}} \tag{5.2.2}$$

由于信息比特的取值为 0 或 1，则生成编码调制符号的振幅范围为$[-4,4]$，即生成的星座图与 9PAM 调制相似。为了充分地利用星座空间，可以将两路 PAM 信号合并为一路 QAM 信号进行发送，如图 5.2.3 所示，编码调制符号 $c_1=3$ 和 $c_2=-2$ 合为 QAM 星座图中的一个点 $x=(3,-2)$ 进行发送。则发送的编码调制符号对应的星座图为 9×9QAM 星座图，每个符号可以携带 8 个比特的信息[1]。

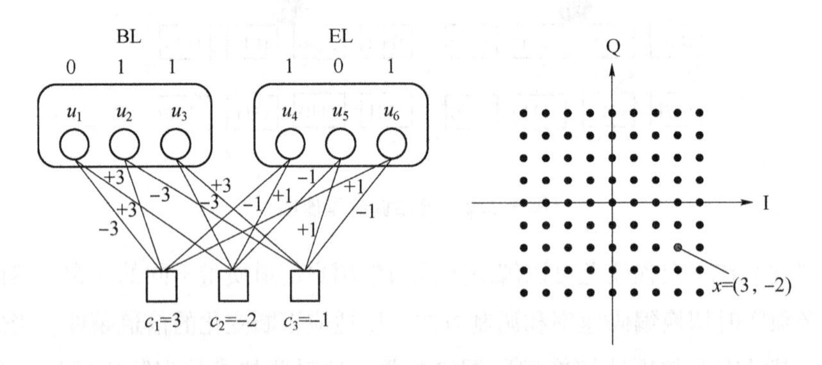

图 5.2.3　无速率调制编码算法

调制完成后，需要对无速率调制的星座图进行能量归一化处理。但是，由于无速率调制的编码调制符号不是先验等概的，所以其归一化方法与 QAM 等调制方式的能量归一化方法不同。以权重集合为$\{\pm1,\pm2,\pm4,\pm4\}$时为例，无速率调制的符号分布如图 5.2.4 所示。此时每个 PAM 星座点可以携带 8 比特的信息，每个 PAM 符号的信息携带能力与 256QAM 相同。

从图 5.2.4 中可以看出，幅值较小的星座点出现的概率比较大，而幅值较大的星座点出现的概率则很小，这样可以保证即便使用较大的星座图时，其能量归一化后的星座点间距离可以保持在一个较大的值，不会因星座点间距离过小而出现性能恶化。归一化后的星座点间的欧氏距离为 $d=0.2325$，大于传统 256QAM 星座图的欧氏距离 $d=0.1534$。

5.2.3　映射矩阵生成方法

下面以权重集合为$\{\pm1,\pm2,\pm4,\pm4\}$时为例来介绍映射矩阵的生成方法。为方便描述，在此不考虑数据分层的情况，信息序列记为 $\boldsymbol{u}=\{u_1,u_2,\cdots,u_K\}$，生成过程可以分为三步。

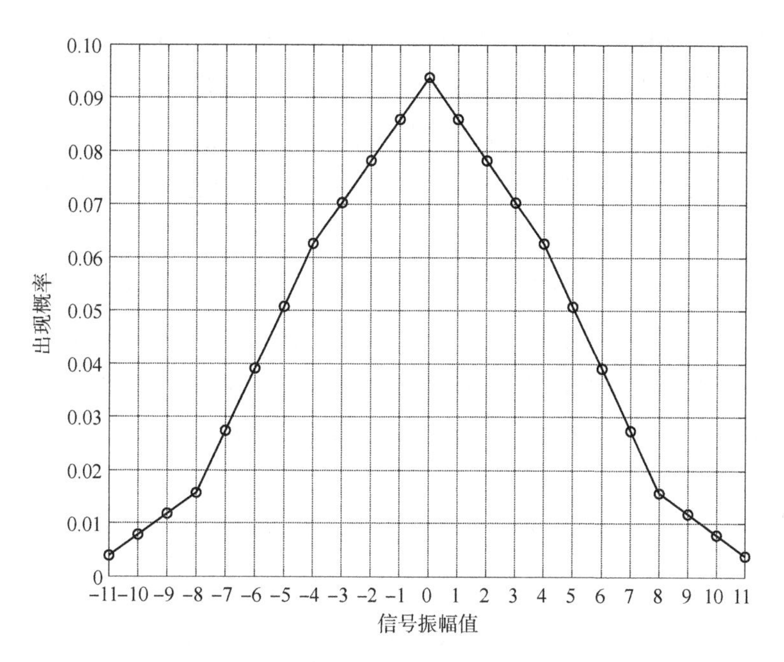

图 5.2.4　无速率调制符号分布

第 1 步，生成对应权重值的初等矩阵，权重集合中权重的绝对值为 1、2、4，将生成的初等矩阵记为 $\boldsymbol{A}_1$、$\boldsymbol{A}_2$、$\boldsymbol{A}_4$。以矩阵 $\boldsymbol{A}_1$ 为例，可以表示为

$$\boldsymbol{A}_1 = \begin{bmatrix} +1 & -1 & & & & & \\ & & +1 & -1 & & & \\ & & & & \ddots & & \\ & & & & & +1 & -1 \end{bmatrix}_{\frac{K}{8}\times\frac{K}{4}} \tag{5.2.3}$$

第 2 步，生成一个$\dfrac{K}{2}\times K$ 的映射矩阵 $\boldsymbol{G}_0$：

$$\boldsymbol{G}_0 = \begin{bmatrix} \pi(\boldsymbol{A}_4) & \pi(\boldsymbol{A}_4) & \pi(\boldsymbol{A}_2) & \pi(\boldsymbol{A}_1) \\ \pi(\boldsymbol{A}_2) & \pi(\boldsymbol{A}_1) & \pi(\boldsymbol{A}_4) & \pi(\boldsymbol{A}_4) \\ \pi(\boldsymbol{A}_4) & \pi(\boldsymbol{A}_4) & \pi(\boldsymbol{A}_1) & \pi(\boldsymbol{A}_2) \\ \pi(\boldsymbol{A}_1) & \pi(\boldsymbol{A}_2) & \pi(\boldsymbol{A}_4) & \pi(\boldsymbol{A}_4) \end{bmatrix} \tag{5.2.4}$$

式中，$\pi(\boldsymbol{A}_i)$——矩阵 $\boldsymbol{A}_i$ 的随机列置换矩阵，$i=1,2,4$。

第 3 步，生成的调制符号序列为

$$\boldsymbol{c} = \boldsymbol{G}_0\boldsymbol{u} \tag{5.2.5}$$

映射矩阵 $\boldsymbol{G}_0$ 的行数有限，当信道质量较差时，会出现调制符号不足的情况，对此可以通过改变随机列置换矩阵的方法重新生成新的映射矩阵 $\boldsymbol{G}_0'$ 进行传输。

由上述调制映射过程中可以看出，影响无速率调制星座图的主要参数就是权重集合，因此需要对其进行优化设计。将 BL 层与 EL 层对应的权重集合长度分别记为 L_{B} 和 L_{E}，其权重

集合记为 W_B 和 W_E。在设计过程中，下面几个因素应当被考虑在内：

（1）权重设计的长度（L_B 和 L_E）应当足够大，这样，即使在传输速率很大（即对应的信噪比很高）的情况下，也可保证吞吐量足够大，不会出现速率饱和。

（2）EL 层信息比特的生成速率比 BL 层要高，二者的速率比约为 3∶1。因此应使 $L_B : L_E = 1 : 3$。

（3）BL 层和 EL 层之间的权重值差别应该足够大。BL 层对应的权重绝对值应当比 EL 层的权重绝对值大，从而可以保证 BL 层在较差的信道条件中（弱接收用户）容易被识别。

（4）根据经验统计，接收 BL 层和 EL 层数据信噪比（SNR）之差应该在 10 dB 左右[5]。

（5）无速率调制权重的取值范围不能太大，以保证映射星座图不至于过大而导致硬件难以实现。

基于以上的几点考虑，可以将 BL 层与 EL 层的权重值分别设为[5]：$W_B = \{\pm 6, \pm 6\}$，$W_E = \{\pm 1, \pm 1, \pm 1, \pm 2, \pm 2, \pm 2\}$。其对应的 $L_B = 4$，$L_E = 12$，每个无速率调制符号可以携带 16 比特的信息。无速率调制符号的最大振幅为 21，在经过 I 路、Q 路合并后，可以得到一个 43×43 的 QAM 星座图来传输调制符号，此时每个调制符号可以携带 32 比特信息。

5.2.4 无速率调制解映射及性能

文献［6］中提出，可以使用 BP 译码方式来进行无速率调制的解调过程。由于接收到的符号序列需要先将 QAM 星座图中的 I 路和 Q 路分离，为了方便表示，在此仅考虑两路分离后的解调译码过程。信道记为 AWGN 信道，则接收到的符号序列可以表示为

$$\boldsymbol{y} = \boldsymbol{c} + \boldsymbol{n} = \boldsymbol{G}_0 \boldsymbol{u} + \boldsymbol{n} \tag{5.2.6}$$

式中，$\boldsymbol{n}$——加性高斯白噪声向量，服从均值为 0，方差为 σ_n^2 的高斯分布。

无速率调制的解调译码过程就是寻找以下问题最优解的过程：

$$\hat{\boldsymbol{u}} = \arg \max_{b \in \mathrm{GF}(2^N)} p(\boldsymbol{u} \mid \boldsymbol{y}, \boldsymbol{G}_0) \tag{5.2.7}$$

由于调制映射过程使用权重加和的方式生成调制符号，无速率调制使用的 BP 译码方式与传统无速率码的译码过程略有不同。首先，将 $q_{n,k}^l(0)$ 和 $q_{n,k}^l(1)$ 分别记为在第 l 次迭代过程中，从信息节点传递给调制符号节点时，与调制符号 c_n 相连的信息比特 u_k 为 0 或 1 的概率；同时，将 $m_{n,k}^l(0)$ 和 $m_{n,k}^l(1)$ 分别记为在第 l 次迭代过程中，从调制符号节点传递给信息节点时，与调制符号 c_n 相连的信息比特 u_k 为 0 或 1 的概率。

在迭代过程中，$m_{n,k}^l(i), i \in \{0,1\}$ 的更新过程可以表示为

$$\begin{aligned} m_{n,k}^l(i) &= \sum_{c_n} p(u_k = i \mid c_n) p(c_n \mid y_n) \\ &= \sum_{c_n} p\left(\sum_{k' \in \mathcal{N}(n) \setminus k} u_{k'} g_{n,k'} = c_n - i g_{n,k} \right) p(c_n \mid y_n) \end{aligned} \tag{5.2.8}$$

式中，$g_{n,k}$——矩阵 $\boldsymbol{G}_0$ 中第 n 行、第 k 列的元素；

$\mathcal{N}(n)\backslash k$——除去 u_k 以外与编码符号 c_n 相连的信息比特集合；

$p(c_n|y_n)$表示为

$$p(c_n|y_n)=\frac{1}{\sqrt{2\pi\sigma_n^2}}\mathrm{e}^{-\frac{(y_n-c_n)}{2\sigma_n^2}} \tag{5.2.9}$$

之后，$q_{n,k}^l(i)$，$i\in\{0,1\}$的更新过程可以表示为

$$q_{n,k}^l(i)=\alpha_{n,k}\prod_{n'\in\mathcal{K}(k)\backslash n}m_{n',k}^l(i) \tag{5.2.10}$$

式中，$\mathcal{K}(k)\backslash n$——除去 c_n 以外与信息比特 u_k 相连的编码符号集合；

$\alpha_{n,k}$——归一化参数，保证 $q_{n,k}^l(0)+q_{n,k}^l(1)=1$。

当迭代次数到达最大迭代次数 T 时，对信息比特进行判决，将第 k 个信息比特取值为 i 的概率记为 $p_k^T(i)$，表示为

$$p_k^T(i)=\alpha_k\prod_{n'\in\mathcal{K}(k)}m_{n',k}^T(i) \tag{5.2.11}$$

式中，α_k——归一化参数，保证 $p_k^T(0)+p_k^T(1)=1$。

若 $p_k^T(0)>p_k^T(1)$，则判定 $u_k=0$；反之，$u_k=1$。

表5.2.1对比了无速率调制（具体可参考文献［5］）中的与IEEE 802.11n中LDPC码[7]不同编码速率及调制方式下的传输速率性能。仿真中，无速率调制没有考虑BL层与EL层，所有信息具有相同的保护程度，权重集合选用{±1，±2，±4，±4}，即使用PAM信号时可携带8 bit/symbol的信息，当使用QAM时最高可携带16 bit/symbol的信息。信息序列长度为 $K=400$，仿真的信噪比区间为[−10 dB,30 dB]。可以看出，无速率调制的传输速率变化较为平滑。在高信噪比下，以25 dB为例，802.11n协议建议使用64QAM、5/6码率，此时的传输速率为5 bit/symbol，而使用无速率调制时则可以达到6.2 bit/symbol，传输效率提升了24%。LDPC码的性能为理想切换的性能，在实际使用中为了避免乒乓切换效应，需要设置保护间隔；而无速率调制使用单一的星座图，不存在切换问题，因此具有更低的实现复杂度，还可避免频繁切换带来的系统不稳定等问题。

表5.2.1　无速率调制传输速率性能　　单位：bit/symbol

编码调制方式 \ 信噪比	5 dB	10 dB	15 dB	20 dB	25 dB
无速率调制	0.7	2.1	3.9	5.1	6.2
LDPC QPSK 1/2 码率	1	1	1	1	1
LDPC 16QAM 3/4 码率	0	3	3	3	3
LDPC 64QAM 5/6 码率	0	0	0	5	5

5.3 模拟喷泉码及RCM权重优化

尽管无速率调制可以获得良好的吞吐量性能，但其在生成调制符号时，不同的信息序列可能生成相同的调制符号，这使得在解调时，即便在没有噪声的情况下，也不能保证成功恢复对应的信息比特序列，从而导致其传输性能的恶化。为此，文献［8］中提出了一种新的编码调制方法，由于其编码调制方式与喷泉码相似，因此被称为模拟喷泉码（analog fountain codes，AFC）。

5.3.1 AFC编译码过程

将待编码信息序列记为$\boldsymbol{u}=\{u_1,u_2,\cdots,u_K\}$，对其进行BPSK调制，得到信息符号序列$\boldsymbol{b}=\{b_1,b_2,\cdots,b_K\}$，$b_i\in\{-1,1\},i=1,2,\cdots,K$。与传统的无速率编码相同，AFC编码符号的生成过程也需要先根据度分布$\Omega(x)=\sum_{d=1}^{D}\Omega_d x^d$选取一个度值$d$，其中$\Omega_d$为选择度为$d$的概率，$D$为可选最大度值。然后，随机选取$d$个不同的信息符号。AFC的Tanner图如图5.3.1所示，在选取信息符号后，每个信息符号都应乘以权重值$w_{j,i}$，这些权重值是从权重集合$w=\{w_1,w_2,\cdots,w_F\}$中选取得到的。权重值w_i被选取的概率记为q_i，则其分布可以记为$Q=\{q_1,q_2,\cdots,q_F\}$，$\sum_{i=1}^{F}q_i=1$。生成的编码符号c_j可以表示为

$$c_j=\sum_{i=1}^{K}w_{j,i}b_i \tag{5.3.1}$$

由式（5.3.1）可以看出，AFC与无速率调制生成符号的方式相同，即不再使用模二加法运算，而使用权重加和的方式生成编码调制符号。将N记为AFC编码符号个数，则式（5.3.1）可以表示为

$$\boldsymbol{c}=\boldsymbol{W}\boldsymbol{b} \tag{5.3.2}$$

式中，$\boldsymbol{W}$——$N\times K$的矩阵，其第j行第i列的元素为$w_{j,i}$。若第j个编码符号c_j选择了信息符号b_i，则$w_{j,i}\neq 0$；反之，$w_{j,i}=0$。

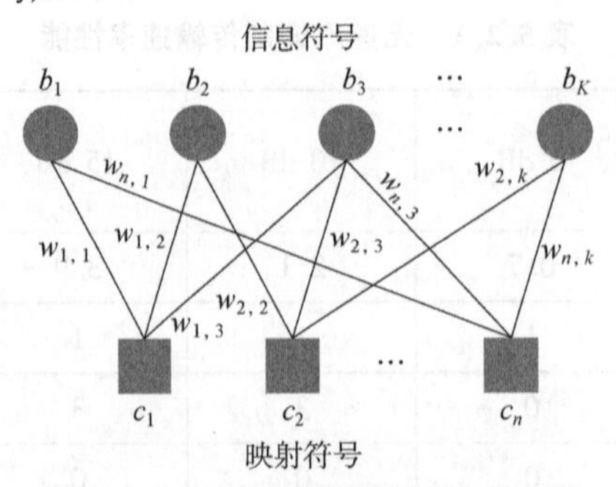

图5.3.1 AFC编码调制Tanner图

当生成编码符号序列 $\boldsymbol{c}$ 之后，为了充分利用星座图，可以将序列 $\boldsymbol{c}$ 中的每两个符号分别作为 QAM 星座图中的横纵坐标合成一个 QAM 符号，则最后发送的符号可以表示为

$$x_i = c_{2i-1} + \mathrm{i}c_{2i} \tag{5.3.3}$$

式中，$i=1,2,\cdots,N/2$。

AFC 的译码过程与无速率调制相同，在此不再叙述。

5.3.2　误码率分析及权重值设计

根据上文所述，AFC 迭代译码器的目的是求概率 $P(\boldsymbol{b}|\boldsymbol{y},\boldsymbol{W})$，根据贝叶斯公式可得

$$P(\boldsymbol{b}|\boldsymbol{y},\boldsymbol{W}) = \frac{P(\boldsymbol{y}|\boldsymbol{b},\boldsymbol{W})P(\boldsymbol{b})}{P(\boldsymbol{y}|\boldsymbol{W})} \tag{5.3.4}$$

式中，$P(\boldsymbol{y}|\boldsymbol{W}) = \sum\limits_{\boldsymbol{b}\in\{-1,1\}^K} P(\boldsymbol{y}|\boldsymbol{b},\boldsymbol{W})P(\boldsymbol{b})$。假设信息符号为等概传输，则对任意信息符号序列 $\boldsymbol{b}$ 的出现概率为 $P(\boldsymbol{b})=1/2^K$。式（5.3.4）可变为

$$P(\boldsymbol{y}|\boldsymbol{b},\boldsymbol{W}) = \prod_{i=1}^{N} \frac{1}{\sqrt{2\pi\sigma^2}} \cdot \exp\left[-\frac{1}{2\sigma^2}\left(y_i - \sum_{j=1}^{K} b_j w_{i,j}\right)^2\right] \tag{5.3.5}$$

对此概率取对数，则有

$$\ln P(\boldsymbol{y}|\boldsymbol{b},\boldsymbol{W}) = -\frac{N}{2}\ln(2\pi\sigma^2) - \frac{1}{2\sigma^2}\sum_{i=1}^{N}\left(y_i - \sum_{j=1}^{K} b_j w_{i,j}\right)^2 \tag{5.3.6}$$

从式（5.3.6）可以看出，搜索使概率 $p(\boldsymbol{b}|\boldsymbol{y},\boldsymbol{W})$ 最大化的序列 $\boldsymbol{b}$，等效于搜索使欧氏距离最小化的序列 $\boldsymbol{b}$，即

$$\hat{\boldsymbol{b}} = \arg\min_{\boldsymbol{b}} \sum_{i=1}^{N}\left(y_i - \sum_{j=1}^{K} b_j w_{i,j}\right)^2 = \arg\min_{\boldsymbol{b}} \|\boldsymbol{y} - \boldsymbol{W}\boldsymbol{b}\|_2^2 \tag{5.3.7}$$

假设存在序列 $\boldsymbol{b}'$ 与原始序列 $\boldsymbol{b}$ 仅存在 1 个符号不同，位置为 k，将 $P(k)$ 记为判决时 $\boldsymbol{b}'$ 对应的欧氏距离小于 $\boldsymbol{b}$ 的概率，此概率计算公式如下：

$$\begin{aligned} P(k) &= P\left(\|\boldsymbol{y} - \boldsymbol{W}\boldsymbol{b}'\|_2^2 < \|\boldsymbol{y} - \boldsymbol{W}\boldsymbol{b}\|_2^2 \,\middle|\, \boldsymbol{W}\right) \\ &= P\left(\sum_{i\in\mathcal{K}(k)} (n_i + w_{i,k}(b_k - b_k'))^2 < \sum_{i=1}^{N} n_i^2 \,\middle|\, \boldsymbol{W}\right) \end{aligned} \tag{5.3.8}$$

式中，$\mathcal{K}(k)$——与信息符号 b_k 相连的编码符号集合。

由于序列 $\boldsymbol{b}$ 和 $\boldsymbol{b}'$ 为 BPSK 调制，因此式（5.3.8）可以写为

$$\begin{aligned} P(k) &= P\left(\sum_{i\in\mathcal{K}(k)} (n_i + 2w_{i,k}b_k)^2 < \sum_{i=1}^{N} n_i^2 \,\middle|\, \boldsymbol{W}\right) \\ &= P\left(\sum_{i\in\mathcal{K}(k)} (w_{i,k}b_k)^2 < -\sum_{i\in\mathcal{K}(k)} n_i w_{i,k} b_k \,\middle|\, \boldsymbol{W}\right) \end{aligned} \tag{5.3.9}$$

由于 n_i 服从均值为 0、方差为 σ_{n}^2 的高斯分布，因此 $\sum\limits_{i\in\mathcal{K}(k)} n_i w_{i,k} b_k$ 服从均值为 0、方差为

$\sigma_n^2 \sum_{i \in \mathcal{K}(k)} (w_{i,k} b_k)^2$ 的高斯分布。于是，$P(k)$可以表示为

$$P(k) = Q\left(\frac{1}{\sigma_n}\sqrt{\sum_{i \in \mathcal{K}(k)} (w_{i,k} b_k)^2}\right) = Q\left(\frac{1}{\sigma_n}\sqrt{\sum_{i \in \mathcal{K}(k)} (w_{i,k})^2}\right) \tag{5.3.10}$$

式中，$Q(x)$——互补累积分布函数：

$$Q(x) = \frac{1}{\sqrt{2\pi}} \int_x^{\infty} \exp\left(-\frac{x^2}{2}\right) \mathrm{d}x \tag{5.3.11}$$

从式（5.3.10）可知，与每个信息比特相连的权重值平方和决定了该信息比特的误码率，为了保证可靠性，应使所有信息比特中错误概率最高的信息比特错误概率最小化。

根据编码过程可知，权重值决定了叠加后的星座图形状，进而影响了系统的传输能力。上文中所述的无速率调制可以看作 AFC 的一种特例。然而，由于无速率调制中序列 $\boldsymbol{u}$ 的取值为$\{0,1\}$，使得 $\min\limits_{\boldsymbol{u}}\left\{\sum_{i \in \mathcal{K}(k)} (w_{i,k} u_k)^2\right\} = 0$。则其对应的 $P(k) = 0.5$。也就是说，即便在没有噪声的情况下，收到一个编码符号时，也不能保证成功恢复对应的信息比特，这导致了其传输性能的恶化。

为了解决这一问题，需要设计一个合理的权重集合来最小化传输误码率。考虑在高信噪比时，为了获得更高的吞吐量，接收端接收到的每一个符号都应该能够恢复出与其相连的全部信息比特。这就要求在高信噪比情况下，每个编码符号 $c_j = \sum_{i=1}^{K} w_{j,i} b_i$ 对应的线性叠加函数都有唯一解。由于叠加函数中大部分 $w_{j,i}$的值都为 0，为方便表示，可以仅考虑非零值，则编码符号可以表示为 $c_j = \sum_{i=1}^{l} w_{j,i} b_i, w_{j,i} \in \mathcal{N}(j)$。其中，$\mathcal{N}(j)$为连接编码符号 c_j 的信息符号集合，l 为编码调制符号选择的信息符号的个数，即 $w_{j,i}$非零值的个数。

定理 5.3.1 [8]：将 p_l 记为编码符号 $c = \sum_{i=1}^{l} w_i b_i$ 对应的线性叠加有多个解的概率，其中 $l \geqslant 2$且 w_i 是从权重集合 $w = \{w_1, w_2, \cdots, w_F\}$ 中随机选取的。当多选取一个信息符号时，线性叠加有多个解的概率为 $p_{l+1} = 1 - (1 - E)(1 - p_l)$，其中，

$$E = \frac{1}{2}\sum_{k=1}^{F} q_k \frac{\frac{1}{2^l}\sum_{\boldsymbol{b} \in \{-1,1\}^l} p\left(\left|\sum_{i=1}^{l} b_i w_i\right| = w_i\right)}{1 - \frac{1}{2^l}\sum_{\boldsymbol{b} \in \{-1,1\}^l} p\left(\left|\sum_{i=1}^{l} b_i w_i\right| = 0\right)} \tag{5.3.12}$$

证明：由于信息序列为均匀选择，则 $p(b = -1) = p(b = 1) = 0.5$。编码符号的绝对值为 s 的概率为

$$p(|c| = s) = \frac{1}{2^l} \sum_{\boldsymbol{b} \in \{-1,1\}^l} p\left(\left|\sum_{i=1}^{l} w_i b_i\right| = s\right) \tag{5.3.13}$$

编码符号的绝对值为 s 且 s 不为 0 的概率为

$$p(|c| = s \neq 0) = \frac{\frac{1}{2^l} \sum_{\boldsymbol{b} \in \{-1,1\}^l} p\left(\left|\sum_{i=1}^{l} w_i b_i\right| = s\right)}{1 - \frac{1}{2^l} \sum_{\boldsymbol{b} \in \{-1,1\}^l} p\left(\left|\sum_{i=1}^{l} w_i b_i\right| = 0\right)} \tag{5.3.14}$$

对于公式 $\sum_{i=1}^{l} w_i b_i + w_{l+1} b_{l+1} = c$，如果 $\left|\sum_{i=1}^{l} w_i b_i\right| = w_{l+1}$ 且 $c=0$ 时，该公式无法解得唯一解，则可解得

$$\begin{aligned} E &= \frac{1}{2} p\left(\left|\sum_{i=1}^{l} w_i b_i\right| = w_{l+1}\right) \\ &= \frac{1}{2} \sum_{t=1}^{F} p\left(\left|\sum_{j=1}^{l} w_j b_j\right| = w_t\right) p(w_{l+1} = w_t) \\ &= \frac{1}{2} \sum_{t=1}^{F} q_t \frac{\frac{1}{2^l} \sum_{\boldsymbol{b} \in \{-1,1\}^l} p\left(\left|\sum_{i=1}^{l} w_i b_i\right| = w_t\right)}{1 - \frac{1}{2^l} \sum_{\boldsymbol{b} \in \{-1,1\}^l} p\left(\left|\sum_{i=1}^{l} w_i b_i\right| = 0\right)} \end{aligned} \tag{5.3.15}$$

因此，可以证明 $p_{l+1} = 1 - (1-E)(1-p_l)$。■

根据上文的分析，在选择权重集合时，应使其服从如下不等式：

$$\sum_{i=1}^{d} (-1)^{n_i} w_i \neq 0 \tag{5.3.16}$$

式中，$n_i \in \{0,1\}$。也就是说，所选权重进行任意加减，结果都不为 0。这样就可以保证 $E = 0$，即 $p_{l+1} = p_l$。已知 $p_2 = p(w_1 - w_2 = 0)/2 = 0$，因此只要满足式（5.3.11）即可保证每个线性组合都有唯一解。

由于信息符号为等概率选取，且权重集合中每个元素的选取概率也相同，因此每个信息符号在每条边上传输的值 $w_i b_i$ 也服从均匀分布，即

$$p(w_i b_i = v) = \frac{1}{2F}, \quad v \in \{-w_F, \cdots, -w_1, w_1, \cdots, w_F\} \tag{5.3.17}$$

其均值为 0，方差为 $\sigma_s^2 = \sum_{i=1}^{F} w_i^2 / F$。由于变量 $w_i b_i$ 为独立同分布变量，则编码符号 $c = \sum_{i=1}^{l} w_i b_i$ 服从均值为 0、方差为 $l\sigma_s^2$ 的均匀分布。此时，根据文献［8］的建议，应使生成的编码符号分布近似于高斯分布。因此，在给定 $\varepsilon > 0$ 且 $\delta > 0$ 的情况下，权重值应满足下式：

$$|p_\delta^i - q_\delta^i|^2 \leqslant \varepsilon, \quad i = 1, 2, \cdots \tag{5.3.18}$$

式中，$p_\delta^i = p\left((i-1)\delta \leqslant \sum_{j=1}^{l} b_j w_j < i\delta\right)$；

$q_{\delta}^{i}=Q((i-1)\delta)-Q(i\delta)$。

根据不同的 ε 与 δ，可以得到不同的权重值。以 $\varepsilon=10^{-4}$ 且 $\delta=0.2$ 为例，权重集合可以记为 $\left\{\frac{1}{2},\frac{1}{3},\frac{1}{5},\frac{1}{7},\frac{1}{11},\frac{1}{13},\frac{1}{17},\frac{1}{19}\right\}$。

5.3.3 模拟喷泉码性能分析

本节对模拟喷泉码（AFC）的性能进行分析，并展示一些仿真性能。仿真中，设置编码参数为：信息序列长度 $K=10\ 000$；权重集合选用 $\left\{\frac{1}{2},\frac{1}{3},\frac{1}{5},\frac{1}{7},\frac{1}{11},\frac{1}{13},\frac{1}{17},\frac{1}{19}\right\}$，即使用PAM 信号时最多可携带 8 bit/symbol 的信息，当使用 QAM 时最多可携带 16 bit/symbol 的信息。使用码率为 0.95 的 LDPC 码作为外码，以 BER 到达10^{-4}时的传输速率为评价标准，仿真的信噪比区间为[−10 dB,30 dB]，表 5.3.1 对比了 AFC 与无速率调制的传输速率性能，并给出了对应信噪比下的信道容量。从表中可以观察到 AFC 的传输速率变化较为平滑，AFC 的性能完全超过了无速率调制以及表 5.2.1 中使用理想切换的 LDPC 码的性能，并且传输速率非常接近信道容量。在高信噪比下，如 30 dB 时，AFC 的传输速率可达 9.4 bit/symbol，而此时无速率调制仅有 6.7 bit/symbol，传输效率提升了 40%。这是因为，AFC 的调制符号有唯一的信息序列与之对应，即在无噪情况下，收到任意一个调制符号都可以恢复出与之对应的唯一的信息序列，而无速率调制由于多个不同的信息序列可以对应相同的调制符号，因此在解调时性能有所下降。

表 5.3.1 AFC 与无速率调制传输速率性能对比 单位：bit/symbol

性能 \ 信噪比	5 dB	10 dB	15 dB	20 dB	25 dB	30 dB
信道容量	2.057 4	3.459 4	5.027 8	6.658 2	8.309 4	9.967 2
AFC	1.8	3.2	4.8	6.3	7.9	9.4
无速率调制	0.7	2.1	3.9	5.1	6.2	6.7

对比 RCM 和 AFC 两种无速率调制方法可以发现：RCM 的优点是可以通过结构化的调制映射矩阵实现，具有较低的实现复杂度；然而，其在生成调制符号时，不同的信息序列可能生成相同的调制符号，使得在解调时，即便在没有噪声的情况下，也不能保证成功恢复对应的信息序列，这导致了其传输性能的恶化。AFC 的优点是通过设计合理的权重系数，可保证每一个调制符号都有唯一的解，且权重系数的叠加生成的调制符号服从近似于高斯分布的分布，从而可以获得更高的吞吐量，然而其权重选择中的随机性也会使得性能下降，还会导致实现复杂度升高。

考虑以上技术中存在的缺点，可以基于平均权重平方和来优化调制映射矩阵生成方法，将其称为权重速率可变调制（weighted rate compatible modulation，WRCM），该方法可以进一步降低传输的误码率，提升系统吞吐量。

5.3.4　平均权重平方和选择算法

根据 5.3.2 节中的误码率分析可知，信息符号的误码率可以表示为

$$p(k) = Q\left(\frac{1}{\sigma_n}\sqrt{\sum_{i \in \mathcal{K}(k)} (w_{i,k})^2}\right) \tag{5.3.19}$$

即信息符号的误码率受到每个信息符号相连的权重值平方和的影响，因此可以利用平均权重平方和来优化编码调制方法。

该方法的目的是使权重平方和保持相近，即最大化 $\min\left(\sum_{i \in \mathcal{K}(k)} (w_{i,k})^2\right)$。其与随机选择和平均度值选择算法相比的区别是，在决定某一调制符号的度值 d 后，从信息序列中选取权重平方和最小的 d 个信息比特，并按照权重平方和的大小对每个信息比特乘上对应的度值。其中，权重平方和越小的信息比特，对应的度值越大。该算法的具体过程见算法 5.1。

算法 5.1　平均权重平方和选择算法

初始化：将所有的信息比特的度值记为 0，信息比特的权重平方和也记为 0

while 没有接收到成功解调的反馈信息 **do**

　　步骤 1：根据度分布，随机选择一个度值 j；

　　步骤 2：选择权重平方和最小的 j 个比特，从权重集合 $\boldsymbol{w}$ 中选取 j 个权重值；

　　步骤 3：将选取的 j 个比特按照权重平方和的值由小到大排序为 $b_1, b_2, \cdots, b_j$；

　　步骤 4：将选取的 j 个权重值按照绝对值由大到小排序为 $w_1, w_2, \cdots, w_j$；

　　步骤 5：生成调制符号 $c = \sum_{i=1}^{j} b_i w_i$；

　　步骤 6：更新每个信息比特的权重平方和；

end while

图 5.3.2 中对比了不同选择方式对应的误码率性能，权重系数记为 $\left\{\frac{1}{2}, \frac{1}{3}, \frac{1}{5}, \frac{1}{7}, \frac{1}{11}, \frac{1}{13}, \frac{1}{17}, \frac{1}{19}\right\}$，调制速率设为 $R=2$。从图中可以看出，通过将权重平方和进行平均，可以有效地降低解调的误码率。图 5.3.3 对信息比特的权重平方和的分布进行了对比，可以发现，平均权重平方和选择算法可以有效地将平均权重平方和约束在某一个范围内，降低权重平方和小的节点的比例，而平均度值选择算法仅可以对权重平方和进行一定的汇集，使平均权重平方和较小的节点的比例有所降低，但无法完全避免。

5.3.5　等差保护权重速率可变调制

当考虑等差保护权重速率可变调制（equal error protection - WRCM，EEP - WRCM）时，

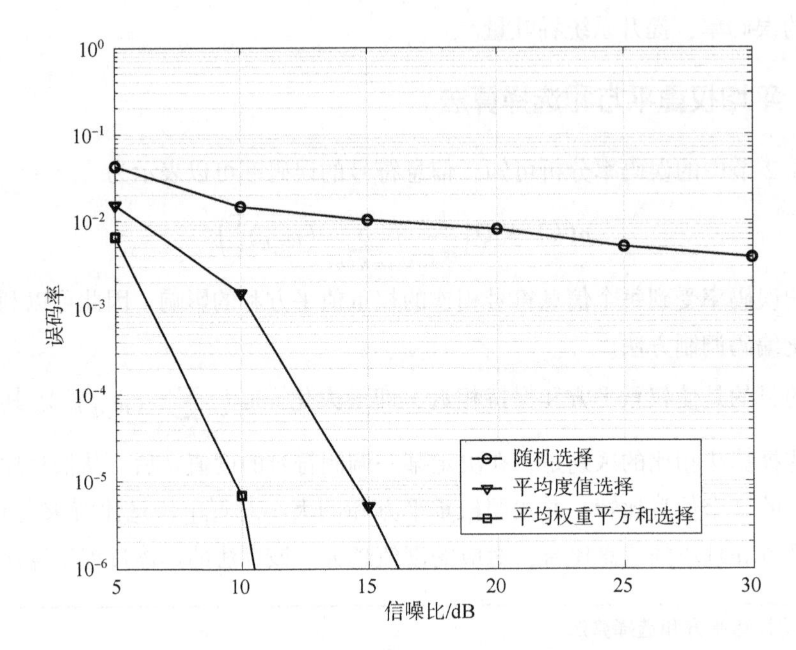

图 5.3.2　不同选择方式误码率理论性能曲线

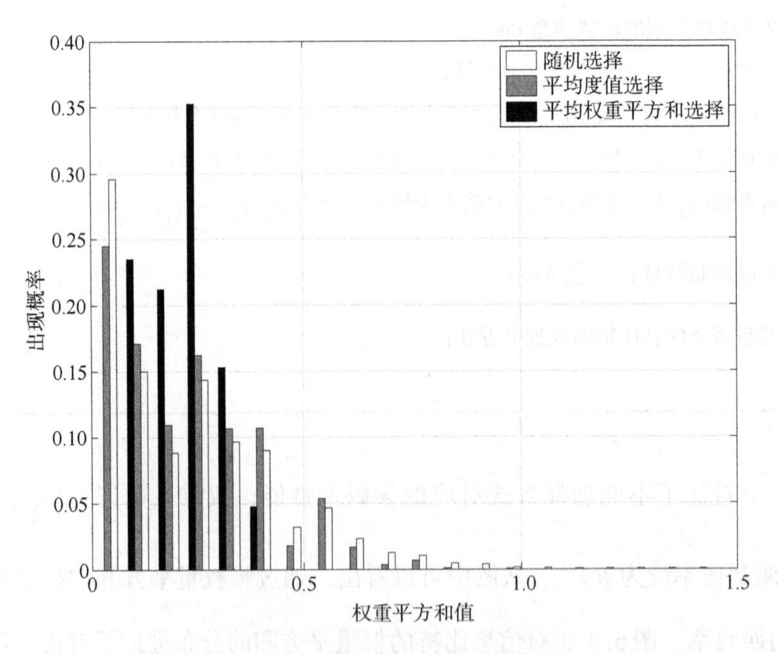

图 5.3.3　不同选择方式权重分布

借助 RCM 的结构化矩阵，可以更加简便地实现权重选择算法，具有较低的实现复杂度。因此，本节借鉴 RCM 的结构化矩阵实现方法，提出了结构化 EEP - WRCM 生成方式。

由于 RCM 中使用的权重值会导致多个不同的信息序列生成相同的调制符号，导致译码时的性能恶化，因此权重集合 W 应使用 AFC 的设计过程进行优化，权重集合记为 $w = \{w_1, w_2, \cdots, w_F\}$，共 F 个不同的权重值。EEP - WRCM 具体过程：将待编码信息序列记为 $\boldsymbol{u}$ =

$\{u_1,u_2,\cdots,u_K\}$，首先将该信息序列进行补零，记为 $\boldsymbol{u}'=\{u_1,u_2,\cdots,u_K,u_{K+1},\cdots,u_L\}$，使其长度可被 F 整除，即 $F\mid L$，其中 $L-K<F$；然后对其进行 BPSK 调制，得到调制符号序列 $\boldsymbol{b}=\{b_1,b_2,\cdots,b_L\}$，$b_i\in\{-1,1\}$，$i=1,2,\cdots,L$。记矩阵 $\boldsymbol{A}_{w_i}=w_i\boldsymbol{P}^m$，$i\in\{1,2,\cdots,F\}$，其中，$m$ 为矩阵 $\boldsymbol{P}$ 的幂，是随机正整数；$\boldsymbol{P}$ 为大小为$(L/F)\times(L/F)$的置换矩阵，

$$\boldsymbol{P}=\begin{bmatrix}0&1&0&\cdots&0\\0&0&1&\cdots&0\\&\vdots&&&\vdots\\0&0&0&\cdots&1\\1&0&0&\cdots&0\end{bmatrix}_{\frac{L}{F}\times\frac{L}{F}}\tag{5.3.20}$$

构造映射矩阵 $\boldsymbol{G}_0=[\boldsymbol{A}_{w_1},\boldsymbol{A}_{w_2},\cdots,\boldsymbol{A}_{w_F}]$，并将权重判决序列记为 $\boldsymbol{S}=\{w_1^2,w_2^2,\cdots,w_F^2\}$。调制符号序列记为 $\boldsymbol{c}=\boldsymbol{G}_0\boldsymbol{b}$，若此序列发送完后未收到成功解调的 ACK 信号，则需要扩大映射矩阵的行数。

构造映射矩阵 $\boldsymbol{G}_0'=[\boldsymbol{A}_{w_1'},\boldsymbol{A}_{w_2'},\cdots,\boldsymbol{A}_{w_F'}]$，其中系数$\{w_1',w_2',\cdots,w_F'\}$为权重序列$\{w_1,w_2,\cdots,w_F\}$的重新排列。重排规则遵循 $\arg\max\limits_{\{w_1',w_2',\cdots,w_F'\}}\min(S_1+w_1'^2,S_2+w_2'^2,\cdots,S_F+w_F'^2)$，其中 S_f 为原判决序列 $\boldsymbol{S}$ 的第 f 项，重排后权重判决序列更新为 $\boldsymbol{S}=\{S_1+w_1'^2,S_2+w_2'^2,\cdots,S_F+w_F'^2\}$，更新映射矩阵 $\boldsymbol{G}_0=\begin{bmatrix}\boldsymbol{G}_0\\\boldsymbol{G}_0'\end{bmatrix}$，在收到接收端成功解调的信号前，发送端将不断构造新的映射矩阵。在实际系统中，由于映射矩阵 $\boldsymbol{G}_0$ 通常在线下预先生成一个足够大的矩阵并存储在收发双方的寄存器内，因此仅需进行有限次构造，通常构造 F 次即可。之后，可以选择重发已生成的调制符号。以权重集合 $w=\left\{\frac{1}{2},\frac{1}{3},\frac{1}{5},\frac{1}{7},\frac{1}{11},\frac{1}{13},\frac{1}{17},\frac{1}{19}\right\}$为例，可以预存映射矩阵为

$$\boldsymbol{G}_0=\begin{bmatrix}\boldsymbol{A}_{w_1}&\boldsymbol{A}_{w_2}&\boldsymbol{A}_{w_3}&\boldsymbol{A}_{w_4}&\boldsymbol{A}_{w_5}&\boldsymbol{A}_{w_6}&\boldsymbol{A}_{w_7}&\boldsymbol{A}_{w_8}\\\boldsymbol{A}_{w_8}&\boldsymbol{A}_{w_7}&\boldsymbol{A}_{w_6}&\boldsymbol{A}_{w_5}&\boldsymbol{A}_{w_4}&\boldsymbol{A}_{w_3}&\boldsymbol{A}_{w_2}&\boldsymbol{A}_{w_1}\\\boldsymbol{A}_{w_4}&\boldsymbol{A}_{w_1}&\boldsymbol{A}_{w_2}&\boldsymbol{A}_{w_3}&\boldsymbol{A}_{w_7}&\boldsymbol{A}_{w_5}&\boldsymbol{A}_{w_8}&\boldsymbol{A}_{w_6}\\\boldsymbol{A}_{w_6}&\boldsymbol{A}_{w_8}&\boldsymbol{A}_{w_5}&\boldsymbol{A}_{w_7}&\boldsymbol{A}_{w_3}&\boldsymbol{A}_{w_2}&\boldsymbol{A}_{w_1}&\boldsymbol{A}_{w_4}\\\boldsymbol{A}_{w_5}&\boldsymbol{A}_{w_3}&\boldsymbol{A}_{w_1}&\boldsymbol{A}_{w_2}&\boldsymbol{A}_{w_8}&\boldsymbol{A}_{w_4}&\boldsymbol{A}_{w_6}&\boldsymbol{A}_{w_7}\\\boldsymbol{A}_{w_7}&\boldsymbol{A}_{w_6}&\boldsymbol{A}_{w_4}&\boldsymbol{A}_{w_8}&\boldsymbol{A}_{w_2}&\boldsymbol{A}_{w_1}&\boldsymbol{A}_{w_3}&\boldsymbol{A}_{w_5}\\\boldsymbol{A}_{w_2}&\boldsymbol{A}_{w_4}&\boldsymbol{A}_{w_7}&\boldsymbol{A}_{w_1}&\boldsymbol{A}_{w_6}&\boldsymbol{A}_{w_8}&\boldsymbol{A}_{w_5}&\boldsymbol{A}_{w_3}\\\boldsymbol{A}_{w_3}&\boldsymbol{A}_{w_5}&\boldsymbol{A}_{w_8}&\boldsymbol{A}_{w_6}&\boldsymbol{A}_{w_1}&\boldsymbol{A}_{w_7}&\boldsymbol{A}_{w_4}&\boldsymbol{A}_{w_2}\end{bmatrix}\tag{5.3.21}$$

5.3.6　不等差保护权重速率可变调制

考虑到无速率调制首先应用于分层视频数据传输，因此需要考虑不等差保护可变速率调

制（unequal error protection - WRCM，UEP - WRCM）。若使用 5.3.5 节中提出的结构化构造方法，将难以实现对不同数据保护程度的灵活调整。因此本节将介绍一种不等差保护权重速率可变调制方法。

如图 5.3.4 所示，假设信息序列被分为 T 个部分，记为 $\boldsymbol{s}=\{s_1,s_2,\cdots,s_T\}$，每一部分信息 s_t 的长度记为 $\beta_t K$，其中 β_t 为每一部分信息比特所占的比例，$\sum_{t=1}^{T}\beta_t=1$。每一部分的信息序列对应不同的保护程度，为不失一般性，假设所需保护程度为 $s_1>s_2>\cdots>s_T$。每一部分中的信息比特都有一个对应的选择概率 p_t，则有 $\sum_{t=1}^{T}p_t\beta_t K=1$。当每一部分的信息比特选择概率 p_t 值都相同时，$p_1=p_2=\cdots=p_T=\dfrac{1}{K}$，则此时系统为等差保护情况。

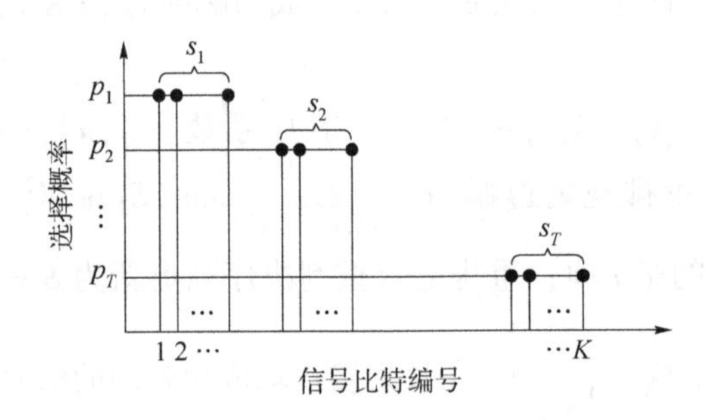

图 5.3.4　不等差保护可变速率调制选择概率

在生成调制符号时，首先根据选择概率 p_t 确定每一部分 s_t 中所选的比特数 d_t，则有 $\sum_{t=1}^{T}d_t=F$。对应的权重集合为 w_t，其中 w_t 中的值是从权重集合 w 中随机选取。根据平均权重平方和选择算法，从每一部分 s_t 中选择合适的信息比特。之后，可按照传统的编码调制方法，用选取的 F 个信息比特生成调制符号：

$$c=\sum_{i=1}^{F}b_i w_i \tag{5.3.22}$$

根据 5.3.2 节中的误码率分析可知，只有第 k 个比特发生错误的概率可以表示为

$$\begin{aligned}p(k)&=Q\left(\frac{1}{\sigma_{\mathrm{n}}}\sqrt{\sum_{i\in\mathcal{K}(k)}(w_{i,k}b_k)^2}\right)\\&=Q\left(\frac{1}{\sigma_{\mathrm{n}}}\sqrt{\sum_{i\in\mathcal{K}(k)}(w_{i,k})^2}\right)\end{aligned} \tag{5.3.23}$$

由于在每一部分都使用平均权重平方和选择算法，因此对于信息序列 s_t 有

$$E_{s_t}\left(\sum_{i\in\mathcal{K}(k)}w_{i,k}^2\right)=p_t T\sum_{i\in\mathcal{K}(k)}E(w_{i,k}^2) \tag{5.3.24}$$

式中，$E((w_{i,k})^2)=\dfrac{L}{K}\sum_{i=1}^{F}w_i^2$。

可以看出，选择概率越高，对应的误码率就越低。因此，可以通过改变每一部分的选择

概率来调整每一部分对应的误码率性能。

5.3.7　权重值优化仿真结果

为了分析所提算法的性能，本节仿真 EEP - WRCM 与 UEP - WRCM 的误码率性能，并与未经优化的 AFC 方案进行性能比较。仿真参数选用信噪比为 15 dB，信息序列长度 $K=400$，码率 R 的区间按 $R^{-1}=[0.35,0.75]$ 选择，权重集合选用 $\left\{\frac{1}{2},\frac{1}{3},\frac{1}{5},\frac{1}{7},\frac{1}{11},\frac{1}{13},\frac{1}{17},\frac{1}{19}\right\}$。

图 5.3.5 仿真对比了使用 EEP - WRCM 与文献［8］中所提随机选择与平均度值选择方式下的 AFC 误码率性能。可以看出，通过将权重平方和进行平均可以有效地降低误码率，提升系统的可靠性。在相同误码率情况下，可以有效降低传输冗余，提升传输效率。然而，仿真结果显示，误码率随码率倒数的增长而下降的速度仍较为缓慢。这种情况可能由两个原因导致：其一，矩阵中可能存在短环，影响迭代译码性能；其二，生成的调制符号在 BP 译码过程中无法通过迭代来更新信息，这与传统 LT 码在译码时编码符号度值恒为 1 所导致的误码率较高的情况相同。这也是建议使用码率为 0.95 的 LDPC 码作为外码的原因。

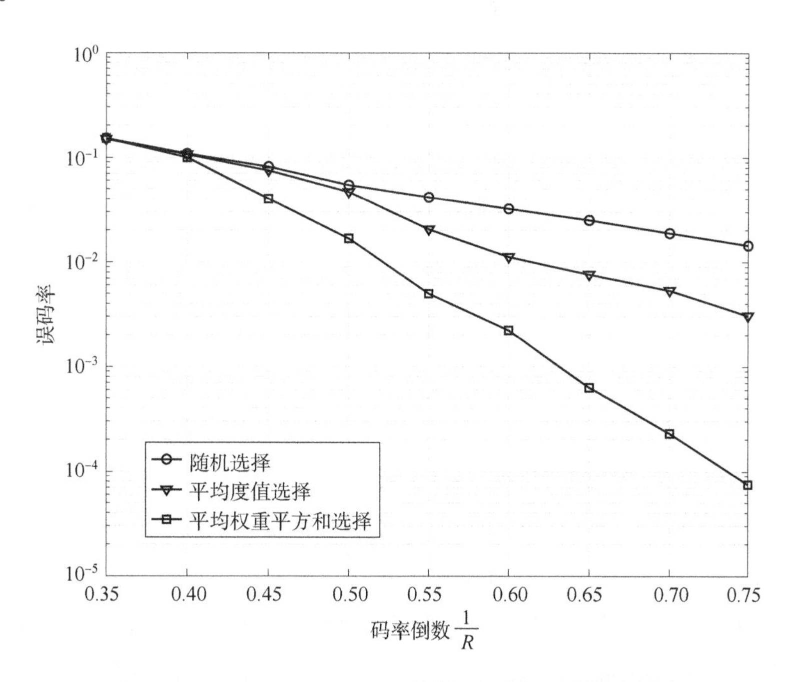

图 5.3.5　EEP - WRCM 不同选择方式误码率性能曲线

图 5.3.6 仿真了 UEP - WRCM 的误码率性能。考虑有 5 种不同保护程度的数据，每段数据的长度 $K'=80$。这 5 段数据的选择概率的比例记为 $p_1:p_2:p_3:p_4:p_5=30:24:15:10:3$。从仿真结果可以看出，所提编码调制方式可以提供良好的不等差保护性能。根据式（5.3.19）可以计算每一部分的误码率性能，以码率倒数 $\frac{1}{R}$ 为 0.5 为例，理论计算各部分的误码率数值

比例为0.033 0：0.088 7：0.408 9：1.000 0：4.089 3，图5.3.6中实际仿真的结果约为0.022 0：0.099 1：0.349 3：1.000 0：7.338 5，这说明理论计算公式可以较准确地反映各层的各部分数据保护程度的差异。在实际场景中，可以根据业务的需求调整不同数据段的选取概率，以实现可控的不等差保护。

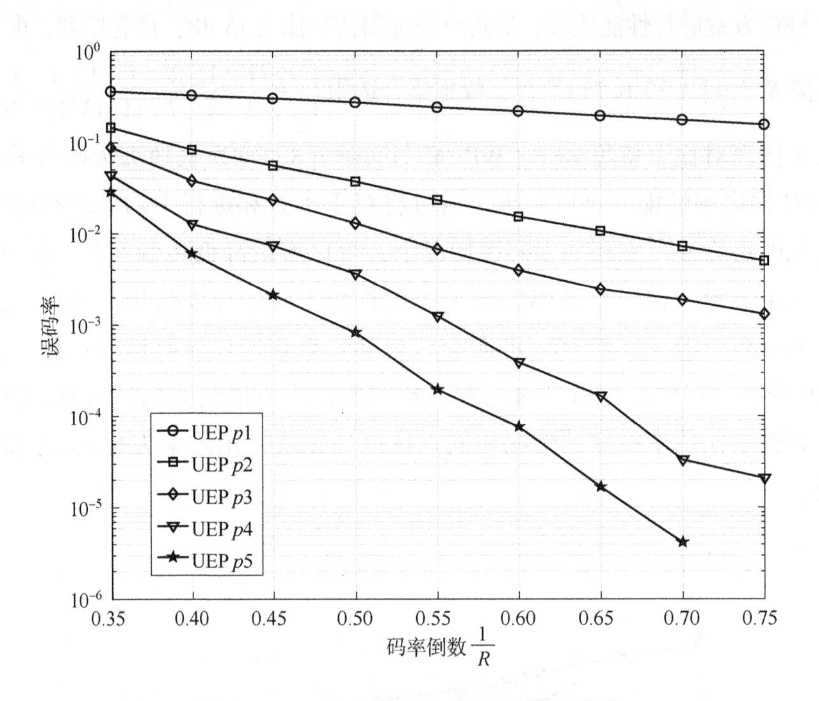

图5.3.6 UEP－WRCM误码率性能曲线

5.4 无速率随机接入技术

本节介绍将无速率编码思想拓展至多用户随机接入系统的应用，并利用无速率编码思想对随机接入系统的吞吐量进行优化设计。

随着通信技术的发展，通信系统对频谱效率的要求越来越高，特别是在物联网时代，用户的接入量激增，高效的多用户接入技术也越来越受到关注。传统的多用户接入技术都是给每个用户分配一个固定的资源，如时分多址接入（time devision multiple access，TDMA）的固定时隙、频分多址（frequency division multiple access，FDMA）与正交频分复用（orthogonal frequency division multiplexing access，OFDMA）的固定频率。然而，资源分配需要通过信令进行调度，当接入用户数很大且传输数据较少时，如海量机器类通信（massive machine type communication，mMTC）场景，使用调度方式传输信息会导致信令开销较大，造成频谱效率的降低[9－10]。因此可以考虑采用基于竞争机制的随机接入方式完成接入过程，减少信令开销，提高频谱效率。

基于时隙 ALOHA 的随机接入技术，令多用户以“想发就发”的模式传输数据，可以大大降低调度开销，但是也形成了频繁的数据碰撞。接收端接收到未碰撞的数据包就表示成功发送，则直接删除产生碰撞的数据包并向用户反馈 NACK（negative acknowledgment）信号，用户则随机选择新的资源块对这些数据包进行重发。

为了降低数据包碰撞所带来的丢包的影响，充分利用碰撞包中所含的信息，本章基于无速率码思想对随机接入技术进行了优化。针对基于竞争的多用户接入协议时隙 ALOHA 进行分析，研究了数据碰撞对于系统吞吐量的影响。本章介绍了基于串行干扰消除（successive interference cancellation，SIC）接收机的时隙 ALOHA 接入技术，并通过马尔可夫分析推导其吞吐量，通过编码优化方法，优化用户重传次数，并分析了无效重传对资源消耗的影响，提出了基于反馈的编码时隙 ALOHA 技术。最后，为了进一步提高系统吞吐量，提出了一种分布式译码算法，并推导了其译码性能的性能限。

5.4.1　系统模型

图 5.4.1 描述了一个 SA 系统。一共有 M 个用户等待接入。所有用户都将自身的数据包通过一条复用的信道传输到一个相同的接收端。信道按时间划分为时隙，每个时隙长度记为 T_{slot}，其长度恰好可以传递一个数据包。用户只能在时隙开始时进行传输。数据包的包头利用一小段抗干扰能力很强的标识来识别不同用户，可以通过指纹编码（signature coding）技术[11]实现。

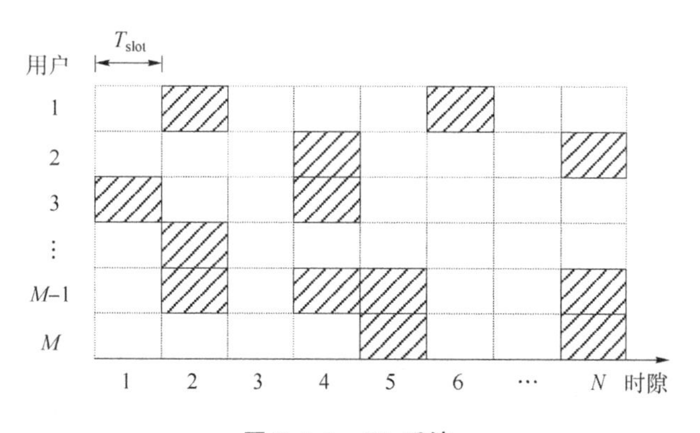

图 5.4.1　SA 系统

在某一时隙，如果有用户在传输数据包，则称此用户为该时隙的活跃用户。如果一个用户成功传输其数据包，其将等待新的数据包生成。此时数据包的生成概率记为 p_f，称为初传概率。如果数据包发生了碰撞，则需要在后续的时隙中进行重传，给定某一时隙的重传概率记为 p_r。假设用户仅存储一个数据包，即某一数据包未成功传输前，新生成的数据包不会被存储，而是被丢弃。为了提升 SA 的吞吐量，可以采用干扰消除技术来优化 SA 接入方式，利用碰撞的数据包来提升系统的吞吐量。

5.4.2 编码时隙 ALOHA

使用串行干扰消除算法，可以有效地提升系统吞吐量。然而，由于使用指纹编码技术来识别用户身份，这使得包头长度会随着可识别用户数的增加而快速增加，从而增加了传输冗余，降低了传输效率。本节将研究一种利用全部碰撞包来求解信息数据包的方法，其干扰消除过程与无速率码的译码流程类似，因此可以使用无速率码的优化方法来提升系统吞吐量。这种 SA 系统称为编码时隙 ALOHA（coded slotted ALOHA，CSA）[12]。

5.4.2.1 CSA 系统模型

图 5.4.2 所示为 CSA 系统，一共有 M 个用户等待接入。所有用户都计划将自身的数据包通过一条复用的信道，传输到一个相同的接收端。信道按照时间划分为 N 个时隙，每个时隙长度记为 T_{slot}，其长度恰好可以传递一个数据包。用户只能在时隙开始时进行传输。与 SA 系统模型不同，CSA 系统中需要设定固定的帧长，记为 T_{frame}，每帧包含 $N=\dfrac{T_{\text{frame}}}{T_{\text{slot}}}$个时隙。系统负载可以表示为 $G=\dfrac{M}{N}$，即平均每个时隙传输的数据包数。

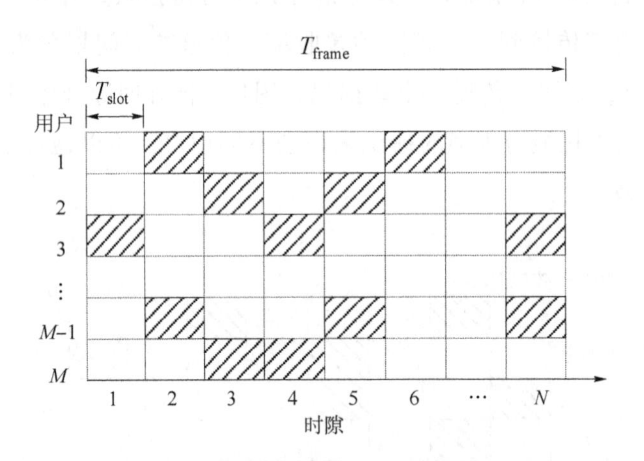

图 5.4.2 CSA 系统

每个用户在每一帧中只产生一个数据包，可将 M 个用户的数据包记为 $\boldsymbol{u}=[u_1,u_2,\cdots,u_M]$。$N$ 个时隙接收到的数据包记为 $\boldsymbol{y}=[y_1,y_2,\cdots,y_N]$。每个用户将其数据包重复 k 次，然后从 N 个时隙中随机选取 k 个时隙发送数据包。例如，图 5.4.2 中用户 1 将数据包 u_1 重复两次，在时隙 2 和时隙 6 中发送。k 值的选取服从如下度分布：

$$\Lambda(x)=\Lambda_1 x+\Lambda_2 x^2+\cdots+\Lambda_N x^N \tag{5.4.1}$$

式中，Λ_k——用户将数据包重复 k 次的概率，$\sum\limits_{k=1}^{N}\Lambda_k=1$。

由于使用了固定的帧长，因此包头可以不再使用指纹编码技术来识别用户身份信息。当使用指纹编码技术时，若需要识别全部碰撞包，则所需包头长度为

$$L=\lceil \log_2(M^M-1)\rceil+1 \tag{5.4.2}$$

式（5.4.2）说明包头长度随着接入用户数 M 的增加而快速增加。因此，可以使用指针来替代指纹编码。由于用户在每一帧开始时就已经选择了传输数据的时隙，因此每个包的包头都可以携带指向其他数据包位置的指针。例如，图 5.4.2 中用户 3 在时隙 1 中发送的数据包，其包头可以携带指向时隙 4 与时隙 N 的指针，此时包头长度为

$$L=(k-1)\log_2 N \tag{5.4.3}$$

5.4.2.2　CSA 系统 Tanner 图及 SIC 算法度

CSA 系统可以用 Tanner 图来表示，如图 5.4.3 所示。其中用户节点 $\boldsymbol{u}=\{u_1,u_2,\cdots,u_M\}$ 表示每个用户发送的数据包，时隙节点 $\boldsymbol{y}=\{y_1,y_2,\cdots,y_N\}$ 代表每个时隙接收端收到的数据包，边集合 $E=\{e_{mn}\}$，其中 $m\in\{1,2,\cdots,M\}$，$n\in\{1,2,\cdots,N\}$，e_{mn} 代表用户 m 在第 n 个时隙发送其数据包。

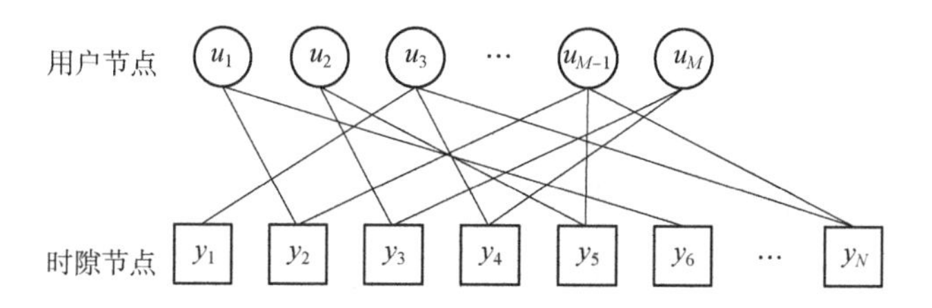

图 5.4.3　CSA 系统 Tanner 图

CSA 系统接收端使用 SIC 算法恢复数据信息，如图 5.4.4 所示，其过程与第 2 章中无速率码的 BP 迭代译码过程相似，都需要先找到无碰撞包（度为 1 的接收包），然后恢复其对应的信息包，并将该信息包对其他接收包的干扰消除。

可以发现，CSA 系统模型与无速率码编译码模型类似，因此可以借鉴无速率码的设计思想对 CSA 系统进行性能优化。

5.4.2.3　CSA 系统度分布优化

CSA 系统的优化目标：当 M 和 N 足够大时，在保证所有用户的数据包都可被恢复的情况下，最大化平均每个时隙可成功传输的数据包数，即吞吐量 T。由于需要保证所有用户的数据包都可被恢复，则此时 $T=\dfrac{M}{N}$，即吞吐量 T 在数值上与系统负载 G 相同。

用户节点的度分布为 $\Lambda(x)$，将时隙节点的度分布记为 $\Omega(x)$。由于用户是独立随机选取时隙节点，因此当用户量足够大且帧长度足够长时，时隙节点的度分布服从泊松分布：

$$\lim_{N\to\infty,M\to\infty}\Omega_d=\frac{e^{-G\bar{k}}(G\bar{k})^d}{d!} \tag{5.4.4}$$

式中，$\bar{k}$——用户节点的平均度值，$\bar{k}=\sum_{i=1}^{M}i\Lambda_i$。

用户节点与时隙节点的边度分布分别记为

$$\lambda(x)=\sum_{d=1}^{N}\lambda_d x^{d-1} \tag{5.4.5}$$

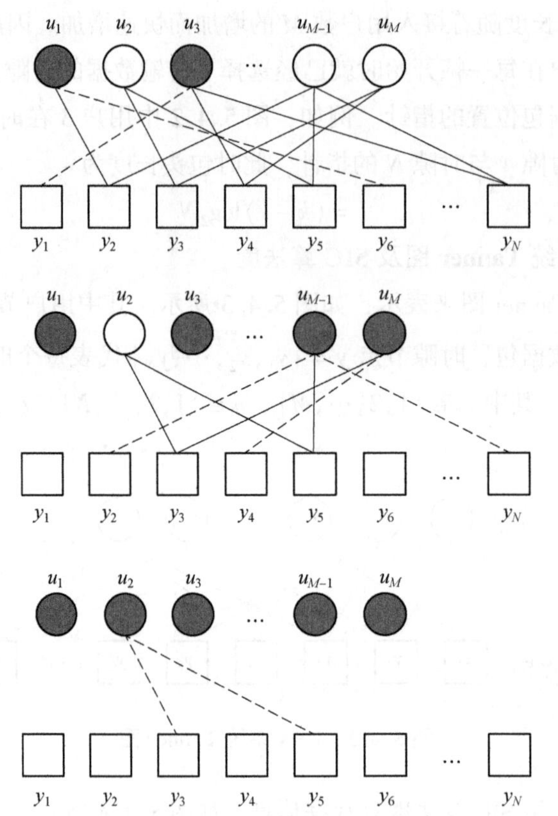

图 5.4.4　CSA 系统 SIC 译码流程

$$\omega(x) = \sum_{d=1}^{M} \omega_d x^{d-1} \tag{5.4.6}$$

式中，λ_d, ω_d——某一条边连接度值为 d 的节点的概率，对应表达式为

$$\lambda_d = \frac{\Lambda_d d}{\sum_{d=1}^{N} \Lambda_d d} \tag{5.4.7}$$

$$\omega_d = \frac{\Omega_d d}{\sum_{d=1}^{N} \Omega_d d} \tag{5.4.8}$$

将式（5.4.4）与式（5.4.8）代入式（5.4.6），可得

$$\begin{aligned}\omega(x) &= \sum_{d=1}^{M} \frac{\Omega_d d}{\sum_{d=1}^{N} \Omega_d d} x^{d-1} \\ &= \sum_{d=1}^{M} \frac{\frac{\mathrm{e}^{-G\bar{k}} (G\bar{k})^d}{d!} d}{G\bar{k}} x^{d-1} \\ &= \mathrm{e}^{-G\bar{k}} \sum_{d=1}^{M} \frac{(G\bar{k}x)^{d-1}}{(d-1)!}\end{aligned} \tag{5.4.9}$$

当 M 足够大时，式（5.4.9）可以简化为

$$\begin{aligned}\omega(x) &= \mathrm{e}^{-G\bar{k}}\sum_{d=1}^{M}\frac{(G\bar{k}x)^{d-1}}{(d-1)!}\\ &= \mathrm{e}^{-G\bar{k}}\mathrm{e}^{G\bar{k}x}\\ &= \mathrm{e}^{-G\bar{k}(1-x)}\end{aligned} \tag{5.4.10}$$

式（5.4.10）说明时隙节点度分布由系统负载 G 和用户节点平均度值 $\bar{k}$ 决定。

获得度分布的表达式后，可以使用密度演进算法对 CSA 系统进行分析。p_i 表示经过 i 次迭代后，时隙节点传递给用户节点，该用户节点无法被恢复的平均概率，

$$p_i = \sum_{d=1}^{M}\omega_d p_i^d \tag{5.4.11}$$

式中，p_i^d——经过 i 次迭代后，所连接时隙节点度值为 d 时，对应节点无法被恢复的概率。

同理，用 q_i 表示经过 i 次迭代后，用户节点传递给时隙节点，该用户节点无法被恢复的平均概率，

$$q_i = \sum_{d=1}^{N}\lambda_d q_i^d \tag{5.4.12}$$

对于一条连接到度为 d 时隙节点的边，当且仅当其余 $d-1$ 条边都可被恢复时，这条边才可以恢复。其过程可以表示为

$$p_i^d = 1-(1-q_i)^{d-1} \tag{5.4.13}$$

对于一条连接到度为 d 用户节点的边，其余 $d-1$ 条边中只要有任意一条边可被恢复，这条边就可以恢复。其过程可以表示为

$$q_i^d = (p_{i-1})^{d-1} \tag{5.4.14}$$

将式（5.4.11）~式（5.4.14）整合，可以得到用户节点无法被恢复的平均概率为

$$\begin{aligned}q_i &= \sum_{d=1}^{N}\lambda_d(p_{i-1})^{d-1} = \lambda(p_{i-1})\\ &= \lambda\Big(\sum_{d=1}^{M}\omega_d p_{i-1}^d\Big) = \lambda\Big(\sum_{d=1}^{M}\omega_d(1-(1-q_{i-1})^{d-1})\Big)\\ &= \lambda\Big(\sum_{d=1}^{M}\omega_d - \sum_{d=1}^{M}\omega_d(1-q_{i-1})^{d-1}\Big)\\ &= \lambda(1-\omega(1-q_{i-1}))\end{aligned} \tag{5.4.15}$$

基于式（5.4.16），可以将度分布优化问题表示为

$$\max G \tag{5.4.16}$$

$$\text{s.t.}\begin{cases} q_i < q_{i-1}\\ \lambda_d \geqslant 0\\ \sum_{d=1}^{N}\lambda_d = 1\end{cases}$$

式中，限制条件 $q_i < q_{i-1}$ 用于保证在经过足够多次的迭代过程之后，所有用户的数据包都可以被恢复。此时的负载 G 在数值上与吞吐量 T 相等，即可最大化吞吐量。

5.4.3 基于反馈的 CSA 系统

在传统的 CSA 系统中，没有考虑接收端反馈 ACK 的问题，每一帧数据发送后，无论对错，之后的帧中都将发送新的数据包。这样做的好处是可以不使用反馈信道，其不足是无法保证接收数据的完整性。与此同时，由于没有反馈过程，CSA 系统中的用户一旦在某一帧中开始发送信息，就必须发送全部 k 次传输后才会停止，即便接收端已经恢复用户信息。这将导致用户在重传过程中的部分重传为无效重传，浪费用户能源。CSA 系统常用于机器类通信，其用户一般为传感器等小型设备，而设备的电池寿命决定了系统的实用性，用户能源消耗过快会降低系统的使用寿命[9]。因此，本节提出一种基于反馈的 CSA 系统（feedback aided CSA，F－CSA)，可减少用户的无效传输次数，节约用户能源。

将接收端已恢复的数据包集合记为 r。定义包距离为属于接收包 y 而不属于集合 r 的数据包数。以图 5.4.5 为例，假设此时已恢复的数据包集合 $r = \{u_1, u_2, \cdots, u_8\}$。从图中可以看出，接收到的数据包 y_1, y_2, y_3, y_4 对应的包距离分别为 2,3,1,0。当包距离为 0 或者 1 时，接收端反馈 ACK；当包距离为其他值时，接收端反馈 NAK。当反馈 ACK 后，意味着接收包 y 中的所有数据包都可以被接收端恢复，在该时隙发送数据包的所有用户都将不再发送数据包。这样做的好处有以下 3 点：

（1）利用反馈来终止用户的无效传输，节约用户能源。

（2）若有部分用户译码失败，则每个用户可以根据反馈 ACK 的情况判断下一帧是否传输新的数据包，从而保证了数据信息的完整性。

（3）反馈过程中仅使用 1 比特反馈，这与传统 SA 系统中的反馈信息长度一致，对协议的修改程度较小。

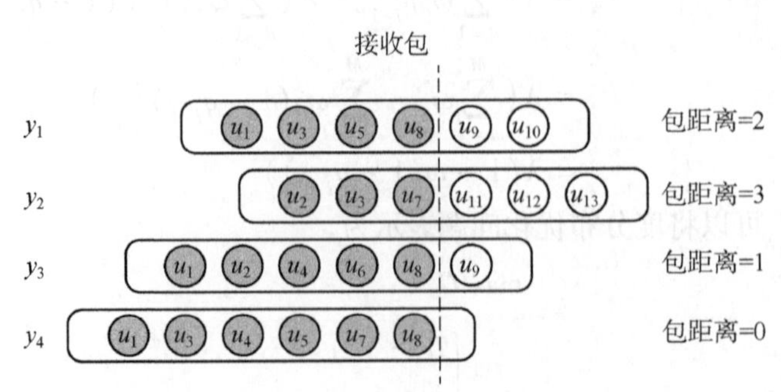

图 5.4.5　包距离示意图

5.4.4 仿真结果及性能分析

本节仿真了基于反馈的 CSA 系统与传统 CSA 系统的平均传输次数与吞吐量性能。定义平均传输次数为每个用户在一帧中发送数据包的个数。仿真时隙数记为 $N=200$，系统负载设为 $G=[0.05:0.05:1]$。度分布采用优化的度分布：$\Lambda(x)=0.5x^2+0.28x^3+0.22x^8$。

图 5.4.6 对比了 F－CSA 与 CSA 的平均传输次数。根据使用的度分布可以计算出传统 CSA 的平均传输次数为 $\sum_{d=1}^{N}\Lambda_d d=0.5\times2+0.28\times3+0.22\times8=3.6$。仿真结果说明，通过反馈终止用户的无效重传，可以有效地降低用户的平均传输次数。以系统负载 $G=0.6$ 为例，F－CSA 的平均传输次数为 2.5，可以节省$\frac{3.6-2.5}{3.6}=30.5\%$的传输次数，有效降低了用户的传输能耗。这是因为，F－CSA 在接收端已恢复用户信息后，利用反馈终止了用户的重传过程，减少了用户的无效重传，从而减少了用户的传输次数。与此同时，由于已恢复信息的用户终止重传过程，因此接收端接收到的数据包碰撞概率降低，从而可减小接收端的解码复杂度。

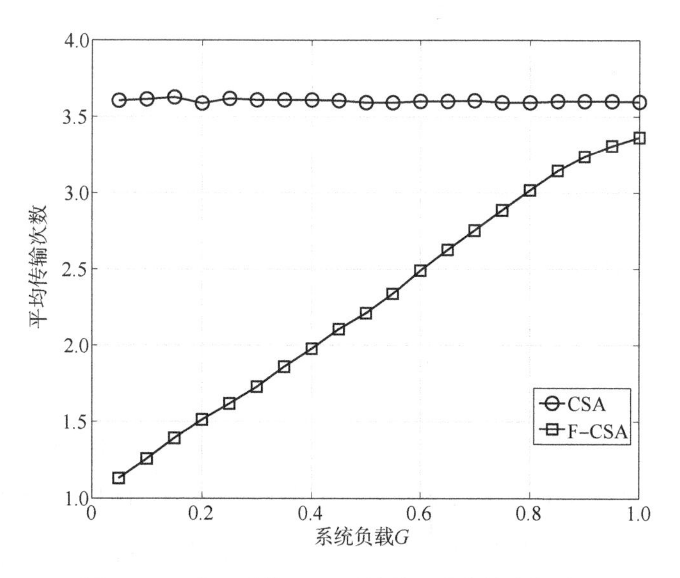

图 5.4.6 有无反馈 CSA 系统的平均传输次数对比

如图 5.4.7 所示对比了 F－CSA、CSA 及 SA 在不同负载下的吞吐量。若不考虑用户在下一帧重传失败的数据包，F－CSA 与 CSA 的吞吐量在理论上应完全一致。然而，在某些系统中，如高可靠传输系统，需要保证所有用户信息都正确传输，因此仿真中假设传输失败的用户需要在下一帧中重传。由于 CSA 系统中没有给出明确的反馈方式，因此在此假设若接收端无法恢复全部用户的数据包，则广播 NACK 至所有用户。仿真结果显示，F－CSA 系统的最高吞吐量可达0.62，CSA系统的最高吞吐量为0.52，而传统SA系统仅能达到0.37的吞吐量。此外，在低负载区间，F－CSA与CSA的吞吐量基本一致，这是因为此阶段的两种方式都有较大概率恢复出全部用户的数据包，不涉及下一帧重传的问题；在负载较高的区间，恢复出全部用户的数据包的概率下降。当无法完全恢复时，由于F－CSA系统引入了反馈，因此成功发送的用户不需要在下一帧中重发数据，从而使系统吞吐量有所提升，能保障系统的高效传输。

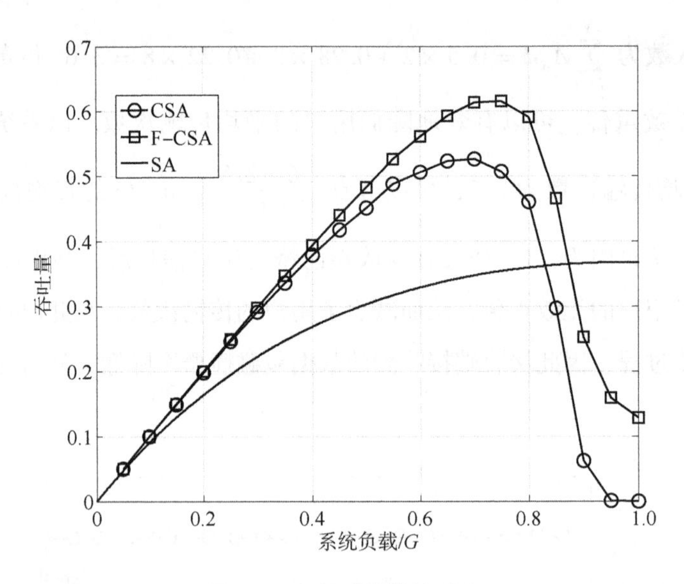

图5.4.7　吞吐量性能对比

5.4.5　编码时隙ALOHA分布式译码算法设计与优化

5.4.4节中已经阐明了通过使用串行干扰消除技术以及反馈技术可以有效地提升系统吞吐量。为了进一步提升系统吞吐量，本节提出一种CSA系统的分布式译码算法，通过使用指纹编码技术以及物理层网络编码技术，该方法将数据包的译码过程分布至每个接收包的接收过程中，而不像SIC算法需要等到无碰撞包才可以开始译码过程，从而能有效提升系统吞吐量。同时，本节对接收端的错误概率进行分析，推导错误概率的下界，该下界可用于指导实际使用中CSA系统的参数设置。

CSA系统中M个用户的数据包记为$\boldsymbol{u}=[u_1,u_2,\cdots,u_M]^{\mathrm{T}}$，$N$个时隙接收到的数据包记为$\boldsymbol{y}=[y_1,y_2,\cdots,y_N]^{\mathrm{T}}$。使用指纹编码技术可以在接收到一个数据包后，获取该数据包中所包含的用户信息。通过使用物理层网络编码技术，可将接收数据包由数据包的线性叠加变为数据包间的模二和，方便进行后续的数据包操作。

经过上述两项操作后，接收到的数据包可以表示为

$$\boldsymbol{y}=\boldsymbol{C}\otimes\boldsymbol{u} \tag{5.4.17}$$

式中，$\otimes$——有限域 GF(2)上的乘法；

$\boldsymbol{C}$——一个 $N\times M$ 的二元矩阵，$\boldsymbol{C}=[\boldsymbol{c}_1^{\mathrm{T}},\boldsymbol{c}_2^{\mathrm{T}},\cdots,\boldsymbol{c}_N^{\mathrm{T}}]^{\mathrm{T}}$，其第 n 行数据记为 $\boldsymbol{c}_n=[c_{n,1},c_{n,2},\cdots,c_{n,M}]$，代表第 n 个时隙接收到的数据包对应的线性组合，若用户 m 在时隙 n 发送数据包，则 $c_{n,m}=1$。

5.4.5.1　分布式译码算法

为了进一步提升系统的吞吐量，本节提出一种分布式译码算法，其主要思想是：将每个接收包的处理过程分布到每个时隙中，这与 SIC 算法中需要等待无碰撞包后才可进行处理有所不同，从而能避免在短时间内处理大量数据，可有效降低对接收端的峰值计算能力的需求；同时，利用 Signature Coding 技术和物理层网络编码技术，使得接收端可以对碰撞包进行操作，进一步增加系统吞吐量。

首先，在接收端需要设置两个存储空间，分别记为 $\boldsymbol{G}$ 和 $\hat{\boldsymbol{u}}$。其中，矩阵 $\boldsymbol{G}$ 为 $M\times M$ 的二元矩阵，矩阵 $\boldsymbol{G}$ 的第 m 行表示为 $\boldsymbol{g}_m$；$\hat{\boldsymbol{u}}$ 用于存储 M 个数据包，记为 $\hat{\boldsymbol{u}}=\{\hat{u}_1,\hat{u}_2,\cdots,\hat{u}_M\}$。矩阵 $\boldsymbol{G}$ 中的第 m 行用于存储包含第 m 个用户数据包的“最优”线性组合（最优的定义：该线性组合中最小非零系数为 m 的情况下碰撞最少的组合），将序列 $\boldsymbol{g}_m$ 中非零系数的个数记为 $W(\boldsymbol{g}_m)$，则“最优”可表示为

$$\min_{\boldsymbol{g}_m} W(\boldsymbol{g}_m) \tag{5.4.18}$$

$$\text{s.t.}\begin{cases} g_{m,m}=1 \\ g_{m,m'}=0, m'<m \end{cases}$$

之后，可以通过接收到的碰撞数据包 y_n 及其对应的线性组合 $\boldsymbol{c}_n$ 来求解所有用户的数据包。

当接收到数据包 y_n 后，接收端将进行三步译码过程，即插入过程、置换过程、回代过程。

第 1 步，插入过程。当接收到数据包 y_n 后，通过 Signature Coding 技术恢复其线性组合 $\boldsymbol{c}_n$，将 m'记为 $\boldsymbol{c}_n$ 中非零值的最小系数，即 $m'=\min(m\,|\,c_{n,m}=1)$。此时，若 $\boldsymbol{g}_{m'}$为全零序列，即 $\boldsymbol{g}_{m'}=\boldsymbol{0}$，意味着此时 $\boldsymbol{g}_{m'}$还未插入线性组合，则对 $\boldsymbol{g}_{m'}$和 $\hat{u}_{m'}$的值进行赋值，$\boldsymbol{g}_{m'}=\boldsymbol{c}_n$，$\hat{u}_{m'}=y_n$，并进入回代过程；若 $\boldsymbol{g}_{m'}\neq\boldsymbol{0}$，则进入置换过程。

第 2 步，置换过程。对比 $W(\boldsymbol{g}_{m'})$与 $W(\boldsymbol{c}_n)$的大小，若 $W(\boldsymbol{g}_{m'})<W(\boldsymbol{c}_n)$，则对 $\boldsymbol{g}_{m'}$和 $\boldsymbol{c}_n$ 进行置换，同时对 $\hat{u}_{m'}$和 y_n 进行置换，这样的操作可以保证矩阵 $\boldsymbol{G}$ 足够稀疏，降低后续操作的复杂度；若 $W(\boldsymbol{g}_{m'})\geqslant W(\boldsymbol{c}_n)$，则对 $\boldsymbol{c}_n$ 和 y_n 的值进行更新，$\boldsymbol{c}_n=\boldsymbol{c}_n\oplus\boldsymbol{g}_{m'}$，$y_n=y_n\oplus u_{m'}$，其中$\oplus$表示按位进行异或操作。这样操作后，有 $m''=\min(m\,|\,c_{n,m}=1)$且 $m''>m'$，则此时将更新后的 $\boldsymbol{c}_n$ 和 y_n 送回插入过程。插入过程与置换过程间的循环操作将一直进行，直至 $\boldsymbol{c}_n$

被成功插入或者 $W(\boldsymbol{c}_n)=0$，后者意味着该接收数据包中的所有用户信息都已被提取。

第3步，回代过程。插入过程与置换过程保证了矩阵 $\boldsymbol{G}$ 拥有稀疏的上三角结构，将 g_{m',m_1} 记为 $g_{m'}$ 中的第 m_1 项，$m_1\in[m'+1,M]$。若 $g_{m',m_1}=1$ 且 $W(\boldsymbol{g}_{m_1})\neq 0$，则对 $\boldsymbol{g}_{m'}$ 和 $\hat{u}_{m'}$ 进行更新，$\boldsymbol{g}_{m'}=\boldsymbol{g}_{m'}\oplus\boldsymbol{g}_{m_1}$，$\hat{u}_{m'}=\hat{u}_{m'}\oplus\hat{u}_{m_1}$。将 $g_{m_2,m'}$ 记为 $\boldsymbol{g}_{m_2}$ 中的第 m' 项，$m_2\in[1,m'-1]$。若 $g_{m_2,m'}=1$，则对 $\boldsymbol{g}_{m_2}$ 和 $\hat{u}_{m_2}$ 进行更新，$\boldsymbol{g}_{m_2}=\boldsymbol{g}_{m'}\oplus\boldsymbol{g}_{m_2}$，$\hat{u}_{m_2}=\hat{u}_{m'}\oplus\hat{u}_{m_2}$。可以看出，回代过程可以消除已存储数据包对接收数据包的干扰。虽然已存储数据包可能受到其他还未存储的数据包的干扰，回代过程中在消除干扰的同时也会引入新的干扰，但这些新的干扰都是由未存储数据包造成的，即 $W(\boldsymbol{g}_m)=0$ 对应的数据包，当存入对应的数据包时，这些干扰就可以被全部消除。

回代过程完成后，就等待下一数据包的到达。在接收到新的数据包后，则再次进行插入过程、置换过程以及回代过程，这三步操作过程分布到每个数据包的接收过程中，而非传统方法中先完成上三角化再进行回代过程，因此将其称为分布式译码算法。

当矩阵 $\boldsymbol{G}$ 变为对角阵时，所有用户信息都可以被恢复，此时每个用户的数据包存储在 $\hat{\boldsymbol{u}}$ 中。

为了更好地说明分布式译码算法，图5.4.8展示了在 $M=5$ 情况下的译码过程，为方便表示，仅对线性组合序列的操作进行表示。从图5.4.8（a）中可以看出，此时接收端已经接收到两个时隙的数据包，$y_1=u_1\oplus u_2$ 和 $y_2=u_3$，对应的线性组合已经存储在矩阵 $\boldsymbol{G}$ 中，分别记为 $\boldsymbol{g}_1=[11000]$ 和 $\boldsymbol{g}_3=[00100]$。下一个时隙的接收包为 $y_3=u_4\oplus u_5$，其对应线性组合 $\boldsymbol{c}_3=[00011]$。此时 $m'=4$ 且 $\boldsymbol{g}_4$ 为全零序列，则直接将 $\boldsymbol{c}_3$ 插入 $\boldsymbol{g}_4$，如图5.4.8（b）所示。第四个时隙接收到的数据包及其对应的线性组合为 $y_4=u_4$ 和 $\boldsymbol{c}_4=[00010]$。此时 $m'=4$ 且 $\boldsymbol{g}_4$ 不为全零序列，由于 $W\{\boldsymbol{g}_4\}=2>W\{\boldsymbol{c}_4\}=1$，对 $\boldsymbol{g}_4$ 和 $\boldsymbol{c}_4$ 进行置换操作，并对 $\boldsymbol{c}_4$ 进行更新 $\boldsymbol{c}_4=\boldsymbol{c}_4\oplus\boldsymbol{g}_4=[00001]$，可以将其插入 $\boldsymbol{g}_5$，如图5.4.8（c）所示。第五个时隙的接收数据包为 $y_5=u_2\oplus u_4$，$\boldsymbol{c}_5=[01010]$。由于 $m'=2$ 且 $\boldsymbol{g}_2$ 为全零序列，则将 $\boldsymbol{c}_5$ 插入 $\boldsymbol{g}_2$。此时进行回代操作，首先消除 $\boldsymbol{g}_2$ 中的干扰 $\boldsymbol{g}_2=\boldsymbol{g}_2\oplus\boldsymbol{g}_4$，然后用更新后的 $\boldsymbol{g}_2$ 消除其自身对其他数据包的干扰 $\boldsymbol{g}_1=\boldsymbol{g}_1\oplus\boldsymbol{g}_2$，则可以得到对角矩阵 $\boldsymbol{G}$，如图5.4.8（d）所示。

$$\begin{array}{ccccc}1&1&0&0&0\\0&0&0&0&0\\0&0&1&0&0\\0&0&0&0&0\\0&0&0&0&0\end{array}\qquad\begin{array}{ccccc}1&1&0&0&0\\0&0&0&0&0\\0&0&1&0&0\\0&0&0&1&1\\0&0&0&0&0\end{array}$$

（a）　　　　（b）

$$\begin{array}{ccccc}1&1&0&0&0\\0&0&0&0&0\\0&0&1&0&0\\0&0&0&1&0\\0&0&0&0&1\end{array}\qquad\begin{array}{ccccc}1&0&0&0&0\\0&1&0&0&0\\0&0&1&0&0\\0&0&0&1&0\\0&0&0&0&1\end{array}$$

（c）　　　　（d）

图5.4.8　分布式译码算法示例

5.4.5.2　错误概率性能分析

本节对接收端的错误概率进行分析，并推导错误概率的下界，该下界可用于指导实际使用中 CSA 系统的参数设置。由于 CSA 系统常用于机器类通信，对用户可靠性要求较高，需要考虑所有用户全部正确恢复的概率，因此在本节中将错误概率 P_e 定义为一帧中存在译码失败用户的概率，则所有数据包都正确恢复的概率为 $1-P_e$。由于接收数据包对应的线性组合矩阵为 $\boldsymbol{C}$，错误概率 P_e 等于矩阵 $\boldsymbol{C}$ 在有限域 GF(2) 上不满秩的概率，即 $P_e=1-\Pr(R(\boldsymbol{C})=M)$，其中 $R(\boldsymbol{C})$ 表示矩阵 $\boldsymbol{C}$ 在有限域 GF(2) 上的秩。错误概率 P_e 难以推导得到闭式解，但可以计算其下界。

假设 $\hat{\boldsymbol{C}}=[\hat{\boldsymbol{c}}_1^{\mathrm{T}},\hat{\boldsymbol{c}}_2^{\mathrm{T}},\cdots,\hat{\boldsymbol{c}}_N^{\mathrm{T}}]^{\mathrm{T}}$ 为 $N\times M$ 的随机二元矩阵，其第 n 行数据记为 $\hat{\boldsymbol{c}}_n=[\hat{c}_{n,1},\hat{c}_{n,2},\cdots,\hat{c}_{n,M}]$，假设 $\Pr(\hat{c}_{n,m}=1)=\Pr(\hat{c}_{n,m}=0)=0.5$。对于任意正整数 N、M 和 s，其中 s 满足 $l=N-M+s\geqslant 0$，可得

$$\Pr(R(\hat{\boldsymbol{C}})=M-s)=\frac{S(M-s,l)}{2^{ls}}\prod_{i=s+1}^{M}\left(1-\frac{1}{2^i}\right) \tag{5.4.19}$$

式中，$S(M-s,l)=\sum_{i_1=0}^{M-s}2^{-i_1}\sum_{i_2=i_1}^{M-s}2^{-i_2}\cdots\sum_{i_l=i_{l-1}}^{M-s}2^{-i_l}$，是关于 M 的单调递增函数。则有

$$S(M-s,l)\leqslant\lim_{M\to\infty}S(M-s,l)=\prod_{i=1}^{l}\left(1-\frac{1}{2^i}\right)^{-1} \tag{5.4.20}$$

将 $s=0$ 代入式 (5.4.19)，可得矩阵满秩概率：

$$\Pr(R(\hat{\boldsymbol{C}})=M)\leqslant\prod_{i=l+1}^{M}\left(1-\frac{1}{2^i}\right) \tag{5.4.21}$$

式 (5.4.21) 推导了当 $\Pr(\hat{c}_{n,m}=1)=\Pr(\hat{c}_{n,m}=0)=0.5$ 时，矩阵 $\hat{\boldsymbol{C}}$ 的满秩概率。在 CSA 系统中，每个用户重复发送数据包 k 次，即 $\Pr(c_{n,m}=1)=\frac{k}{N}$，$\Pr(c_{n,m}=0)=1-\frac{k}{N}$，需要分析此时矩阵的满秩概率与等概选择时的关系。

命题 5.4.1：记 $\boldsymbol{c}_n=[c_{n,1},c_{n,2},\cdots,c_{n,M}]\in\mathbf{C}_2^{1\times M}$ 且有 $\Pr(c_{n,m}=1)=\frac{k}{N}$，$1\leqslant m\leqslant M$、对于任意一个长为 M、包含 l 个非零值的二元序列 $\boldsymbol{x}\in\mathbf{C}_2^{M\times 1}$，推导可得

$$\Pr(\boldsymbol{c}_n\otimes\boldsymbol{x}=0)=\frac{1}{2}\left(1+\left(1-\frac{2k}{N}\right)^l\right) \tag{5.4.22}$$

证明：由于 $\boldsymbol{c}_n$ 与 $\boldsymbol{x}$ 都为二元序列，则有

$$\Pr(\boldsymbol{c}_n\otimes\boldsymbol{x}=0)=\sum_{s=0,2,\cdots,2\lfloor\frac{l}{2}\rfloor}\binom{l}{s}\left(\frac{k}{N}\right)^s\left(1-\frac{k}{N}\right)^{l-s} \tag{5.4.23}$$

将二项展开式 $\sum_{s=0,2,\cdots,2\lfloor\frac{l}{2}\rfloor}\binom{l}{s}a^sb^{l-s}=\frac{(a+b)^l+(-a+b)^l}{2}$ 代入式 (5.4.23)，即可证明命题。

式（5.4.22）已说明在$\frac{k}{N}\leqslant\frac{1}{2}$时，$\Pr(\boldsymbol{c}_n\otimes\boldsymbol{x}=\boldsymbol{0})$随$\frac{k}{N}$的增加单调递减，由于CSA系统中用户重传次数远小于时隙数，即满足$\frac{k}{N}\leqslant\frac{1}{2}$，因此$\Pr(\boldsymbol{c}_n\otimes\boldsymbol{x}=\boldsymbol{0})\geqslant\Pr(\hat{\boldsymbol{c}}_n\otimes\boldsymbol{x}=\boldsymbol{0})$，$1\leqslant n\leqslant N$。由于$\Pr(\boldsymbol{C}\otimes\boldsymbol{x}=\boldsymbol{0})=\prod_{n=1}^{N}\Pr(\boldsymbol{c}_n\otimes\boldsymbol{x}=\boldsymbol{0})$，$\Pr(\hat{\boldsymbol{C}}\otimes\boldsymbol{x}=\boldsymbol{0})=\prod_{n=1}^{N}\Pr(\hat{\boldsymbol{c}}_n\otimes\boldsymbol{x}=\boldsymbol{0})$，因此有$\Pr(\boldsymbol{C}\otimes\boldsymbol{x}=\boldsymbol{0})\geqslant\Pr(\hat{\boldsymbol{C}}\otimes\boldsymbol{x}=\boldsymbol{0})$，即矩阵不满秩概率$\Pr(R(\boldsymbol{C})<M)\geqslant\Pr(R(\hat{\boldsymbol{C}})<M)$。矩阵满秩概率满足：

$$\Pr(R(\boldsymbol{C})=M)\leqslant\Pr(R(\hat{\boldsymbol{C}})=M)\leqslant\prod_{i=l+1}^{M}\left(1-\frac{1}{2^i}\right)\tag{5.4.24}$$

错误概率的下界可以表示为

$$P_{\mathrm{e}}=1-\Pr(R(\boldsymbol{C})=M)\geqslant1-\prod_{i=l+1}^{M}\left(1-\frac{1}{2^i}\right)\tag{5.4.25}$$

■

5.4.5.3 仿真结果及性能分析

本节通过仿真来验证所提分布式算法的性能，包括吞吐量和错误概率。仿真中，将时隙数设为$N=100$，系统负载设为$G=[0.05:0.05:1]$。考虑到实际系统中需要保证所有用户具有相同的重要性，将所有用户的重传次数设为$k=5$。

图5.4.9对比了接收端使用SIC算法和分布式译码算法的吞吐量性能。仿真结果说明，相对于SIC算法，分布式译码的吞吐量大幅提升。当负载较高时，数据的碰撞概率提升。此时，SIC算法没有足够的无碰撞包，导致译码过程无法进行，造成吞吐量下降；而分布式译码算法可以对碰撞包直接进行处理，提取其中所含的信息并用于译码过程，从而能避免译码过程由于缺乏无碰撞包而终止的问题，保证了较高的吞吐量。

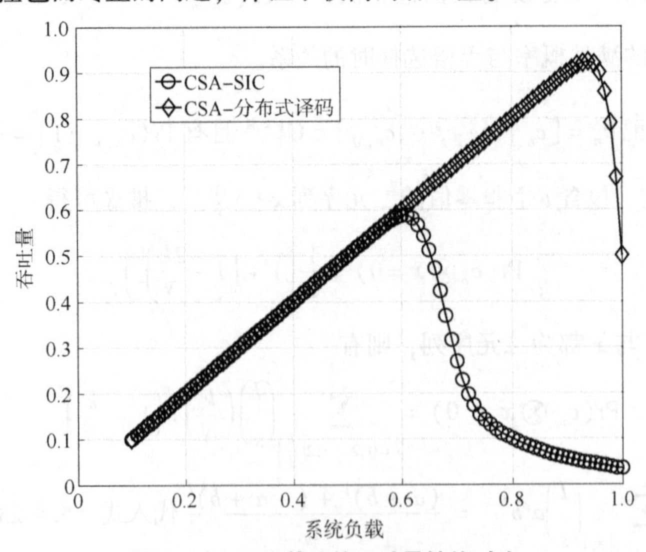

图5.4.9　不同算法的吞吐量性能对比

图5.4.10对比了接收端使用SIC算法和分布式译码算法的错误概率性能，并将分布式译码算法的错误概率与理论推导的错误概率下界进行对比。仿真结果说明，在系统负载较低时，两种算法的错误概率都可以低到忽略不计，这也对应了在低负载时两种算法的吞吐量性能完全相同。随着系统负载的升高，传输的错误概率随之升高。分布式译码算法在系统负载高于0.9时、SIC算法在系统负载高于0.6时，会出现较高的错误概率，这对应了吞吐量性能拐点出现的位置。与此同时，理论推导的分布式译码算法错误概率下界与仿真所得的错误概率曲线非常接近。因此，可以通过该理论计算方法预测某一CSA系统的错误概率及吞吐量，对系统的参数配置有指导作用。

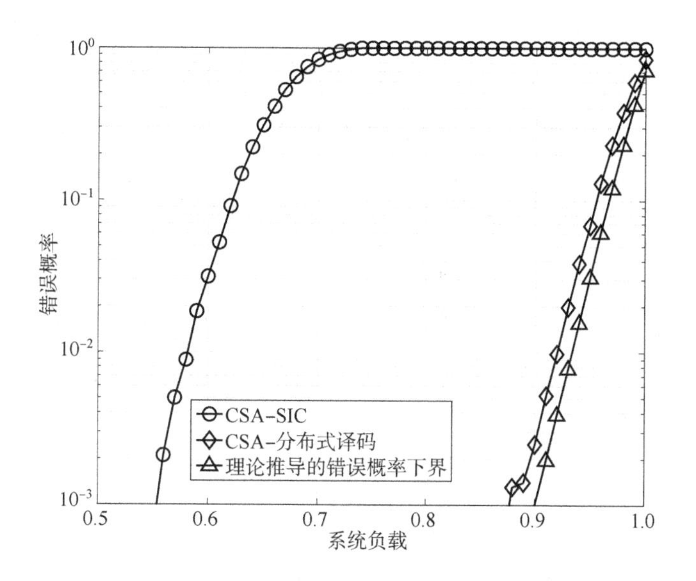

图5.4.10 不同算法的错误概率性能对比

5.5 无速率非正交多址接入

5.5.1 非正交多址接入背景

传统的移动通信升级换代多以多址接入技术为主线，在5G的无线技术创新中出现了多种新型多址技术的身影。除了传统的OFDMA（orthogonal frequency division multiple access，正交频分多址）技术外，在5G的标准化进展中多种多址技术被提出，如稀疏码分多址（SCMA）、图样分隔多址（PDMA）、多用户共享接入（MUSA）等。无论是时分多址、码分多址，还是正交频分多址技术，都将无线接入资源域以正交形式进行划分，令用户的信号以相互正交模式传输。然而，此类多址技术将多个用户的信号叠加传输在相同的无线资源上，因此称为非正交多址接入（non - orthogonal multiple access，NOMA）技术。

在OMA传输中，用户采用单一资源进行传输数据，以频谱或时间为间隔进行资源分割，而NOMA方案将资源分配给多个用户。与传统OMA传输不同，多节点在NOMA发送机部分将信息非正交发送，过程主动引入了用户间干扰，因此高性能接收机实现干扰消除是保证用户传输数据正确解调的关键。基于SIC算法的接收机被广泛应用于NOMA技术，虽然与正交传输相比，接收机复杂度有所提升，但可以获得更高的频谱效率。非正交传输的基本思想是利用复杂的接收机设计来换取更高的频谱效率。随着硬件设备的更新换代，计算能力不断增强，在实际系统中应用非正交传输技术将成为可能。

在5G移动通信网络中，其典型应用场景对多址接入技术提出以下需求：

大规模连接：合理的共识是，NOMA对于大规模连接至关重要，因为所有正交多路访问（OMA）技术中服务用户的数量固有地受到资源块数量的限制。相反，从理论上讲，NOMA通过叠加用户的信号可以为每个资源块中的许多用户提供服务。从这个意义上讲，NOMA可以针对典型的IoT应用量身定制，在该应用中，大量设备偶尔尝试传输小数据包。

低延迟：5G应用的延迟要求非常多样化。然而，OMA无法保证如此广泛的延迟要求，因为无论设备要传输多少位，设备都必须等待，直到未占用资源块可用。相反，NOMA支持灵活调度，因为它可以根据正在使用的应用程序和设备的感知服务质量（QoS）来调整所容纳设备的数量。

高谱效率：在光谱效率和用户公平性方面，NOMA也超过OMA。NOMA是在单小区网络中将频谱用于上行链路和下行链路通信的理论上最佳的方式。这是因为，每个NOMA用户都可以享受整个带宽，而OMA用户被限制在与用户数量成反比的较小频谱范围内。此外，NOMA还可以与其他新兴技术（如大规模多输入多输出（MIMO）和毫米波（mmWave）技术）结合使用，以进一步支持更高的吞吐量。

以功率域NOMA为例，在存在远近效应的通信系统和广覆盖多节点接入场景，尤其是用户密集场景，相对于传统的OMA方式，利用功率域复用的NOMA方式可以获得明显的性能增益，可使无线接入宏蜂窝的总吞吐量提高50%左右。

自非正交传输的概念被提出后，多个科研机构参与到其标准化进展及技术改进中，提出了基于不同设计思想的NOMA方案。这些NOMA方案的显著不同点在于发送端设计思想的不同。目前主要有4类NOMA方案：基于扰码类的NOMA、基于交织类的NAMO、基于扩频类的NOMA、基于编码类的NOMA。这些方案的差异主要源于多用户的区分方式（如采用不同的扰码序列、不同的交织序列、不同的非稀疏扩频矩阵及不同的稀疏扩频矩阵等方式区分用户），在接收端采用相应的多用户接收机，能够根据扰码序列（或交织序列、扩频矩阵）的不同从叠加的多用户信息中区分不同的用户信息。

5.5.2　非正交多址接入关键技术

非正交多址接入技术通过有效设计面向叠加传输的发射端多址接入特征指纹（multiple access signature，MAS），允许多路发射信号在相同的物理资源上进行传输，并在接收端部署高效的多用户联合接收算法（multi user detector，MUD），在保障用户间干扰可控的前提下，实现多路复用增益与检测可靠性之间的良好折中。非正交多址接入技术的关键设计可分为比特级设计、符号级设计和波形级设计三类。其中，符号级非正交多址接入通过设计用户特定的比特到符号映射函数以及高效的多用户联合检测算法来逼近多用户容量外界，是非正交传输最主要的实现方式，目前在产业界和学术界都已经形成了大量的技术方案。

多址接入特征指纹（在不同非正交技术方案中又称映射码本、扩展序列等）常通过功率域、码域等的设计来控制非正交多用户间的干扰，多址接入特征指纹的性能好坏将直接影响接收端多用户检测的结果。功率域非正交将功率差异作为用户特定的特征指纹。码域非正交则通过设计用户特定的码序列区分用户。具体地，码域非正交多址接入技术可以根据序列特征进行分类，包括稀疏性[13-15]、线性性[13-14]以及其他序列性质（如沃尔什界序列、复数域多元序列等）[16-17]。多用户信息论和通信信号处理是设计优良多址接入特征指纹的有效途径，目前已被广泛研究的设计准则包括最小欧氏距离最大化[18]和最大化星座约束能力[19]，常采用的具体设计技巧包括置换[14]、交织[18]、旋转[19-20]、映射[21]等。在基于授权传输的部署时，由基站授权多用户在物理资源上叠加传输，并调度多用户采用特定的特征指纹。

根据不同非正交多址接入技术方案的特点，研究人员已经提出了众多多用户接收算法[22]。针对基于扰码和扩频的方案（如 RSMA、MUSA、NCMA 等），可采用基于串行或并行干扰删除方法的接收算法，如 MMSE-SIC 和 ESE-PIC[23]。针对基于稀疏短码扩展的方案（如 SCMA、PDMA 等），常采用基于图模型的消息传递算法（message passing algorithm，MPA）[24-25]、期望传递算法（expectation propagation algorithm，EPA）[26]。在上述多用户接收技术中，干扰删除都发挥了减轻用户间干扰、提高检测准确率的重要作用[23-25,27-28]。

非正交多址接入技术通过特定的收发端设计，允许多用户在无线资源上叠加传输，以达到多用户容量域外界，可在保障用户间干扰可控的情况下实现多路复用增益与数据传输可靠性之间的良好折中。非正交多址接入系统的一般模型中，每个用户采用特定的发射机并基于其特定的接入特征指纹将信源消息映射成编码信号，多用户的编码信号随后无线信道中叠加，最后接收端采用多用户检测算法恢复信源消息。在符号级非正交多址接入技术中，发射机通常为信源消息（或比特）到复数调制符号（或调制符号序列）的映射；多用户接收机则将接收到的叠加调制符号（或符号序列）映射为估计的多用户信源消息。

5.5.3 无速率非正交多址接入研究

基于无速率码的非正交多址技术可以提高系统的抗干扰性能。首先，每个用户的数据用无速率码编码。然后，将所有用户的数据进行叠加传输，广播给每个用户。各用户的功率因子和叠加信号由发射机根据用户提供的反馈进行调整。基于无速率码的非正交多址技术可以降低系统的传输速度，并提高系统的吞吐量。

在 NOMA 系统中，多个用户可以共享相同的时频资源，但这些用户之间存在干扰，当解码高功率信号时，低功率用户的信号被认为是噪声。随着叠加信号中用户数量的增加，干扰的强度也会越来越强。当干扰非常强时，每个用户都难以解码自己的消息。此外，时变通道中的噪声会严重干扰信号，从而导致更频繁的信号中断。在这种情况下，系统通常使用重传协议（如混合自动重发请求（HARQ））来获取丢失的数据。为了提高信道利用率，也可以使用无速率码来根据实时信道条件来调整数据传输速率。无速率编码系统不需要复杂的操作（如频繁切换编码矩阵和调制模式），而是自动将编码率调整为适应信道条件的状态。基于此思想，可以提出基于无速率编码的非正交多址接入方案（non - orthogonal multiple access scheme based on rateless codes，NRC）。

NRC 系统中有一个无速率编码模块，只要接收者收集到足够的数据包，该消息就会被解码。传输的数据包总数与信道条件密切相关，SNR 越差，丢包率就越高。NRC 系统将生成足够数量的不同数据包，以减轻噪声并实现成功解码，而不是重新传输丢失的数据包。显然，在高 SNR 区域，数据包发送数量将减少。NRC 系统会根据环境自动调整要传输的数据包数量，从而提高传输效率，并实现更强的抗噪性能。

在 NRC 系统中，假设基站发送端需要服务 m 个用户。基站与用户 s 之间的信道增益表示为$|h_{BU_s}|(s=1,2,\cdots,m)$。它们被建模为遵循瑞利分布的独立且均匀分布的随机变量[5-7]。基站（base station，BS）将 m 个用户的信道增益排序：$|h_{BU_1}|^2 \leqslant |h_{BU_2}|^2 \leqslant \cdots \leqslant |h_{BU_m}|^2$。借助 LT 编码器，基站可以根据解码要求连续生成要发送的不同数据包。在附加了 CRC 序列后，生成的数据包将由 LDPC 编码器进行第二次编码。然后，通过功率控制模块调整每个信号的传输功率。最后，将多个信号叠加，形成复合信号，该复合信号由天线通过 OFDM 模块发送。在接收端，每个用户都利用相同的模块接收信号。每个用户 $U_s(s=2,3,\cdots,m)$首先需要重建 $U_i(i=1,2,\cdots,s)$信号，然后使用 SIC 算法来消除来自其他用户的干扰。最后，它将修订后的信号传送到无速率译码模块，以帮助对 U_s 进行译码。但是用户 U_i 只是将其他用户的信号当作噪声来处理，并在译码自己的数据信息时直接由 LDPC 译码器进行译码。数据包经过 CRC 检查后，将被传输到 LT 解码器。消息解码成功后，结果由反馈通道发送到发送器。否则，它将继续发送叠加信号，直到收到用户的确认（ACK）信号为止。在收到用户的预期信号后，发送方将再次调整功率因数，以提高其余用户接收数据包的可能性。这些用户不断累积数据包，直到接收到的数据包数量满足 $N'=N_0(1+\omega)$，N_0 为可译码

的最少发送数据包个数。接收到的数据包数量越多，解码的可能性就越高。完成解码过程所需的数据包数量取决于所传送的信息位的总数。ω 是离散随机变量，其概率密度函数（PDF）由下式给出：

$$\Gamma(\omega)=\sum_{j=1}^{y_0}\xi_j\frac{(\lambda_j)^{\omega}}{\omega!}\exp(-\lambda_j) \tag{5.5.1}$$

式中，y_0——泊松分布元素的个数；

ξ_j——权重因子；

λ_j——统计概率上平均发送数据包个数。

因此我们可以获得 N' 的概率密度函数为

$$\Phi(N')=\frac{1}{N_0}\Gamma\left(\frac{N'}{N_0}-1\right),\quad N'\geqslant 0 \tag{5.5.2}$$

信道增益 $|h|$ 遵循瑞利分布，因此 $\chi=|h|^2$ 的概率密度分布为

$$f(\chi)=\frac{1}{2\sigma^2}\exp\left(-\frac{\chi}{2\sigma^2}\right),\quad \chi\geqslant 0 \tag{5.5.3}$$

式中，$2\sigma^2$——信号平均接收功率。

χ 的累积分布函数（CDF）表示为

$$F(\chi)=1-\exp\left(-\frac{\chi}{2\sigma^2}\right),\quad \chi\geqslant 0 \tag{5.5.4}$$

$U_s(s=1,2,\cdots,m)$ 的累积分布函数满足下式：

$$\Psi_{X_s}(x)=\frac{m!}{(s-1)!(m-s)!}\sum_{k=0}^{m-s}\binom{m-s}{k}\frac{(-1)^k}{s+k}(F(x))^{s+k} \tag{5.5.5}$$

NRC 系统会持续不断地发送数据包，并且用户会不断累积这些数据包，直到解码成功为止。因此，所有用户均应该在不受约束的条件下成功解码自己的消息。然而，实际系统中存在延迟限制。因此，如果解码器无法在有限的时间 T 内成功完成其工作，则当前数据帧称为错误帧。在这种情况下，系统可以丢弃它并处理下一帧，或者清空存储的数据包，然后请求 BS 重新发送一批新的数据包。

如图 5.5.1 所示，对 NRC 系统进行仿真，以验证其性能。NRC 的吞吐量曲线在低 SNR 区域中随 SNR 的增加而增加，但在高 SNR 区域中都趋于平坦。这是因为，在高 SNR 区域中每个用户的数据包丢失率都相对较低，在该区域中所有用户都可以高概率解码自己的消息。此外，随着用户数量的增加，所提出系统的吞吐量将继续增加。NRC 系统将叠加后的信号发送给用户，以确保最近的用户获得良好的性能，即使丢包率很高，信道较差的用户也有机会接收一些数据包。这有助于加快远程用户的数据包累积，并缩短系统解码其余用户的时间。另外，NRC 系统拥有的用户越多，系统设计就越复杂。要想完全消除来自其他用户的干扰，使用 SIC 算法将变得更加困难。因此，在实际系统中应考虑吞吐量和复杂性之间的平衡。

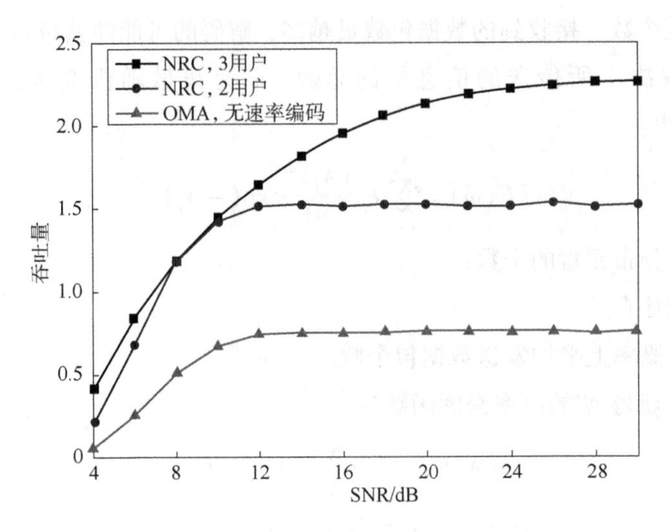

图 5.5.1　NRC 与 OMA 方案的吞吐量对比

参考文献

[1] CUI H, LUO C, CHEN C W, et al. MixCast modulation for layered video multicast over WLANs [C] //Visual Communications and Image Processing, IEEE, 2011: 1 -4.

[2] ROBERTS L G. ALOHA packet system with and without slots and capture [J]. ACM SIGCOMM Computer Communication Review, 1975, 5 (2): 28 -42.

[3] GHEZ S, VERDU S, SCHWARTZ S C. Stability properties of slotted ALOHA with multipacket reception capability [J]. IEEE Transactions on Automatic Control, 2002, 33 (7): 640 -649.

[4] NAMISLO C. Analysis of mobile radio slotted ALOHA networks [J]. IEEE Journal on Selected Areas in Communications, 1984, 2 (4): 583 -588.

[5] CUI H, LUO C, TAN K, et al. Seamless rate adaptation for wireless networking [C] // International Symposium on Modeling Analysis and Simulation of Wireless and Mobile Systems, Miami, Florida, 2011: 437 - 446.

[6] CUI H, LUO C, WU J, et al. Compressive coded modulation for seamless rate adaptation [J]. IEEE Transactions on Wireless Communications, 2013, 12 (10): 4892 -4904.

[7] IEEE 802.11n - 2009: wireless LAN medium access control (MAC) and physical layer (PHY) specifications: enhancements for higher throughput [S]. IEEE Std. 802. 11, 2009.

[8] SHIRVANIMOGHADDAM M, LI Y, VUCETIC B. Near - capacity adaptive analog fountain codes for wireless channels [J]. IEEE Communications Letters, 2013, 17 (12): 2241 -2244.

[9] IEEE 802.16p - 10/0005, Machine - to - Machine (M2M) Communication Study Report [S]. IEEE, 2010.

[10] YAN S, PENG M, ABANA M A, et al. An evolutionary game for user access mode selection in fog radio access networks [J]. IEEE Access, 2017, 5 (99): 2200 - 2210.

[11] GOSELING J, STEFANOVIC C, POPOVSKI P. Sign - compute - resolve for random access [C] //The 52nd Annual Allerton Conference on Communication, Control, and Computing (Allerton), Monticello, 2014: 675 - 682.

[12] PAOLINI E, LIVA G, CHIANI M. Coded slotted ALOHA: a graph - based method for uncoordinated multiple access [J]. IEEE Transactions on Information Theory, 2015, 61 (12): 6815 - 6832.

[13] YUAN Z, YU G, LI W, et al. Multi - user shared access for internet of things [C] //IEEE 83rd Vehicular Technology Conference (VTC Spring), 2016: 1 - 5.

[14] NIKOPOUR H, BALIGH H. Sparse code multiple access [C] // IEEE 24th Annual International Symposium on Personal, Indoor, and Mobile Radio Communications (PIMRC), 2013: 332 - 336.

[15] DAI X, ZHANG Z, BAI B, et al. Pattern division multiple access: a new multiple access technology for 5G [J]. IEEE Wireless Communications, 2018, 25 (2): 54 - 60.

[16] LIU W J, HOU X L, CHEN L. Enhanced uplink non - orthogonal multiple access for 5G and beyond systems [J]. Frontiers of Information Technology & Electronic Engineering, 2018, 19 (3): 340 - 356.

[17] ELECTRONICS L. Transmitter side signal processing schemes for NCMA [C] // 3GPP, R1 - 1808499, RAN1: 94.

[18] YU L, FAN P, CAI D, et al. Design and analysis of SCMA codebook based on star - QAM signaling constellations [J]. IEEE Transactions on Vehicular Technology, 2018, 67 (11): 10543 - 10553.

[19] XIAO K, XIA B, CHEN Z, et al. On capacity - based codebook design and advanced decoding for sparse code multiple access systems [J]. IEEE Transactions on Wireless Communications, 2018, 17 (6): 3834 - 3849.

[20] YE N, WANG A H, LI X M, et al. On constellation rotation of NOMA with SIC receiver [J]. IEEE Communications Letters, 2017, 22 (3): 514 - 517.

[21] TAHERZADEH M, NIKOPOUR H, BAYESTEH A, et al. SCMA codebook design [C] // IEEE 80th Vehicular Technology Conference (VTC 2014 - Fall), 2014: 1 - 5.

[22] DAI L, WANG B, DING Z, et al. A survey of non - orthogonal multiple access for 5G [J]. IEEE Communications Surveys & Tutorials, 2018, 20 (3): 2294 - 2323.

[23] YUAN L, PAN J, YANG N, et al. Successive interference cancellation for LDPC coded nonorthogonal multiple access systems [J]. IEEE Transactions on Vehicular Technology,

2018, 67 (6): 5460 – 5464.

[24] WEI F, CHEN W. Low complexity iterative receiver design for sparse code multiple access [J]. IEEE Transactions on Communications, 2016, 65 (2): 621 – 634.

[25] DAI J, NIU K, DONG C, et al. Improved message passing algorithms for sparse code multiple access [J]. IEEE Transactions on Vehicular Technology, 2017, 66 (11): 9986 – 9999.

[26] MENG X, WU Y, CHEN Y, et al. Low complexity receiver for uplink SCMA system via expectation propagation [C] // 2017 IEEE Wireless Communications and Networking Conference (WCNC), 2017: 1 – 5.

[27] JEONG B K, SHIM B, LEE K B. MAP – based active user and data detection for massive machine – type communications [J]. IEEE Transactions on Vehicular Technology, 2018, 67 (9): 8481 – 8494.

[28] WANG Q, ZHANG R, YANG L L, et al. Nonorthogonal multiple access: a unified perspective [J]. IEEE Wireless Communications, 2018, 25 (2): 10 – 16.

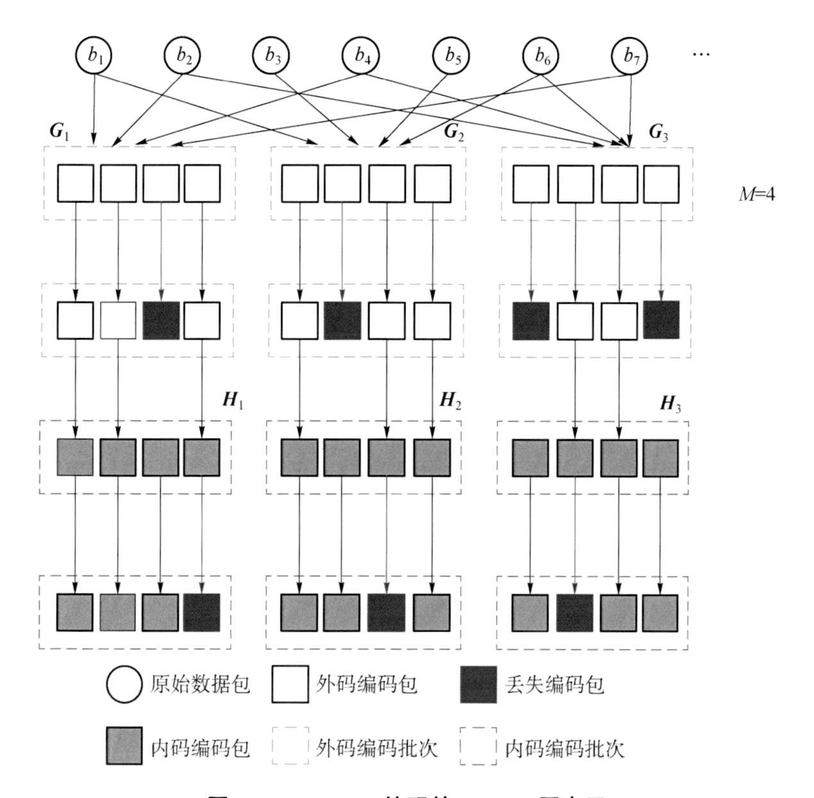

图 2.4.2　BATS 编码的 Tanner 图表示

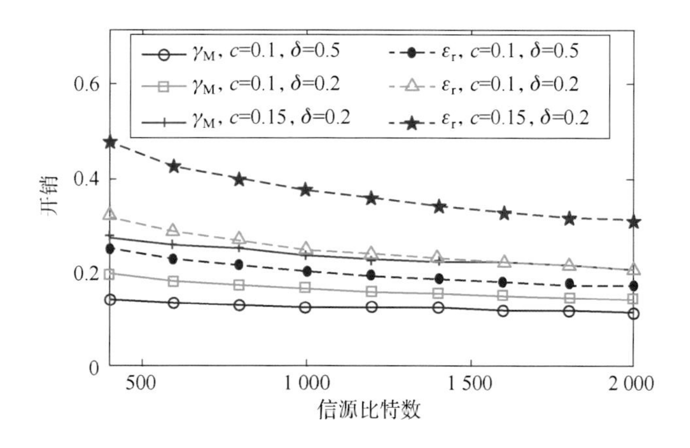

图 3.3.2　开销区域 γ_M 以及 ε_r

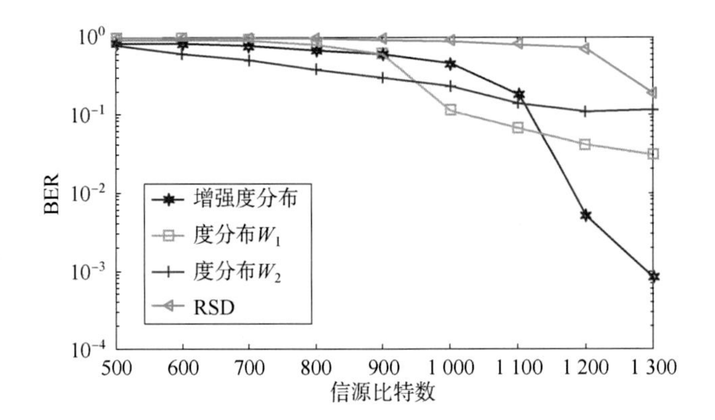

图 3.3.4　多种度分布函数的 BER 性能比较

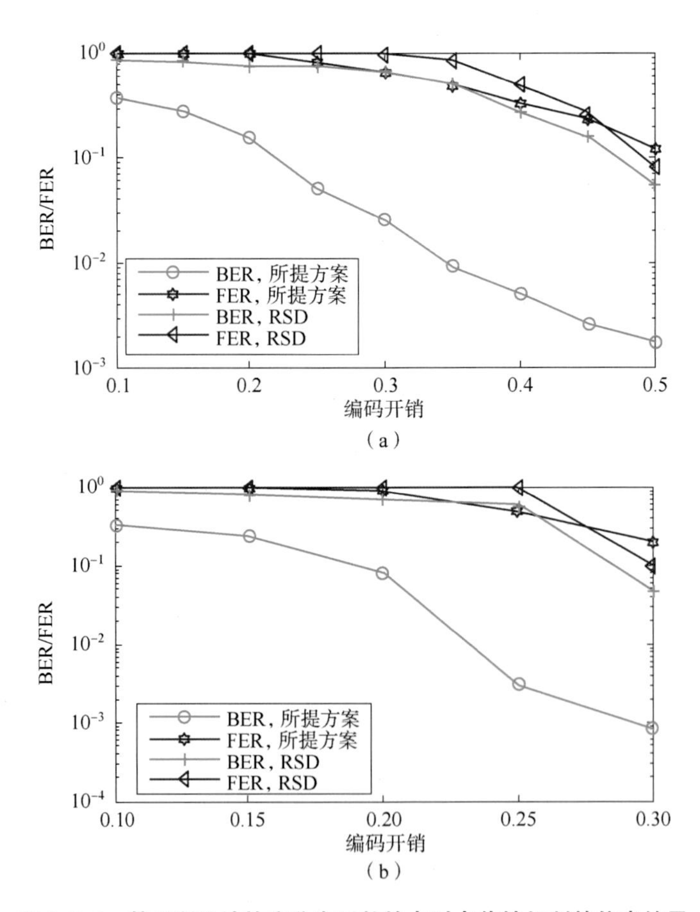

图 3.3.6　基于所设计的度分布函数的点对点传输机制的仿真结果

(a) $k=400$；(b) $k=2\ 000$

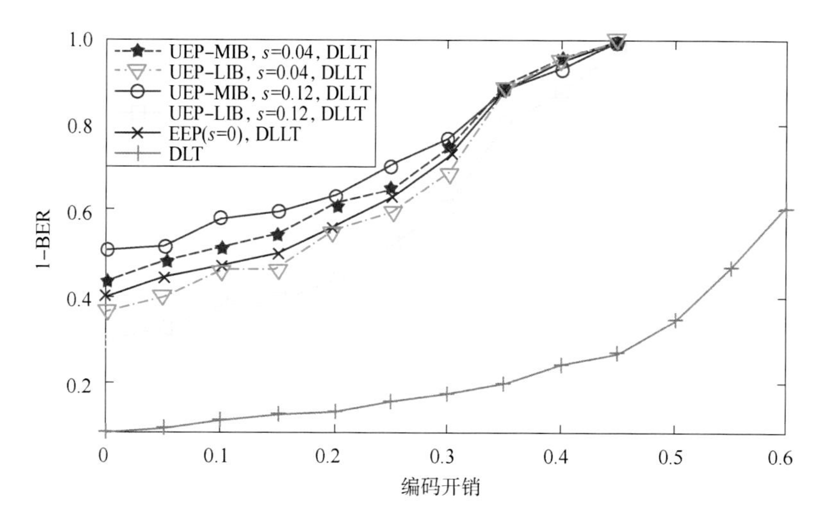

图 3.3.8　低开销分布式 LT 码的仿真结果

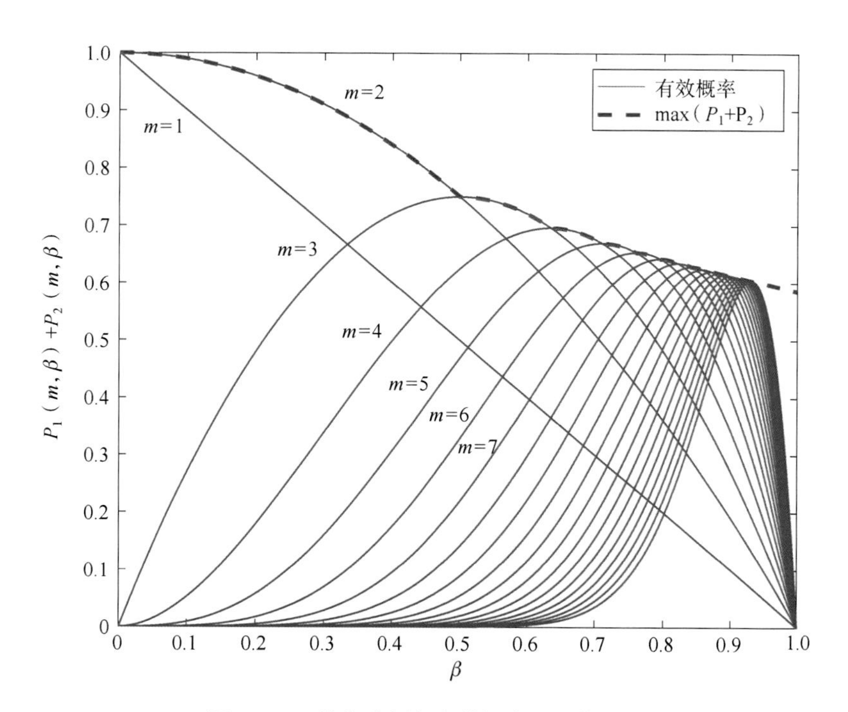

图 4.2.2　恢复比例与有效概率之间的关系

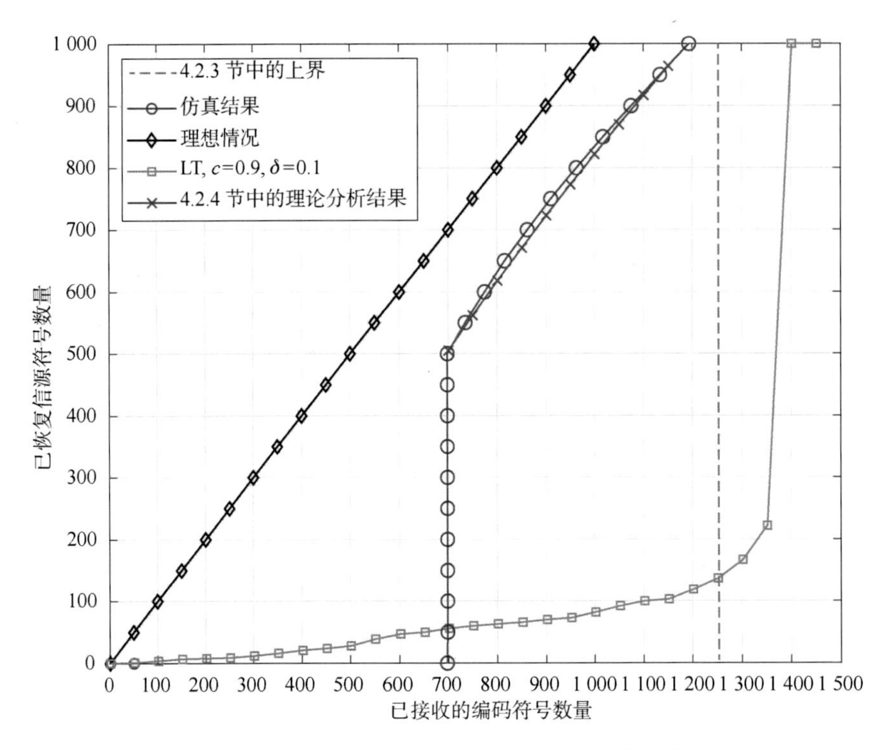

图 4.2.3　编码符号与恢复的信源符号间的数量关系

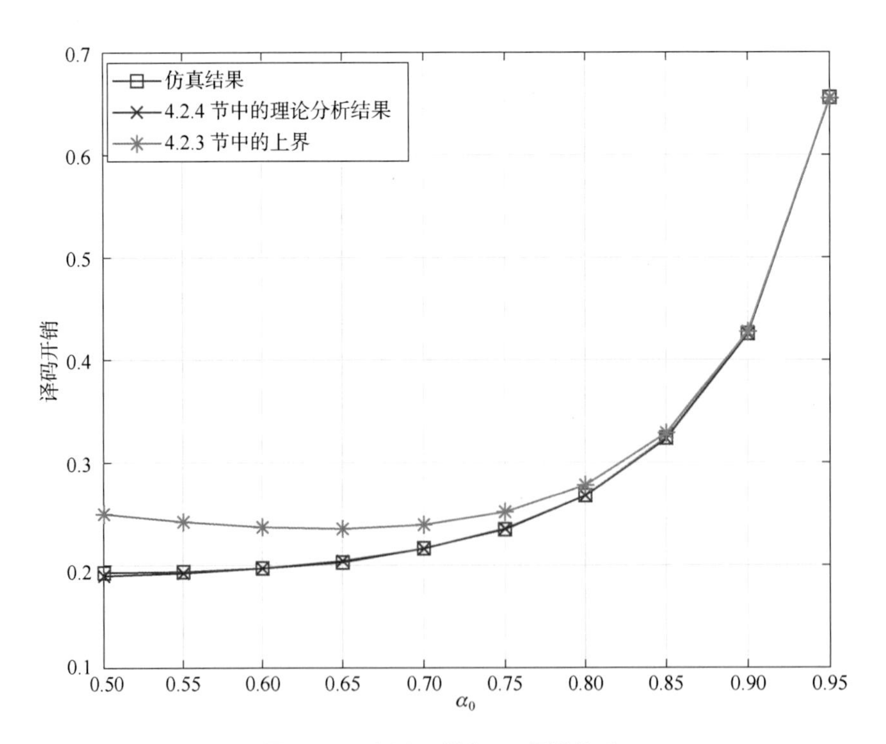

图 4.2.4　译码开销与 α_0 间的关系

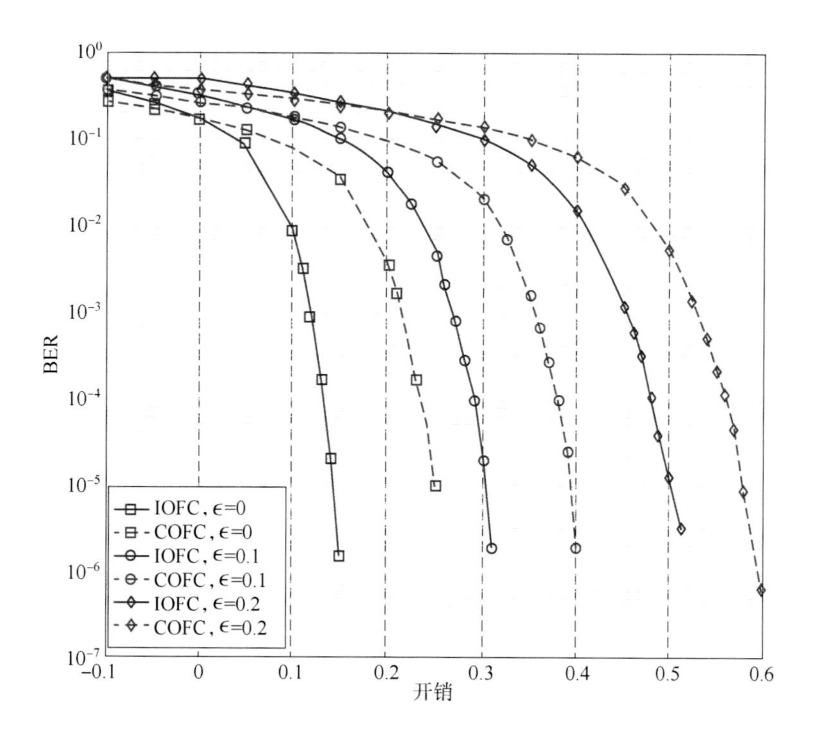

图 4.3.2　IOFC 与传统在线喷泉码 BER 新能对比

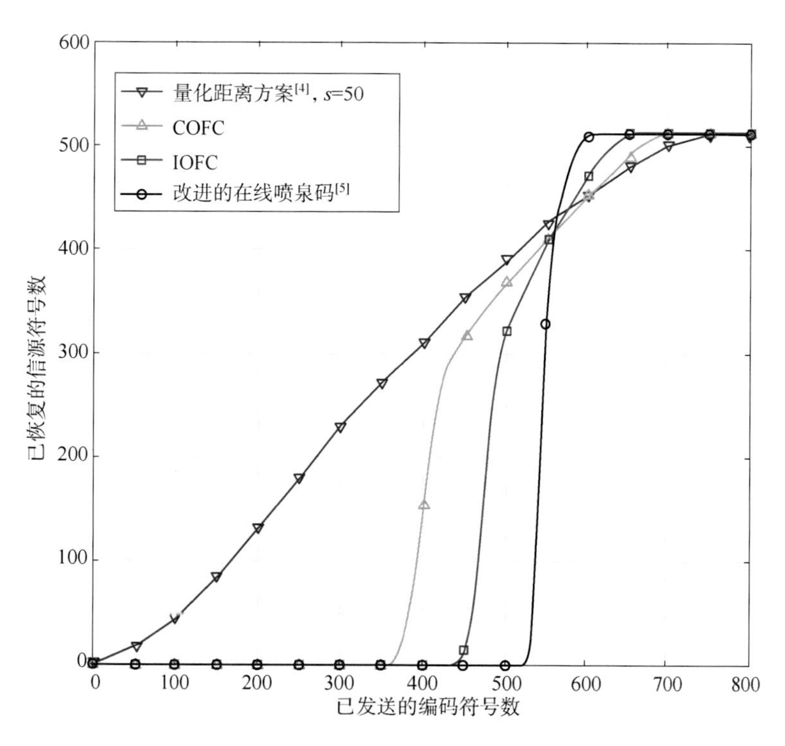

图 4.3.4　不同基于反馈的喷泉码方案的中间性能对比

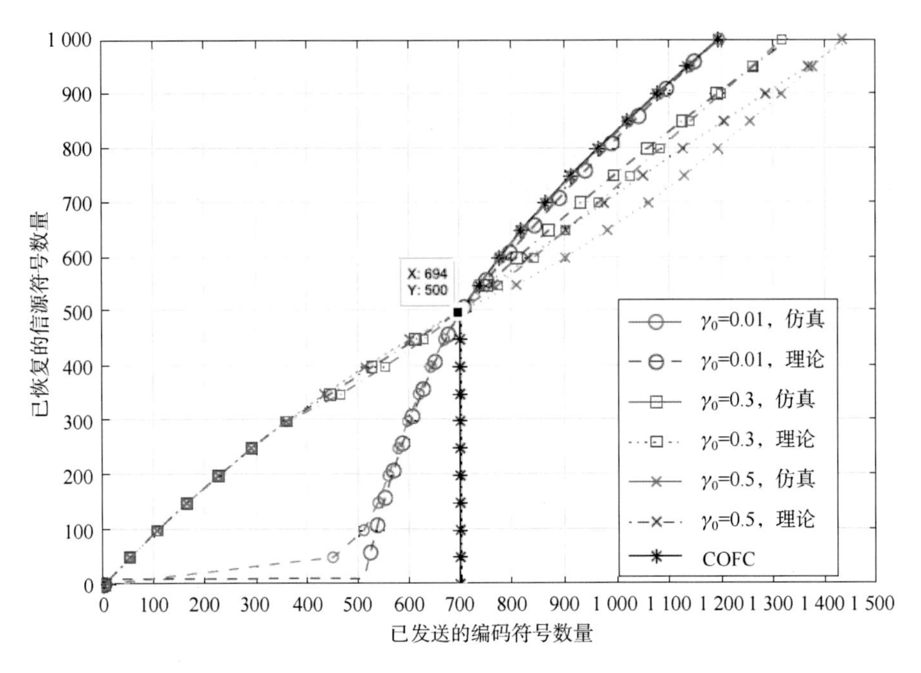

图 4.3.6　OFCNB 理论结果与仿真结果对比

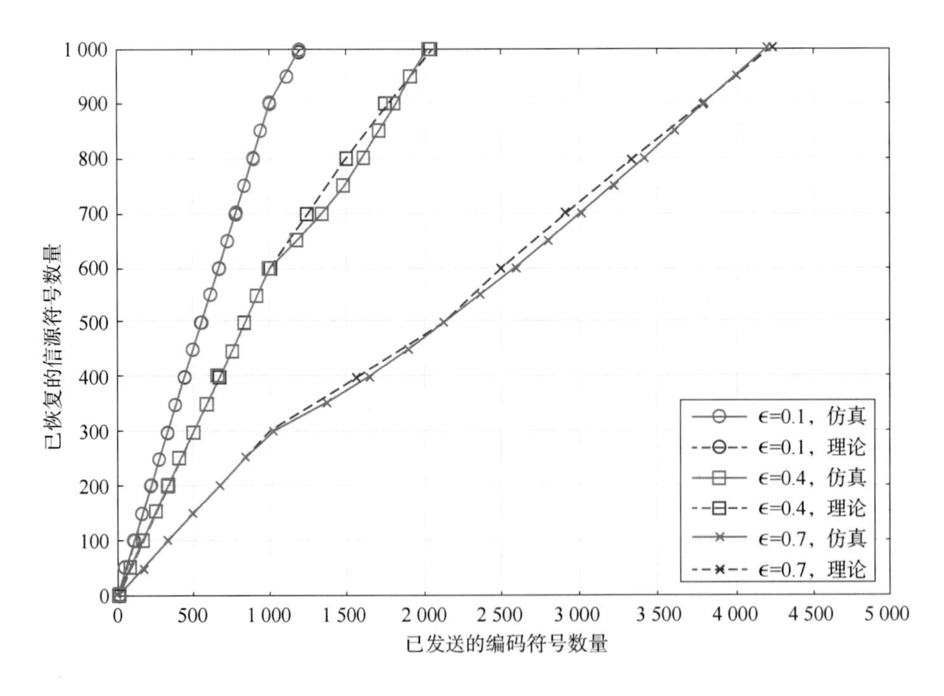

图 4.3.7　SOFC 理论结果与仿真结果对比

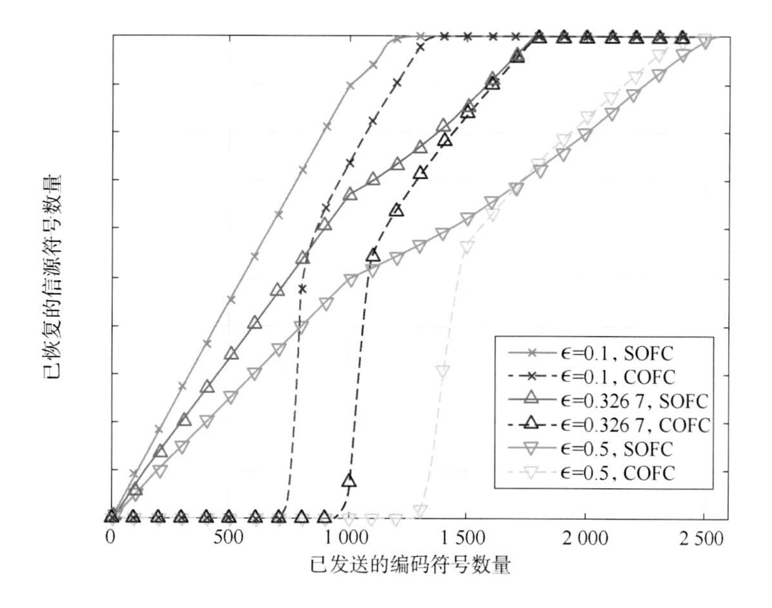

图 4.3.8　不同信道擦除概率下 SOFC 与传统在线喷泉码性能对比

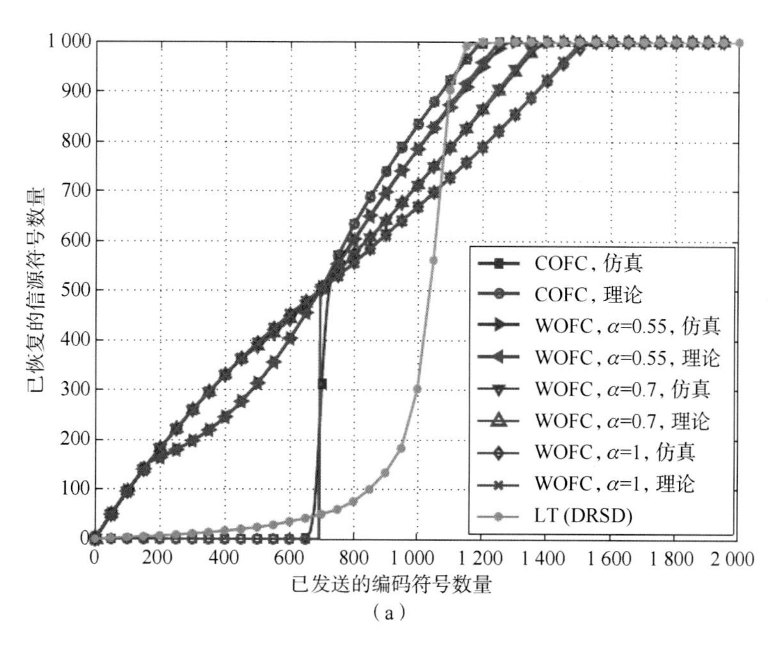

图 4.4.2　给定编码符号数量下的恢复比例和译码缓存占用量

(a) 恢复比例

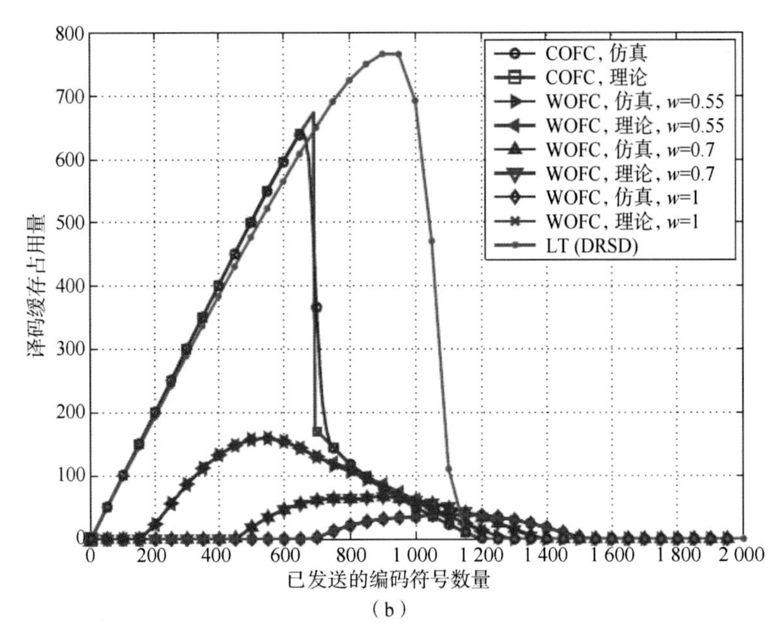

（b）

图 4.4.2　给定编码符号数量下的恢复比例和译码缓存占用量

（b）译码缓存占用量

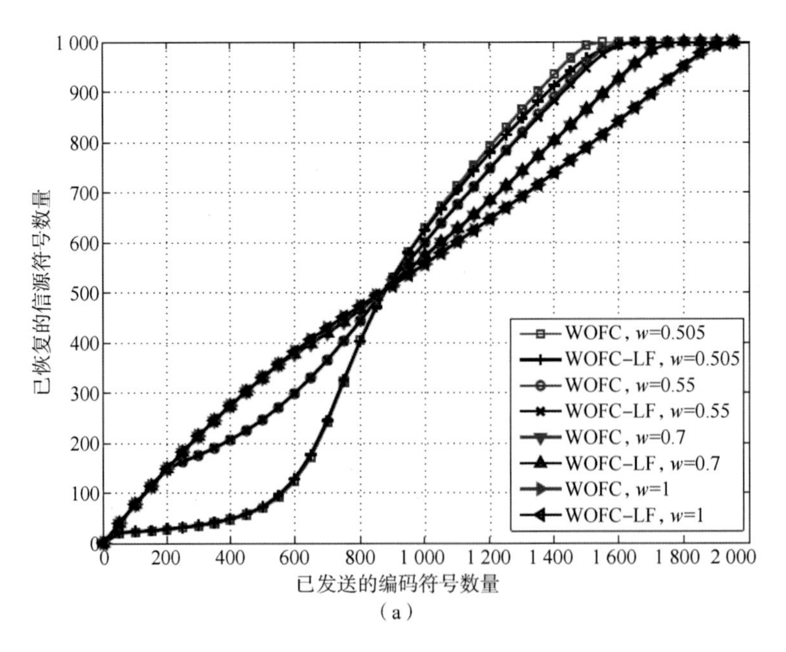

（a）

图 4.4.3　WOFC－LF 与 WOFC 在 $\epsilon=0.2$ 的删除信道下的性能对比

（a）恢复比例

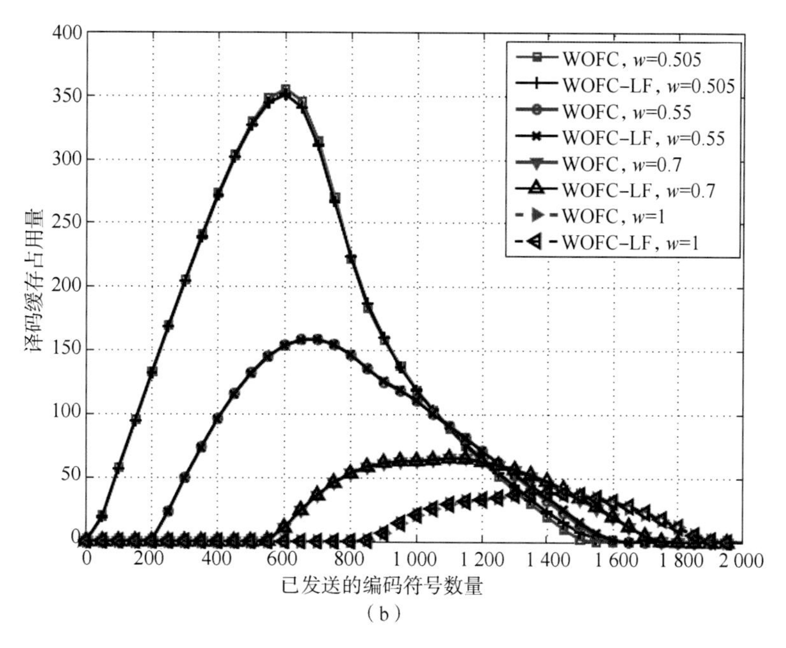

（b）

图 4.4.3　WOFC - LF 与 WOFC 在 $\epsilon=0.2$ 的删除信道下的性能对比

（b）译码缓存占用量

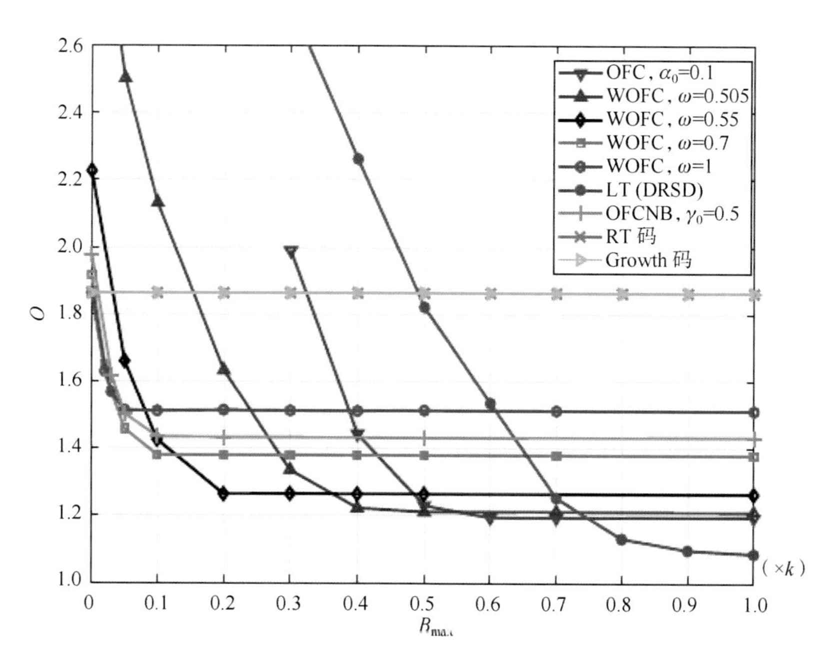

图 4.4.4　译码缓存容量变化时的全恢复性能

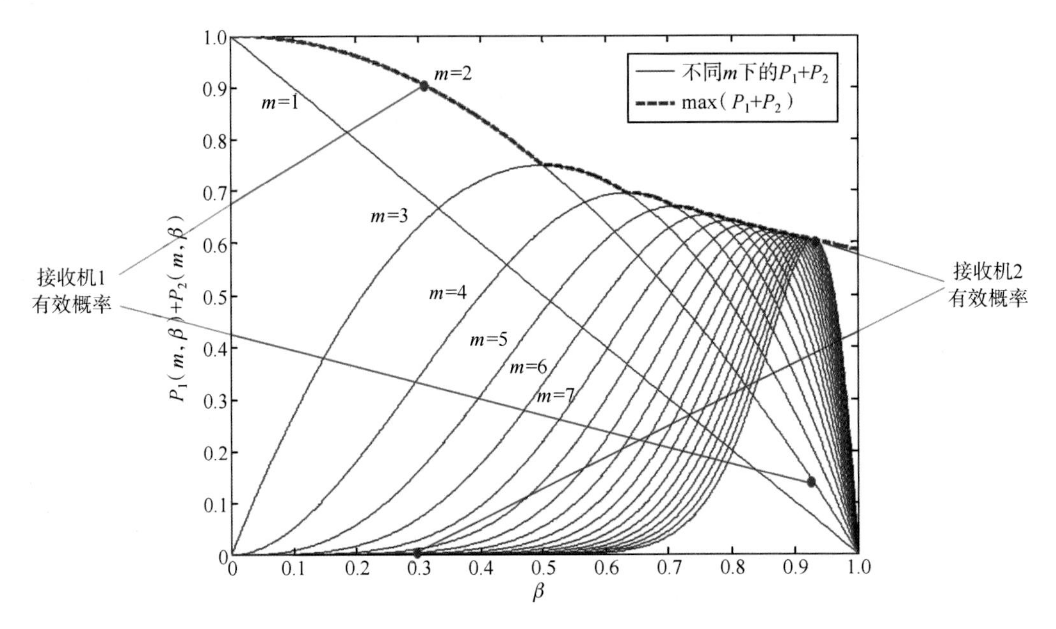

图 4.5.1　不同状态的接收机之间产生多状态干扰

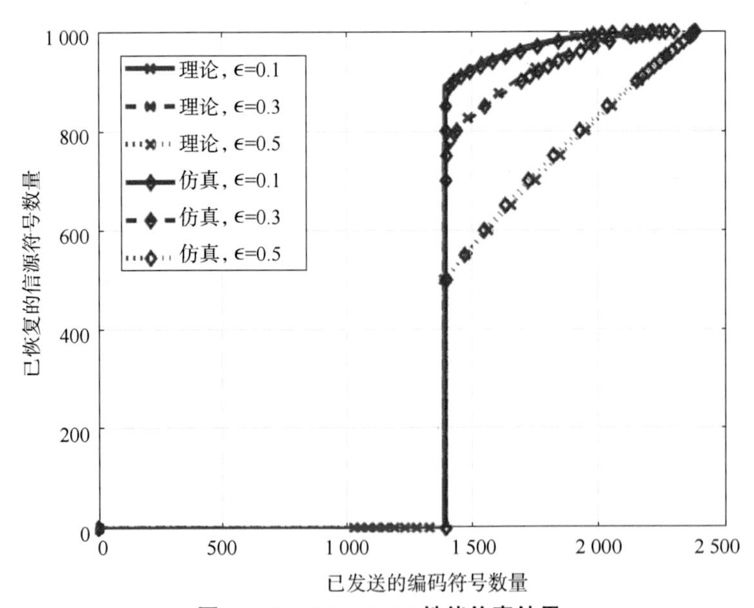

图 4.5.2　WB－OFC 性能仿真结果

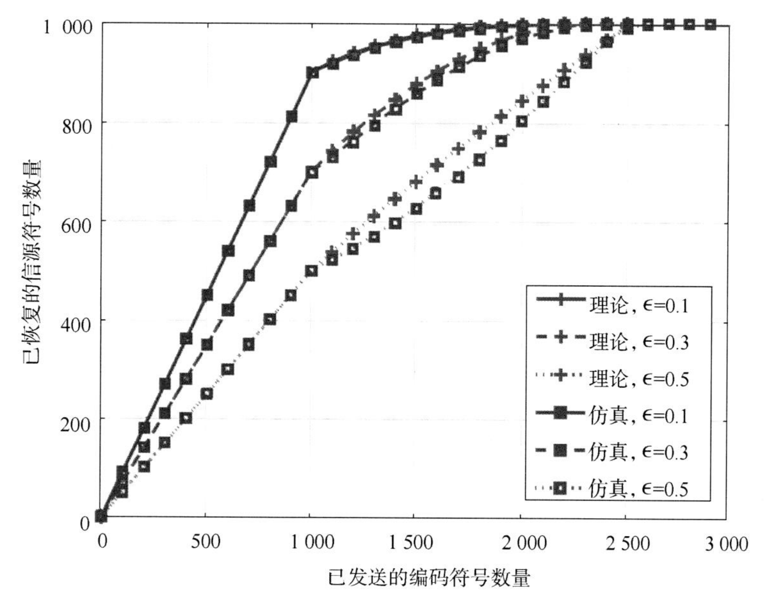

图 4. 5. 3　WB – SOFC 性能仿真结果

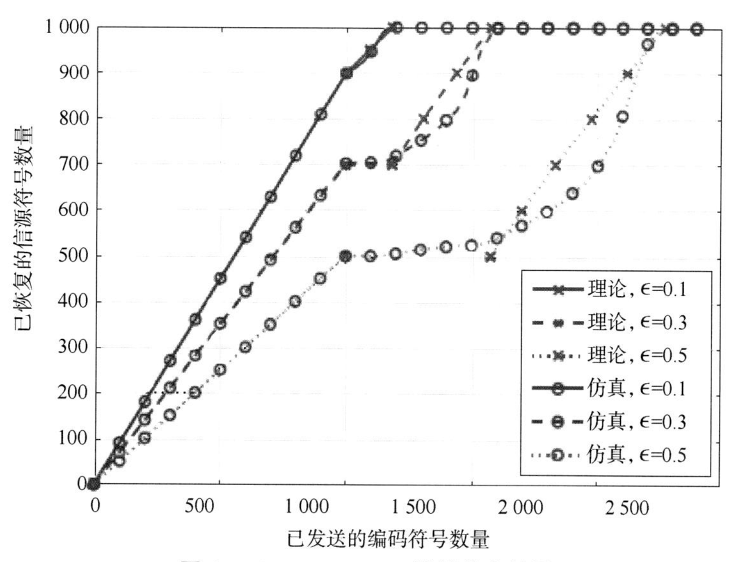

图 4. 5. 4　HB – SOFC 性能仿真结果

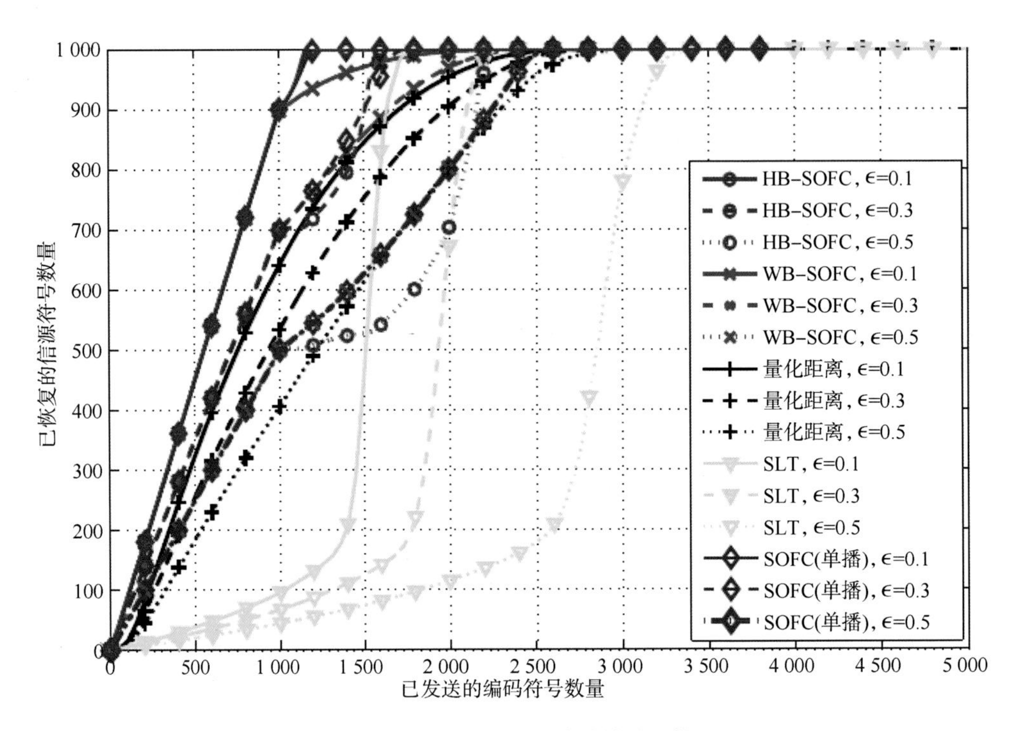

图 4.5.5　不同广播方案的性能比较

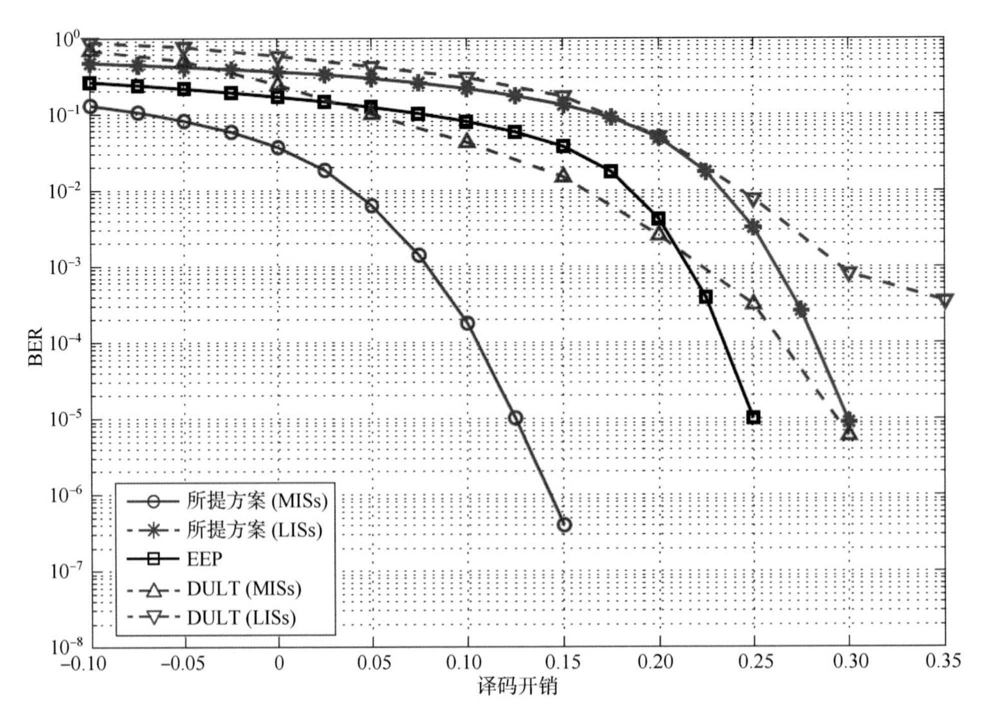

图 4.5.8　不同方案的 BER 性能对比